高等院校信息技术规划教材

计算机网络实践教程

张博 岳溥庥 主 编
杨玺 副主编

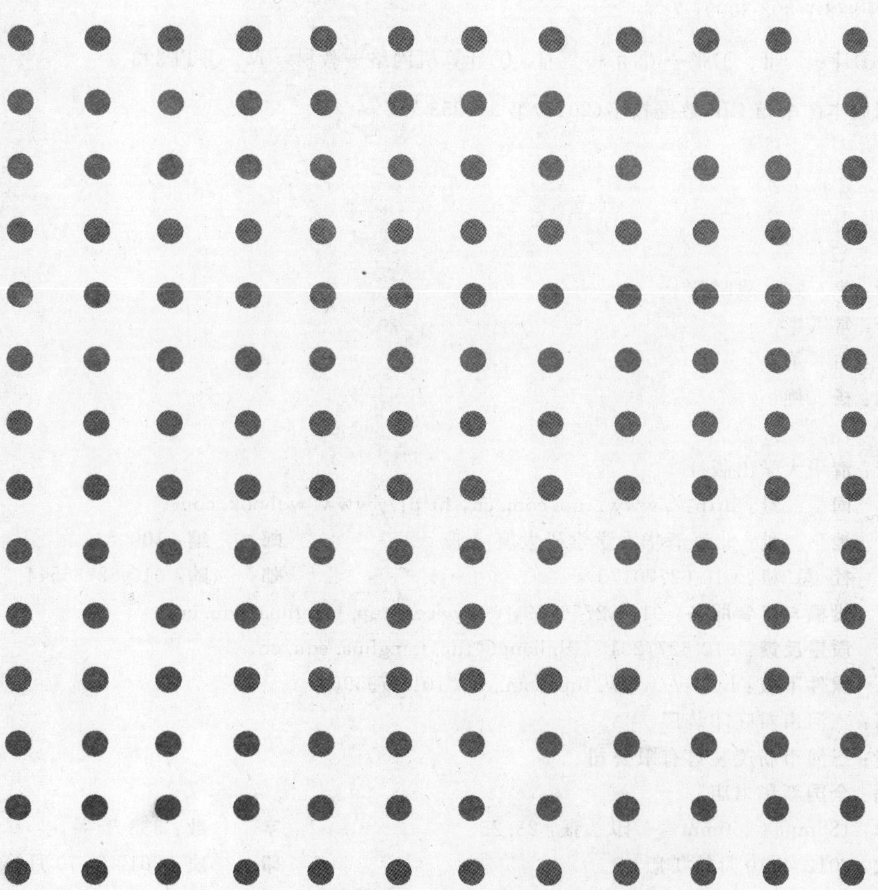

清华大学出版社
北京

内 容 简 介

本书是为高等学校计算机专业或计算机相关专业编写的实训教材。本书由3篇组成，第1篇是基础篇，包括组网、网络设备基本配置、网络接入、主要服务器实现等10个实验，可以满足计算机网络课程的实验要求。第2篇和第3篇是为计算机网络实训课准备的。第2篇是管理篇，包括10个实验，主要内容是利用Windows Server 2008 R2进行用户管理、磁盘管理、文件权限管理、活动目录管理、组策略应用以及用Windows Server 2008实现各种路由功能。第3篇是工程篇，包括10个实验，主要内容是用命令方式配置交换机和路由器。

本书既可作为高等学校计算机专业或计算机相关专业的计算机网络课程的实验教材，又可以作为计算机网络实训课的教材，也可以用作高职高专院校计算机相关专业的实训教材。

图书在版编目（CIP）数据

计算机网络实践教程/张博，岳溥庥主编.--北京：清华大学出版社，2012.10
高等院校信息技术规划教材
ISBN 978-7-302-30097-7

Ⅰ.①计…　Ⅱ.①张…　②岳…　Ⅲ.①计算机网络－教材　Ⅳ.①TP393

中国版本图书馆CIP数据核字(2012)第214253号

责任编辑：焦　虹　战晓雷
封面设计：常雪影
责任校对：白　蕾
责任印制：杨　艳

出版发行：清华大学出版社
网　　址：http://www.tup.com.cn，http://www.wqbook.com
地　　址：北京清华大学学研大厦A座　　**邮　　编**：100084
社 总 机：010-62770175　　**邮　　购**：010-62786544
投稿与读者服务：010-62776969，c-service@tup.tsinghua.edu.cn
质量反馈：010-62772015，zhiliang@tup.tsinghua.edu.cn
课件下载：http://www.tup.com.cn，010-62795954
印 刷 者：三河市君旺印装厂
装 订 者：三河市新茂装订有限公司
经　　销：全国新华书店
开　　本：185mm×260mm　　**印　　张**：23.25　　**字　　数**：533千字
版　　次：2012年10月第1版　　**印　　次**：2012年10月第1次印刷
印　　数：1～3000
定　　价：35.00元

产品编号：048145-01

前言 Foreword

目前，高等学校都在强调应用型人才的培养，所谓应用型人才培养就是让学生在掌握专业知识的基础上，掌握更多的一线实际操作的技能，以便与企业人才需求接轨。为了落实应用型人才培养计划，各高校纷纷采取了设置教学实践周、独立开设强调动手能力的实训课等措施。为了更好地开展计算机网络实训，我们编写了这部实训教材，本教材旨在使学生在学习计算机网络理论课的基础上，扩展学生的网络知识和网络实践技能。

本教材是与张博主编的《计算机网络技术与应用》的配套实验兼实训教材。本教材特别适合于学完了计算机网络课程，又要开展实训的专业使用。本教材内容除基本网络实验外，还包括网络管理和网络工程的主要内容。本教材不是某个硬件或软件产品的说明书，并非事无巨细统统讲到，教材的内容是经过精心提炼的，所涉及内容虽然不是网络管理或网络工程内容的全部，但是通过对重点实验内容的介绍，可以使学生了解网络管理和网络工程领域的概貌，将来通过自学或实践迅速掌握该领域的应用技能。本教材虽然对网络管理和网络工程所涉及的理论知识只做简要的介绍，但是通过这些知识的介绍可以使学生对这些知识有初步认识，并顺利地进行实验，将来通过工程实践或自学就会迅速领会、掌握和扩展。

本教材由3篇组成，第1篇是基础篇，安排了10个实验内容，涵盖组网、网络设备基本配置、Internet服务器配置等内容，可以作为计算机网络课程的实验指导书。第2篇是管理篇，安排了10个实训内容，主要结合Windows Server 2008 R2介绍用户管理、磁盘管理、文件权限管理、活动目录管理、组策略应用以及用Windows Server 2008实现各种路由功能。第3篇是工程篇，安排了10个实训内容，主要是根据实际需求，用命令方式对交换机和路由器进行配置。

本教材各实验均分为4个部分。第一部分是知识准备，介绍这项实训活动所必备的知识。第二部分是实验目的与任务，除了介绍实验目的与任务外，还包括需要的实验设备和接线，在模拟场景中设计了该实训可能应用的场合，这样可以帮助学生更好地理解本次实训的实际意义。第三部分是实验过程，介绍整个实验的配置、验证过程和步骤。第四部分是实训与思考，要求学生按照实训题目独立完成实训任务，在教材中设计了大量的表格，供学生填写实验记录。教师在讲授时，可以先介绍实训所需基础知识，然后按照实验过程给学生演示，最后由学生独立完成实训任务。教师讲授和学生独立操作的时间比为1∶1比较合适。

本教材具有以下特点：

(1) 内容全面。本教材包含了组网、主要服务器配置、网络管理和网络工程的内容。

(2) 适用面广。本教材既可作为计算机网络实验指导书，也可以作为计算机网络实训教材；既可以用于高等本科院校，也可以供高职高专院校使用。

(3) 内容精练。网络管理和网络工程部分的内容都进行了精心的选择，通过这些实训项目既可以让学生在该领域得到锻炼，又避免了像软件说明书那样烦琐冗长。

(4) 便于实施。本教材每个实训都详细给出了实训环境和操作步骤，每章的实训中都设计了表格，用于填写实验记录。假如没有这些表格，学生匆匆做完实验后留下的印象不深；有了这些表格，就要求学生认真仔细地做好实验的每一个步骤，从而加深对实训的理解。

本教材由张博、岳溥庥、杨玺编写，其中第1篇由张博和杨玺编写，第2篇由张博编写，第3篇由岳溥庥编写，全书由张博统稿。

由于时间紧迫以及作者水平有限，书中难免有不足之处，敬请各位同行、专家和读者指正。

编　者

2012年8月

目录 Contents

第1篇 基础篇
计算机网络基本实验

第2篇 管 理 篇
Windows Server 2008 网络管理

第 1 篇　基础篇

计算机网络基本实验

实验1 experiment 1

组建局域网

1.1 知识准备

1.1.1 传输介质

传输介质是计算机网络中最基础的通信设施，是连接网络上各节点的物理通道。网络中的传输介质可以分为两类：有线介质和无线介质。有线介质包括同轴电缆、双绞线和光纤；无线介质包括无线电波、微波、红外线和卫星通信。

1.1.2 双绞线类型

双绞线(Twisted Pair，TP)是目前使用最广、价格相对便宜的一种传输介质，是由两根绞合的绝缘铜线外部包裹橡胶皮构成的，有两对线型和四对线型，两对线型的接头称为RJ-11，四对线型的接头称为RJ-45，如图1-1所示。

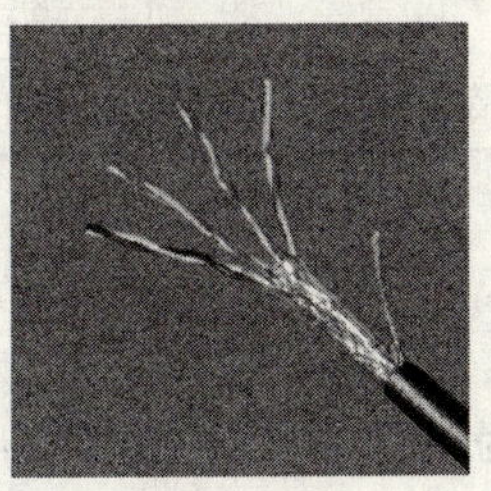

(a) 双绞线

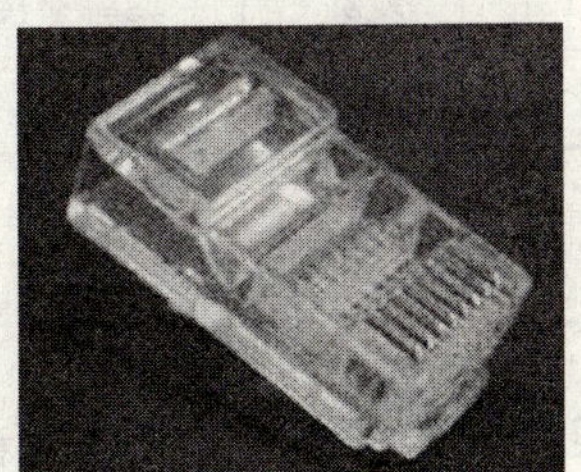

(b) RJ-45接头

图1-1 双绞线和RJ-45接头

双绞线可分为屏蔽双绞线(Shielded Twisted-Pair，STP)和非屏蔽双绞线(Unshielded Twisted-Pair，UTP)。屏蔽双绞线因为有屏蔽层，所以造价高、安装复杂，只在特殊情况(电磁干扰严重或防止信号向外辐射)下使用；非屏蔽双绞线无金属屏蔽材料，只有一层绝缘胶皮包裹，价格相对便宜，安装维护也容易。

按传输特性，双绞线可以分为7类，其中5类双绞线线缆带宽为100MHz，用于语音传输和最高传输速率为100Mb/s的数据传输，主要用于百兆以太网(100Base-T)以及千兆以太网(1000Base-T)网络，是最常用的以太网电缆。超5类线带宽为200～300MHz，主要用于千兆以太网(1000Base-T)。6 类线的带宽为 350～600MHz,6 类线的传输性能远远高于超 5 类线标准,最适用于传输速率高于 1Gb/s 的应用。

双绞线电缆主要用于星形网络拓扑结构,即以集线器或网络交换机为中心,各网络工作站均用一根双绞线与之相连,这种拓扑结构非常适合结构化综合布线,可靠性较高,任何一个连线发生故障时,故障不会影响到网络中的其他计算机,故障的诊断与修复也比较容易。

1.1.3 EIA/TIA-568 标准

常用的 5 类双绞线有 4 对线,8 种颜色,分别是橙色、橙白色、绿色、绿白色、蓝色、蓝白色、棕色和棕白色,每种颜色的线都与对应的相间色缠绕在一起。而连接计算机网络时,只需要 4 根线就可以,究竟用哪 4 根线?如何连接?为此,美国电子工业协会(EIA)和电信工业协会(TIA)共同制定了布线标准,即 EIA/TIA-568 标准。该标准分为 T568A 或 T568B 两种,用于确定 RJ-45 插座/连接头中导线排列的次序。这两个标准规定,联网时使用橙色/橙白色、绿色/绿白色这两对线,它们连接在 RJ-45 接头的 1、2、3、6 这 4 个线槽上;其他 4 根线可以在结构化布线时用于连接电话等设备。具体接线线序如表 1-1 和表 1-2 所示。

表 1-1 EIA/TIA-568A 接线标准

RJ-45 线槽	1	2	3	4	5	6	7	8
色彩标记	绿白	绿	橙白	蓝	蓝白	橙	棕白	棕

表 1-2 EIA/TIA-568B 接线标准

RJ-45 线槽	1	2	3	4	5	6	7	8
色彩标记	橙白	橙	绿白	蓝	蓝白	绿	棕白	棕

1.1.4 直通线与交叉线

双绞线接线可根据需要制成直通线(或称为直连线、正接线)和交叉线(或称为反接线)。直通线是指双绞线两端接线线序一致,都用 T568A 或都用 T568B,由于习惯的关系,多数直通线用 T568B 标准;交叉线是指双绞线两端分别使用不同的接线标准,一端用 T568A,另一端用 T568B。

两种接线方式分别用于不同场合。直连线用于连接不同类型的设备。不同类型的设备其内部接线线序是不同的,如图 1-2(a)所示,如计算机网卡与交换机或集线器连接,交换机与路由器连接,集线器普通口与集线器级联口(Uplink 口)连接等。交叉线用于连接相同类型的设备。相同类型的设备内部接线线序相同,如图 1-2(b)所示,如计算机通过网卡连接,两个集线器或两个交换机之间用普通口连接,集线器普通口与交换机普通口连接等。不管使用哪种接线,都是为了保证一端的发送端连接另一端的接收端。

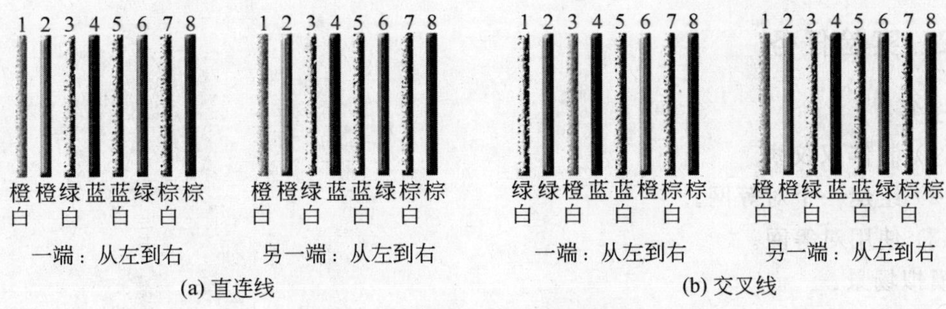

图 1-2 直连线和交叉线的线序

1.1.5 对等网

对等网模式(Peer-to-Peer)如图 1-3 所示。在对等式网络结构中，每一个节点之间的地位对等，没有专用的服务器，在需要的情况下每一个节点既可以起客户机的作用也可以起服务器的作用。

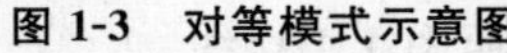

图 1-3 对等模式示意图

对等网也常常被称做工作组。对等网一般常采用星形网络拓扑结构，最简单的对等网就是使用双绞线直接相连的两台计算机，如图 1-3 所示。在对等网中，计算机的数量通常不会超过 20 台，网络结构比较简单。

对等网除了共享文件之外，还可以共享打印机以及其他网络设备。也就是说，对等网上的打印机可被网络上的任一节点使用，如同使用本地打印机一样方便。因为对等网不需要专门的服务器来支持网络，也不需要其他组件来提高网络的性能，因而对等网的价格相对其他模式的网络来说具有初建费用低的优势，并有足够的能力满足许多机构的需要，而且可以随着机构需要的增长来扩展对等网系统。

由于对等网系统不依靠专用的服务器，因此也不需要专门的网络操作系统。它的缺点也相当明显，主要是提供服务功能较少、网络性能较低、数据保密性差和文件管理分散等。由于对等网的这些特点，使得它在家庭或者其他小型网络中应用得很广泛。

1.2 实验目的与任务

1.2.1 实验目的

(1) 学习双绞线的制作。
(2) 学习对等网的安装和配置。
(3) 通过实验巩固计算机网络的定义、功能和通信协议等概念。

1.2.2 实验任务

任务：

(1) 制作双绞线。

(2) 组建一个对等网。

(3) 使用对等网。

模拟场景：

一个办公室，有 4 台计算机，由于需要在计算机之间共享资源，所以组建一个小型局域网。

1.2.3 实验环境

实验条件：

已安装 Windows 2008（或其他操作系统）的计算机 4 台，交换机 1 台，双绞线和 RJ-45 接头若干，测试表 1 台，RJ-45 专用钳 1 把。

实验接线：

按照图 1-4 接线。

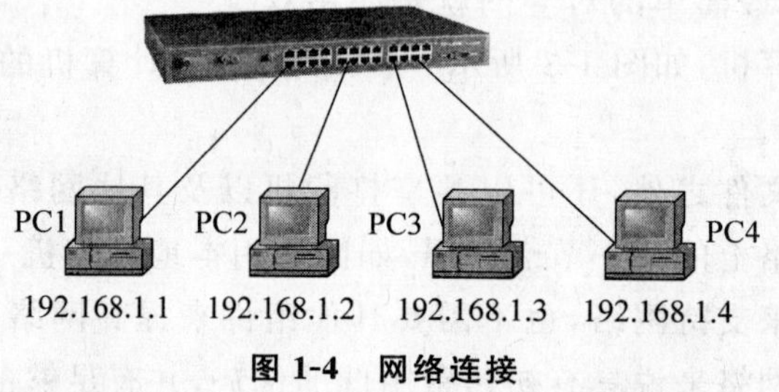

图 1-4 网络连接

1.3 实验过程

实验 1-1 安装硬件

1. 制作双绞线

(1) 准备好长度合适的双绞线（不能超过 100m）。

(2) 剥出长 1.5～2cm 的双绞线。

(3) 将剥好的双绞线按表 1-2 所示的顺序排列好。

(4) 用专用钳剪齐留出 1cm 左右的双绞线头。

(5) 将排好顺序的双绞线插入 RJ-45 接头，用专用钳压紧，必须无松动。

(6) 接好另一端的接头。用专用表测试连通性。

2. 安装网卡

(1) 在切断计算机电源的情况下,打开机箱。

(2) 将网卡插入总线插槽并固定好,然后盖好机箱。

3. 接线

将电缆一端连接到网卡上,另一端连接到集线器或交换机上,如图 1-4 所示。

实验 1-2 软件设置(以 Windows Server 2008 为例)

1. 启动"网络连接"窗口

(1) 依次单击"开始"→"网络"选项,打开"网络"窗口,如图 1-5 所示。

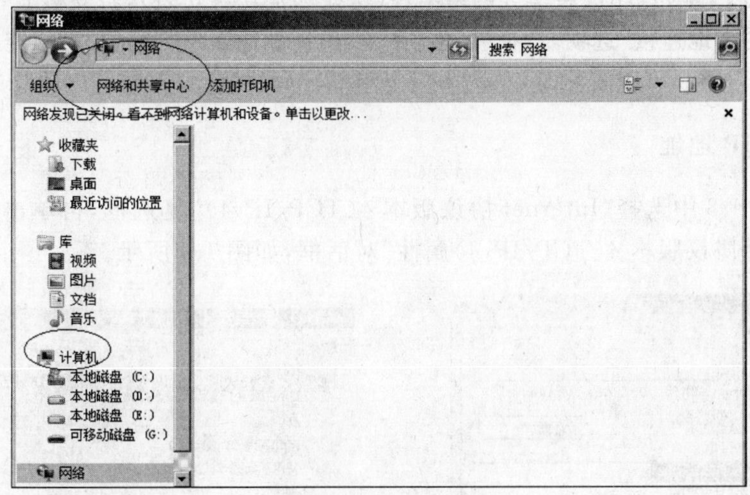

图 1-5 "网络"窗口

(2) 单击"网络和共享中心"选项,打开"网络和共享中心"窗口,如图 1-6 所示。

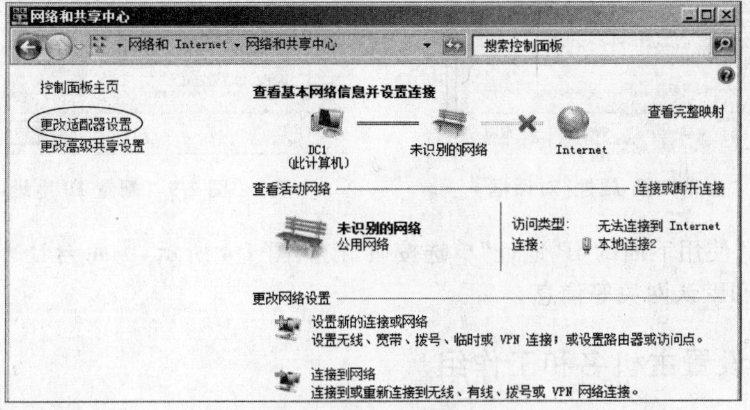

图 1-6 "网络和共享中心"窗口

(3) 单击“更改适配器设置”选项，出现“网络连接”窗口，如图 1-7 所示。

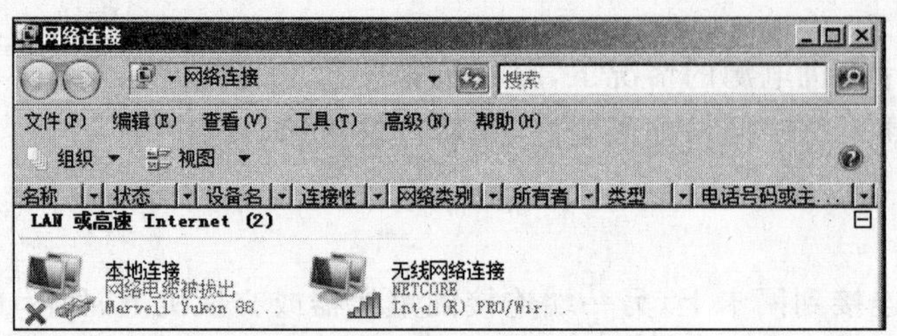

图 1-7 “网络连接”窗口

2. 安装网络组件

在 Windows 2008 下安装网卡后会自动安装 TCP/IP 协议、Microsoft 网络客户、Microsoft 网上文件与打印机共享等网络组件(这些都是默认安装)，若安装其他组件可以在图 1-7 中右击“本地连接”选项，选择“属性”命令，出现如图 1-8 所示的“本地连接 属性”对话框，单击“安装”按钮，可以安装组件，选中一个组件，单击“删除”按钮可以删除该组件。

3. 配置 IP 地址

(1) 在图 1-8 中选择“Internet 协议版本 4(TCP/IPv4)”复选框，再单击“属性”按钮，出现“Internet 协议版本 4(TCP/IPv4)属性”对话框，如图 1-9 所示。

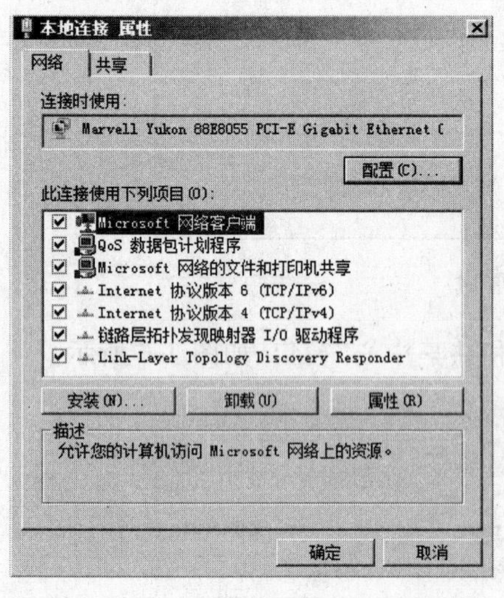

图 1-8 “本地连接 属性”对话框

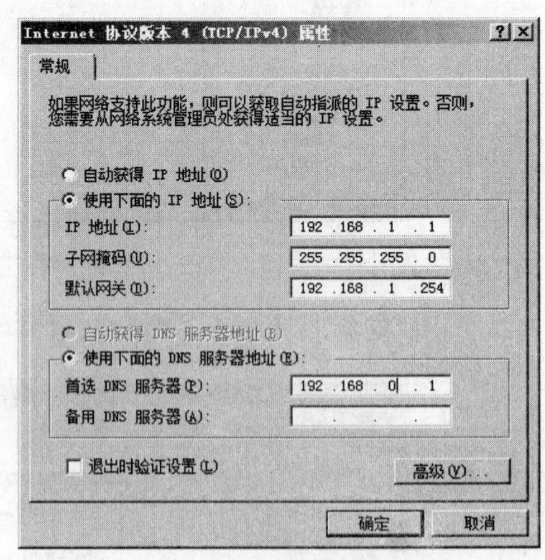

图 1-9 配置 IP 地址

(2) 选择“使用下面的 IP 地址”单选按钮，按照图 1-4 所示，为每台计算机输入 IP 地址、子网掩码和默认网关等信息。

实验 1-3 设置主机名和工作组

(1) 在图 1-5 中右击“计算机”标识，选择“属性”命令，出现如图 1-10 所示的“系统”

窗口。

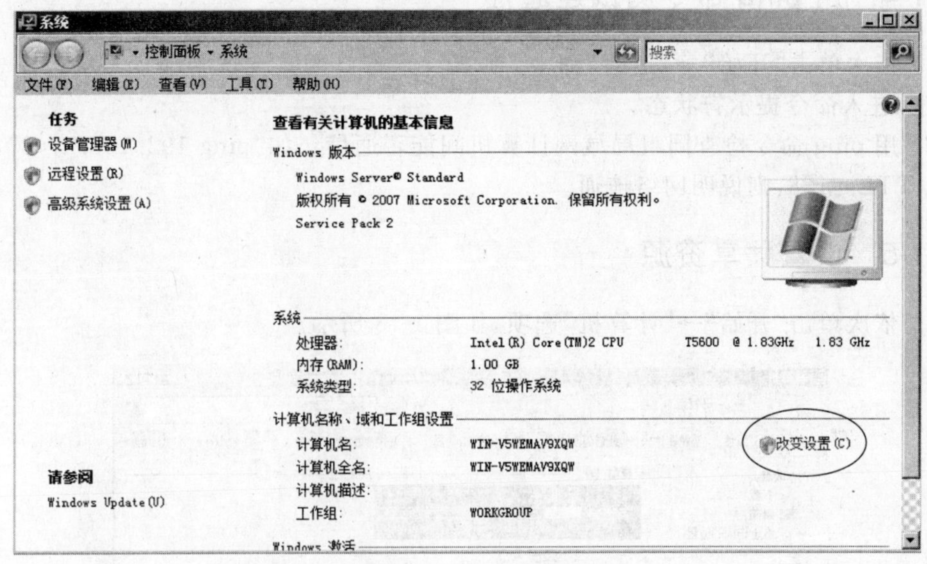

图 1-10 “系统”窗口

(2) 在图 1-10 中的“计算机名称、域和工作组设置”区域单击“改变设置”选项，出现“系统属性”对话框，如图 1-11 所示。

(3) 在“系统属性”对话框中单击“更改”按钮，在随后出现的对话框中可以修改计算机名和所属的工作组名，如图 1-12 所示。

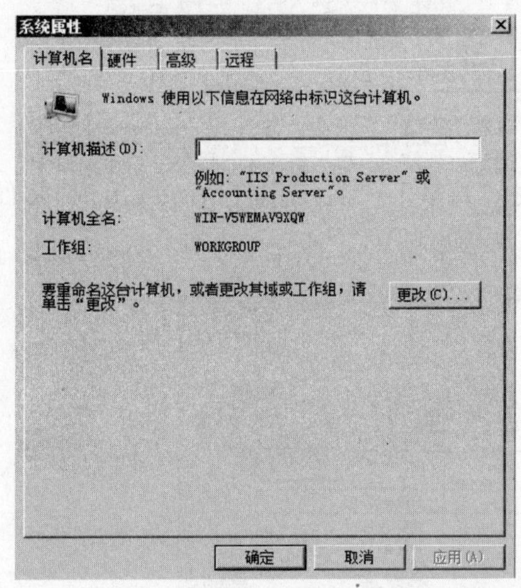

图 1-11 “系统属性”对话框

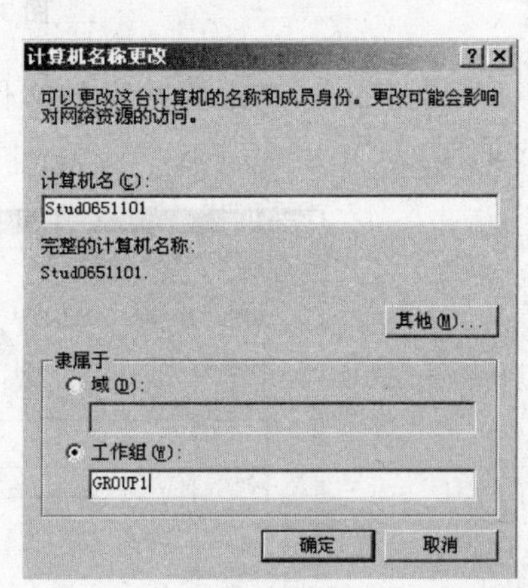

图 1-12 更改计算机名和工作组名

(4) 在“计算机名”文本框中输入主机名，在“工作组”本文框中输入该计算机所属的组，单击“确定”按钮。

实验 1-4　用 ping 命令测试连通性

(1) 依次单击"开始"→"运行"命令,在"运行"窗口的文本框中输入 CMD,单击"确定"按钮,进入命令提示符状态。

(2) 用 ping 命令检查同组局域网计算机间能否通信。如"ping 192.168.1.2",若结果出现 TTL=128,则说明网络连通。

实验 1-5　设置共享资源

(1) 依次单击"开始"→"计算机"选项,如图 1-13 所示。

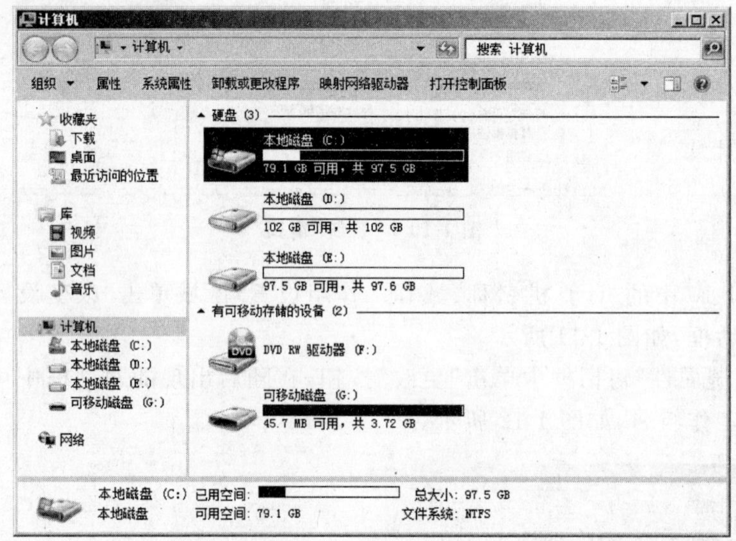

图 1-13　"计算机"窗口

(2) 浏览磁盘,右击要共享的文件夹,选择"共享"→"特定用户"命令,出现"文件共享"对话框,如图 1-14 所示。

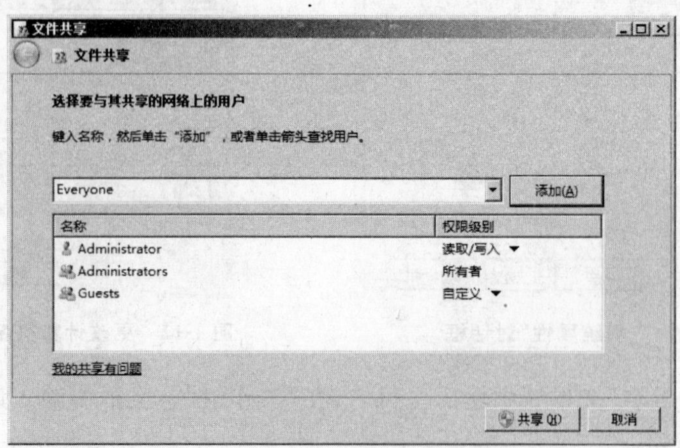

图 1-14　"文件共享"对话框

(3) 选择共享用户或组：在“文件共享”对话框中单击“添加”按钮左侧的下拉列表，选择 Everyone(意为登录到网络的所有用户)，单击“添加”按钮。

(4) 设置共享权限：选择 Everyone，在“权限级别”列下设置共享权限，如图 1-15 所示。

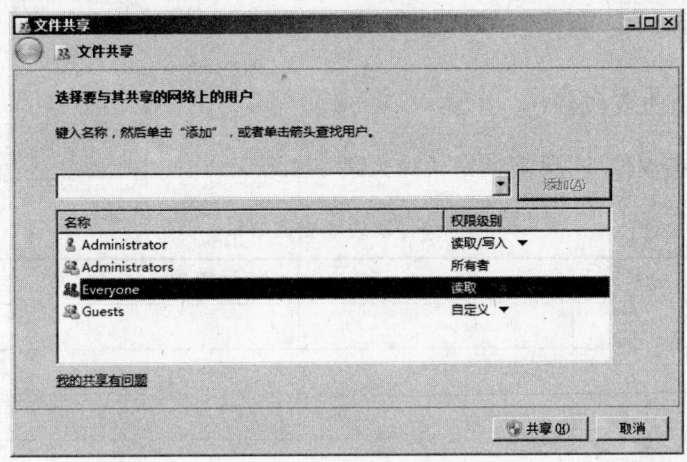

图 1-15　共享权限设置

(5) 取消共享：右击共享对象，选择“不共享”命令，弹出“文件共享”对话框，选择“停止共享”即可，如图 1-16 所示。

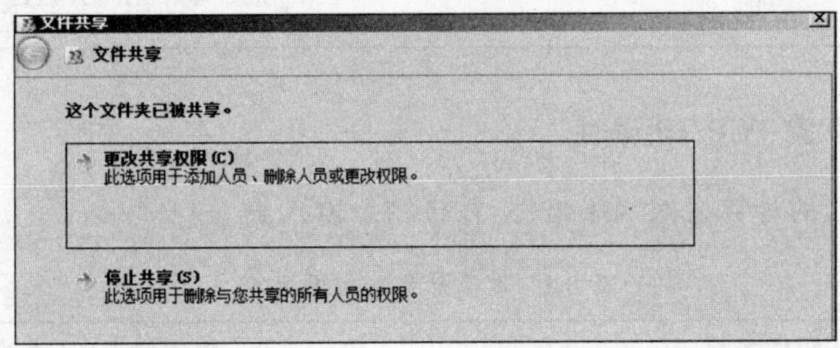

图 1-16　停止共享

实验 1-6　使用共享资源

依次单击“开始”→“运行”命令，在“打开”组合框中输入“\\目的 IP 地址或计算机名”；或者打开浏览器，在地址栏中输入“\\目的 IP 地址或计算机名”，单击“确定”按钮，目的计算机上的共享文件夹就出现在如图 1-17 所示的窗口中。

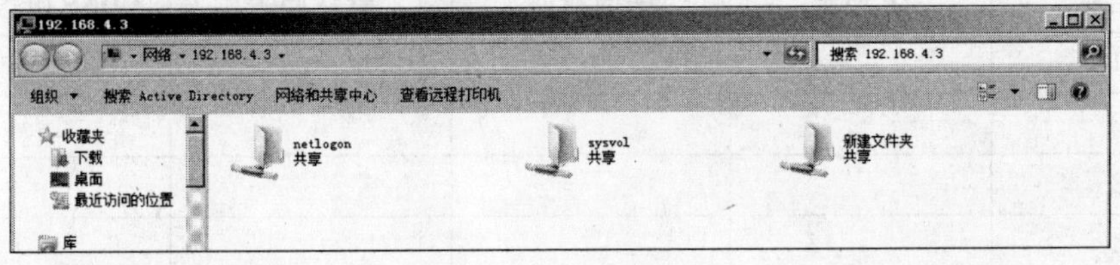

图 1-17　访问共享文件夹

1.4 实训与思考

1.4.1 实训题

实训 1-1 制作双绞线

每人制作一条双绞线，将测试结果填入表 1-3。

表 1-3 双绞线测试结果

线对	亮(√或×)	原因
1		
2		
3		
4		
5		
6		
7		
8		

实训 1-2 设置 TCP/IP 属性

(1) 检查自己的计算机的网络组件，并将结果填入表 1-4。

表 1-4 本机配置的网络组件

组件名称	设置情况(√或×)
Microsoft 网络客户端	
Microsoft 网络的文件与打印机共享	
Internet 协议(TCP/IP)	

(2) 配置计算机的 IP 地址，将自己的计算机配置的 TCP/IP 属性填入表 1-5。

表 1-5 TCP/IP 属性

属性名称	IP 地址	子网掩码	默认网关	DNS 服务器地址
PC1				
PC2				
PC3				
PC4				

实训 1-3 命名计算机

给自己的计算机起名，并加入本实验组的工作组(默认为 network)，将主机名和工作组名记录在表 1-6 中。

表 1-6 主机名与工作组

对象名称	主机名称	工作组名称
PC1		
PC2		
PC3		
PC4		

实训 1-4 验证连通性

对局域网的连通性进行验证，将验证命令和结果填入表 1-7。

表 1-7 验证局域网的连通性

验证方法(ping)	响应	结果

实训 1-5 设置并访问共享资源

(1) 每组的组员配置好共享资源，并将设置结果填入表 1-8。

表 1-8 共享资源设置结果

设置内容	设置值	
共享文件夹名称		
用户权限		

(2) 每组的组员实现本组内的资源共享，并将访问结果填入表 1-9。

表 1-9 访问共享资源

访问方法	操作过程	结果
利用开始菜单中的运行命令		
使用浏览器		

1.4.2 思考题

(1) 什么是对等网？

(2) 简述建立对等网的过程。

(3) 什么是直通线？什么是交叉线？两者各应用于什么场合？

(4) 简述 EIA/TIA-568A 和 EIA/TIA-568B 接线标准。

(5) 简述对等网配置共享资源的主要步骤。

(6) 访问网络资源有哪些方法？

实验 2 experiment 2

交换机的基本配置

2.1 知识准备

2.1.1 交换机的工作原理

局域网交换技术是为了解决共享以太网在站点增加、负载加大的情况下，由于多个站点共享信道而使实际传送速度降低的问题而提出来的。交换机除了可以取代集线器组建局域网外，还可以像网桥一样连接两个局域网，可以实现在不同的局域网间转发数据帧、隔离冲突和消除回路等网桥功能。高级交换机还提供了更先进的功能，如虚拟局域网（Virtual Local Area Network，VLAN）以及更高的性能和更丰富的管理功能。

交换机的工作原理如下：

(1) 交换机根据收到的数据帧中的源 MAC 地址建立该地址同交换机端口的映射，并将其写入 MAC 地址表中。

(2) 交换机将数据帧中的目的 MAC 地址同已建立的 MAC 地址表进行比较，以决定由哪个端口进行转发。

(3) 如数据帧中的目的 MAC 地址不在 MAC 地址表中，则发送一个广播帧至所有端口。

(4) 如目标端口所连接的计算机响应，则交换机记录该端口与 MAC 地址的对应关系，当下一次接收到一个拥有相同目标 MAC 地址的数据帧时，该数据帧会立即被转发到对应的端口，而不再发广播包。

2.1.2 地址表

交换机转发数据报文是根据报文的目的 MAC 地址进行的，交换机内部维护着记录了 MAC 地址与其所在端口对应关系的 MAC 地址转发表，转发数据时根据这张表进行转发，如表 2-1 所示。MAC 地址转发表中包含 MAC 地址、VLAN ID 和端口。MAC 地址为目的 MAC 地址，VLAN ID 为 MAC 所属 VLAN，端口为 MAC 地址所在端口。

表 2-1 MAC 地址表

MAC 地址	VLAN ID	端口	获取方式
02-01-1A-2B-33-41	1	1/5	静态
01-25-A2-52-77-00	1	1/7	动态
22-33-41-90-B5-24	1	1/12	动态

交换机通过将接收到的数据报文的源 MAC 地址及接收端口记录在地址表中来学习 MAC 地址。MAC 地址表在交换机刚刚启动时是空白的，当它所连接的计算机通过它的端口进行通信时，交换机即可根据所接收或所发送的数据来更新 MAC 地址表。

动态地址是交换机通过自动学习获取的 MAC 地址，交换机通过自动学习新的地址和自动老化掉不再使用的地址来不断更新其动态地址表。交换机的地址表的容量是有限的，为了最大限度地利用地址表的资源，交换机使用老化机制来更新地址表，即系统在动态学习地址的同时开启老化定时器，如果在老化时间内没有再次收到相同地址的报文，交换机就会把该 MAC 地址从表中删除。

静态地址表记录了端口的静态地址，静态地址是不会老化的 MAC 地址，这与一般的由端口学习得到的动态地址不同。对于某些相对固定的连接来说，采用静态地址可减少地址学习步骤，从而提高交换机的转发效率。配置静态地址可以实现 MAC 地址的受控接入，它能限制某个 MAC 地址在某个 VLAN 中只能在指定的端口接入，而在该 VLAN 中其他端口接入时将不能和网络通信。

2.1.3 交换机的主要参数

交换机的主要参数包括转发技术、延时、管理功能、单/多 MAC 地址类型、外接监视支持、生成树、全双工和高速端口集成。每一个参数都影响到交换机的性能、功能和不同集成特性。

1. 转发技术

转发技术是指交换机所采用的用于决定如何转发数据包的转发机制。目前，交换机的转发技术主要分为直接交换、存储转发交换和改进的直接交换 3 类。

直接交换方式中，交换机一旦解读到数据包目的地址，就开始向目的端口发送该数据帧。此类方式的优点是转发速率快、减少延时和提高整体吞吐率；其缺点是缺乏差错检测能力，交换机在没有完全接收并检查数据包的正确性之前就已经开始了数据转发。存储转发方式中，交换机首先完整地接收发送帧，并先进行差错检测，如接收帧是正确的，则根据帧的目的地址确定输出端口号，然后再转发。此类方式的优点是具有帧差错检测能力，缺点是延迟时间增长。改进的直接交换方式中，交换机在接收到帧的前 64B 后，判断帧的帧头字段是否正确，如正确则转发。

2. 延时

交换机延时是指从交换机接收到数据包到开始向目的端口复制数据包之间的时间

间隔。有许多因素会影响延时大小,比如转发技术等。

3. 管理功能

交换机的管理功能是指交换机如何控制用户访问交换机,以及用户对交换机的可视程度如何。通常,交换机厂商都提供管理软件或满足第三方管理软件远程管理交换机。

4. 单/多 MAC 地址类型

单 MAC 交换机的每个端口只有一个 MAC 硬件地址,多 MAC 交换机的每个端口捆绑有多个 MAC 硬件地址。单 MAC 交换机主要设计用于连接最终用户、网络共享资源或非桥接路由器。多 MAC 交换机在每个端口有足够存储体记忆多个硬件地址。多 MAC 交换机的每个端口可以看做一个集线器,而多 MAC 交换机可以看做集线器的集线器。

5. 外接监视支持

交换机是否提供"监视端口"(monitoring port),允许外接网络分析仪直接连接到交换机上监视网络状况。

6. 生成树

由于交换机实际上是多端口的透明桥接设备,所以交换机也有桥接设备的固有问题——拓扑环(topology loops)问题。交换机一般采用生成树协议算法让网络中的每一个桥接设备相互知道,自动防止拓扑环现象。带有生成树协议支持的交换机可以用于连接网络中关键资源的交换冗余。

7. 全双工

交换机是否允许端口同时收/发。全双工端口可以同时发送和接收数据,但这要求交换机和所连接的设备都支持全双工工作方式。

8. 高速端口集成

交换机是否提供高速端口连接关键业务服务器或上行主干。交换机可以提供高带宽"管道"(固定端口、可选模块或多链路隧道)满足交换机的交换流量与上级主干的交换需求,防止出现主干通信瓶颈。

2.1.4 配置交换机的 3 种方法

1. 通过超级终端配置交换机

这种方法是将计算机当做交换机的超级终端,用 Console 线一端连接计算机的 COM 口,另一端连接交换机上的 Console 端口,然后登录并配置交换机。用超级终端配置交换机是管理交换机必须经过的步骤,也是最基本的方法。因为其他方式往往需要借助于 IP

地址、域名或设备名称才可以实现，而新购买的交换机显然不可能内置有这些参数，所以通过 Console 端口连接并配置交换机是最常用、最基本的，也是网络管理员必须掌握的管理和配置方式。

用超级终端配置交换机又有不同的方法，有些厂商将交换机配置任务用菜单方式列出，用户用选择菜单的方法配置交换机，而另一些厂商则在登录到交换机后，要求用户直接输入命令配置。

2. 用命令配置交换机

先用 Telnet 登录到交换机上，然后用命令对交换机进行配置。这是网络工程师必须掌握的方法，因为其他配置方法要受到条件的限制，或者要求软件支持，在不具备这些条件时，必须使用命令对交换机进行配置。第 3 篇介绍这种方法。

3. 用 Web 方式配置交换机

现在，许多交换机都支持用 Web 页面的方法配置交换机，用户用"http://交换机的 IP 地址"登录到交换机上，在交换机管理页面上，用点菜单和控件操作的方法就能完成交换机的配置。这种方法简单直观，容易掌握，是初学者掌握交换机配置的概念、了解交换机配置内容的好方法。但是，这种方法要受到条件限制，如计算机上必须安装浏览器，对显示器分辨率有一定要求，交换机中的管理页面不被损坏等。而有些交换机根本就不支持这种配置方法，所以作为网络工程师，还是要掌握用命令配置的方法。

2.2 实验目的与任务

2.2.1 实验目的

(1) 了解交换机配置的 3 种方法。

(2) 了解交换机配置的主要参数和配置内容。

(3) 理解网桥和二层交换机的基本原理和作用。

2.2.2 实验任务

任务：

(1) 用超级终端登录交换机并配置交换机的基本参数。

(2) 用 Telnet 登录交换机。

(3) 用 Web 登录交换机并了解交换机配置的主要参数和内容。

模拟场景：

一台新交换机没有任何配置，在使用之前，网络工程师需要用超级终端登录交换机，配置交换机的基本参数，为用 Telnet 登录和用 Web 登录做好准备。另外，网络工程师需要用 Web 方式了解该交换机的主要配置内容，也可以直接用 Web 方式进行配置。

2.2.3 实验环境

实验条件：

安装 Windows 系统的计算机 1 台，交换机 1 台，直通双绞线 1 条，Console 电缆 1 条。

实验接线：

使用超级终端登录的实验接线如图 2-1 所示，使用 Telnet 或 Web 登录的实验接线如图 2-2 所示。

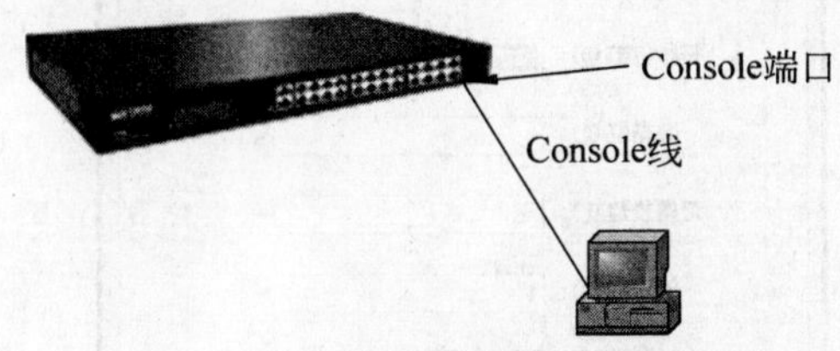

图 2-1 用超级终端登录的接线方式

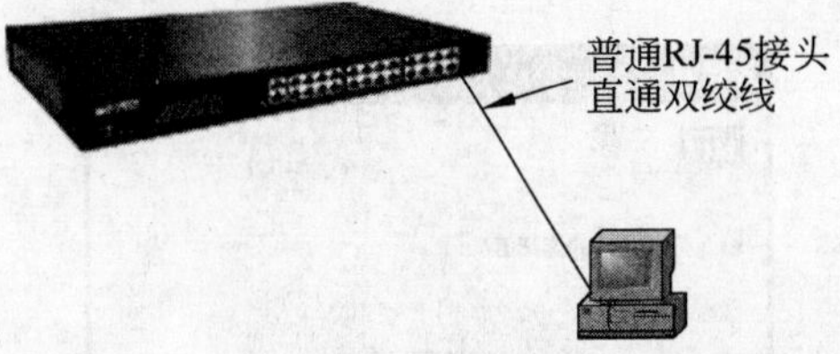

图 2-2 用 Telnet 或 Web 登录的接线方式

2.3 实验过程

说明：本书采用神州数码公司的 DCS-4500-50T 交换机。由于不同厂家和不同型号的交换机配置内容和配置方法有所不同，各学校可以根据自己实验室的实验设备情况，对实验过程进行修订。

实验 2-1 用超级终端配置交换机

1. 安装超级终端

(1) 启动与交换机相连的计算机。

(2) 检查是否安装有"超级终端"(Hyper Terminal)组件。如果在"附件"→"通信工具"中没有发现该组件，可通过 Windows XP 的"添加/删除程序"命令安装该组件。如果使用 Windows 7 以上的操作系统，可以到网上下载一个超级终端。

2. 启动超级终端

(1) 单击"开始"按钮，在"程序"菜单的"附件"选项中单击"超级终端"，出现"连接描述"对话框，如图 2-3 所示。

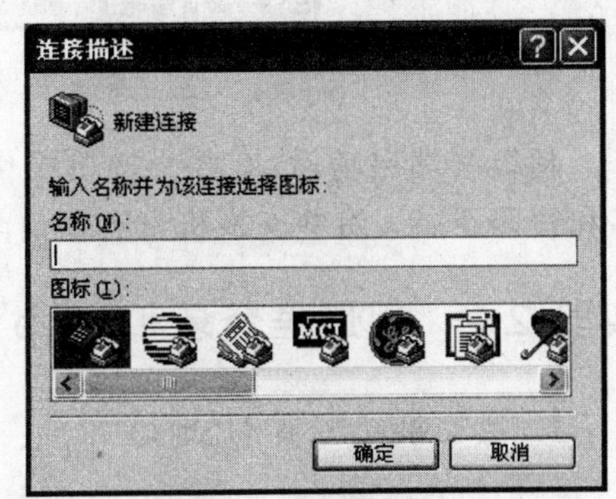

图 2-3 命名超级终端

(2) 在"名称"文本框中输入新建的超级终端连接项名称，单击"确定"按钮，弹出如图 2-4 所示的“连接到”对话框。

(3) 在“连接到”对话框中的“连接时使用”下拉列表框中选择与交换机相连的计算机的串口(COM1 或 COM2),单击“确定”按钮。

(4) 在图 2-5 所示的“COM1 属性”对话框中的“端口设置”中的“每秒位数”下拉列表框中选择 9600,这是串口的最高通信速率,其余选项采用默认值,单击“确定”按钮,启动超级终端,如图 2-6 所示。

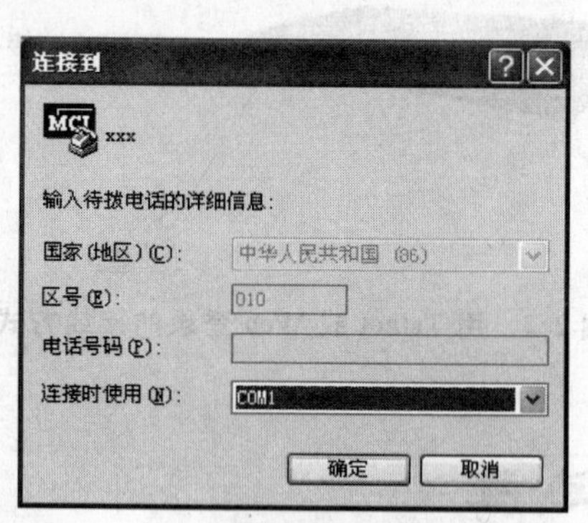

图 2-4 设置连接时使用的接口

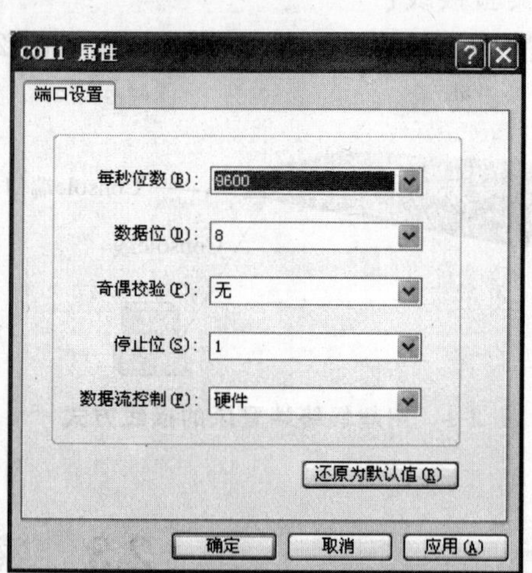

图 2-5 选择端口速率

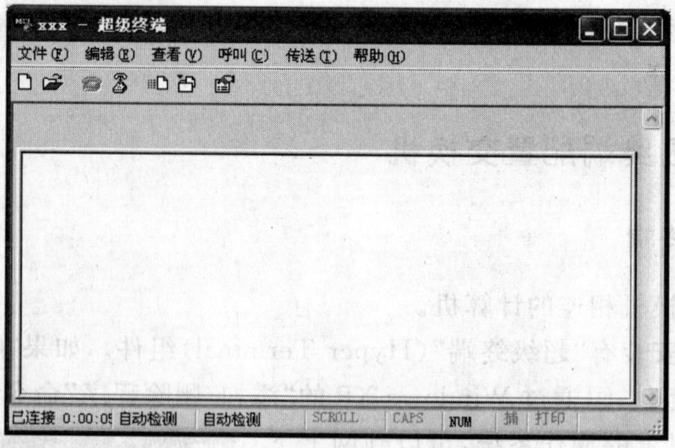

图 2-6 超级终端启动后的窗口

超级终端启动后,有些交换机提供了内置的 IP 地址、用户名和密码,可以输入用户名和密码登录。有些交换机没有任何配置,需要用命令进行初始配置。

实验 2-2 用远程登录和 Web 方式登录交换机

1. 给交换机配置 IP 地址

(1) 打开交换机电源开关,在超级终端界面上出现以下提示:

```
Swatch>
```

这时就可以输入命令，对交换机进行配置。

(2) 依次输入以下命令(黑体字为提示符)：

```
Swatch>enable                                         //进入特权配置模式
Swatch#config                                         //进入全局配置模式
Swatch(config)#interface vlan1                        //设置 VLAN1
Swatch(config-vlan1)#ip address 192.168.1.10 255.255.255.0
                                                      //配置 VLAN1 的 IP 地址子网掩码
Swatch(config-vlan1)#no shutdown                      //开启端口
```

之后用 exit 命令返回到全局配置模式。

2. 配置远程登录

```
Swatch>enable
Swatch#config
Swatch(config)#telnet server enable            //设置远程登录模式
Swatch(config)#telnet-user admin password 0 admin
                                               //设置远程登录用户名 admin 和密码 admin
```

在运行对话框中输入“telnet 192.168.1.10”，单击“确定”按钮，如图 2-7 所示，输入用户名和密码即可登录到交换机上，然后就可以用命令方式配置交换机。

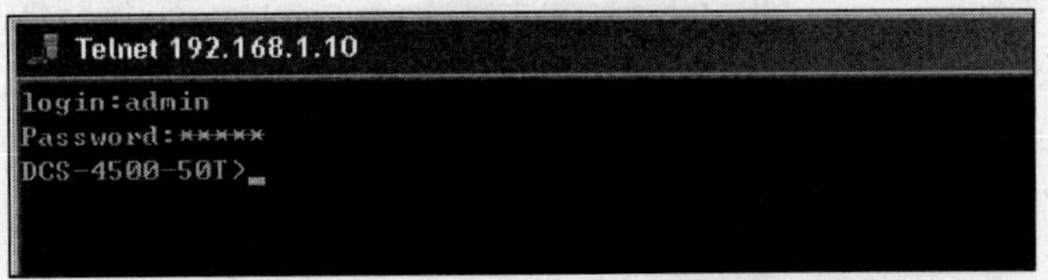

图 2-7 用 Telnet 登录交换机

3. 配置 HTTP 登录

```
Swatch>enable
Swatch#config
Swatch(config)#ip http serve                   //设置 http 登录模式
Swatch(config)#web-user admin password 0 admin
                                               //设置 Web 登录用户名 admin 和密码 admin
```

在“运行”对话框中输入 http://192.168.1.10，单击“确定”按钮，进入交换机 Web 登录界面，如图 2-8 所示，输入用户名和密码，即可登录到交换机上。

实验 2-3 用 Web 方式查看交换机基本配置

1. 启动浏览器

在计算机上启动浏览器，在地址栏输入 http://192.168.10，输入用户名和密码，单

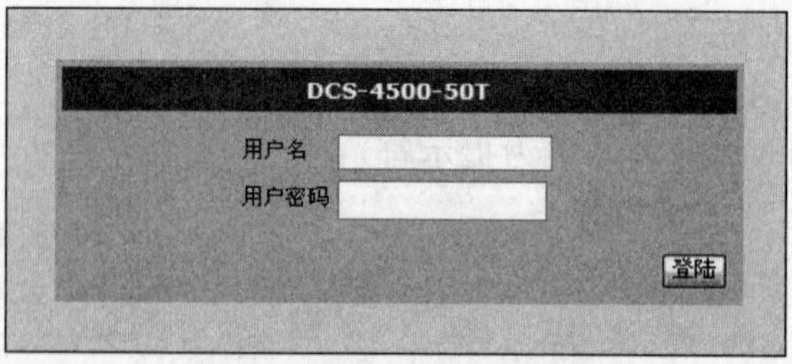

DCS-4500-50T

用户名

用户密码

登陆

图 2-8 用 HTTP 登录交换机

击“登录”按钮，出现交换机配置窗口，如图 2-9 所示。

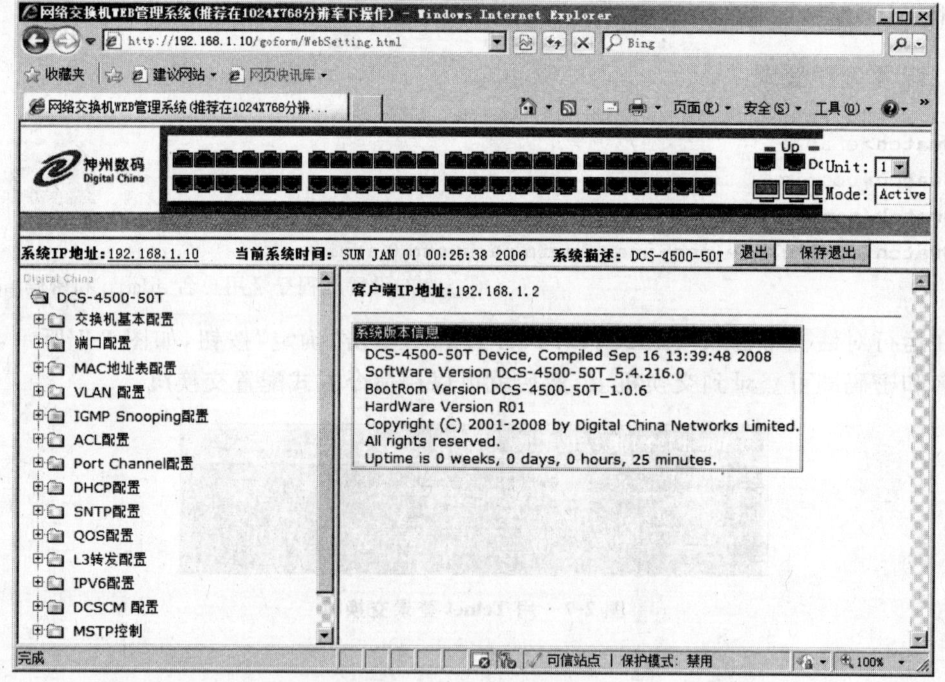

图 2-9 交换机配置窗口

2. 查看并记录交换机配置主菜单

1) 交换机基本配置

基本配置界面如图 2-10 所示，可以查看和修改用户名和密码，新建和删除用户，修改系统日期时间，修改交换机提示符，恢复出厂设置和保存当前设置等。

2) 端口配置

端口配置界面如图 2-11 所示。

在此可以配置端口的速率与通信模式(半双工/全双工)、管理状态的开启与关闭、流量控制，控制端口传入、传出的带宽，查看端口当前状态。

3) MAC 地址表配置

MAC 地址配置界面如图 2-12 所示。

图 2-10 基本配置

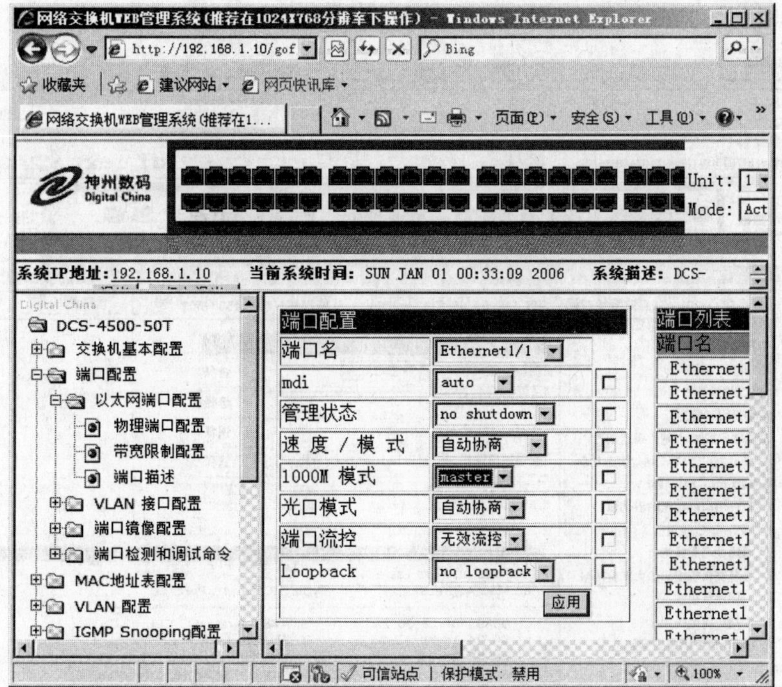

图 2-11 端口配置

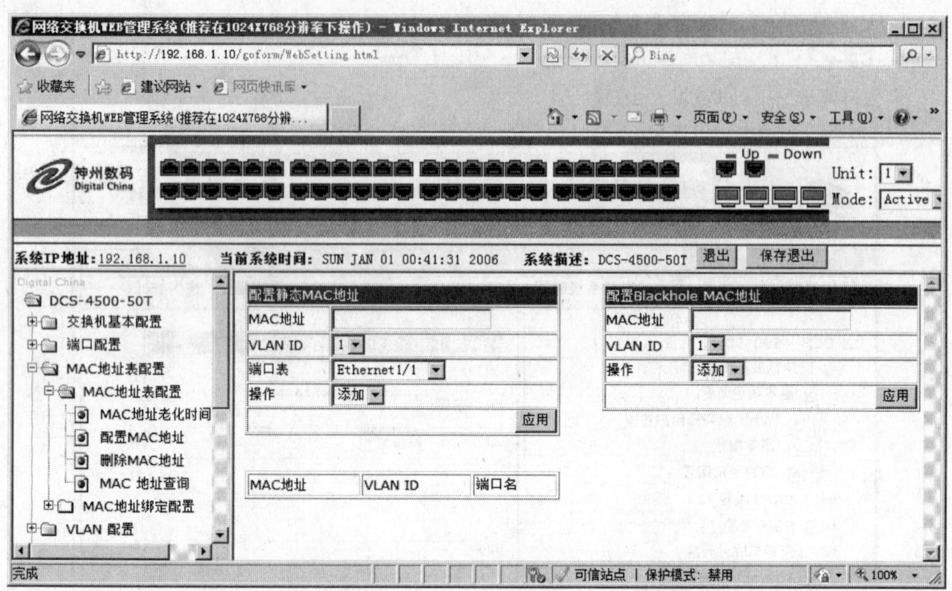

图 2-12 MAC 地址配置

在此可以配置 MAC 地址表老化时间和静态 MAC 地址记录，删除一个地址记录，分配 MAC 地址属于哪个虚拟网，将网卡的 MAC 地址与交换机的某个端口绑定，查看当前交换机上的 MAC 地址表记录，如图 2-13 所示。

图 2-13 交换机上的 MAC 地址表

4) VLAN 设置

VLAN 设置界面如图 2-14 所示。

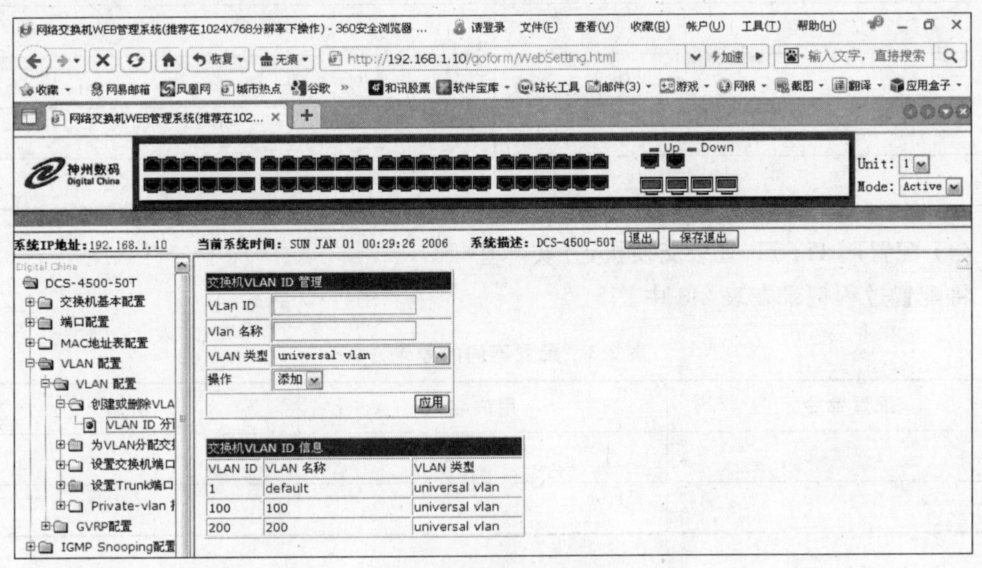

图 2-14 配置 VLAN

在此可以创建和删除 VLAN，为 VLAN 分配端口，设置端口的类型等。

实验 2-4 理解二层交换机和网桥的工作原理

(1) 选择 MAC 地址管理，观察并记录端口号和 MAC 地址表的信息，据此理解二层交换机（网桥）的工作原理。

(2) 在不同的计算机机之间用 ping 命令进行通信，观察并记录地址表的变化，理解交换机的原理与特点。

(3) 读取一台计算机的 MAC 地址，查看其余交换机连接的端口，建立一个静态的 MAC-端口号记录。

2.4 实训与思考

2.4.1 实训题

实训 2-1 用超级终端配置交换机

(1) 按照图 2-1 接线，启动超级终端。

(2) 各组为本组的交换机配置 IP 地址（由教师指定）。将配置过程记录在表 2-2 中。

(3) 配置用 Telnet 登录交换机，并实际登录。

表 2-2　用超级终端配置交换机

命令	作用

(4) 配置用 HTTP 登录交换机,并实际登录。

将配置过程记录在表 2-3 中。

表 2-3　配置不同的登录方式

配置命令	用户名	密码

实训 2-2　观察交换机的配置内容

打开基本配置、端口配置、MAC 地址表配置和 VLAN 配置菜单项,结合设备说明书,理解各配置项的含义。

实训 2-3　理解交换机的工作原理

(1) 各组将本组的端口号-MAC 地址表的信息记录下来,并填写在表 2-4 中,查看本组各计算机的 MAC 地址以及计算机与交换机连接的端口,理解交换机的工作原理。

表 2-4　端口号-MAC 地址表

记录项目 \ 计算机	PC1	PC2	PC3	PC4
IP 地址				
MAC 地址				
端口号				

(2) 根据本组 PC1 计算机的 MAC 地址和与交换机连接的端口,在交换机中写入一条静态记录,然后观察地址表。

(3) 用交叉线连接两个组的交换机,观察两个组的交换机上地址表的变化,并记录在表 2-5 和表 2-6 中。

表 2-5 交换机 A 的连接情况

连接对象	端口	MAC 地址	类型(动态/静态)	创建者
PC1				
PC2				
PC3				
PC4				
交换机 B(1)				
交换机 B(2)		—		
交换机 B(3)				
交换机 B(4)				

表 2-6 交换机 B 的连接情况

连接对象	端口	MAC 地址	类型(动态/静态)	创建者
PC1				
PC2				
PC3				
PC4				
交换机 A(1)				
交换机 A(2)		—		
交换机 A(3)				
交换机 A(4)				

2.4.2 思考题

(1) 配置交换机有哪些方法?

(2) 如何通过 Console 端口配置交换机?

(3) 根据端口号和 MAC 地址表说明二层交换机和网桥的基本工作原理。

(4) 在实验中用的交换机上可以配置哪些主要参数?

实验3 experiment 3

实现虚拟网

3.1 知识准备

3.1.1 虚拟网的概念

虚拟网(Virtual Network)是建立在交换技术基础上的。虚拟网是将物理上属于一个局域网或多个局域网的多个站点按工作性质与需要,用软件方式将站点划分成一个个的"逻辑工作组",一个逻辑工作组就是一个虚拟网。一个虚拟网的成员之间可以直接通信,不同虚拟网的成员之间不能直接通信,需要借助路由器才能相互通信。

逻辑工作组的节点组成不受物理位置的限制。一个逻辑工作组的节点可以分布在不同的物理网段上,但它们之间的通信就像在同一个物理网段上一样。当一个节点从一个逻辑工作组转移到另一个逻辑工作组时,只需要简单地通过软件设定,而不需要改变它在网络中的物理位置。划分虚拟网后,一个 VLAN 就是一个独立的广播域。

VLAN 可以在一个交换机或多个交换机上进行划分,如图 3-1 和图 3-2 所示。

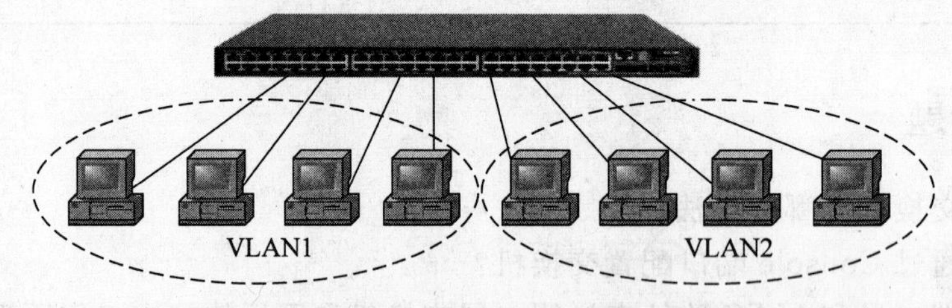

图 3-1 在一个交换机上划分 VLAN

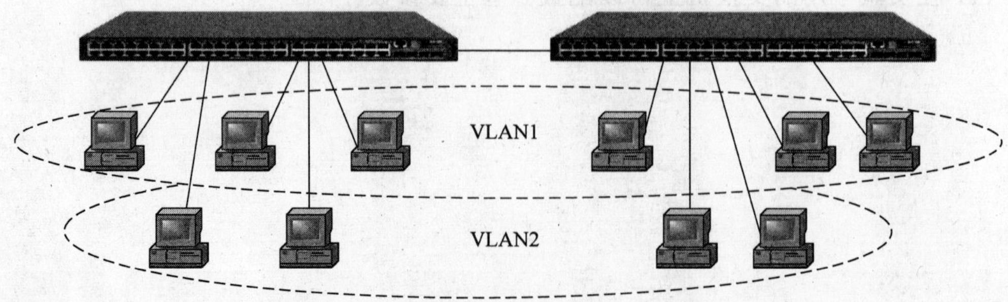

图 3-2 在两个交换机上划分 VLAN

3.1.2 虚拟网实现方法

虚拟网的实现方法有4种：基于端口、基于MAC地址、基于网络层地址和基于IP组播划分。

1. 基于端口划分

基于端口的VLAN划分是根据网络交换机的端口号来定义的。这种方法属于静态VLAN配置，即交换机的某个端口固定属于某个VLAN。网管人员使用网管软件或直接在交换机上配置端口所属的VLAN。一旦配置好，端口所属的VLAN就保持不变，除非网管人员重新设置。这种方法容易配置和维护，但灵活性不好。

2. 基于MAC地址划分

基于MAC地址划分VLAN的方法是根据每个主机的MAC地址来划分，即对每个MAC地址的主机都配置所属的VLAN。这种划分方法最大的优点是：当用户物理位置移动时，即从一个交换机转移到其他的交换机时，VLAN不用重新配置。因此，这种根据MAC地址的划分方法是基于用户的VLAN，适合需要经常移动计算机的用户。此外，这种方法允许将一个MAC地址划分到多个VLAN。这种方法的缺点是初始化时需对所有的用户进行配置，如果网络规模较大，则配置工作量较大。

3. 基于网络层地址划分

基于网络层地址划分VLAN的方法是根据每个主机的网络层地址(IP地址)或协议类型(如果支持多协议)划分VLAN。这种方法的优点是允许按照协议类型组成VLAN，有利于组成基于服务或应用的VLAN；另外，由于IP地址存在于计算机上，所以当计算机发生移动时，也不会改变其VLAN成员地位。这种方法的缺点是效率低，因为检查每一个数据包的网络层地址是需要消耗处理时间的(相对于前面两种方法)。

4. 基于IP组播划分

基于IP组播划分VLAN的方法是将属于同一个组播组的用户组成一个VLAN。这种划分的方法将VLAN扩大到了广域网，因此这种方法具有更大的灵活性，而且也很容易通过路由器进行扩展。当然，这种方法不适合局域网，主要是效率不高。

3.1.3 VLAN的Trunk

VLAN Trunk(虚拟局域网中继技术)的作用是让连接在不同交换机上的相同VLAN中的主机互通。如果交换机1的VLAN 1中的主机要访问交换机2的VLAN 1中的主机，可以把两台交换机的级联端口设置为Trunk端口，这样，当交换机把数据包从级联口发出去的时候，会在数据包中做一个标签(TAG)，以使其他交换机识别该数据包属于哪一个VLAN，这样，其他交换机收到这样一个数据包后，只会将该数据包转发到标记中指定的 VLAN，从而完成了跨越交换机的 VLAN 内部数据传输。

3.1.4 VLAN 的标签

VLAN 标签在 Trunk 中起到了相当大的作用，VLAN 标签就是帧标签，给在中继链路上传输的每个帧分配一个用户唯一定义的 ID。这个 ID 是 VLAN 的 VLAN 号。如果帧在传输中还有发送到另外的中继链路，VLAN 标签仍将保留在该帧头中。否则，如果该帧发送到本地的一条接入链路，交换机就会把帧头里的 VLAN 标识删除。

VLAN 标签又分两种：一种是公有标签 IEEE 802.1q 封装，所有厂商均支持；另一种是 ISL(Inter-Switch Link Protocol and Dynamic ISL Protocol)封装，只限于 Cisco 使用。

1. IEEE 802.1q

IEEE 802.1q 的正式名称是虚拟桥接局域网标准，它是经过 IEEE 认证的对数据帧附加 VLAN 识别信息的协议。IEEE 802.1q 支持通过一条中继链路承载一个以上 VLAN 数据流的能力。目的是为了支持多厂商的 VLAN。采用 802.1q 的帧标示在标准以太网帧上添加了 4B。

2B 标记协议标识符 TPID 和 2B 标记控制信息 TCL。

2. ISL

ISL 是 Cisco 产品支持的一种与 IEEE 802.1q 类似的协议，用于在汇聚链路上附加 VLAN 信息。ISL 是通过在帧外围增加封装而在中继链路上多路复用 VLAN 的一种方法，它用来互连多个交换机，当数据流在中继链路上的交换机间传输时，使用 ISL 维护 VLAN 信息。

使用 ISL 后，每个数据帧头部都会被附加 26B 的 ISL 包头(ISL Header)，并且在帧尾带上通过对包括 ISL 包头在内的整个数据帧进行计算后得到的 4B 的 CRC 值。在使用 ISL 的环境下，当数据帧离开汇聚链路时，只要简单地去除 ISL 包头和新 CRC 就可以了。由于原先的数据帧及其 CRC 都被完整地保留，因此无须重新计算 CRC。

3.2 实验目的与任务

3.2.1 实验目的

(1) 学习虚拟网的配置和使用。

(2) 理解 Trunk 和 IEEE 802.1q 协议的作用。

3.2.2 实验任务

任务：

组建一个对等网，实现交换机内和跨交换机的 VLAN 的配置。

模拟场景：

场景1：一个小公司，有两个部门，大家都在一个办公室办公，所有的计算机都连接一个交换机上。由于安全的需要，不希望不同部门的计算机直接通信，准备用虚拟网将办公室的计算机划分成两个逻辑工作组，组内成员可以直接通信，不同组的成员之间不能直接通信。

场景2：一个大型企业的业务部门的员工分散在一个办公大楼不同楼层不同办公室办公。由于工作的需要，这些员工需要直接通信，准备用虚拟网技术将业务部的员工划分到一个虚拟网。

3.2.3 实验环境

实验条件：

已安装 Windows 操作系统的计算机 4 台，支持虚拟网的交换机 1 台，互连成网。

实验接线：

满足场景 1 的接线如图 3-3 所示。

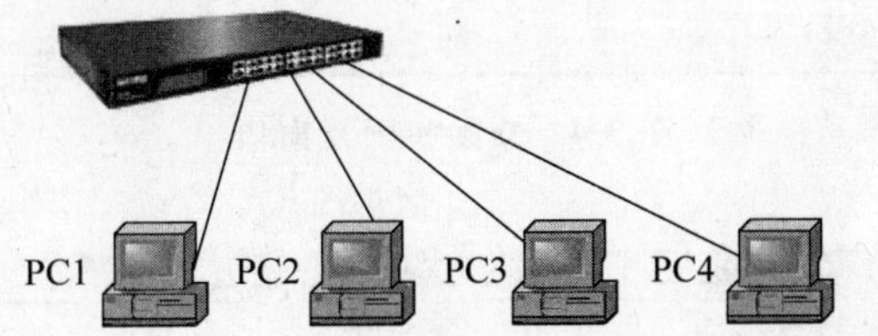

图 3-3 在一个交换机上划分虚拟网的实验接线

虚拟网划分方案：在原来默认虚拟网的基础上，创建 2 个虚拟网，虚拟网 ID 分别为 VLAN 100 和 VLAN 200，VLAN 100 包括 1～6 号端口，VLAN 200 包括 7～12 号端口。

3.3 实验过程

实验 3-1 在一个交换机上配置虚拟网

1. 创建 VLAN

(1) 在任一台计算机上启动浏览器，在地址栏输入 http://192.168.1.10，连接到交换机，出现如图 3-4 所示的交换机配置窗口。

(2) 依次单击“VLAN 配置”→“创建或删除 VLAN”→“VLAN ID 分配管理”，如图 3-5 所示。

(3) 在 VLAN ID 中输入 VLAN ID 号 100，在 VLAN 名称中输入名称，如 100，在 VLAN 类型中选择 universal vlan，在“操作”下拉列表框中选择“添加”，单击“应用”按钮。

(4) 重复步骤(3)，添加 VLAN ID 200。

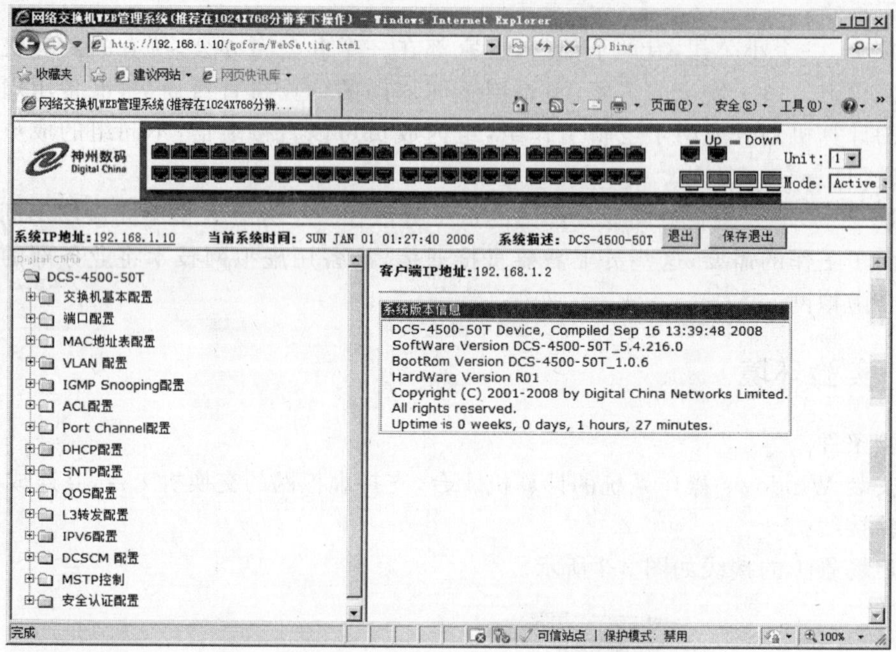

图 3-4　交换机配置窗口

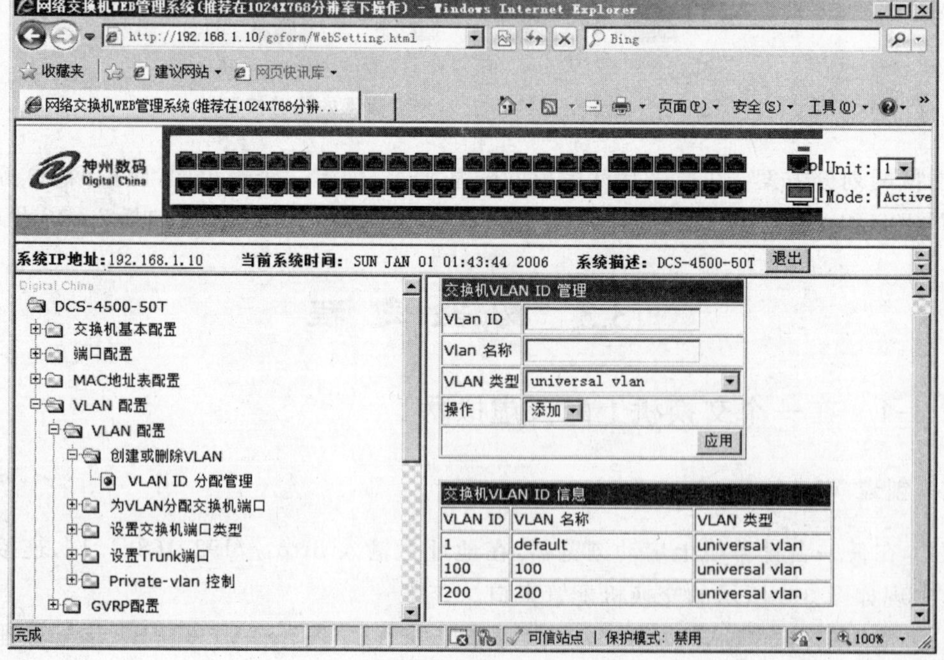

图 3-5　创建 VLAN

若要删除 VLAN，在 VLAN ID 中输入 VLAN 号，选择“操作”→“删除”命令，单击“应用”按钮。

2. 为 VLAN 分配端口

(1) 在图 3-4 中依次单击“VLAN 配置”→“为 VLAN 分配交换机端口”→“给 VLAN 分配以太网端口”选项,如图 3-6 所示。

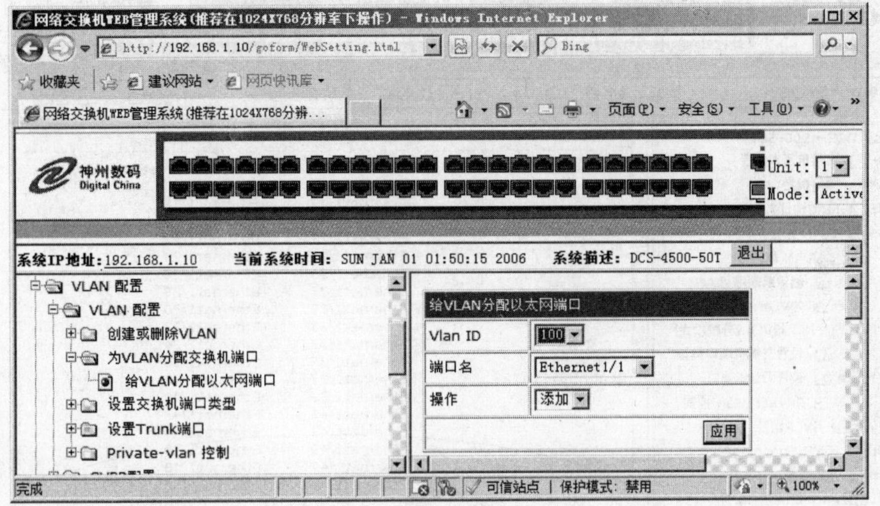

图 3-6 添加端口

(2) 在“给 VLAN 分配以太网端口”界面中,在 Vlan ID 中选择 100,在“端口名”下拉列表框中选择 Ethernet1/1,在“操作”下拉列表框中选择“添加”,单击“应用”按钮。

(3) 重复步骤(2)将 2～6 号端口添加到 VLAN 100 中,将 7～12 号端口添加到 VLAN 200 中。添加以后各端口所属 VLAN 的情况如图 3-7 所示。

3. 设置端口类型

(1) 在图 3-4 中依次单击“VLAN 配置”→“设置交换机端口类型”→“端口类型(Trunk/Access)分配”选项,如图 3-8 所示。

(2) 在“端口名”下拉列表框中选择端口,在“类型”下拉列表框中选择 access。将 1～12 号端口类型都配置成 access(默认值)。

4. 保存当前配置,重启交换机

(1) 依次单击“交换机基本配置”→“基本配置命令”→“保存当前配置”选项,如图 3-9 所示。

(2) 在“保存当前配置”区域中,单击“应用”按钮,重新启动计算机。

5. 验证

(1) 将两台计算机接在交换机 1～6 端口上(同一 VLAN),用 ping 命令验证,如图 3-10 所示,说明可以直接通信。同理,将两台计算机连接在 7～12 端口,也可以直接通信。

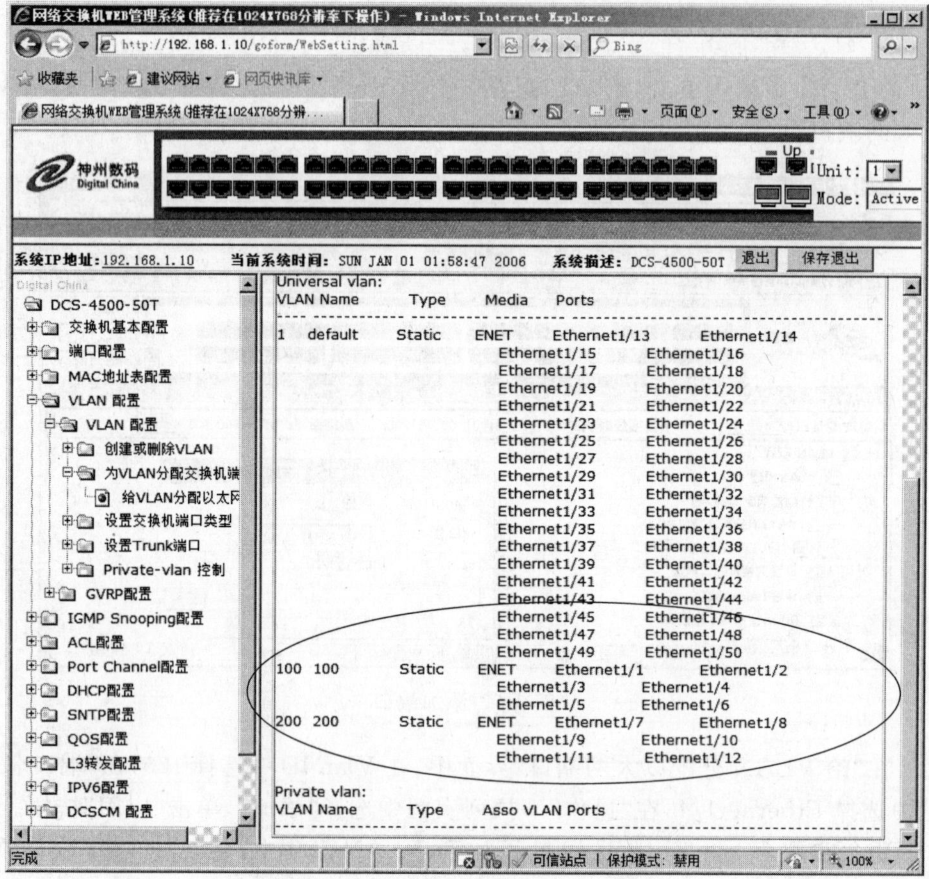

图 3-7 查看各端口所属 VLAN

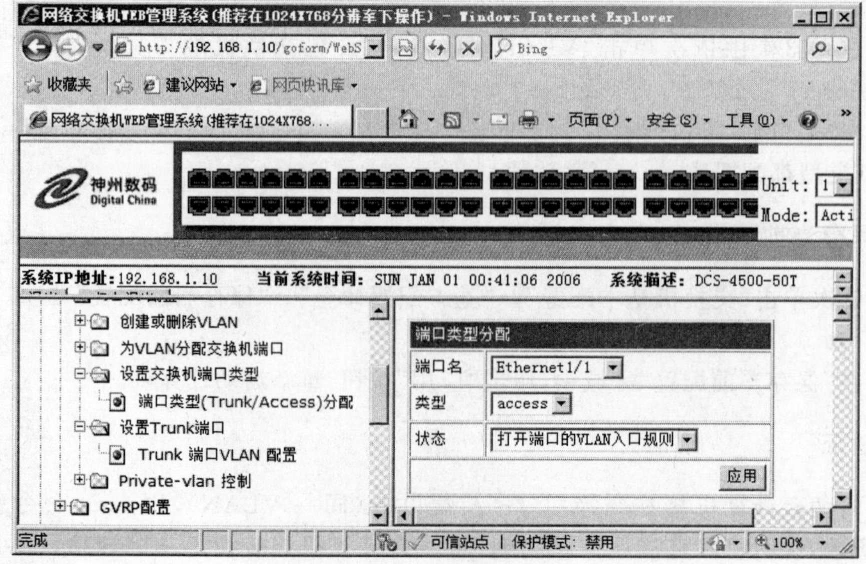

图 3-8 设置端口类型

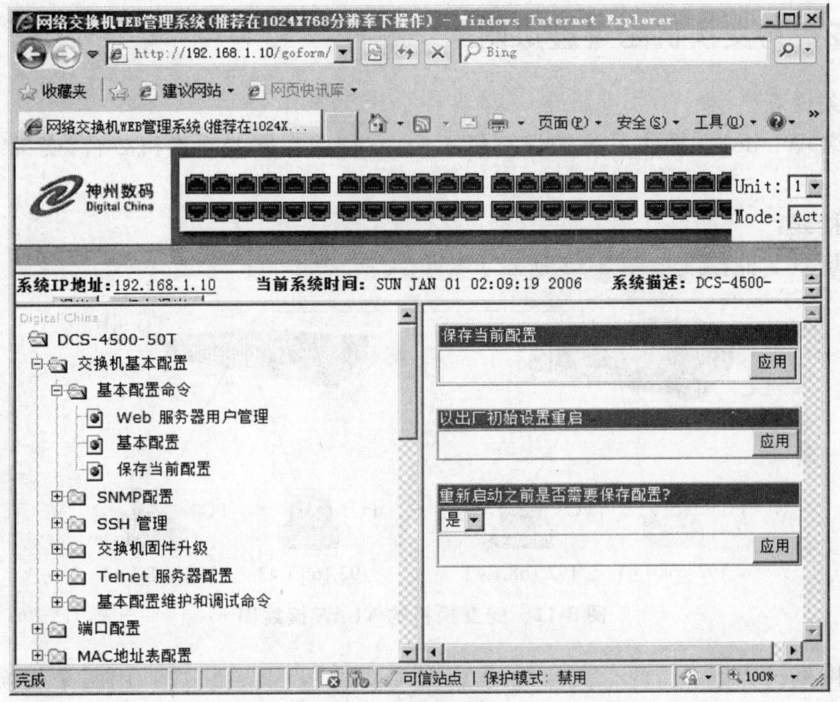

图 3-9 保存当前配置

```
管理员: Windows PowerShell

正在 Ping 192.168.1.41 具有 32 字节的数据:
来自 192.168.1.41 的回复: 字节=32 时间<1ms TTL=64
来自 192.168.1.41 的回复: 字节=32 时间<1ms TTL=64
来自 192.168.1.41 的回复: 字节=32 时间<1ms TTL=64
来自 192.168.1.41 的回复: 字节=32 时间<1ms TTL=64

192.168.1.41 的 Ping 统计信息:
    数据包: 已发送 = 4, 已接收 = 4, 丢失 = 0 (0% 丢失),
往返行程的估计时间(以毫秒为单位):
    半:
```

图 3-10 同一虚拟网成员之间可以相互通信

(2) 将两台计算机一台接在 1～6 号端口，另一台接在 7～12 号端口，用 ping 命令验证，如图 3-11 所示，说明不能直接通信。

```
管理员: Windows PowerShell
PS C:\Users\Administrator.WIN-NOHE300CTO2> ping 192.168.1.41

正在 Ping 192.168.1.41 具有 32 字节的数据:
来自 192.168.1.42 的回复: 无法访问目标主机。
来自 192.168.4.1 的回复: 无法访问目标主机。
来自 192.168.1.42 的回复: 无法访问目标主机。
来自 192.168.1.42 的回复: 无法访问目标主机。

192.168.1.41 的 Ping 统计信息:
    数据包: 已发送 = 4, 已接收 = 4, 丢失 = 0 (0% 丢失),
    半:
```

图 3-11 不同虚拟网成员之间不能相互通信

实验 3-2　跨交换机配置虚拟网

实验条件：

已安装 Windows 操作系统的计算机 4 台，支持虚拟网的交换机 2 台，交叉线 1 条，互连成网。

实验接线：

满足场景 2 的接线如图 3-12 所示。

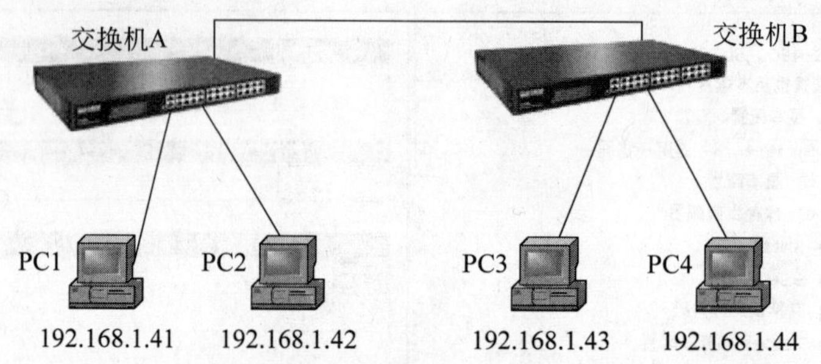

图 3-12　跨交换机的 VLAN 接线图

虚拟网划分方案：用两个交换机的 1～6 号口组成 VLAN 100，用两个交换机的 7～12 号口组成 VLAN 200。用两个交换机的 13 号口做 Trunk 口。

1. 创建 VLAN 并分配端口

用实验 3-1 中的步骤(1)和(2)分别在交换机 A 和交换机 B 中创建 VLAN 100 和 VLAN 200，并为各 VLAN 分配端口。

2. 设置 Trunk 端口

(1) 在交换机 A 上，在图 3-4 中依次单击"VLAN 配置"→"设置交换机端口类型"→"端口类型(Trunk/Access)分配"选项，如图 3-8 所示。

(2) 在"端口名"中选择 13 号端口 Ethernet1/13，在"类型"下拉列表框中选择 trunk，在"状态"下拉列表框中选择"打开端口的 VLAN 入口规则"，如图 3-13 所示。

(3) 在交换机 A 上依次单击"VLAN 配置"→"设置 Trunk 端口"→"Trunk 端口 VLAN 配置"选项，如图 3-14 所示。

(4) 在"设置 trunk native Vlan"区域中，"端口名"选择 Ethernet1/13，在 Trunk native Vlan 中输入 1(默认 VLAN ID)，在"操作"下拉列表框中选择"添加"，单击"应用"按钮。在"设置 trunk allow Vlan"区域中，"端口"选择 Ethernet1/13，在"操作"下拉列表框中选择"添加所有"，单击"应用"按钮。

(5) 在交换机 B 上重复步骤(1)～(4)。

3. 验证

(1) 将两台计算机分别接在交换机 A 和 B 的 1～6 端口上(同一 VLAN)，用 ping 命令验证，如图 3-10 所示，说明可以直接通信。

图 3-13 设置端口类型

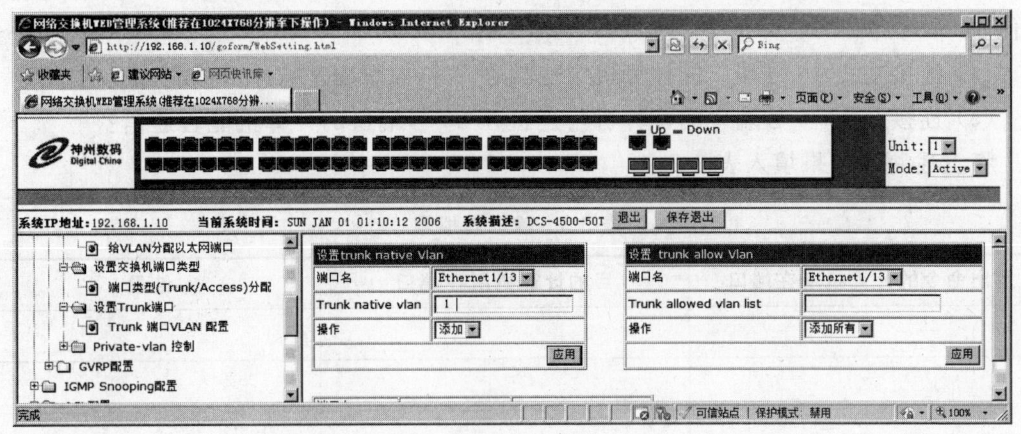

图 3-14 设置 Trunk 端口 VLAN

(2) 将两台计算机一台接在交换机 A 的 1～6 号端口，另一台接在交换机 B 的 7～12 号端口，用 ping 命令验证，如图 3-11 所示，说明不能直接通信。

3.4 实训与思考

3.4.1 实训题

实训 3-1 在一台计算机上配置 VLAN

1. 划分 VLAN

在本组的交换机上划分 3 个 VLAN。

VLAN的划分方案为：划分3个VLAN，VLAN ID分别为10、20和30，端口1～6、端口7～12和端口13～18分别属于这3个VLAN。将设置结果填入表3-1。

表3-1 VLAN设置结果

端口号	VLAN号	端口类型	端口状态
1～6			
7～12			
13～18			
其余端口			

2. 验证

用ping命令测试：

(1) 连接在1～6号端口的计算机之间能否通信？

(2) 连接在7～12号端口的计算机之间能否通信？

(3) 连接在13～18号端口的计算机与连接在7～12号端口的计算机之间能否通信？

(4) 连接在1～6号端口的计算机与连接在7～12号端口的计算机能否通信？

(5) 连接在1～6号端口的计算机与连接在20号端口的计算机能否通信？

将上述测试结果填入表3-2。

表3-2 验证虚拟网

发出命令的计算机所在端口	目的计算机所在端口	结果

实训3-2 配置跨交换机的虚拟网

实验接线参照图3-12。

虚拟网划分方案：用两个交换机的1～6号端口组成VLAN 10，用两个交换机的7～12号端口组成VLAN 20，用两个交换机的13～18号端口组成VLAN 30，用两个交换机的20号端口做Trunk口。

1. 配置VLAN

按照上述要求配置VLAN，将结果记录在表3-3中。

表 3-3 VLAN 设置结果

端口号	VLAN 号	端口类型	端口状态
1～6			
7～12			
13～18			
20			

2. 验证

用 ping 命令测试：

(1) VLAN 2 的成员计算机之间能否通信?

(2) VLAN 3 的成员计算机之间能否通信?

(3) VLAN 2 的成员计算机与 VLAN 3 的成员计算机之间能否通信?

将上述测试的结果填入表 3-4 中。

表 3-4 验证虚拟网

发出命令的计算机所在端口	目的计算机所在端口	结果

3.4.2 思考题

(1) 虚拟网有几种划分方法?

(2) 如果交换机的 1 号端口接 ADSL 线路上网，2 号端口接大局域网共享，3、4、5、6、9、10 号端口供 A 单位用，7 号端口供 B 单位用，8 号端口供 C 单位用，如何划分 VLAN?

(3) 什么是 Trunk?

(4) IEEE 802.1q 协议的作用是什么?

实验 4 experiment 4

TCP/IP 协议

4.1 知识准备

4.1.1 IP 协议

IP 协议是互联层最重要的协议。IP 协议的主要作用是尽力而为地将 IP 分组从发送端主机通过互联网环境送达接收端主机。

IP 协议规定了全网通用的地址格式,并在统一机构管理下进行地址分配,保证一个 IP 地址对应一台主机。在网络互连环境中,网络中的主机和路由器一律采用 IP 编址方案,从而屏蔽了不同网络物理地址的差异,使得网络寻址变得简单高效。

IP 协议采用报文分组交换中的数据报交换方式在不同的网络间交换数据。IP 协议为传输层提供尽力而为的数据传输服务,每个 IP 分组都是独立地进行路由选择。IP 协议不保证 IP 分组一定送达,也不负责处理传输中的错误,发现错误的分组就丢弃。分组的重新组装和纠错都由传输层来完成。因此,IP 协议是一种不可靠、无连接的数据报传送服务协议。

4.1.2 ARP 协议

ARP(Address Resolution Protocol,地址转换协议)是获取物理地址的一个 TCP/IP 协议,其作用是将 IP 地址转换为物理地址。ARP 的解析只能在一个局域网内完成。

当主机 A 要给局域网中另一台主机 B 发送 IP 数据时,在报头中需要填写 B 的 IP 为目标地址,但这个 IP 包在以太网上传输的时候,还需要进行一次以太包的封装,在这个以太包中,目标地址就是 B 的 MAC 地址。主机 A 首先根据目的主机 B 的 IP 地址在 ARP 的高速缓存中查询对应的 MAC 地址。ARP 高速缓存是主机维护的一个 IP 地址到相应 MAC 地址的映射表。如果查到匹配的地址,则主机 A 将 B 的 MAC 地址写入以太网帧首部,然后就进行发送。如果查询不到,主机 A 则通过 ARP 协议得知 B 的 MAC 地址。在 A 不知道 B 的 MAC 地址的情况下,ARP 会先保留待发送的 IP 分组,然后广播一个 ARP 请求包,请求包中填有 B 的 IP 地址,以太网中的所有计算机都会接收这个请求,而正常的情况下只有 B 会给出 ARP 应答包,包中就填上了 B 的 MAC 地址,并回复给

A。A得到ARP应答后，将B的MAC地址写入帧首部并将IP分组发送出去，同时更新ARP高速缓存。

4.1.3 ICMP协议

ICMP(Internet Control Message Protocol，网际控制报文协议)是网络层的一个协议。该协议的作用是向源主机报告差错，主要用在路由器上。ICMP差错报告采用路由器-源主机的模式，路由器在发现数据报传输出现错误时只向源主机报告差错原因，ICMP并不能保证所有的IP数据报都能够传输到目的主机。ICMP不能纠正差错，它只是报告差错，差错处理需要由高层协议去完成。

ping命令是ICMP的最著名的应用，当网络不通时，通常会ping一下这个网络中的主机，ping会回显出一些有用的信息。常见的信息如下：

(1) 返回四条信息 Reply from 10.4.24.1　bytes=32 time<1ms TTL=128

表示ping通了，两个主机能够正常通信。返回4条信息是发送了4个数据包，bytes=32说明每个数据包32B，TTL=128说明两个主机之间没有路由器，属于同一个网络，若TTL不等于2的n次幂(64、128或256)，说明经过了路由器，经过路由器的个数是比TTL值大的2的n次幂减去TTL值。

(2) Request timed out(超时)

以下原因均可能导致出现此信息：

① 目标主机已关机，或者网络上根本没有这个地址。

② 目标主机与自己不在同一网段内，通过路由也无法找到对方。

③ 对方确实存在，但设置了ICMP数据包过滤(比如防火墙设置)。

(3) Destination host unreachable(目的主机无法到达)

可能是以下原因导致出现此信息：

① 目标主机与自己的主机不在同一网段内，而自己又未设置默认的路由。

② 网线出了故障。

(4) Unknown host(不知名主机)

这种出错信息的意思是，该远程主机的名字不能被域名服务器(DNS)转换成IP地址。故障原因可能是域名服务器有故障，或者其名字不正确，或者网络管理员的系统与远程主机之间的通信线路有故障。

4.1.4 IP地址

到目前为止，TCP/IP协议先后出现了6个版本，现在常用的版本为IPv4，还有即将推行的IPv6。

1. IPv4

在IPv4的编址方案中，IP地址是一个32位的二进制地址，采用×.×.×.×的格式来表示，每个×为一组8位二进制数字。为便于表示，每组数字写成十进制数，则每个×

的值为0～255。

IP地址采用分层结构，由网络号(net ID)与主机号(host ID)两部分组成。网络号用于标识主机所属的网络，主机号用于标识该主机在网络中的编号。为了充分利用IP地址空间，Internet委员会定义了5种IP地址类型以适合不同容量的网络，各类地址的特征如图4-1所示。

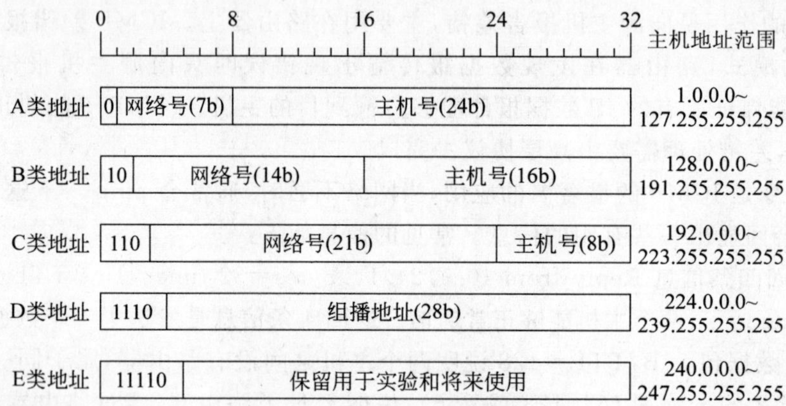

图4-1 IPv4地址的分类

除了上述5类地址外，IPv4中还有一些特殊地址和保留地址。IP地址中网络号全为0或全为1、主机号全为0或全为1的地址都被赋予了特殊的意义，不能分配给主机使用，主要包括：

① 如果网络号为127，主机号任意，用于做循环测试；

② 如果主机号全为1，是一个网络或子网的广播地址；

③ 如果主机号全为0，为网络地址或子网地址；

④ 如果网络号全为0，表示这个网络的这个主机地址；

⑤ 如果网络号全为1，表示这个网络上的特定主机地址；

⑥ 如果32位全为1，为受限广播地址。

保留地址主要供内部组网使用，这些地址不需要申请就可以直接使用。但这些地址只能在局域网内部使用，不能出现在Internet上。保留地址的分布如表4-1所示。

表4-1 保留地址分布范围

网络类型	地 址 范 围	网络总数
A	10.0.0.1～10.255.255.254	1
B	172.16.0.1～172.31.255.254	16
C	192.168.0.1～192.168.255.254	256

2. IPv6

与IPv4相比，IPv6的主要特征为新的协议格式、巨大的地址空间、有效的分级寻址和路由结构、地址自动配置、内置的安全机制和更好地支持QoS服务。

RFC 2373 对 IPv6 地址空间结构与地址基本表示方法进行了定义。IPv6 的 128 位地址按每 16 位划分为一个位段，每个位段被转换为一个 4 位的十六进制数，并用冒号(:)隔开。IPv6 地址虽然采用了十六进制数表示，但仍然很长，可以通过前导零压缩法和双冒号表示法来进行简化。

IPv6 不支持子网掩码，只支持前缀长度表示法。前缀为 IPv6 地址的一部分，用作 IPv6 路由或子网标识。

4.1.5 TCP/IP 属性

TCP/IP 协议已经嵌入到各种操作系统之中，一台计算机在安装了网卡和操作系统后，TCP/IP 协议就是默认安装的协议。要使计算机能够使用 TCP/IP 协议进行通信，必须配置 TCP/IP 属性。在 Windows Server 2008 中，TCP/IP 属性配置的主要内容见表 4-2。

表 4-2 TCP/IP 属性

配置内容		描述
TCP/IPv4	地址	输入该计算机的 IPv4 地址，用于在网络上标识该主机
	子网掩码	通过掩码和 IP 的与运算可以得到 IP 的网络地址，表示子网划分方案
	默认网关	在不同网络的主机间通信时进行报文转发，通常是路由器某个端口的 IP 地址
	DNS 服务器	输入域名服务器的 IP 地址，提供主机名到 IP 地址的转换服务
TCP/IPv6	地址	输入该计算机的 IPv6 地址，用于在网络上标识该主机
	子网前缀长度	表示 IPv6 地址中子网划分
	默认网关	在不同网络的主机间通信时进行报文转发，通常是路由器某个端口的 IP 地址
	DNS 服务器	输入域名服务器的 IP 地址，提供主机名到 IP 地址的转换服务

4.1.6 常用命令

TCP/IP 协议提供了一组实用程序，用于帮助用户对网络进行测试和诊断。常用的命令包括以下 4 个。

1. ping

ping 是使用频率极高的实用程序，用于确定本地主机是否能与另一台主机交换(发送与接收)数据报。根据返回的信息，就可以推断 TCP/IP 参数是否设置得正确以及运行是否正常。按照默认设置，Windows 上运行的 ping 命令发送 4 个 ICMP 回送请求，每个为 32B 数据，如果一切正常，应能得到 4 个回送应答。

ping 命令的参数如图 4-2 所示。

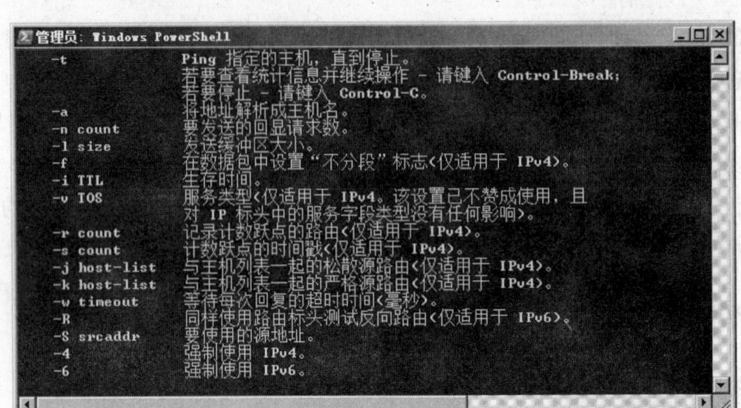

图 4-2 ping 命令参数

2. ipconfig

ipconfig 实用程序可用于显示当前的 TCP/IP 配置的设置值。这些信息一般用来检验人工配置的 TCP/IP 设置是否正确。而如果计算机和所在的局域网使用了动态主机配置协议(DHCP)，这个程序所显示的信息就更加实用，ipconfig 可用于了解自己的计算机是否成功地租用到一个 IP 地址以及相关信息。当使用 ipconfig 时不带任何参数选项，那么它为每个已经配置了的接口显示 IP 地址、子网掩码和默认网关值。

ipconfig 命令的参数如图 4-3 所示，常用参数主要为 all。当使用 all 选项时，ipconfig 能显示 DNS 和 WINS 服务器是否已经配置以及它们的 IP 地址信息，并且显示内置于本地网卡中的物理地址(MAC 地址)。如果 IP 地址是从 DHCP 服务器租用的，ipconfig 将显示 DHCP 服务器的 IP 地址和租用地址预计失效的日期。

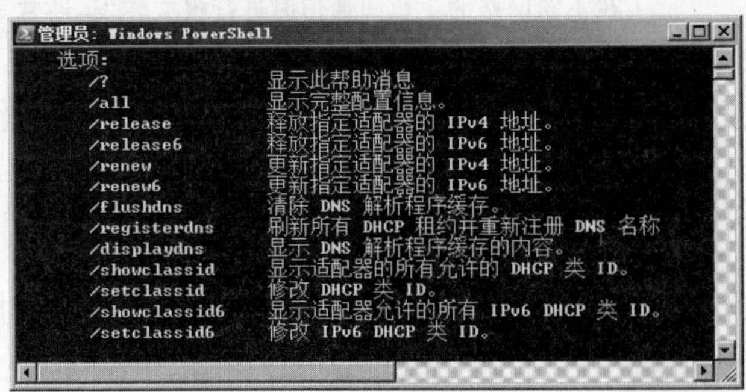

图 4-3 ipconfig 命令参数

3. arp

使用 arp 命令能够查看本地计算机或另一台计算机的 ARP 高速缓存中的当前内容。此外，使用 arp 命令也可以用人工方式输入静态的网卡物理/IP 地址对，我们可能会使用这种方式对默认网关和本地服务器等常用主机进行这项操作，这样有助于减少网络上的信息量。arp 命令的参数如图 4-4 所示。

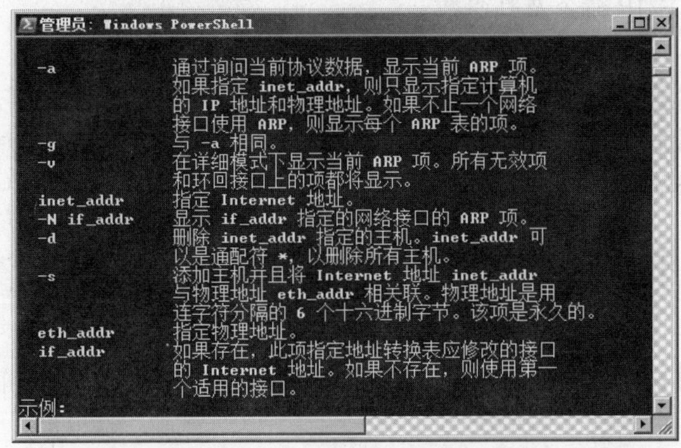

图 4-4 arp 命令参数

4. tracert

tracert 命令用于跟踪通往远程主机路径的实用程序。当数据报从我们的计算机经过多个网关传送到目的地时，tracert 命令可以用来跟踪数据报经过的路由。tracert 命令的参数如图 4-5 所示。

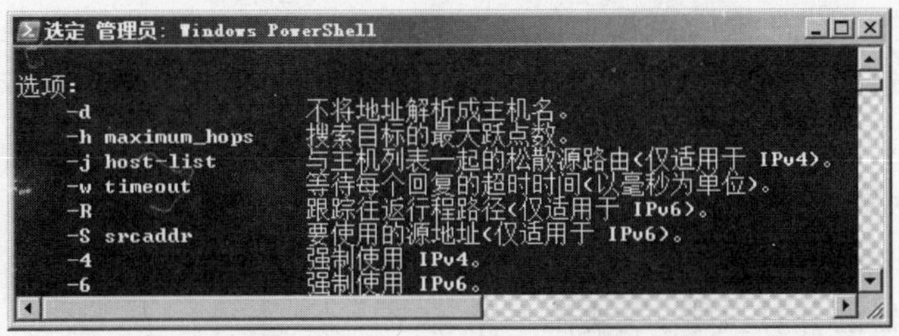

图 4-5 tracert 命令参数

4.2 实验目的与任务

4.2.1 实验目的

(1) 掌握 TCP/IP 属性的设置，理解各参数的含义。

(2) 掌握 TCP/IP 常用命令的使用。

4.2.2 实验任务

任务：

(1) 设置 TCP/IP 协议属性。

(2) 使用 TCP/IP 命令及其参数。

模拟场景：

一个办公室组建了局域网，网络管理员要测试局域网成员之间能否正常通信，能否与默认网关通信，能否与远程计算机通信。为了排除故障，管理员需要查看计算机 TCP/IP 属性的配置，检查 ARP 高速缓存。

4.2.3 实验环境

实验条件：

已安装 Windows 2008 R2(或其他操作系统)的计算机 4 台，交换机 1 台。

实验接线：

按照实验 1 中的图 1-3 接线。

4.3 实验过程

实验 4-1 TCP/IP 属性的设置

1. IPv4 属性配置

TCP/IP 属性的设置参见实验 1-2。

若网络中有运行动态主机配置协议(DHCP)的服务器，应选择“自动获取 IP 地址”，同时获得相应的子网掩码和 DNS 域名解析服务器的 IP 地址以及网关的 IP 地址(参见实验 1 中的图 1-9)。

在充当服务器的计算机中，一块网卡常常需要配置多个 IP 地址，要在一块网卡上添加多个 IP 地址，可以在“Internet 协议版本 4(TCP/IPv4)属性”对话框(参见实验 1 图 1-9)中单击“高级”按钮，如图 4-6 所示，然后添加 IP 地址。

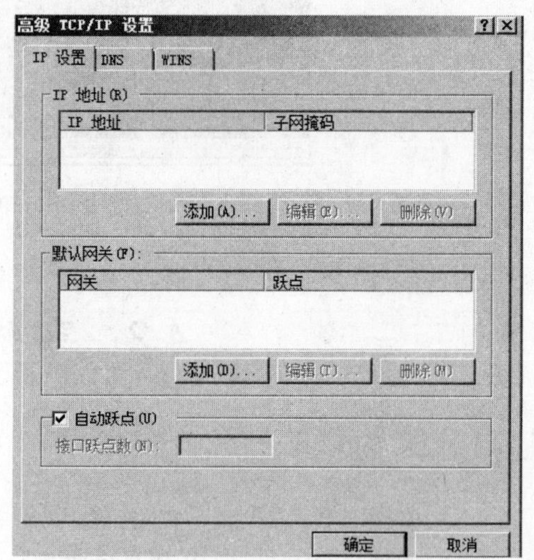

图 4-6 添加多个 IP 地址

4. IPv6 属性配置

在实验 1 中的图 1-8 所示的“本地连接属性”对话框中单击“Internet 协议版本 6(TCP/IPv6)”，再单击“属性”按钮，出现如图 4-7 所示的属性对话框。如果用户在纯 IPV6 网络(或 IPV6 和 IPV4 双栈网络)中，设置自动获取 IPV6 地址即可。

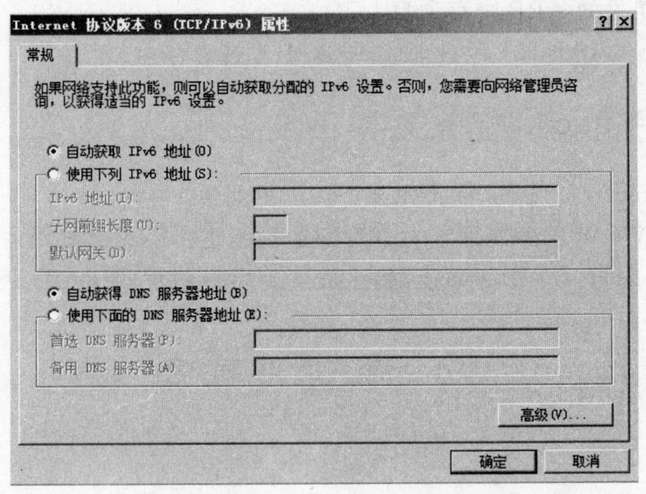

图 4-7 "Internet 协议版本 6(TCP/IPv6)属性"对话框

实验 4-2 使用 ping 命令

(1) 执行"ping 相邻计算机的 IP 地址"，测试与相邻计算机的连通性，仔细观察屏幕信息，并理解其含义。

(2) 执行：ping 并不存在的 IP 地址，仔细观察屏幕信息，并理解其含义。

(3) 执行：ping IP -t，连续对 IP 地址执行 ping 命令，直到被用户以 Ctrl+C 键中断。

(4) 执行：ping IP -l 3000，指定 ping 命令中的数据长度为 3000B，而不是默认的 32B。

(5) 执行：ping IP -n 数字，执行特定次数的 ping 命令。

实验 4-3 使用 ipconfig 命令

(1) 执行：ipconfig，当使用 ipconfig 时不带任何参数选项，那么它为每个已经配置了的网络接口显示 IP 地址、子网掩码和默认网关值。

(2) 执行：ipconfig/all，当使用 all 选项时，ipconfig 显示 DNS 和 WINS 服务器配置情况以及它们的 IP 地址等信息，并且能显示内置于本地网卡中的物理地址(MAC)。

(3) 执行：ipconfig/release，释放已经获取的 IP 地址，随后用 ipconfig/all 查看结果(该命令在网络中存在 DHCP 服务器时有效。)

(4) 执行：ipconfig/renew，重新获取 IP 地址，随后用 ipconfig/all 查看结果(该命令在网络中存在 DHCP 服务器时有效)。

实验 4-4 使用 arp 命令

(1) 执行：arp -a 或 arp -g，查看高速缓存中的所有项目。

(2) 执行：arp -a IP 地址，如果有多个网卡，使用 arp -a 加上接口的 IP 地址，就可以只显示与该接口相关的 ARP 缓存项目。

(3) 执行：arp -s IP 地址　物理地址，向 ARP 高速缓存中人工输入一个静态项目。

实验 4-5　使用 tracert 命令

(1) 执行：tracert　主机名或域名或 IP 地址(如 tracert www. sina. com. cn 或 tracert　本校的 WWW 服务器地址)，查看到达目的主机经过哪些路由。

(2) 执行：tracert -h　命令数值，指定搜索到目标地址的最大跳跃数。

4.4　实训与思考

4.4.1　实训题

实训 4-1　使用 ping 命令

参照实验 4-2 中的步骤，将操作结果记录在表 4-3 中。

表 4-3　ping 命令(包括带不同参数)返回信息的含义

命　　令	返回信息	返回信息的含义
ping 一个局域网中的对象		
ping 一个局域网中没有的对象		
ping 带参数 n		
ping 带参数 l		
ping 带参数 t		

实训 4-2　使用 ipconfig 命令

(1) 参照实验 4-3 中的第(1)、(2)步，将执行 ipconfig/all 得到的信息填入表 4-4，并说明其含义。

表 4-4　ipconfig/all 得到的信息含义

显示信息	含　　义

(2) 参照实验 4-3 中的第(3)、(4)步，将执行 ipconfig/release 和 ipconfig/renew 后的结果记录表 4-5 中。

表 4-5 用 ipconfig 释放与重新申请 IP 地址

命　　令	结果(填入 IP 地址)
ipconfig/release	
ipconfig/renew	

实训 4-3 使用 arp 命令

(1) 用 ping 命令 ping 本组和其他组的计算机 IP 地址,用 arp/a 命令查看高速缓存信息,填入表 4-6。

表 4-6 arp 得到的高速缓存信息

显示信息	含　义

(2) 用 arp/s 命令写入一条静态记录,然后使用 arp/a 查看高速缓存信息并记录在表 4-6 中。

实训 4-4 使用 tracert 命令

参考实验 4-5,执行"tracert 域名或 IP 地址",将途经的路由信息记录在表 4-7 中。

表 4-7 tracert 命令的显示信息

显示信息	含　义

4.4.2 思考题

(1) 有几种方法可以查看 TCP/IP 的配置？这几种方法各有什么优缺点？

(2) arp 和 ipconfig 命令分别可以显示哪些信息？

(3) 什么是 MAC 地址？用哪些方法可以查看 MAC 地址？

(4) ping 命令有哪些参数？各参数的含义是什么？

(5) 若网络出现故障,不能访问外部网络,你会按照怎样的顺序检查网络故障？

实验5 experiment 5

DHCP服务器的配置

5.1 知识准备

5.1.1 DHCP的作用与原理

DHCP(Dynamic Host Configuration Protocol,动态主机配置协议)是IETF为实现IP的自动配置而设计的协议,可以使用DHCP服务器为网络上启用了DHCP的客户端管理动态IP地址分配和其他相关配置细节。DHCP避免了由于需要手动在每个计算机上输入值而引起的配置错误,还有助于防止由于在网络上配置新的计算机时重新使用以前已分配的IP地址而引起的地址冲突。使用DHCP服务器可以大大降低用于配置和重新配置网上计算机的时间,可以让服务器在分配地址租约的同时提供全部的其他网络属性配置值。另外,DHCP租约续订过程还有助于确保客户端计算机配置需要经常更新的情况(如使用移动或便携式计算机频繁更改位置的用户),通过客户端计算机直接与DHCP服务器通信可以高效、自动地进行这些更改。

DHCP协议是基于UDP层之上的应用,其实现原理如下。

1. 客户发出IP租用请求报文

当DHCP客户端设置使用DHCP协议自动获取IP地址,客户端会通过UDP端口67向网络中发送一个DHCP DISCOVER广播包,请求租用IP地址。该广播包中的源IP地址为0.0.0.0,目标IP地址为255.255.255.255,包中还包含客户端的MAC地址和计算机名。如果在1s之内没有得到回应,客户端就会进行第二次广播。在得不到回应的情况下,客户端总共有4次DHCP DISCOVER广播,其余3次的等待时间分别是9s、13s和16s。如果都没有得到DHCP服务器的回应的,客户端则会宣告DHCP DISCOVER的失败。

2. DHCP回应的IP租用提供报文

任何接收到DHCP DISCOVER广播包并且能够提供IP地址的DHCP服务器,都会通过UDP端口68给客户端回应一个DHCP OFFER广播包,提供一个IP地址。该广播包的源IP地址为DCHP服务器IP,目标IP地址为255.255.255.255;包中还包含提供的IP地址、子网掩码及租约期等信息。

3. 客户选择IP租用报文

客户端从不止一台DHCP服务器接收到提供之后，会选择第一个收到的DHCP OFFER包，并向网络中广播一个DHCP REQUEST消息包，表明自己已经接受了一个DHCP服务器提供的IP地址。该广播包中包含所接受的IP地址和服务器的IP地址。所有其他的DHCP服务器撤销它们的提供以便将IP地址提供给下一次IP租用请求。

4. DHCP服务器发出IP租用确认报文

被客户端选择的DHCP服务器在收到DHCP REQUEST广播后，会广播返回给客户端一个DHCP ACK消息包，表明已经接受客户端的选择，并将这一IP地址的合法租用以及其他的配置信息都放入该广播包发给客户机。

5. 客户配置成功后发出的公告报文

客户端在收到DHCP ACK包，会使用该广播包中的信息来配置自己的TCP/IP，则租用过程完成，客户端可以在网络中通信。

至此一个客户获取IP的DHCP服务过程基本结束，不过客户获取的IP一般是采用租约期的方式，到期前需要更新租约期，这个过程是通过租用更新数据包来完成的。

6. 客户IP租用更新报文

在当前租约期已过去50%时，DHCP客户端直接向为其提供IP地址的DHCP服务器发送DHCP REQUEST消息包。如果客户端接收到该服务器回应的DHCP ACK消息包，客户端就根据包中所提供的新的租约期以及其他已经更新的TCP/IP参数更新自己的配置，IP租用更新完成。如果没收到该服务器的回复，则客户端继续使用现有的IP地址，因为当前租约期还有50%。如果在租约期过去50%时未能成功更新，则客户端将在当前租约期过去87.5%时再次向为其提供IP地址的DHCP联系。如果联系不成功，则重新开始IP租用过程。

如果DHCP客户端重新启动时，它将尝试更新上次关机时拥有的IP租用。如果更新未能成功，客户端将尝试联系现有IP租用中列出的默认网关。如果联系成功且租用尚未到期，客户端则认为自己仍然位于与它获得现有IP租用时相同的子网上(没有被移走)继续使用现有IP地址。如果未能与默认网关联系成功，客户端则认为自己已经被移到不同的子网上，将会开始新一轮的IP租用过程。

5.1.2 作用域与租约

作用域是网络上可能分配的IP地址的完整连续范围。作用域通常定义为接受DHCP服务的网络上的单个物理子网。服务器用作用域向网络上的客户端提供对IP地址及相关配置参数的分发和指派进行管理的主要方法。

每一个作用域具有以下属性：

(1) 可以租用给 DHCP 客户端的 IP 地址范围；可在其中设置排除选项，设置为排除的 IP 地址将不分配给 DHCP 客户端使用。

(2) 子网掩码，用于确定给定 IP 地址的子网；此选项创建作用域后无法修改。

(3) 创建作用域时指定的名称。

(4) 租约期限值，分配给 DHCP 客户端。

(5) DHCP 作用域选项，如 DNS 服务器、路由器 IP 地址和 WINS 服务器地址等。

(6) 保留(可选)，用于确保某个确定 MAC 地址的 DHCP 客户端总是能从此 DHCP 服务器获得相同的 IP 地址。

租约是由 DHCP 服务器指定的一段时间，在此时间内 DHCP 客户端可使用分配的 IP 地址。当向客户端提供租约时，租约是“活动”的。在租约过期之前，客户端通常需要向服务器更新指派给它的地址租约。当租约过期或在服务器上被删除时，它将变成非活动的。租约期限决定租约何时期满以及客户端需要向服务器对它进行更新的频率。

5.1.3 排除范围和保留地址

排除范围是从作用域内可供分配的 IP 地址中排除的有限 IP 地址序列。使服务器不会将排除范围内的地址提供给网络上的 DHCP 客户端。

DHCP 服务器可使用“保留”创建 DHCP 服务器指派的永久地址租约。保留可确保子网上指定的硬件设备始终可使用相同的 IP 地址，这些地址就成为保留地址，可以用于基于 IP 地址的身份验证事例。要为一个客户端保留一个 IP 地址，就需要利用客户端的网卡的物理地址(即 MAC 地址)。保留可以确保 DHCP 客户永远得到同一个 IP 地址。有些网络服务需要固定的 IP 地址才能运行，但又希望这些主机的网络设置信息由 DHCP 服务器获取，这时可以设置保留地址。

5.2 实验目的与任务

5.2.1 实验目的

(1) 掌握 DHCP 服务器的安装和配置过程。

(2) 理解 DHCP 的作用和工作原理。

5.2.2 实验任务

任务：

(1) 用 Windows Server 2008 R2 配置 DHCP 服务器。

(2) 配置 DHCP 客户机。

(3) 为客户机配置保留地址。

(4) 验证 DHCP 服务。

模拟场景：

一个局域网有众多的计算机，为了免除用户自己配置IP地址之劳，也为了保证局域网的IP地址不出现冲突，管理员需要配置一台DHCP服务器，为客户机自动分配IP地址。

5.2.3 实验环境

实验条件：

已安装Windows Server 2008 R2的计算机1台，安装其他Windows操作系统的计算机至少1台，交换机1台。

实验连线：

按照实验1中的图1-4连接成局域网。

5.3 实验过程

实验5-1 添加服务器角色

(1) 依次单击"开始"→"管理工具"→"服务器管理器"选项，打开"服务器管理器"窗口，如图5-1所示。

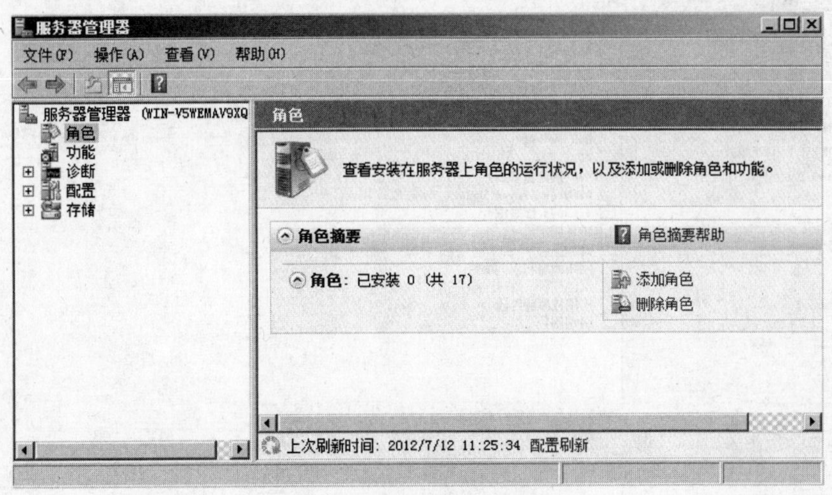

图5-1 "服务器管理器"窗口

(2) 在左侧窗格选择"角色"标识，在右侧窗格单击"添加角色"图标，如图5-2所示，进入添加角色向导的"开始之前"页面。

(3) 在"开始之前"对话框中单击"下一步"按钮。

(4) 在图5-3所示的"选择服务器角色"对话框中选择"DHCP服务器"，单击"下一步"按钮。

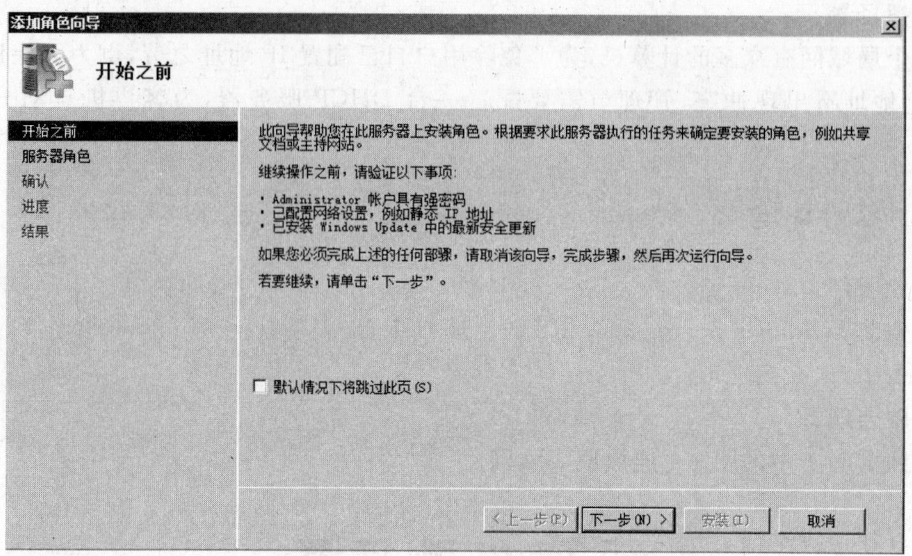

图 5-2 “开始之前”对话框

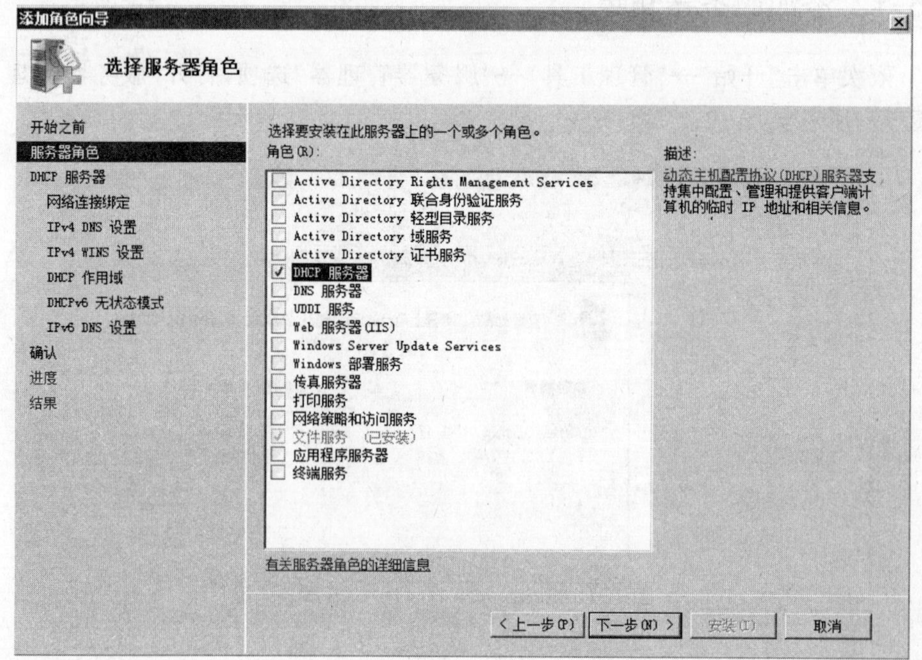

图 5-3 “选择服务器角色”对话框

(5) 在“选择网络连接绑定”对话框中选择网络所用的 IPv4 的 IP 地址进行绑定，如图 5-4 所示。

(6) DHCP 服务器除了分配给客户机 IP 地址外，还可以分配其他选项给客户机，例如域名和 DNS 服务器的 IP 地址，可以通过图 5-5 设置这两个选项。

(7) 在“指定 IPv4 WINS 服务器设置”对话框中，选择“此网络上的应用程序不需要

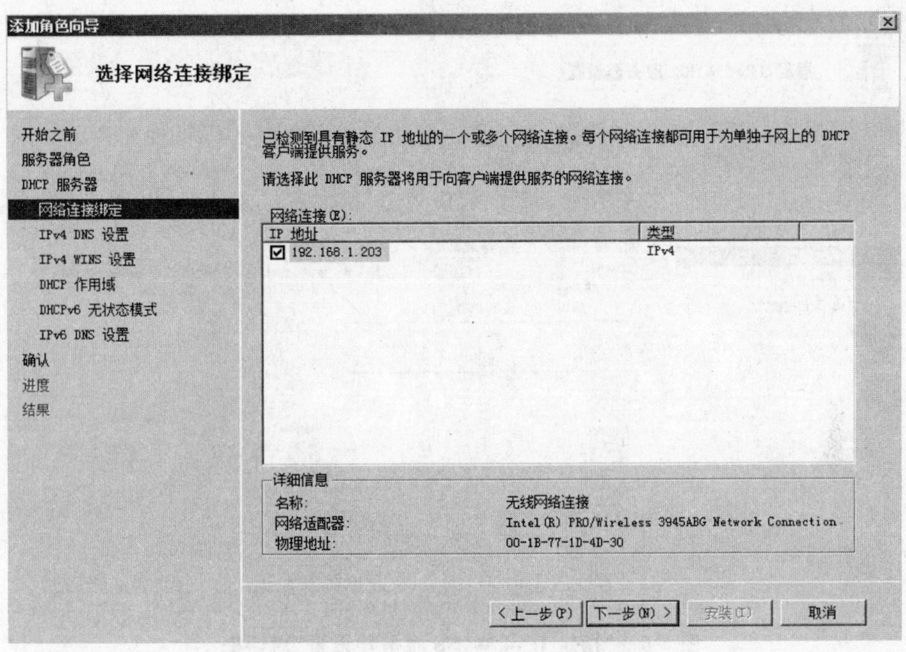

图 5-4 “选择网络连接绑定”对话框

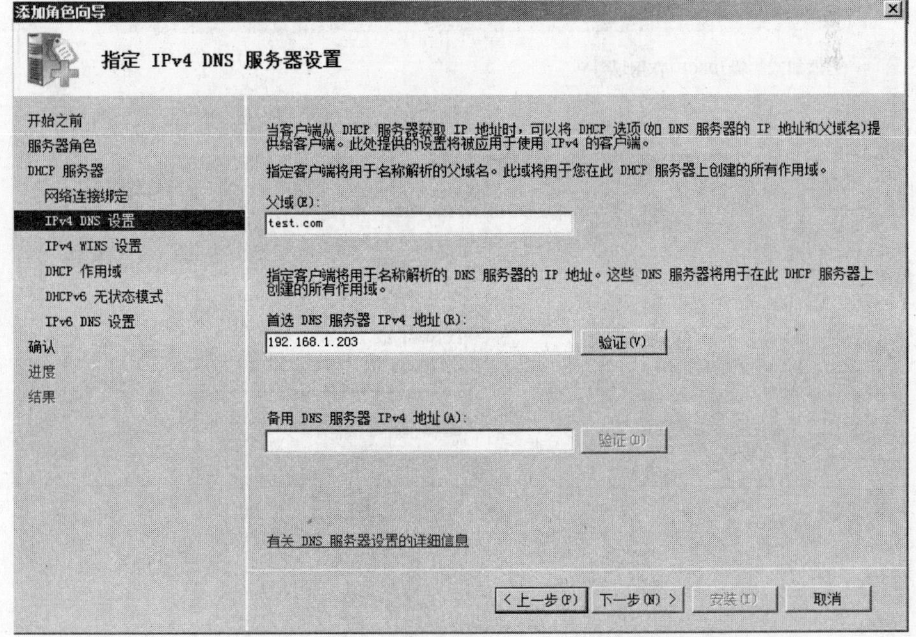

图 5-5 “指定 IPv4 DNS 服务器设置”对话框

WINS”，单击“下一步”按钮，如图 5-6 所示。

(8) 在“添加或编辑 DHCP 作用域”对话框中单击“添加”按钮，指定分配给客户端的 IP 地址范围，输入作用域的名称、起始地址、结束地址和子网掩码，并选择“激活此作用

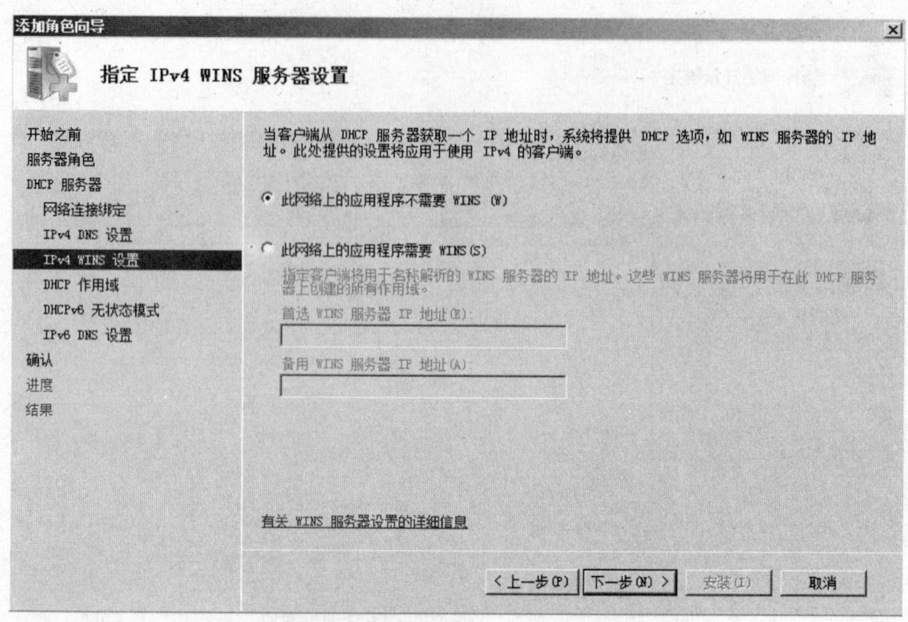

图 5-6 “指定 IPv4 WINS 服务器设置”对话框

域”复选框，如图 5-7 所示，单击“确定”按钮。

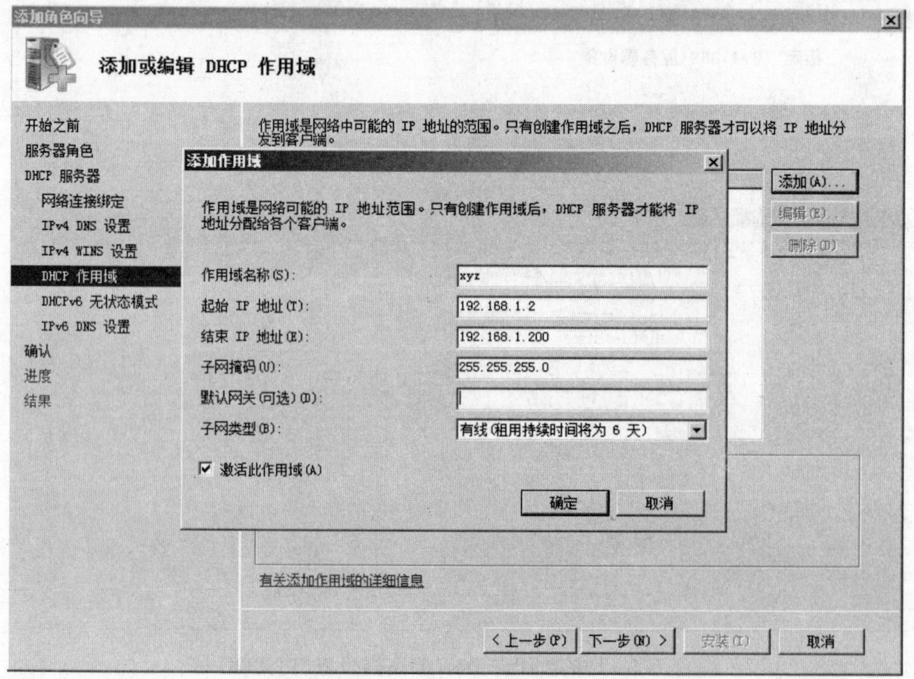

图 5-7 添加 DHCP 作用域

(9) 添加完作用域后，“添加或编辑 DHCP 作用域”对话框会显示该作用域，如图 5-8 所示，单击“下一步”按钮。

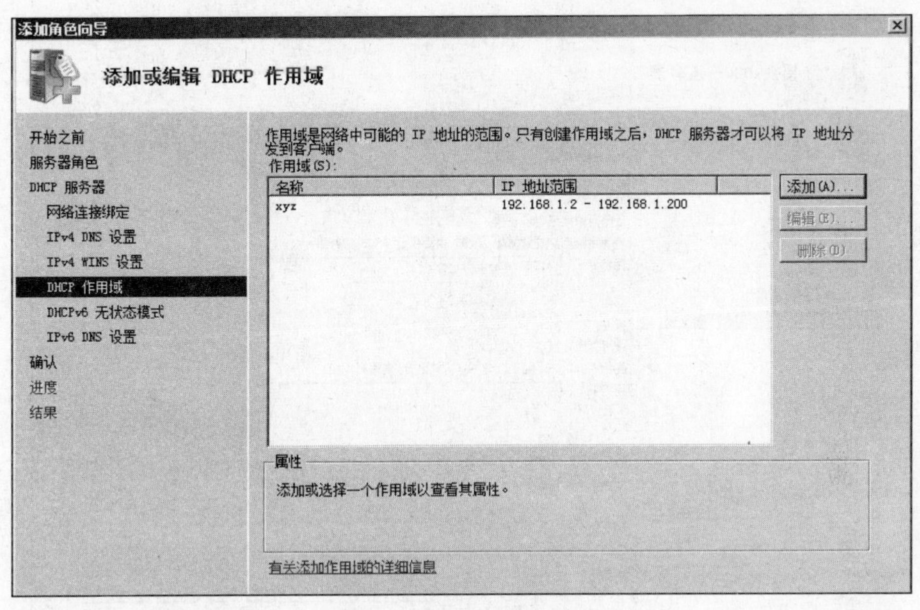

图 5-8　添加作用域完毕

(10) 选择“对此服务器禁用 DHCPv6 无状态模式”单选按钮，单击“下一步”按钮，如图 5-9 所示。

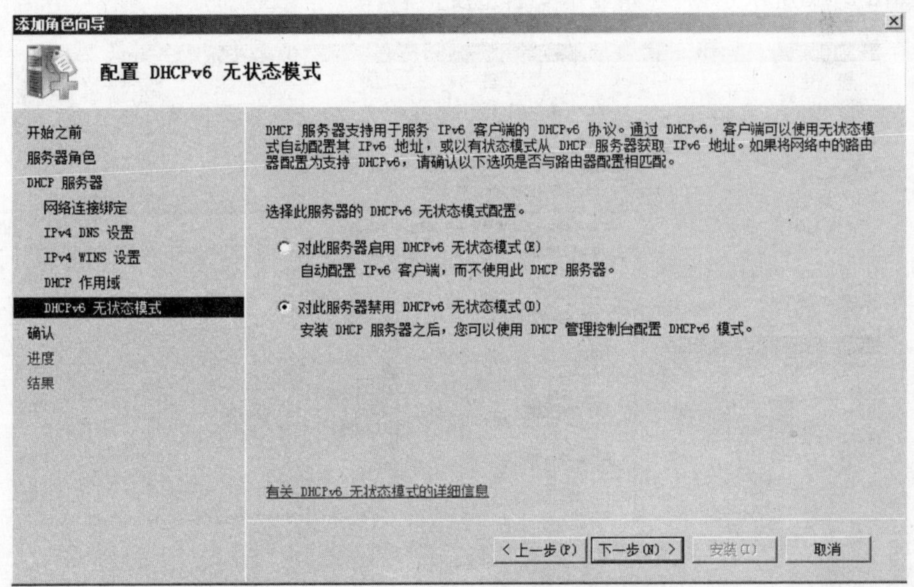

图 5-9　“配置 DHCPv6 无状态模式”对话框

(11) 在“授权 DHCP 服务器”对话框中选择给这台服务器授权的账户，这个账户必须是 Enterprise Admins 组的成员才有权执行授权操作，在登录时用 Administrator 登录，而 Administrator 就是该组的成员，所以选择“使用当前凭据”单选按钮，单击“下一步”按钮，如图 5-10 所示。

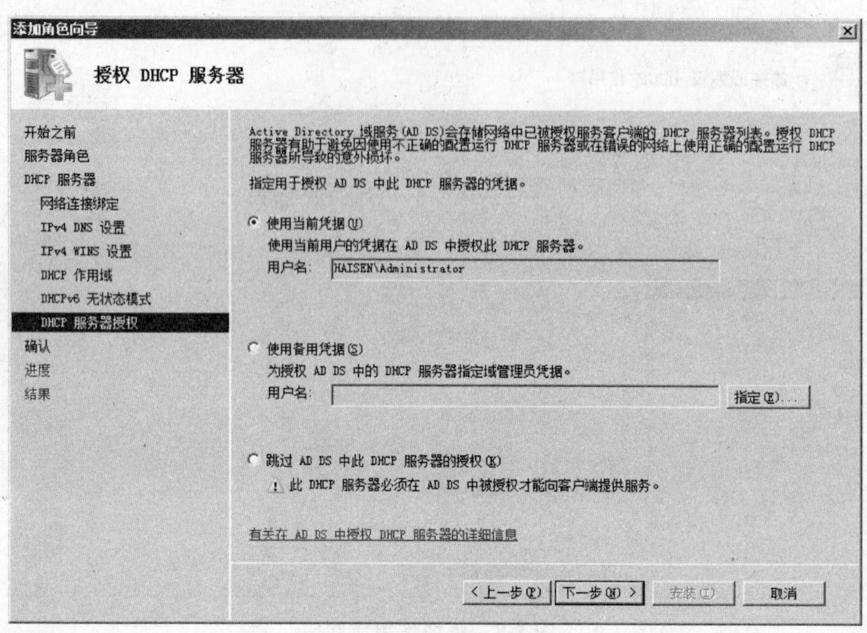

图 5-10　选择授权账户

(12) 在“确认安装选择”对话框会显示前面几步的配置信息，确认无误后单击“安装”按钮，如图 5-11 所示，然后开始显示安装进度信息。

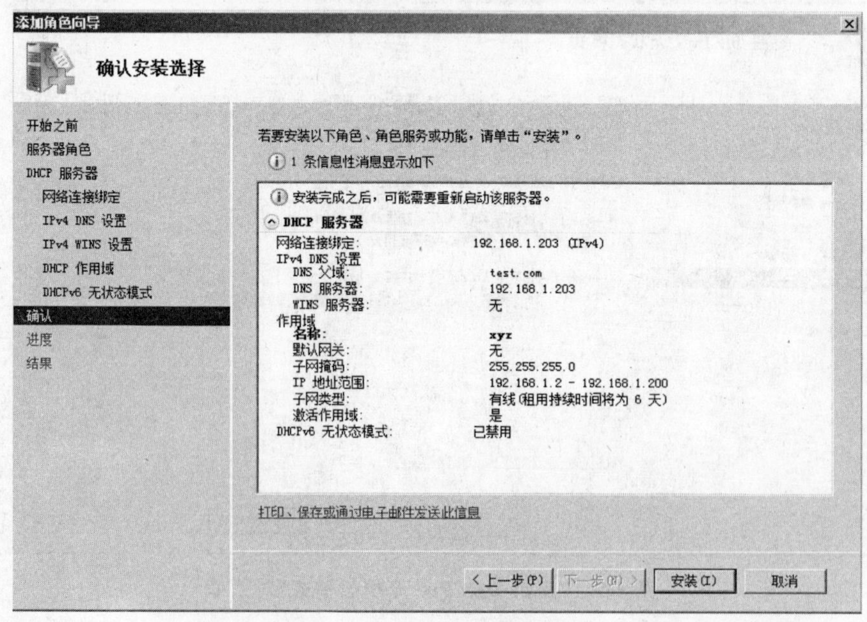

图 5-11　确认安装

(13) 安装完成后会在“安装结果”窗口显示安装是否成功及相关提示信息，单击“关闭”按钮完成整个安装配置过程。

实验 5-2 DHCP 服务器管理器

(1) 在 Windows Server 2008 R2 中提供了 DHCP 服务器管理器，成功安装 DHCP 服务器后，依次单击“开始”→“管理工具”→“DHCP”选项，出现 DHCP 服务器管理器界面如图 5-12 所示。

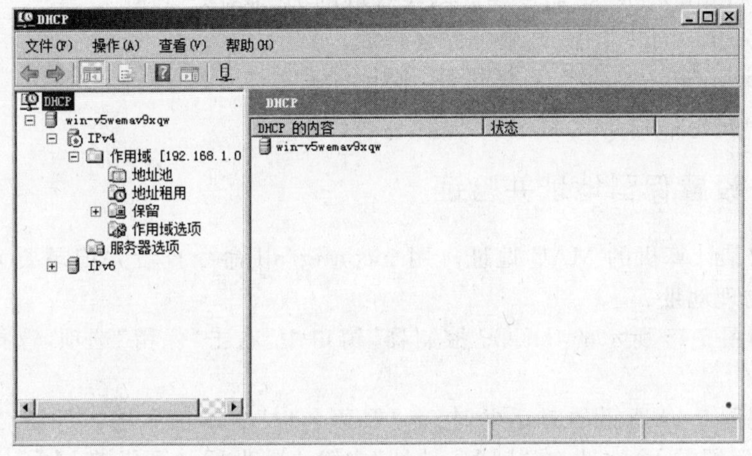

图 5-12 DHCP 服务器管理器界面

(2) 在 DHCP 服务器管理器的 IPv4 下面有已经创建的作用域。如果希望创建新的作用域，只需右击 IPv4，然后选择“新建作用域”命令即可。

(3) 如果希望修改现有作用域的参数，在图 5-12 中右击相应的作用域后，从弹出的菜单中选择“属性”命令，然后就可以对该作用域的详细参数进行修改，如图 5-13 所示。

(4) 如果不希望将地址池中的某些范围的 IP 地址分配给客户机，可以建立保留。在图 5-12 中右击“地址池”，选择“新建排除范围”命令，在随后弹出的“添加排除”对话框中输入要排除的 IP 地址范围，单击“添加”按钮，如图 5-14 所示。

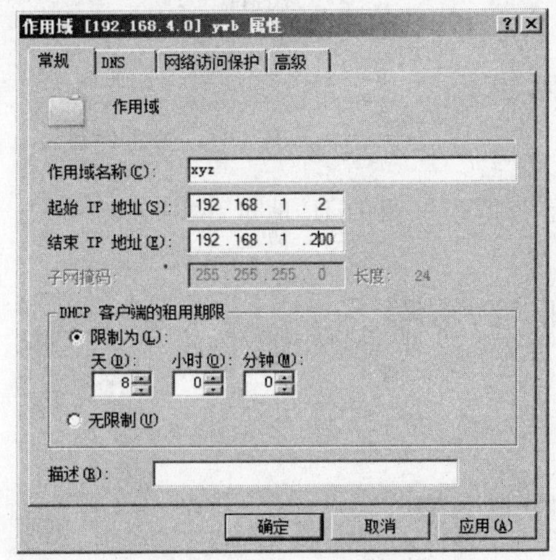

图 5-13 作用域的属性

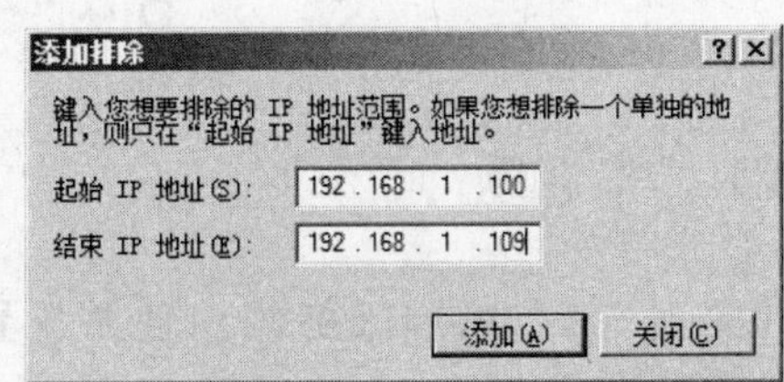

图 5-14 添加排除范围

实验 5-3 配置 DHCP 客户端并验证

(1) 在客户机的"TCP/IP 属性"对话框中将 IPv4 的地址设置为"自动获取",DNS 服务器地址设置为"自动获取"即可。

(2) 用 ipconfig/all 命令查看已经获取的 IP 地址和相关信息。

(3) 用 ipconfig/release 命令释放已经获取的 IP 地址。

(4) 用 ipconfig/all 验证 IP 地址已经释放。

(5) 用 ipconfig/renew 重新获取 IP 地址。

(6) 用 ipconfig/all 验证 IP 地址已经重新获取。

实验 5-4 设置保留地址并验证

(1) 读取某计算机的 MAC 地址。用 ipconfig/all 命令查看并记录要为其设置保留的计算机的物理地址。

(2) 在如图 5-15 所示的"DHCP 控制器"窗口中,右击"保留"选项,选择"新建保留"命令。

(3) 出现图 5-16 所示的对话框时,在"保留名称"文本框中输入保留名称,在"IP 地址"中输入要保留的 IP 地址,在"MAC 地址"中输入要保留计算机的 MAC 地址。

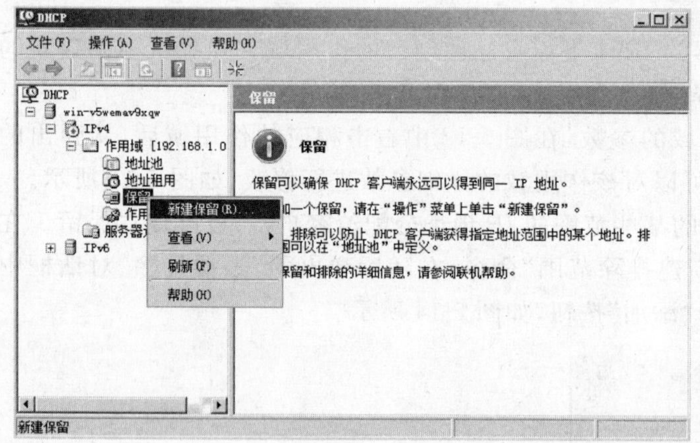

图 5-15 新建保留

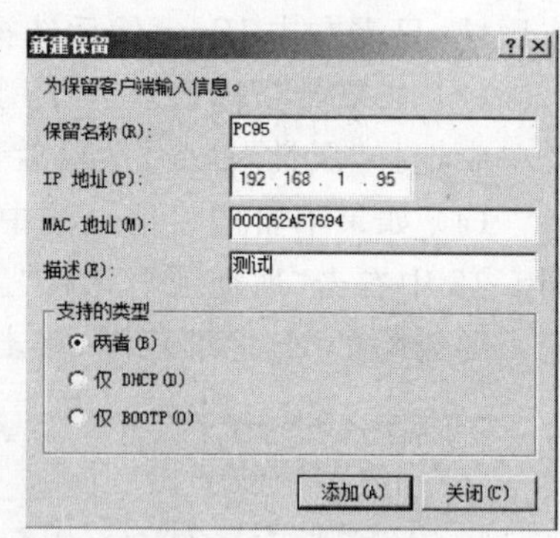

图 5-16 设置保留

(4) 在客户机上重新获取 IP 地址,结果是获得了保留的 IP 地址。

5.4 实训与思考

5.4.1 实训题

实训 5-1 添加服务器角色并配置 DHCP 服务器

各组选一台计算机为 DHCP 服务器,其余做客户机。

(1) 在DHCP服务器上添加DHCP服务器角色，并参考实验5-1的步骤配置DHCP服务器。

(2) 将安装过程设置的服务器参数填入表5-1。

表5-1 DHCP服务器参数设置

设置内容	设置值
作用域名称	
分配的IP地址范围	
子网掩码	
排除的地址范围	
租期(子网类型)	
默认网关	
DNS地址	

(3) 每组在配置好客户端后，在客户端查看已经获取的IP地址和相关信息并记录在表5-2中。

表5-2 客户机端得到的IP地址

计算机	IP地址
PC1	
PC2	
PC3	

(4) 在客户机上使用ipconfig/release和ipconfig/renew命令释放与重新获取IP地址，用ipconfig/all命令查看IP地址的变化并将结果记录在表5-3中。

表5-3 释放与重新获取地址

命令	结果

实训5-2 设置保留

(1) 在客户机上读取物理地址。

(2) 在服务器上为客户机设置保留地址。

(3) 每组将设置保留的参数记录在表5-4中。

表 5-4 设置保留的参数

保留名	物理地址	IP 地址

(4) 在客户机上验证得到的保留地址,将验证结果记录在表 5-5 中。

表 5-5 获取保留的 IP 地址

计算机	该计算机的物理地址	获取的 IP 地址

5.4.2 思考题

(1) DHCP 服务器的作用是什么?

(2) 简述配置 DHCP 服务器的主要过程。

(3) 什么是保留地址?

(4) 什么是排除地址?

(5) 什么是地址租约?

实验 6 experiment 6

网络接入

6.1 知识准备

6.1.1 接入网

所谓接入网，是指骨干网络到用户终端之间的所有设备。其长度一般为几百米到几千米，因而被形象地称为"最后一千米"。由于骨干网一般采用光纤结构，传输速度快，因此，接入网便成了整个网络系统的"瓶颈"。

6.1.2 网络接入方法

网络接入方式包括铜线（普通电话线）接入、光纤接入、光纤同轴电缆（有线电视电缆）混合接入、无线接入和以太网接入等几种方式。

1. 通过电话网接入

通过电话网接入 Internet 的方式主要包括电话拨号接入、ISDN 和 ADSL。

1）电话拨号接入

电话拨号接入 Internet 是家庭用户最早使用的一种接入方式。电话拨号接入的硬件需求包括：一台计算机、一个调制解调器（又称 Modem）和一根电话线。其中调制解调器有内置式和外置式两种。内置式调制解调器直接插在计算机内部的插槽内，外置式调制解调器通过串行通信口和计算机相连。调制解调器还有一个与电话线连接的接口。电话拨号接入的软件需求是在安装好 Windows 操作系统的计算机上，安装好调制解调器的驱动程序，设置好 TCP/IP 协议。通过调制解调器接入 Internet 还需要一个可以拨入 Internet 的服务供应商的电话号码以及账号。通过拨号上网具有以下特点：数据传输速度慢（最高速度 56kb/s）；上网和打电话不能同时进行；网络费用按时收费，而且包括通话时长费和网络服务费用。

2）ISDN

ISDN（Integrated Service Digital Network），中文名称是综合业务数字网，中国电信将其俗称为"一线通"。它是利用公共电话网采用时分多路复用技术将多项业务复用在一条数字管道中,并通过局端设备与业务网络连接。ISDN 在采用基本速率接口(2B+D)时最大数据传输速率可达 128kb/s,在上网的同时可以打电话。使用 ISDN 必须到 ISP 处申请账号,在用户端需要安装网络终端(NT),用于实现在普通电话线上进行数字信号的发送和接收。

3) ADSL

ADSL 是 Asymmetrical Subscriber Loop(非对称数字用户环路)的英文缩写。ADSL 技术是运行在原有普通电话线上的一种新的高速宽带技术,它利用现有的一对电话铜线,为用户提供上、下行非对称的传输速率。

非对称主要体现在上行速率(最高 640kb/s)和下行速率(最高 8Mb/s)的非对称性上。用户经过 ADSL Modem 编码后的信号通过电话线传到电话局后再通过一个信号识别/分离器,如果是语音信号就传到交换机上,如果是数字信号就接入到 Internet 或其他网络上。ADSL 接入不需要重新布线,只需在电话线路两端加装 ADSL 设备,可以帮助用户高速上网,上网和打电话互不干扰,而且不需要缴付另外的电话费,还提供额外服务。

ADSL 的接入方式有两种:桥接接入模式和路由模式。桥接接入模式中,ADSL Modem 直接与 PC 连接,在 PC 上运行 PPPoE 拨号软件进行拨号,通过交换机连接所有共享用户,然后配置网关服务器型共享,或者代理服务器型共享即可。人数较多的网吧、学校、企业和社区等大型网络宜采用桥接模式。

若使 ADSL Modem 工作在路由接入模式下,则可以实现 PPPoE 拨号、NAT、RIP-1 等少量路由功能,ADSL Modem 直接与局域网交换机连接就可以共享上网。

2. 局域网+专线接入

对于局域网+专线的接入方式,用户计算机是局域网中的主机,每台计算机只需配置网卡,设置 TCP/IP 属性即可。专线接入是指专门为用户建立线路,由用户专用。专线接入方式包括许多种,主要有 DDN 专线、光纤、光纤同轴电缆混合接入等。

1) DDN 专线

DDN 专线可以提供 64Kb/s~2Mb/s 的速率,可以向客户提供多种业务。DDN 接入方式非常灵活,既可以通过模拟专线(用户环路)和调制解调器入网,也可以通过光纤电路入网。

2) 光纤接入

光纤接入就是从主干网直接引光纤到企业、校园或小区,光纤通信具有通信容量大、质量高、性能稳定、防电磁干扰和保密性强等优点。光纤接入网的主要传输介质为光纤,交换局交换和用户接收的均为电信号,在用户端和交换局端都要进行电/光和光/电转换。光纤接入在用户端必须有一个光纤收发器(或带有光纤端口的网络设备)和一个路由器。

3) 光纤同轴电缆混合接入

光纤同轴电缆混合接入是一种以频分复用技术为基础,综合应用数字传输技术、光纤和同轴电缆技术、射频技术的智能宽带接入网。是有线电视网(CATV)和电话网结合的产物，是以同轴电缆网络为最终接入部分的宽带网络系统。光纤同轴电缆混合接入使用 Cable Modem(电缆调制解调制器)通过有线电视网上网，传输速率可达 10～36Mb/s。

3. 无线接入

无线接入技术是指通过无线介质将用户终端与网络节点连接起来，以实现用户与网络间的信息传递，无线接入网由部分或全部采用无线电波传输介质连接的业务接入节点和用户终端构成。

无线接入方式很多，大致可分两种。一种是通过手机开通数据功能，以计算机通过手机或无线上网卡来达到无线上网，速度则根据使用不同的技术、终端支持速度和信号强度共同决定。另一种无线上网方式即使用无线网络设备，它是以传统局域网为基础，以无线 AP 或无线路由器和无线网卡来构建的无线上网方式，称为 Wi-Fi 接入。

1) Wi-Fi 接入

Wi-Fi 全称 Wireless Fidelity。Wi-Fi 是把有线网络信号转换成无线信号，供支持 Wi-Fi 技术的计算机、手机和 PDA 等接收的无线网络传输技术。

Wi-Fi 是由无线接入点 AP 或无线路由器与无线网卡组成的无线网络。AP 或无线路由器是有线局域网络与无线局域网络之间的桥梁，只要在家庭中的 ADSL 或小区宽带中加装无线路由器，就可以把有线信号转换成 Wi-Fi 信号，而无线网卡则是负责接收由 AP 所发射信号的客户端设备。任何一台装有无线网卡的 PC 均可通过 AP 或无线路由去分享有线局域网络甚至广域网络的资源。

根据无线网卡使用的标准不同，Wi-Fi 的速度也有所不同。其中 IEEE 802.11b 最高为 11Mb/s，IEEE 802.11g 为 54Mb/s。

2) 利用 3G/4G 网络手机接入

3G 网络，是指使用支持高速数据传输的蜂窝移动通信技术的第三代移动通信技术的线路和设备铺设而成的通信网络。3G 网络将无线通信与国际互联网等多媒体通信手段相结合，是新一代移动通信系统。中国电信 CDMA、中国联通 WCDMA、中国移动 TD-CDMA 等都是 3G 网络。3G 网络上网理论速率可以达到 2Mb/s。

4G 网络是第四代移动通信网络。目前通过 ITU 审批的 4G 标准有两个：一个是由我国研发的 TD-LTE，它是由 TD-SCDMA 演进而来的；另一个是欧洲研发的 LTE-FDD，它是由 WCDMA 演进而来的。4G 上网速度可达 60Mb/s，比 3G 网络快几十倍。

6.1.3 Internet 连接共享

由于 IPv4 地址非常有限，目前各企业、学校、家庭和网吧等内部网络都使用保留地址，但这些地址只能在局域网内部使用，不能出现在 Internet 上。如果让这些配置保留地址的计算机也能访问 Internet，需要使用代理服务技术或网络地址转换技术。

1. 用 ICS 连接共享

ICS(Internet 连接共享)是 Windows Server 2008 内置的一种网络连接共享服务，它可以使家庭网络或小型办公室网络用户非常容易地连接到 Internet。可以把运行 ICS 的主机看成一个简单的 NAT 路由器，内部网络客户机的网络访问请求一律交给 ICS 服务器，通过 ICS 主机地址访问外部网，将资源取回后再交给客户机。

2. 代理服务器

代理服务器(proxy server)的功能就是代理内部网络用户去取得外部网络信息。其工作本理是：当客户在浏览器中设置好代理服务器后，客户使用浏览器访问一切 WWW 站点的请求都不会直接发给目标主机，而是先发给代理服务器，代理服务器接受了客户的请求以后，由其向目的主机收出请求，并接收目的主机的数据，存于代理服务器的硬盘中，然后再由代理服务器将客户请求的数据发给客户。

代理服务器的主要功能包括连接 Internet 与 Intranet，充当防火墙、节省 IP 开销和提高访问速度。要实现代理服务器，需要指定一台计算机作为代理服务器的主机，该计算机应能够访问 Internet，在该计算机上运行代理服务器软件即可。

6.2 实验目的与任务

6.2.1 实验目的

(1) 掌握拨号连接设置方法。

(2) 掌握代理服务器的设置，理解共享上网的工作原理。

6.2.2 实验任务

任务：

(1) 设置拨号连接上网。

(2) 设置以太网连接共享。

(3) 设置代理服务器实现共享上网。

模拟场景：

一个小公司，有若干台计算机，该公司申请了一条 ADSL 专线，想让所有员工通过这条专线上网，为此，需要建立一个虚拟拨号连接，同时，需要架设一台代理服务器，让所有员工都通过代理服务器上网。

6.2.3 实验环境

实验条件：

至少两台计算机，一台做代理服务器，其余做客户机。代理服务器应该具有一个能够访问 Internet 的 IP 地址，用于访问 Internet；一个内部网络的地址，用于连接局域网。代理服务最好有两块网卡，一个连接 Internet，另一个连接内部网；如果只有一块网卡也可以，将两个 IP 地址都绑定在这个网卡上。

实验接线：

其接线图如图 6-1 和图 6-2 所示。

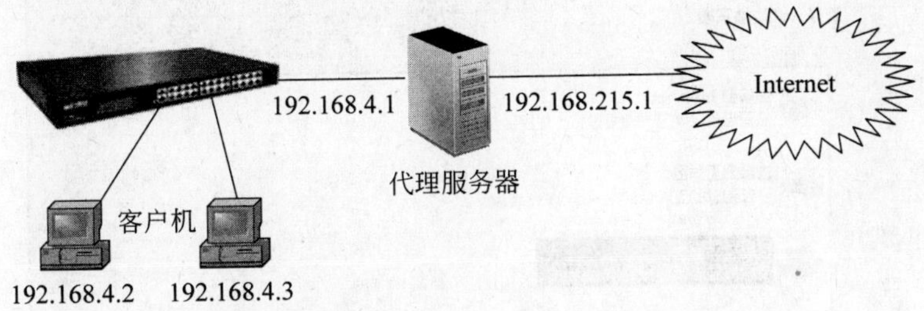

图 6-1 使用两块网卡的代理服务器(或 ICS)连接

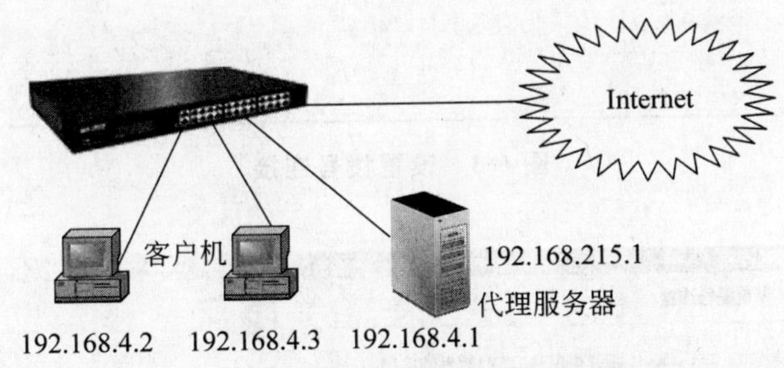

图 6-2 使用一块网卡的代理服务器连接

6.3 实验过程

实验 6-1 建立拨号连接

1. 安装调制解调器

将外置式调制解调器电缆插头连接在主机上，并安装调制解调器的驱动程序。

2. 建立拨号连接

(1) 在“网络和共享中心”对话框(参见图 1-3)中，选择“设置新的连接或网络”。

(2) 在弹出的“设置连接或网络”对话框中选择“设置拨号连接”，单击“下一步”按钮，如图 6-3 所示。

(3) 在“设置拨号连接”对话框中的“拨打电话号码”、“用户名”和“密码”中输入 ISP 提供的信息，如图 6-4 所示。单击“连接”按钮。

(4) 设置完毕后，在“网络连接”窗口中则出现“拨号连接”，用户通过拨号即可上网，如图 6-5 所示。

实验 6-2 使用 ICS 实现共享上网

(1) 按照图 6-1 所示进行接线，右击图 6-5 中的“外部网”，选择“属性”命令，单击“共

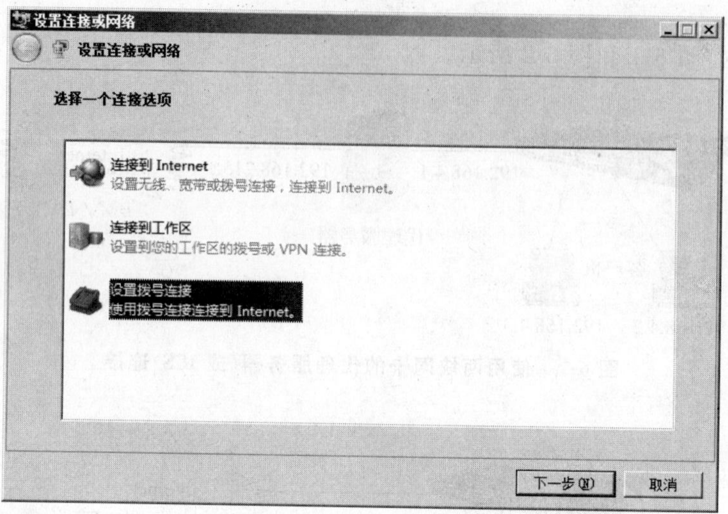

图 6-3 设置拨号连接

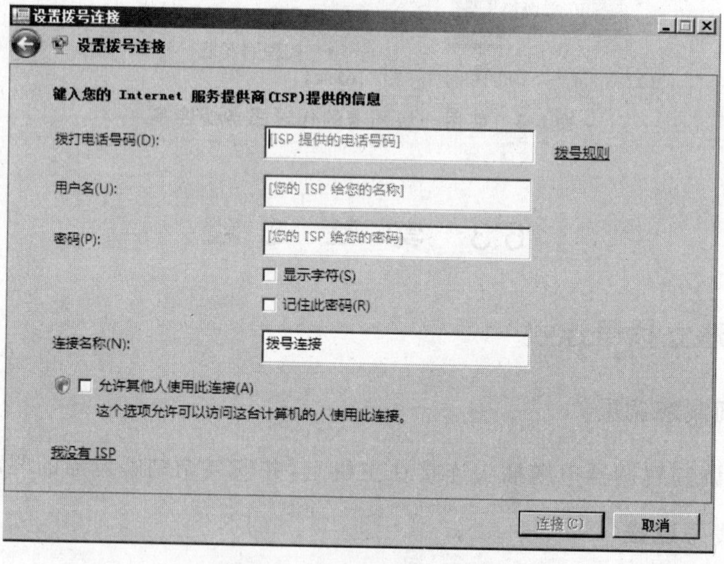

图 6-4 输入账户拨号信息

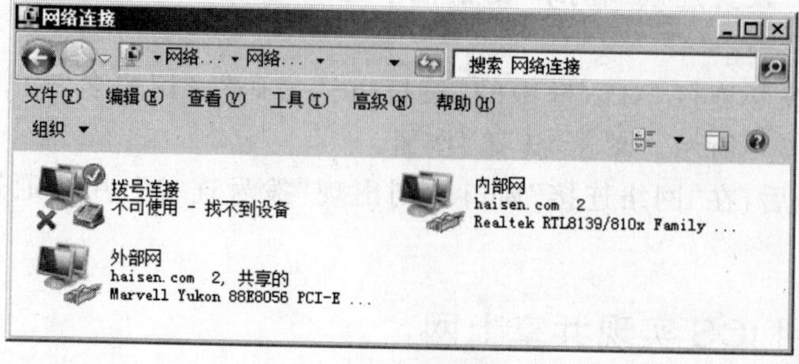

图 6-5 拨号连接

享”标签，如图 6-6 所示。

(2) 勾选“允许其他网络用户通过此计算机的 Internet 连接来连接”复选框，单击“确定”按钮。

(3) 随后弹出一个对话框，提示“LAN 适配器将被设置成使用 IP 地址 192.168.137.1”，如图 6-7 所示。

(4) 单击“是”按钮，随后单击“确定”按钮结束外部网卡的设置。

(5) 查看局域网网卡的 IP 地址，如图 6-8 所示。

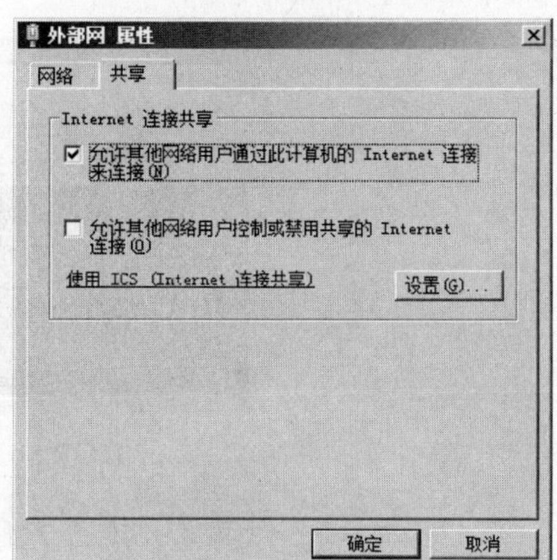

图 6-6 网络适配器共享属性

(6) 将局域网计算机的 IP 地址配置成 192.168.137.0网段，默认网关一律配置为 192.168.137.1。即可以通过 ICS 共享上网。

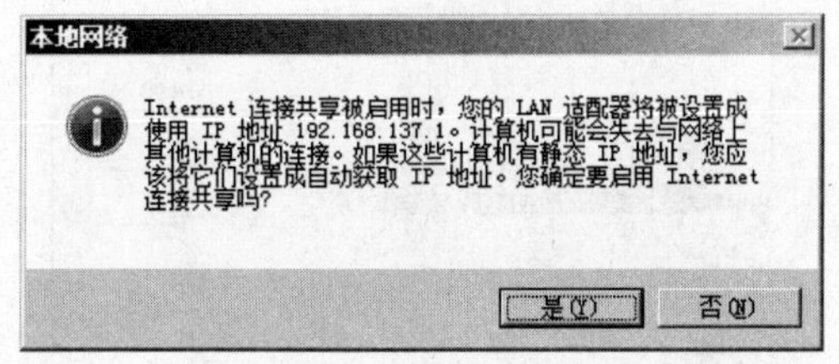

图 6-7 提示信息

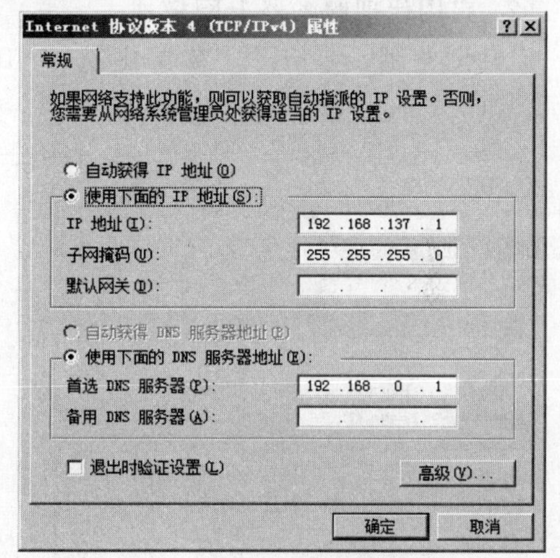

图 6-8 内网卡 IP 地址被自动置成 192.168.137.1

实验 6-3 用代理服务器共享上网

1. 下载并安装代理服务器软件

(1) 通过互联网下载在代理服务器软件 CCProxy。

(2) 双击下载的安装包，然后按提示选择默认设置即可完成安装。安装好 CCProxy 后，其界面如图 6-9 所示。

2. 设置客户机

(1) 将默认网关指向代理服务器。

打开“TCP/IP 属性”对话框，将客户机的“IP 地址”设置为 192.168.4.2，“默认网关”

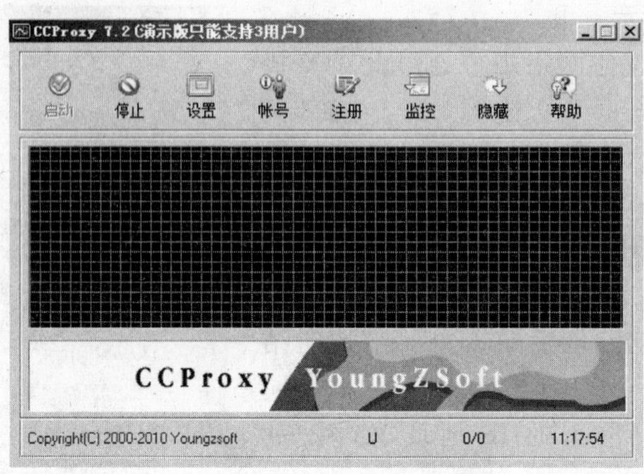

图 6-9　CCProxy 的界面

设置为 192.168.4.1,如图 6-10 所示。

(2) 启用代理服务器上网模式。

启动浏览器,在"工具"菜单中选择"Internet 选项",单击"连接"标签,如图 6-11 所示。

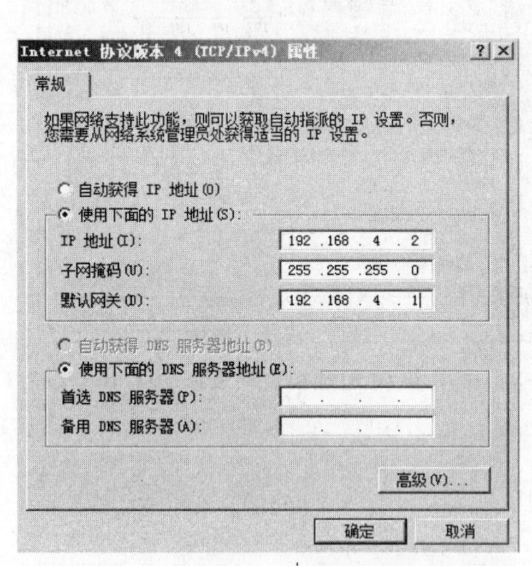

图 6-10　客户机的 IP 地址与默认网关

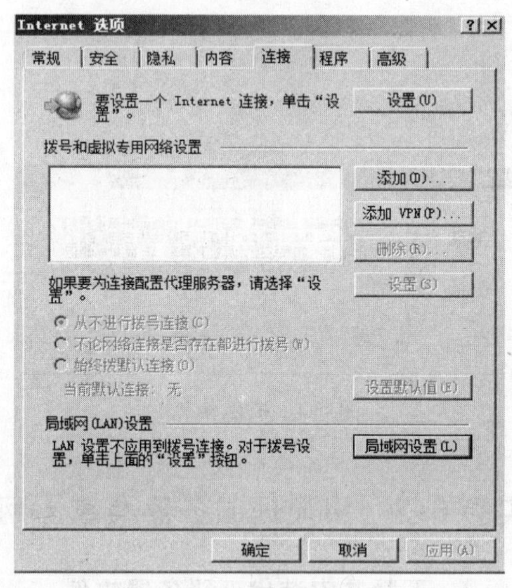

图 6-11　设置连接方式

(3) 在"连接"属性页中根据上网方式的不同做不同的设置,若是拨号上网,就选择"始终拨默认连接"单选按钮,若通过局域网上网则选择"从不进行拨号连接"单选按钮。在一般情况下,该内容根据当前上网方式会自动设置,除非计算机上安装了两种上网方式,这时需要在这里选定。然后单击"局域网设置"按钮,出现图 6-12 所示的"局域网(LAN)设置"对话框。

(4) 在图 6-12 中勾选"为 LAN 使用代理服务器"复选框,在"地址"中填写代理服务器的 IP 地址,如 192.168.4.1;在"端口"中输入端口号,要根据代理服务器软件说明填

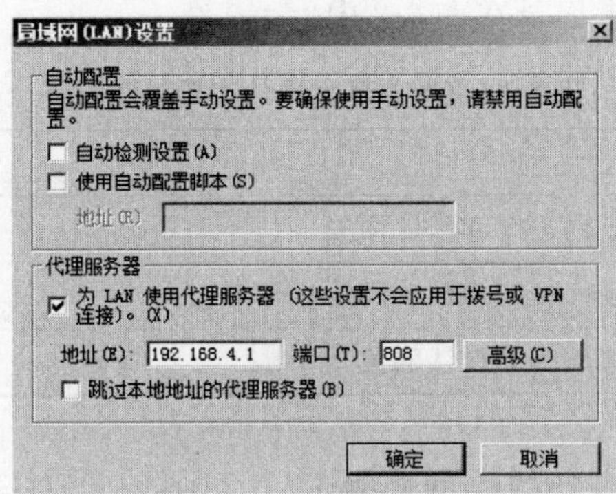

图 6-12 局域网设置

写，如 CCProxy 要求使用 808 端口。至此，代理服务器和客户机设置完毕。

3. 验证

(1) 关闭代理服务器，客户机能否上网？
(2) 使用代理服务器，客户机能否上网？
(3) 在代理服务器上关闭 HTTP 代理，客户机能否上网？
(4) 在代理服务器上开启 HTTP 代理，客户机能否上网？

6.4 实训与思考

6.4.1 实训题

实训 6-1 建立连接

建立一个拨号连接，将主要参数填入表 6-1。

表 6-1 拨号连接的主要设置内容

设置项目	设置内容
拨号连接名	
拨入号码	
用户名	

实训 6-2 用 ICS 实现共享上网

(1) 实验接线参考图 6-1，用一台计算机做 ICS 服务器，其余做局域网计算机。
(2) 设置 ICS 服务器。
(3) 设置 ICS 客户机。
(4) 在客户机上浏览上网。

（5）将上述设置的结果记录在表 6-2 中。

表 6-2 ICS 共享上网的主要设置内容

设 置 项 目	设置内容
ICS 服务器外网卡 IP 地址、子网掩码和默认网关	
ICS 服务器内网卡 IP 地址、子网掩码和默认网关	
ICS 客户机 1 的 IP 地址、子网掩码和默认网关	

实训 6-3 使用代理服务器共享上网

（1）将本组代理服务器的基本配置信息填入表 6-3。

表 6-3 代理服务器的 TCP/IP 属性

属性名称	设置值	
IP 地址		
子网掩码		
默认网关		
DNS 地址		

（2）将本组客户机的设置信息填入表 6-4。

表 6-4 客户的参数配置

属性名称	设置值
IP 地址	
子网掩码	
默认网关	
DNS 地址	
代理服务器地址	
端口	

（3）将本组客户机验证上网的结果填入表 6-5。

表 6-5 验证结果

状 态	验证内容	结 果
不使用代理服务器		
使用代理服务器		
关闭 HTTP 代理		
使用 HTTP 代理		

6.4.2 思考题

(1) 拨号上网需要什么设备?

(2) 代理服务器的作用是什么?

(3) 什么是代理服务模块?

(4) ICS 共享上网有什么特点?

实验7 experiment 7

WWW 与 FTP 服务器配置

7.1 知识准备

7.1.1 IIS 介绍

IIS是一种 Web 服务组件，其中包括 Web 服务器、FTP 服务器、NNTP 服务器和 SMTP 服务器，分别用于网页浏览、文件传输、新闻服务和邮件发送，它使得在网络（包括互联网和局域网）上发布信息成了一件很容易的事。

IIS 7.0 是 Windows Server 2008 中的 Web 服务器（IIS）角色和 Windows Vista 中的 Web 服务器。IIS 7.5 是 Windows Server 2008 R2 中的 Web 服务器（IIS）角色和 Windows7 中的 Web 服务器。

7.1.2 主目录与虚拟目录

1. 主目录

主目录是一个网站用于保存网页文件的文件夹。所有的网站都必须有主目录。默认的网站主目录是 LocalDrive:\Inetpub\Wwwroot。用户可以使用 IIS 管理器或通过直接编辑 MetaBase.xml 文件来更改网站的主目录。

2. 虚拟目录

虚拟目录又叫别名，是为了便于用户访问而引入的，它指向本计算机上的一个物理目录或者其他计算机上的共享目录。因为虚拟目录名通常比物理目录的路径短，所以它更便于用户输入。同时，使用别名还更加安全，因为用户不知道文件在服务器上的物理位置，所以无法使用该信息来修改文件。通过使用别名，还可以更轻松地移动站点中的目录。无须更改目录的 URL，而只需更改别名与目录物理位置之间的映射。

如果网站包含的文件位于并非主目录的目录中，或在其他计算机上，就必须创建虚拟目录，以便将这些文件包含到网站中。要使用另一台计算机上的目录，必须指定该目录的通用命名约定 UNC（\\目录路径）名称，并为访问权限提供用户名和密码。

3. 默认文档

默认文档即网站主页，当用户访问网站，但又没有指定访问哪一个文档时，网站会将默认文档返回给用户。在 Windows Server 2008 R2 中，默认文档为 Default. htm。

7.1.3 在一个服务器上架设多个网站

IIS 在单个服务器上支持多个网站。例如，用户可以在同一服务器上安装所有 3 个网站，而不必使用 3 个不同的服务器宿主 3 个不同的网站。合并网站可以节约硬件资源、节省空间和降低能源成本。

要确保用户的请求能到达正确的网站，必须为服务器上的每个站点配置唯一的标识。为此，必须至少使用 3 种唯一标识符之一区分每个网站：主机头名、IP 地址或 TCP 端口号。

同一服务器上主控的网站可以使用以下的唯一标识符进行区分：主机标题名称、IP 地址和 TCP 端口号。

(1) 用不同的主机头名架设不同的站点

设公司要求网络管理员在服务器上使用一个 IP 地址为 ABCD 四个公司建立独立的网站，每个网站拥有自己独立的域名，四家网站域名分别为 www. a. com，www. b. com，www. c. com 和 www. d. com。在域名服务器上，将这四个域名均指向同一个 IP 地址。管理员在服务器上分别建立 4 个文件夹，分别作为四个网站的主目录，然后在创建网站时，将不同的域名作为不同的主机头名，这样，用户通过不同的域名，就可以访问不同的网站。

(2) 多个 IP 对应多个 Web 站点

如果本机已绑定了多个 IP 地址，想利用不同的 IP 地址实现不同的 Web 网站，则只需给不同的网站分配不同的 IP 地址即可。

(3) 一个 IP 地址对应多个 Web 站点

用户可以通过给各 Web 站点设不同的端口号来实现。比如给一个 Web 站点设为 80，一个设为 81，一个设为 82，……，则对于端口号是 80 的 Web 站点，访问格式仍然直接使用 IP 地址就可以了；而对于绑定其他端口号的 Web 站点，访问时必须在 IP 地址后面加上相应的端口号，即使用如 http://192.168.0.1:81 的格式。

7.2 实验目的与任务

7.2.1 实验目的

(1) 掌握利用 Windows 2008 架设 Web 服务器和 FTP 服务器的方法。

(2) 掌握 Web 服务器和 FTP 服务器的设置。

(3) 理解 WWW 服务器的工作原理。

7.2.2 实验任务

任务：

(1) 添加 IIS 服务器角色。

(2) 设置 WWW 服务器和 FTP 服务器。

(3) 在一个服务器上实现多个站点。

(4) 验证。

模拟场景：

一个企业，为了内部办公的需要和为客户服务的需要，决定架设 Web 服务器和 FTP 服务器，企业的一个下属公司，因业务需求，也需要一个独立域名的网站，出于经济上的考虑，将两个网站架设在同一台服务器上。另外，企业业务部和财务部需要单独维护自己在网站上发布的信息和提供的资源，因此，也分别需要一个供内部使用的网站。

7.2.3 实验环境

实验条件：

已安装 Windows Server 2008 R2 的计算机 1 台，其他 Windows 系统计算机至少 1 台。交换机 1 台，互连成网。

实验接线：

实验接线如图 7-1 所示。

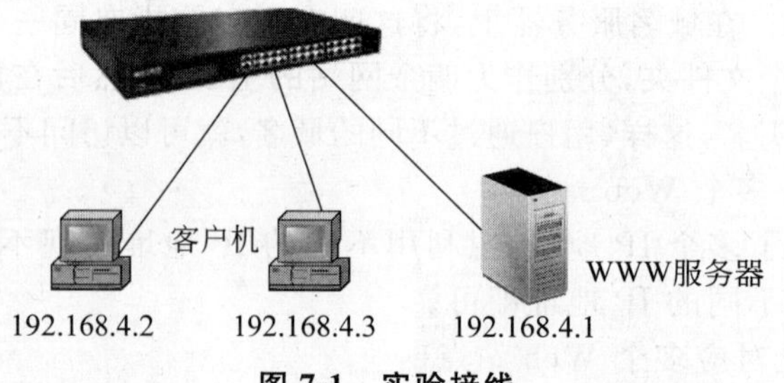

图 7-1 实验接线

7.3 实验过程

实验 7-1 在 WWW 服务器上安装 IIS

1. 在充当 WWW 服务器的计算机上安装 IIS

(1) 打开“服务器管理器”窗口，单击“角色”，选择“添加角色”，弹出“添加角色向导”对话框。

(2) 在“开始之前”窗口中单击“下一步”按钮。

(3) 在“服务器角色”中选择“角色”列表中的“Web 服务器(IIS)”和“应用程序服务器”，单击“下一步”按钮，弹出如图 7-2 所示的界面，询问“是否添加 Web 服务器(IIS)所需的功能?”

(4) 单击“添加必需的功能”按钮后，单击“下一步”按钮，出现“Web 服务器简介(IIS)”，如图 7-3 所示。

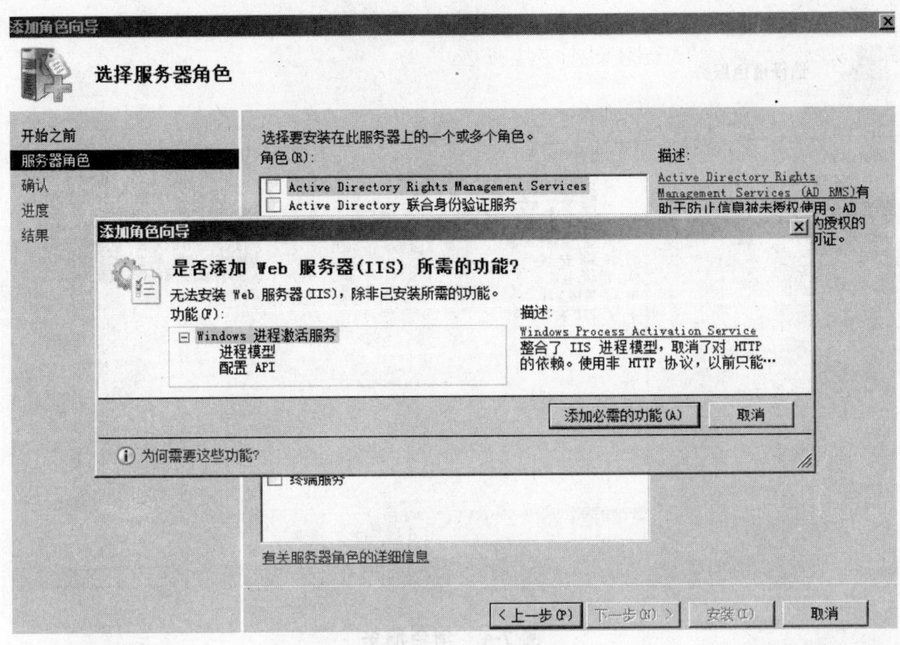

图 7-2 添加 Web 服务器角色

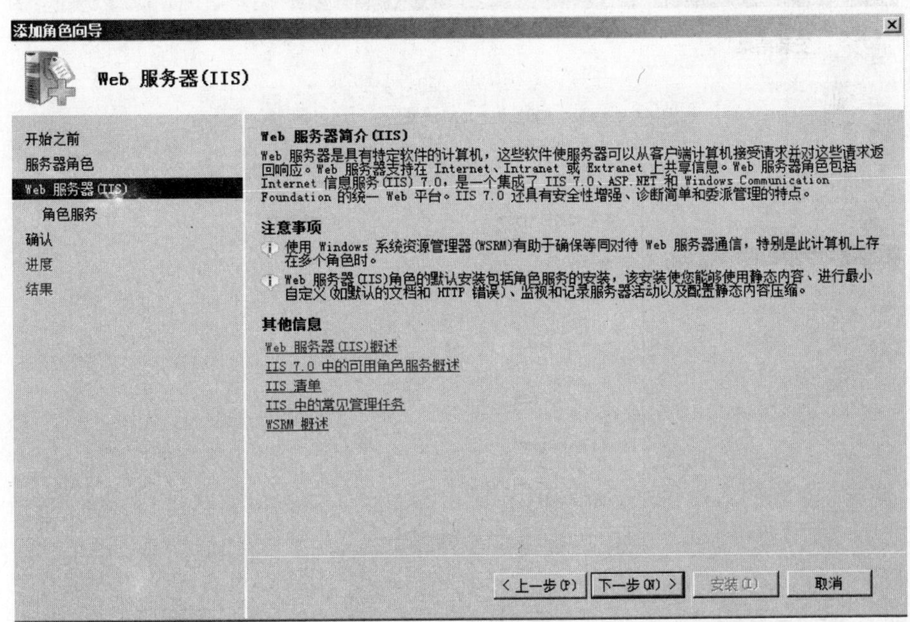

图 7-3 Web 服务器简介

(5) 在“角色服务”中选择“Web 服务器”→“应用程序开发”和“FTP 发布服务”,如图 7-4 所示,单击“下一步”按钮。

(6) 单击“安装”按钮,等待 IIS 安装完毕即可,如图 7-5 所示。

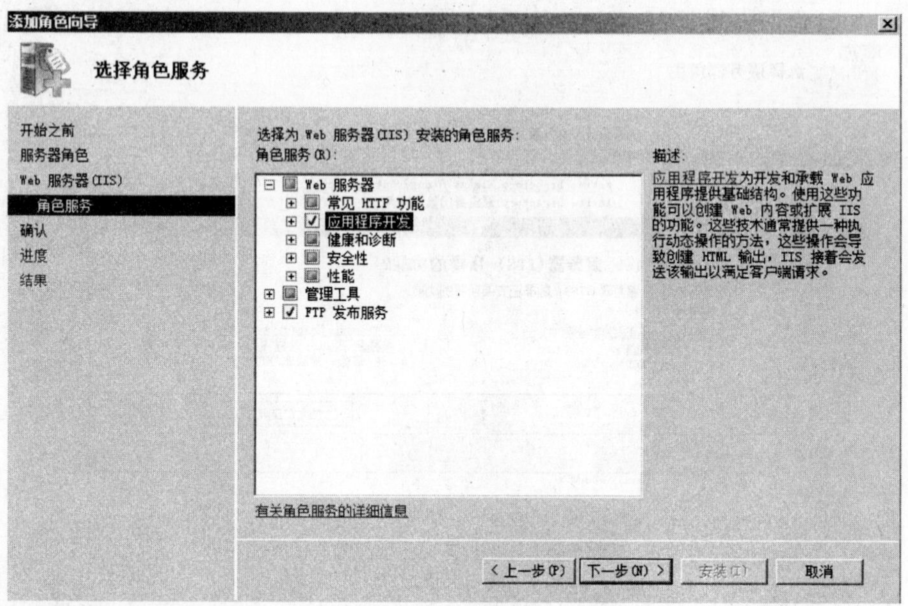

图 7-4 角色服务

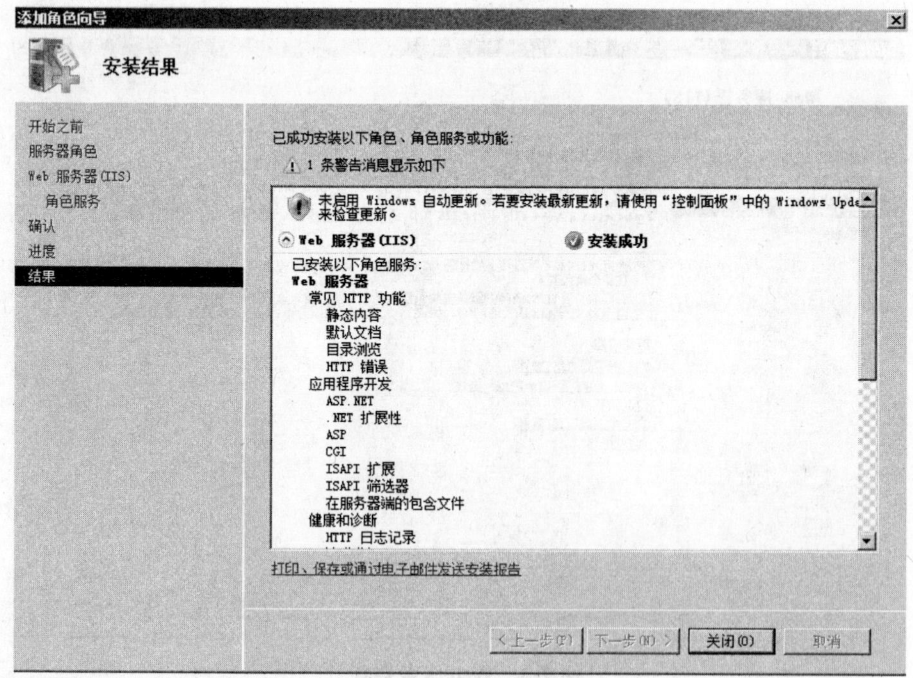

图 7-5 安装完毕

2. 启动 IIS

依次单击“开始”→“程序”→“管理工具”→“Internet 信息服务(IIS)管理器”。在

Internet 信息服务(IIS)管理器中可以看到：在 IIS 安装后，已经自动建立一个 Web 站点，如图 7-6 所示。同时在 C 盘建立了一个 Inetpub 的文件夹，在该文件夹下面有 wwwroot 和 ftproot 两个文件夹，如图 7-7 所示。

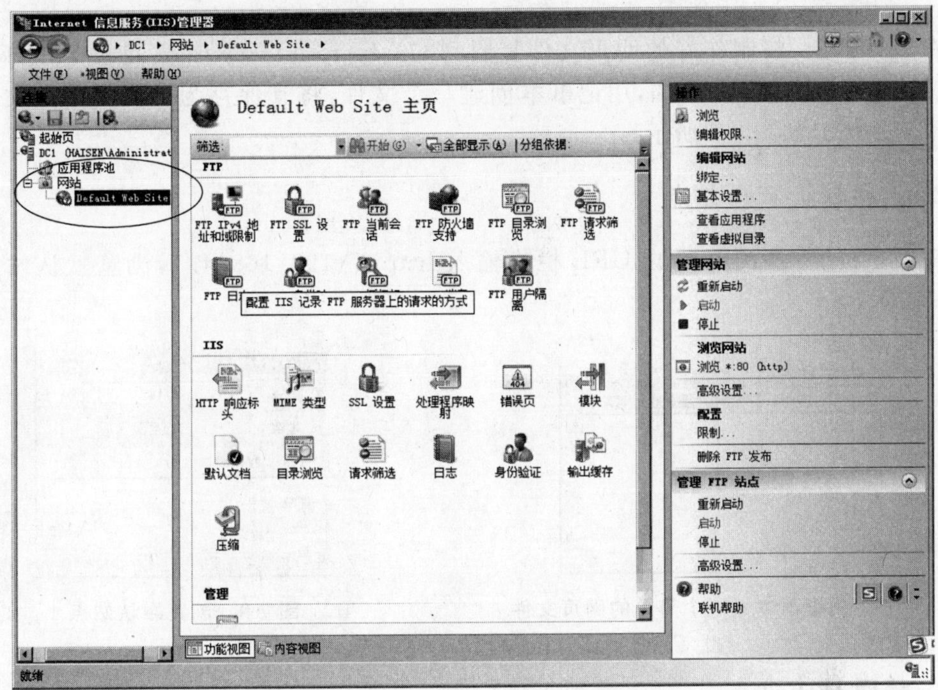

图 7-6 Internet 信息服务管理器

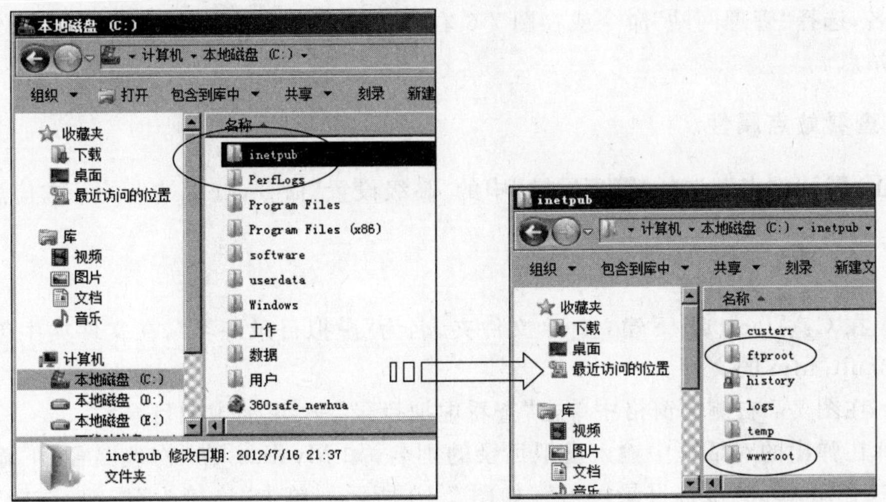

图 7-7 Inetpub 文件夹及其子文件夹

实验 7-2 利用 IIS 的默认 Web 站点发布网站

1. 将网页放置到默认文件夹

在服务器上，将制作好的网页文件复制到 C:\Inetpub\wwwroot 目录下，将网页的名字改为 Default. htm。例如，用记事本创建一个文件，将其保存为网页类型的文件，名为 default. htm，如图 7-8 所示。

2. 访问默认 Web 站点

在客户机上，在浏览器的 URL 栏中输入 http:\\192. 168. 4. 1，浏览默认站点，如图 7-9 所示。

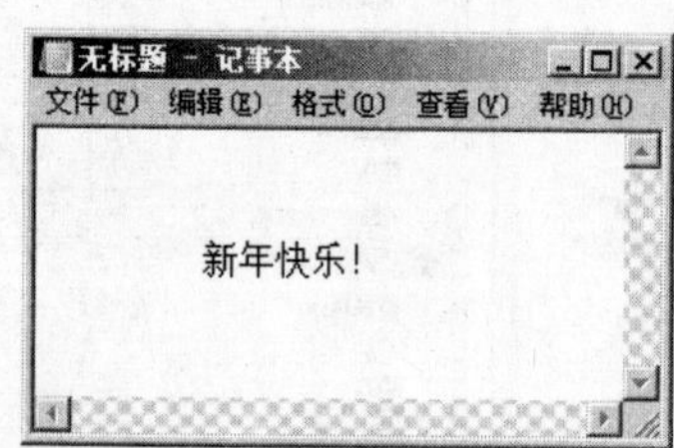

图 7-8 用记事本做一个简单的网页文件

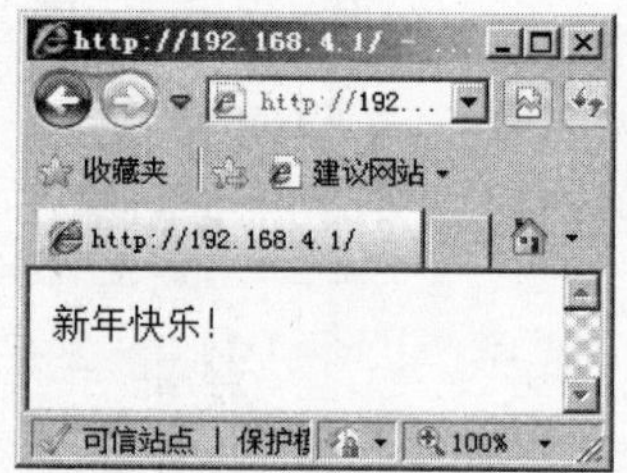

图 7-9 浏览默认站点

3. 管理 Web 站点

右击站点，在快捷菜单中选择"删除"命令可以删除站点，选择"重命名"命令可以给站点改名，选择"管理网站"命令或在图 7-6 右侧的窗格中选择相应的命令可以停止站点或启动站点。

4. 查看站点属性。

右击"默认站点"，选择"管理网站"中的"高级设置"命令，查看站点的基本信息。

实验 7-3 使用虚拟目录

(1) 在 C:\\inetpub 下建立一个文件夹，名为"虚拟目录练习"，在文件夹中创建一个名为 default. htm 的文件。

(2) 在图 7-7 右侧的窗格中单击"查看虚拟目录"→"添加虚拟目录"。

(3) 在弹出的对话框中输入虚拟目录的别名，如 Myalias，在"物理路径"下输入或浏览选择"C:\inetpub\虚拟目录练习"，如图 7-10 所示。单击"连接为"按钮，选择"特定用户"单选钮，在"设置凭据"对话框中输入有权访问此文件夹的用户名和密码。

(4) 在浏览器中输入 http://192. 168. 4. 1/myalias，显示结果如图 7-11 所示。

(5) 若将该网页保存在其他文件夹下，只需要修改图 7-10 中的映射物理路径即可。

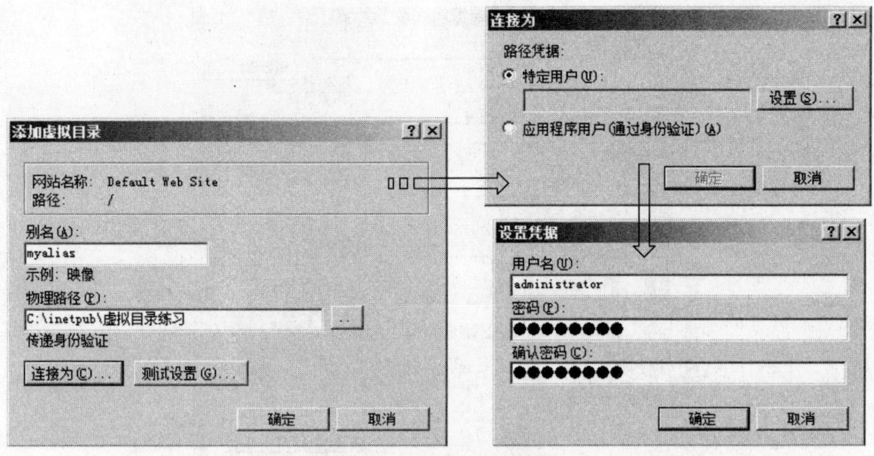

图 7-10 添加虚拟目录

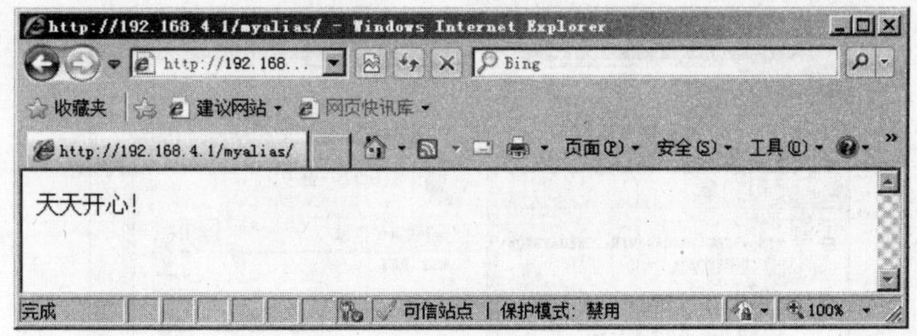

图 7-11 浏览虚拟目录中的网页

实验 7-4 利用不同的 IP 地址架设新的 Web 站点

1. 为计算机添加多个 IP 地址

在"TCP/IP 属性"窗口中单击"高级"按钮，为服务器添加 IP 地址，如 192.168.4.100。

2. 建立网站主文件夹

在 C 盘建立一个文件夹，命名为 Webfile1，在文件夹下创建一个网页，命名为 Default.htm。

3. 使用新 IP 地址建立新 Web 站点

(1) 在 Internet 信息服务(IIS)管理器中右击"网站"，选择"添加网站"命令，输入站点名 Web1，选择物理路径(为 C:\webfile1)，选择站点 IP 地址(为本机新添加的 IP 地址，如 192.168.4.100)和使用的 TCP 端口号(为 80)，如图 7-12 所示。

(2) 单击"确定"按钮，则网站添加完毕，如图 7-13 所示。

4. 访问 Web1 站点

在客户机上，在浏览器的 URL 栏中分别输入 http:\\192.168.4.100 和 http:\\

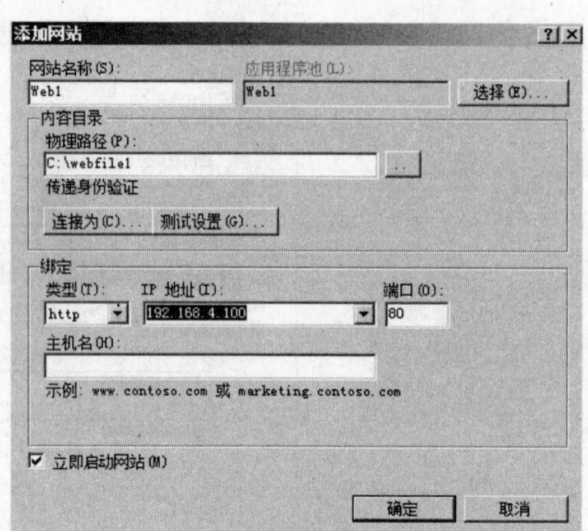

图 7-12 添加网站

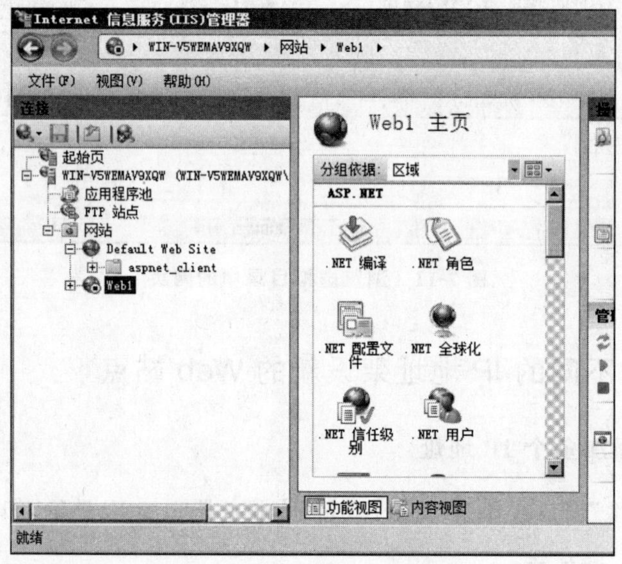

图 7-13 添加网站完毕

192.168.4.1,显示不同的网站内容。

实验 7-5 利用新的端口架设新的 Web 站点

1. 建立网站主文件夹

在 C 盘建立一个文件夹,命名为 Webfile2,在文件夹下创建一个网页,命名为 Default.htm。

2. 使用不同的端口架设新的 Web 站点

在 Internet 信息服务(IIS)管理器中右击“网站”,选择“添加网站”命令,输入站点名

Web2，选择物理路径(为 C:\webfile2)，选择站点 IP 地址(192.168.4.1)和使用的 TCP 端口号(为 8000)，完成站点创建，参见图 7-12。

3. 访问 Web2 站点

在客户机上，在浏览器的 URL 栏中输入 http:\\192.168.4.1:8000，浏览此站点。

实验 7-6 利用主机名架设新的 Web 站点

1. 建立网站主文件夹

在 C 盘建立一个文件夹，命名为 Webfile3，在文件夹下创建一个网页，命名为 Default.htm。

2. 使用不同的主机名架设新的 Web 站点

在 Internet 信息服务(IIS)管理器中右击“网站”，选择“添加网站”命令，输入站点名 Web3，选择物理路径(为 C:\webfile3)，选择站点 IP 地址(为 192.168.4.1)和使用的 TCP 端口号(为 80)，在主机名中输入 Web3 的域名，完成站点创建，参见图 7-12。

说明：一旦指定主机名后，客户端必须用主机域名访问网站，其他网站也必须要指定主机名，而且主机域名要在 DNS 服务器中建立相应记录。

3. 访问 Web3 站点

在客户机上，在浏览器的 URL 栏中输入 http:\\web3.haisen.com，浏览此站点。

实验 7-7 在 IIS 中架设 FTP 站点

(1) 将一些供下载的文件复制到系统自动创建的文件夹 C:\\Inetpub\ftproot。

(2) 在 Internet 信息服务管理器中右击“网站”，选择“添加 FTP 站点”命令。

(3) 在图 7-14“添加 FTP 站点”的“FTP 站点名称”中输入 FTP1，在物理路径中输入 C:\inetpub\ftproot，单击“下一步”按钮。

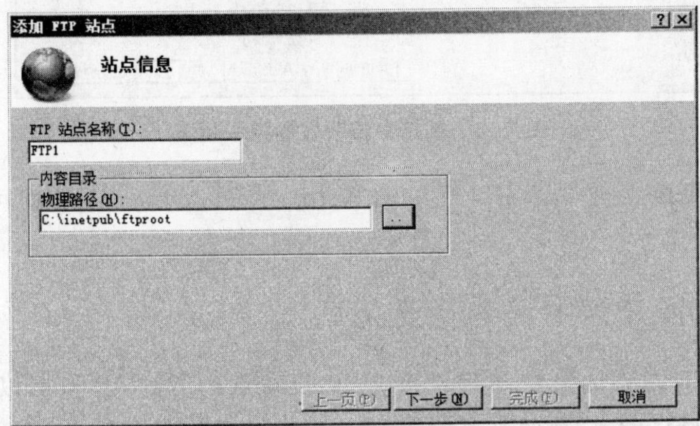

图 7-14 输入站点信息

(4) 在图 7-15"绑定和 SSL 设置"中,选择"IP 地址"为"全部未分配","端口"选择默认值 21,"SSL"选择"无",其余默认,单击"下一步"按钮。

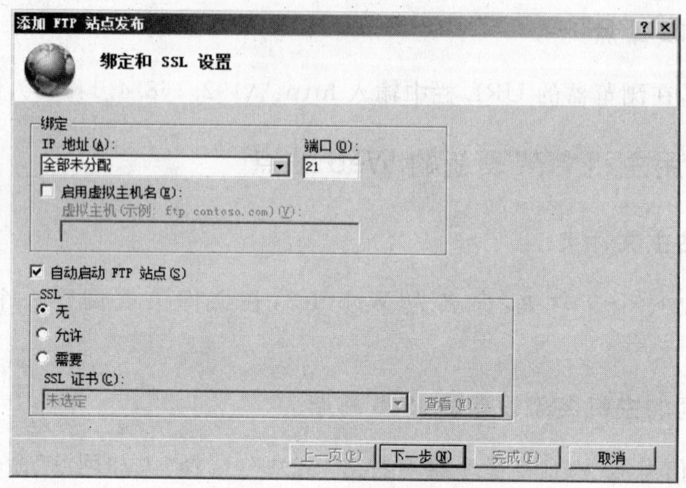

图 7-15 绑定站点参数

(5) 在图 7-16"身份验证和授权信息"对话框中,"身份验证"选择"匿名"和"基本"复选框,在"授权"的"允许访问"中选择"所有用户","权限"选择"读取"复选框,单击"完成"按钮。

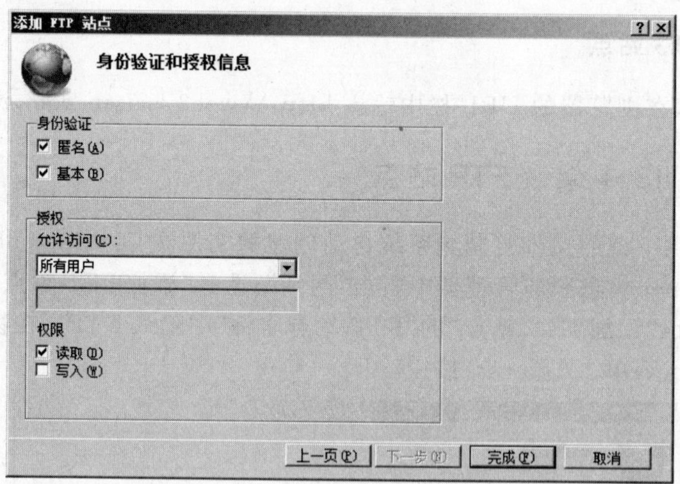

图 7-16 选择身份验证和授权信息

(6) 在客户机的浏览器 URL 栏中输入 ftp:\\192.168.4.1,即可下载文件,如图 7-17 所示。

实验 7-8 在 IIS 中架设多个 FTP 站点

架设多个 FTP 站点的方法与架设多个 Web 站点的方法相同,可以仿照架设多个 Web 站点的方法自行练习,在此不再赘述。

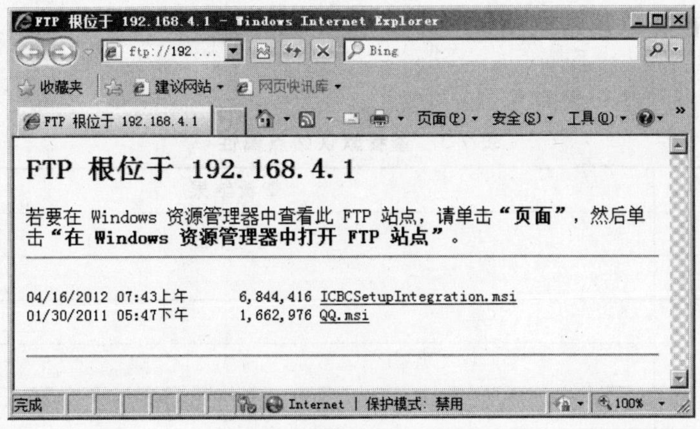

图 7-17 登录到 FTP 站点

7.4 实训与思考

7.4.1 实训题

实训 7-1 添加服务器角色

(1) 各组将组中各计算机的配置结果填入表 7-1。

表 7-1 WWW 服务器 TCP/IP 属性设置

计算机	IP 地址	子网掩码
WWW 服务器		
客户机 1		
客户机 2		
DNS 服务器		

(2) 在 WWW 服务器上添加服务器角色(IIS)。

(3) 启动 IIS。

实训 7-2 利用默认站点发布网站

(1) 将名字为 Default.htm 的自制网页文件复制到 C:\Inetpub\ftproot 下。

(2) 在客户机上访问默认站点，将访问的结果结果填入表 7-2。

表 7-2 访问默认站点

操　　作	结　　果

实训 7-3　查看默认站点属性

将默认站点的基本信息填入表 7-3。

表 7-3　查看默认站点属性

查看项目	查看结果
站点名称	
IP 地址	
端口	
默认文档	
物理路径	

实训 7-4　建立多个 Web 站点

(1) 利用不同的 IP 地址分别建立 3 个新站点 Web1、Web2 和 Web3。
(2) 将上述站点的主要参数记录到表 7-4 中。

表 7-4　利用不同的 IP 地址建立 Web 站点

站　点	站点参数	参数值
Web1	IP 地址	
	端口	
	主目录	
	默认文档	
Web2	IP 地址	
	端口	
	主目录	
	默认文档	
Web3	IP 地址	
	端口	
	主目录	
	默认文档	

(3) 将访问上述站点的结果记录在表 7-5 中。

表 7-5　访问不同的 Web 站点

访问对象	输　入	结　果
默认站点		
Web1		
Web2		
Web3		

实训 7-5　建立 FTP 站点

(1) 利用默认路径 C:\inetpub\ftproot 建立一个 FTP 站点，并做下载文件练习。

(2) 仿照建立多个 Web 站点的方法，再建立 3 个 FTP 站点，将站点参数记录在表 7-6 中。

表 7-6　利用不同的 IP 地址建立 FTP 站点

站　点	站点参数	参数值
FTP1	IP 地址	
	端口	
	主目录	
	默认文档	
FTP2	IP 地址	
	端口	
	主目录	
	默认文档	
FTP3	IP 地址	
	端口	
	主目录	
	默认文档	

(3) 将访问上述站点的方法和结果记录在表 7-7 中。

表 7-7　访问不同的 FTP 站点

访问对象	输　入	结　果
默认站点		
FTP1		
FTP2		
FTP3		

7.4.2　思考题

(1) 建立 Web/FTP 站点要经过哪些步骤？

(2) 有哪些方法可以在一台计算机上建立多个站点？

(3) 一个 Web 或 FTP 站点的内容一定要放在一台计算机上吗？

(4) 虚拟目录的作用是什么？

(5) WWW 站点的默认目录是什么？默认文档是什么？

实验 8 experiment 8

DNS 服务器配置

8.1 知识准备

8.1.1 DNS 的作用与原理

在 Internet 上用 IP 地址来标识一个主机,因此要访问一个主机必须记住该主机的 IP 地址,由于 IP 地址不便于记忆,因此引入了域名系统(Domain Name System,DNS)。DNS 是一种基于标识符号的名字管理机制,它允许用字符甚至汉字来命名一个主机。

域名采用层次结构,分成不同的级。第一级是根域名(root);在根域名的下面,可以注册国家域名(如 cn)和行业机构域名(如 com);在国家域名下可以注册行业机构域名和地区域名,如在 cn 下可以注册 bj(北京)、sh(上海)、tj(天津)等;在行业机构或地区域名下可以注册单位域名(如 pku);在单位注册域名下可以注册主机域名(如 www)。

域名解析就是根据用户输入的域名找到该域名对应的 IP 地址,承担域名解析任务的计算机称为域名服务器。

DNS 服务器具有以下功能: (1)保存主机名称及其对应的 IP 地址的数据库; (2)接受 DNS 客户机提出的查询请求; (3)若在本 DNS 服务器上查询不到,能够自动地向其他 DNS 服务器查询; (4)向 DNS 客户机提供查询的结果。

域名解析有两种方法: (1)反复解析。反复解析是一次请求一个服务器,如果本服务器解析不了,就给客户机指定另一个域名服务器,直至解析成功; (2)递归解析。递归解析是用户将域名解析请求发给最近(本域)的域名服务器,然后由该域名服务器负责完成解析任务。

8.1.2 DNS 区域

为了便于根据实际情况来分散 DNS 名称管理工作的负荷,将 DNS 名称空间划分为区域(zone)来进行管理。区域是 DNS 服务器的管辖范围,是由 DNS 名称空间中的单个区域或由具有上下隶属关系的紧密相邻的多个子域组成的一个管理单位。因此,DNS 服务器是通过区域来管理名称空间的。

一台 DNS 服务器可以管理一个或多个区域,而一个区域也可以由多台 DNS 服务器来管理(例如,由一个主 DNS 服务器和多个辅助 DNS 服务器来管理)。在 DNS 服务器中必须先建立区域,然后再根据需要在区域中建立子域以及在区域或子域中添加资源记录,才能完成其解析工作。

DNS 服务器中有两种类型的搜索区域:正向搜索区域和反向搜索区域。正向搜索区域用来处理正向解析,即把主机名解析为 IP 地址;而反向搜索区域用来处理反向解析,即把 IP 地址解析为主机名。无论是正向搜索区域还是反向搜索区域都有 4 种区域类型,分别为主要区域、辅助区域、活动目录(Active Directory)集成的区域和存根区域。区域类型决定用哪种方法获取并保存区域信息。

(1) 主要区域(Primary):包含相应 DNS 命名空间所有的资源记录,是区域中所包含的所有 DNS 域的权威 DNS 服务器。可以对区域中所有资源记录进行读写,即 DNS 服务器可以修改此区域中的数据,默认情况下区域数据以文本文件格式存放。

(2) 辅助区域(Secondary):主要区域的备份,从主要区域直接复制而来;同样包含相应 DNS 命名空间所有的资源记录,是区域中所包含的所有 DNS 域的权威 DNS 服务器。和主要区域不同之处是 DNS 服务器不能对辅助区域进行任何修改,即辅助区域是只读的。辅助区域数据只能以文本文件格式存放。

(3) 活动目录集成的区域:可以将主要区域的数据存放在活动目录中并且随着活动目录数据的复制而复制,此时,此区域称为活动目录集成主要区域,在这种情况下,每一个运行在域控制器上的 DNS 服务器都可以对此主要区域进行读写,这样避免了主要区域时出现的单点故障。

(4) 存根区域(Stub):包含了用于分辨主要区域的权威 DNS 服务器的记录,有 3 种记录类型:SOA、NS 和 A glue(粘附 A 记录)。

8.1.3 资源记录

在管理域名的时候,需要用到 DNS 资源记录(Resource Record,RR)。DNS 资源记录是域名解析系统中基本的数据元素。每个记录都包含一个类型(type)、一个生存时间(Time To Live,TTL)、一个类别(class)以及一些跟类型相关的数据。在设定 DNS 域名解析、子域名管理、E-mail 服务器设定以及进行其他域名相关的管理时,需要使用不同类型的资源记录。

常用资源记录类型如下:

(1) A 记录 (Address Record):又称主机记录 (Host Record),是一个 32 位的 IPv4 地址,通常用来将主机名映射到主机的 IP 地址。

(2) AAAA 记录:一个 128 位的 IPv6 地址,通常用来将主机映射到对应的 IP 地址。

(3) CNAME 记录(Canonical Name Record):又称别名 (alias) 记录。CNAME 记录用来将一个子域名指向一个已经存在的 A 记录,从而使得子域名能够指向适当的 IP 地址。可以为同一个主机设定许多别名,这样可以使得同一个 IP 地址上能够运行多个服务(每个服务都运行在不同的端口)。

(4) MX 记录(Mail Exchanger Record):邮件交换资源记录用于将电子邮件的后缀映射为电子邮件服务器的主机名,邮件交换器资源记录由电子邮件转发服务器使用,例如,SMTP 服务器需要将电子邮件地址为 user@bwu.edu.cn 的邮件发送或转发到用户邮箱时,必须先知道 bwu.edu.cn 域中的邮件服务器是谁,所以要先向 DNS 服务器查询 bwu.edu.cn 域中的 MX 记录,DNS 服务器会应答 bwu.edu.cn 域中邮件服务器的主机名,然后 SMTP 服务器就可以把邮件转发给该邮件服务器。

(5) NS 记录:NS 记录和 SOA 记录是任何一个 DNS 区域都不可或缺的两条记录。NS 记录也叫名称服务器记录,用于说明这个区域有哪些 DNS 服务器负责解析;SOA 记录说明负责解析的 DNS 服务器中哪一个是主服务器。因此,任何一个 DNS 区域都不可能缺少这两条记录。NS 记录说明了在这个区域里有多少个服务器来承担解析的任务,

(6) SOA 记录:NS 记录说明了有多台服务器在进行解析,但哪一个才是主服务器呢,NS 记录并没有说明,这个就要看 SOA 记录了,SOA 记录也称为起始授权机构记录,SOA 记录说明了在众多 NS 记录里哪一台才是主要的服务器。

(7) SRV 记录:是服务器资源记录的缩写,SRV 记录是 DNS 记录中的新鲜面孔,在 RFC2052 中才对 SRV 记录进行了定义。SRV 记录的作用是说明一个服务器能够提供什么样的服务。

(8) PTR 记录:也称为指针记录,PTR 记录是 A 记录的逆向记录,作用是把 IP 地址解析为域名。前面提到过,DNS 的反向区域负责从 IP 到域名的解析,因此如果要创建 PTR 记录,必须在反向区域中创建。

8.1.4 动态更新

动态更新允许 DNS 客户端计算机在发生更改的任何时候使用 DNS 服务器注册和动态地更新其资源记录。它减少了对区域记录进行手动管理的需要,特别对于频繁移动或改变位置并使用 DHCP 获得 IP 地址的客户端更是如此。

DNS 客户端和服务器服务支持使用动态更新,如 RFC(Request for Comments) 2136Dynamic Updates in the Domain Name System(域名系统中的动态更新)中所述。DNS 服务器服务允许在配置为加载标准主要区域或目录集成区域的每个服务器上,在每个区域上启用或禁用动态更新。默认情况下,DNS 客户端服务在配置用于 TCP/IP 时,将动态更新 DNS 中的主机(A)资源记录(RR)。

8.1.5 DNS 的日常维护

1. 使用 DNScmd 方便维护 DNS 系统

Windows 的资源工具包提供了一个叫做 DNScmd 的命令行程序,它用来管理 DNS 服务器。该工具可用于:(1)创建脚本或批处理文件,使 DNS 中每日的管理进程自动化,它特别适合设置使用文本文件的标准 DNS 主要区域的情况;(2)更新资源记录;(3)建立并配置新的 DNS 服务器等服务。

2. 用 ping 命令

对 ping 命令的使用相信大家都不陌生,它使用 ICMP 协议检查网络上特定 IP 地址

的存在，一个 DNS 域名也是对应一个 IP 地址的，因此可以使用 ping 命令来检查一个 DNS 域名的连通性。

3. 用 ipconfig 设置 DNS

直接在命令提示符下执行 ipconfig 命令可以查看 DNS 服务器的配置情况。该命令还可以手工更新一个客户的 DNS 注册，排除 DNS 名称注册失败的故障，或对 DNS 服务器动态更新故障。使用命令 ipconfig register DNS 可以更新或排除一个客户的 DNS 注册故障，这是因为该命令将刷新 DHCP 的租约并注册计算机的主机名。

4. 用 nslookup 诊断

nslookup 是诊断 DNS 的实用程序，允许与 DNS 以对话方式工作并让用户检查资源记录。nslookup 可以指定查询的类型，可以查到 DNS 记录的生存时间，还可以指定使用哪个 DNS 服务器进行解释。在已安装 TCP/IP 协议的计算机上均可以使用这个命令。

8.2 实验目的与任务

8.2.1 实验目的

(1) 掌握 DNS 服务器架设与配置。
(2) 理解域名解析的基本原理。

8.2.2 实验任务

任务：
(1) 安装 DNS 服务器角色。
(2) 创建 DNS 区域与主机记录。
(3) 配置 DNS 服务器。
(4) 验证域名解析。
模拟场景：
一个企业建立了自己的企业内部网，架设了 WWW 网站和 FTP 站点，并注册了域名 haisen. com。为了让内部用户和外部用户能够用域名访问企业的网站，同时为了企业内部用户能够快速地访问常用的外部网站，决定配置一台 DNS 服务器。

8.2.3 实验环境

实验条件：
已安装 Windows 2008 Server 的计算机 2 台，1 台作为 WWW 服务器，1 台作为 DNS 服务器，其他 Windows 计算机至少 1 台，作为用户计算机，交换机 1 台，互连成网。

实验接线：

接线及 IP 地址配置参考图如图 8-1 所示。

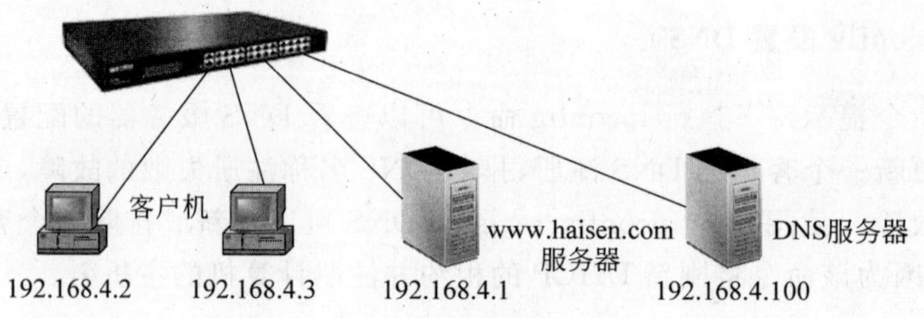

图 8-1 实验接线

8.3 实验过程

实验 8-1 安装 DNS 服务器角色

1. 安装 DNS 服务器角色

(1) 打开“服务器管理器”窗口，单击“角色”，选择“添加角色”，弹出“添加角色向导”对话框。

(2) 在“开始之前”窗口中单击“下一步”按钮。

(3) 在“服务器角色”中选择“DNS 服务器”，并单击“下一步”按钮，如图 8-2 所示。

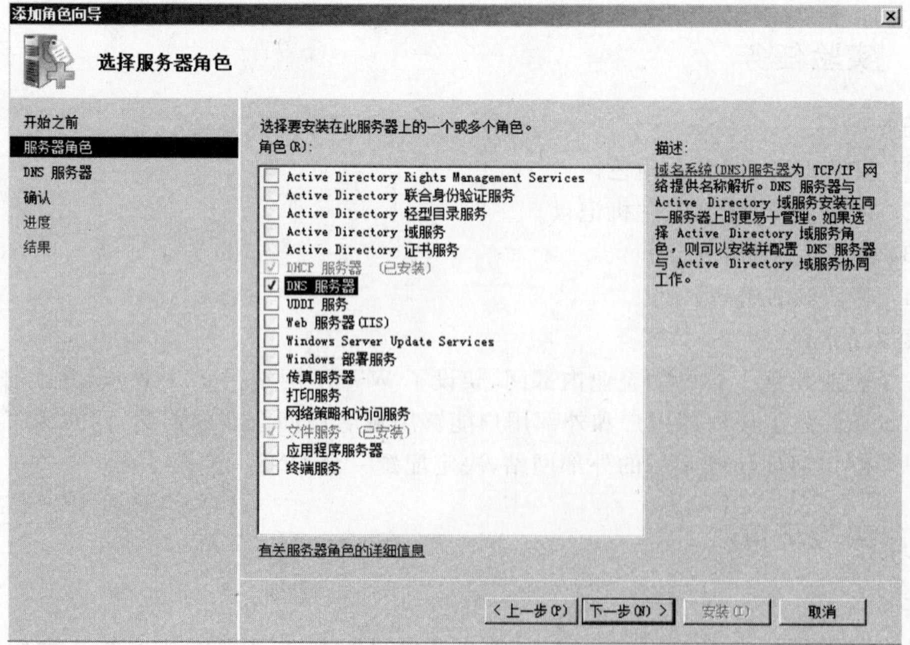

图 8-2 添加 DNS 服务器

(4) 在“DNS 服务器”中单击“下一步”按钮，如图 8-3 所示。

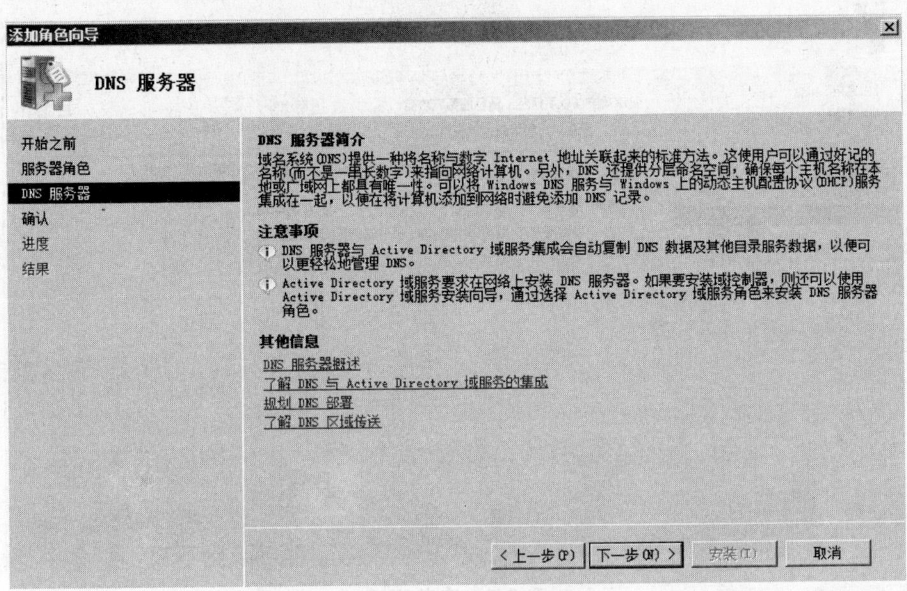

图 8-3 DNS 服务器

(5) 在“确认安装选择”中继续单击“下一步”按钮，如图 8-4 所示。

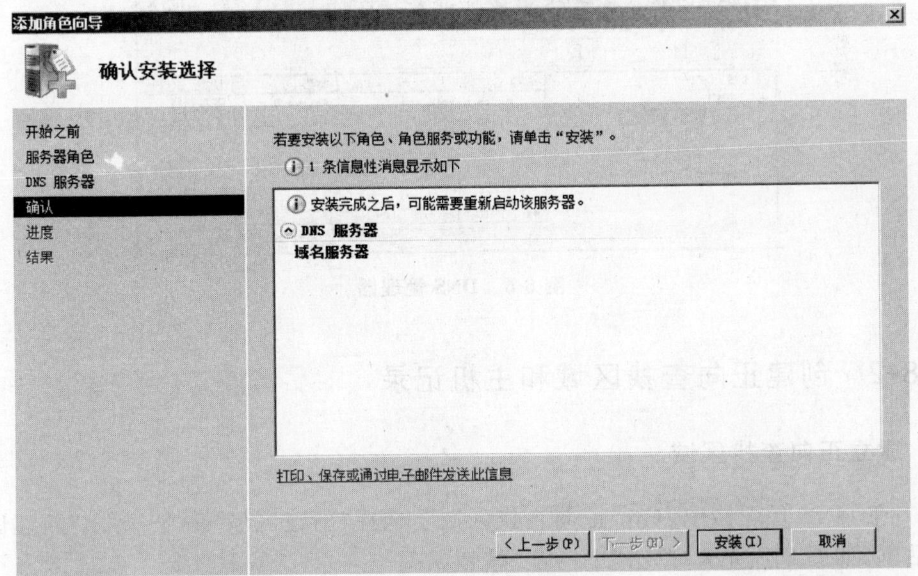

图 8-4 确认安装选择

(6) DNS 服务器角色安装完毕，单击“关闭”按钮，如图 8-5 所示。

2. 启动 DNS 管理器

添加完 DNS 角色后，在“开始”菜单的“程序”下的“管理工具”中会出现 DNS，利用它

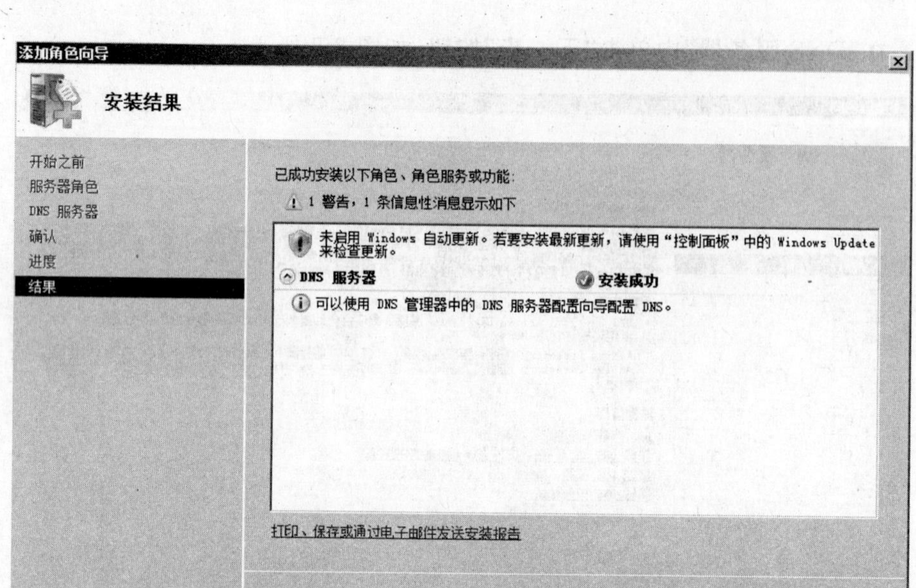

图 8-5 安装完毕

可以启动 DNS 管理器，并对 DNS 服务器进行设置，如图 8-6 所示。

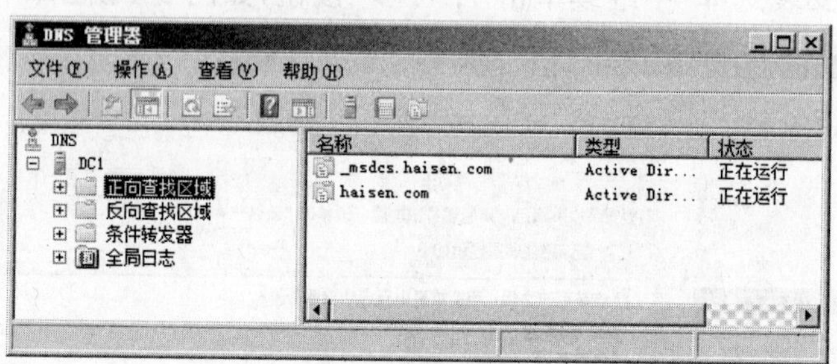

图 8-6 DNS 管理器

实验 8-2 创建正向查找区域和主机记录

1. 建立正向查找区域

(1) 在 DNS 管理器中右击“正向查找区域”，选择“新建区域”命令，弹出“新建区域向导”对话框，如图 8-7 所示，单击“下一步”按钮。

(2) 在图 8-8 所示的“区域类型”中选择“主要区域”单选按钮，单击“下一步”按钮。

(3) 输入区域信息。在“区域名称”中输入区域名，如 haisen.com，如图 8-9 所示。单击“下一步”按钮。

(4) 在“区域文件”的“创建新文件，文件名为”中输入区域文件名，区域文件用于保存区域数据库的信息，这里使用默认文件名 haisen.edu.cn.dns，如图 8-10 所示。单击“下一步”按钮完成新建区域向导。

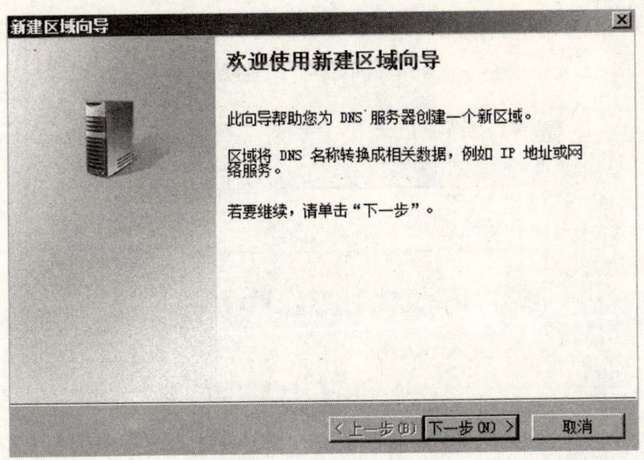

新建区域向导
欢迎使用新建区域向导
此向导帮助您为 DNS 服务器创建一个新区域。
区域将 DNS 名称转换成相关数据，例如 IP 地址或网络服务。
若要继续，请单击“下一步”。
< 上一步(B)
下一步(N) >
取消

图 8-7　新建区域向导

新建区域向导
区域类型
DNS 服务器支持不同类型的区域和存储。
选择您要创建的区域的类型：
主要区域(P)
创建一个可以直接在这个服务器上更新的区域副本。
辅助区域(S)
创建一个存在于另一个服务器上的区域的副本。此选项帮助主服务器平衡处理的工作量，并提供容错。
存根区域(U)
创建只含有名称服务器(NS)、起始授权机构(SOA)和粘连主机(A)记录的区域的副本。含有存根区域的服务器对该区域没有主管权。
在 Active Directory 中存储区域(只有 DNS 服务器是可写域控制器时才可用)(A)
< 上一步(B)
下一步(N) >
取消

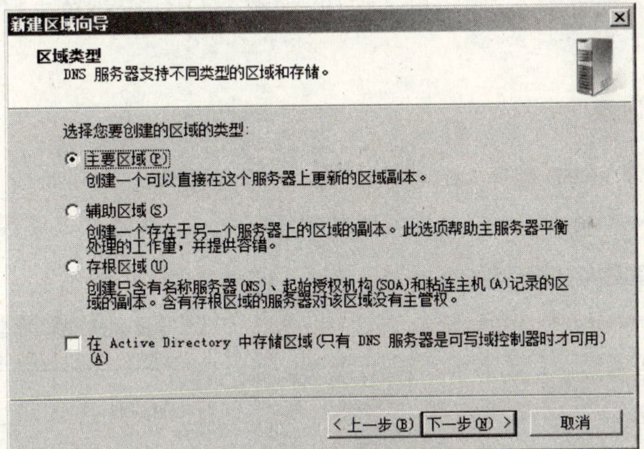

图 8-8　选择区域类型

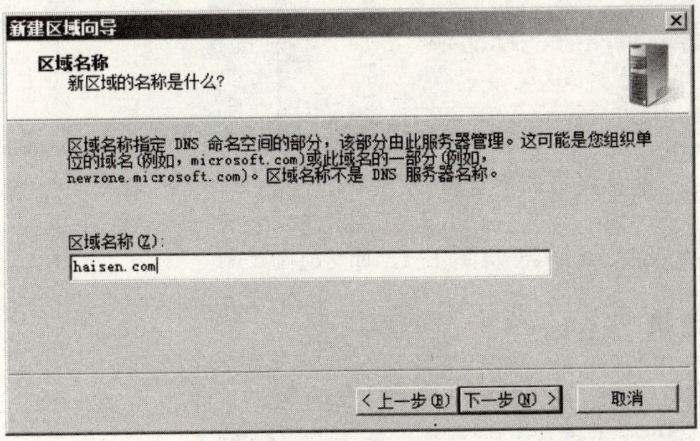

新建区域向导
区域名称
新区域的名称是什么?
区域名称指定 DNS 命名空间的部分，该部分由此服务器管理。这可能是您组织单位的域名(例如，microsoft.com)或此域名的一部分(例如，newzone.microsoft.com)。区域名称不是 DNS 服务器名称。
区域名称(Z)：
haisen.com
< 上一步(B)
下一步(N) >
取消

图 8-9　输入区域名

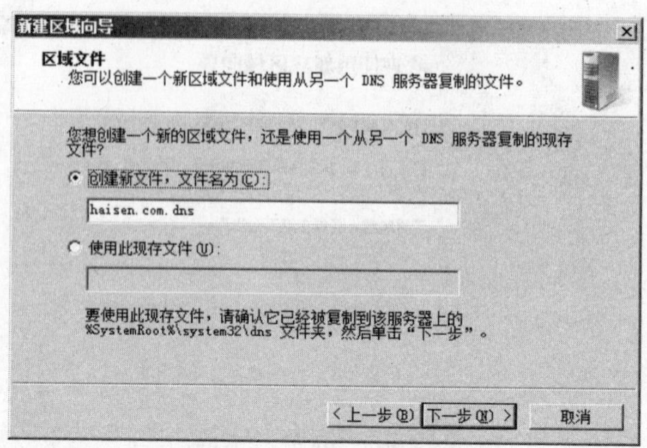

图 8-10 输入区域文件名

(5) 在"动态更新"界面中选择 DNS 客户机发生更改时 DNS 服务器是否动态更新，这里选择默认的"不允许动态更新"单选按钮，如图 8-11 所示。单击"下一步"按钮，完成新建区域向导。

2. 创建主机记录

(1) 右击新建的区域，选择"新建主机"命令，输入主机名称和对应的 IP 地址，再单击"添加主机"按钮，如图 8-12 所示。若添加其他主机记录，可重复上述操作。

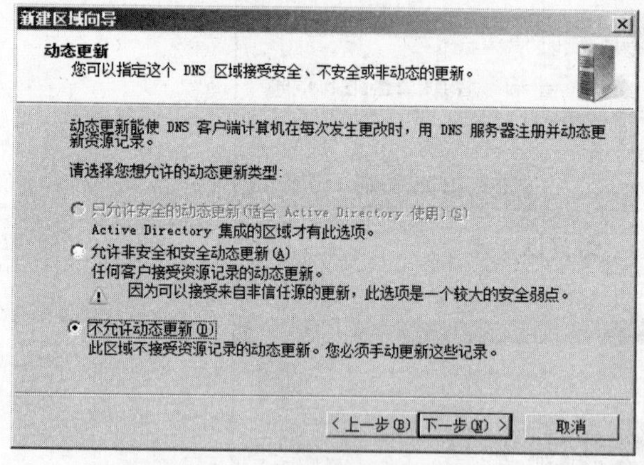

图 8-11 选择是否动态更新

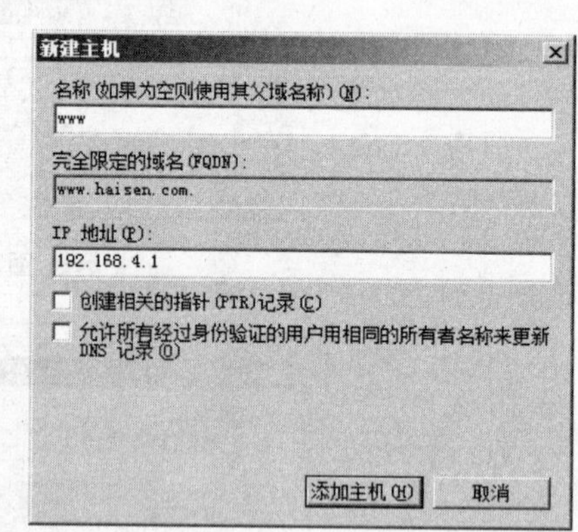

图 8-12 添加主机记录

(2) 添加主机后的区域信息如图 8-13 所示。

3. 配置别名记录

在 DNS 控制台中右击"正向查找区域"中的区域，如 haisen.com，选择"新建别名"命令，在"新建资源记录"对话框的"别名"中输入别名，如 mail，在"目标主机的完全合格的域名"中输入该别名指向的主机域名，如 www.haisen.com，如图 8-14 所示。

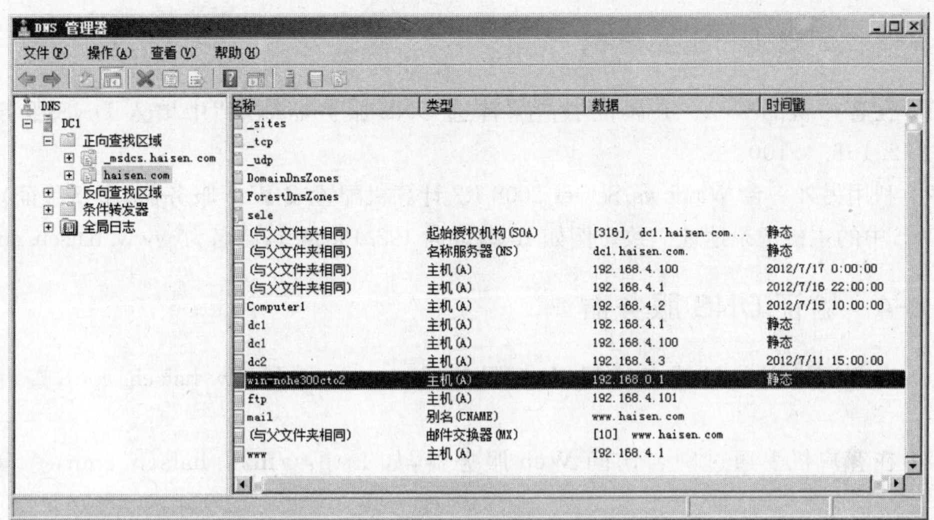

图 8-13 添加主机记录后的 haisen.com 区域

4. 配置邮件交换记录

(1) 首先在区域中要有邮件服务器的主机记录，假设用 Web 服务器同时兼做邮件服务器。

(2) 在 DNS 管理器中右击“正向查找区域”中的区域，如 haisen.com，选择“新建邮件交换器”命令。

(3) 在“新建资源记录”对话框的“邮件服务器的完全限定的域名”中输入邮件服务器主机的 DNS 名称，如 www.haisen.com，也可以使用浏览来代替手工输入，如图 8-15 所示，然后单击“确定”按钮。

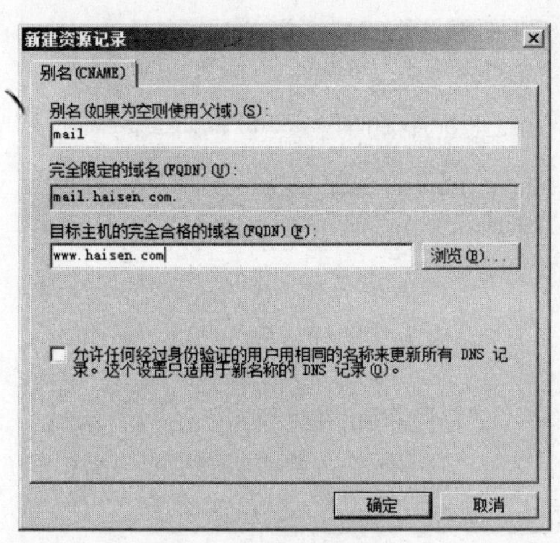

图 8-14 添加别名记录

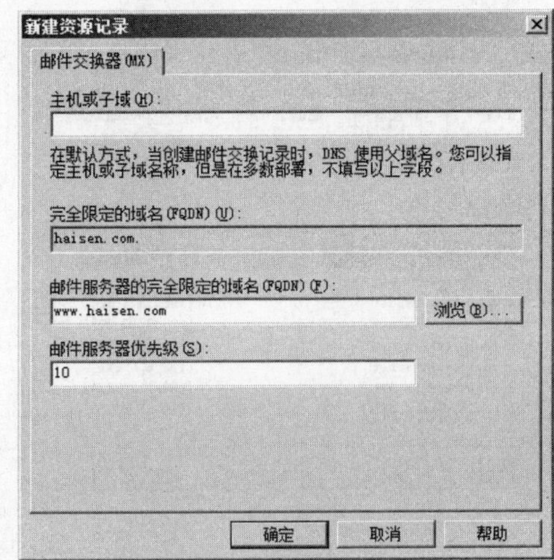

图 8-15 设置邮件服务器

实验 8-3 配置 DNS 客户机

(1) 在客户机的 TCP/IP 属性中，在“首选 DNS 服务器地址”中填入 DNS 服务器地址，如 192.168.4.100。

(2) 利用另外一台 Windows Server 2008 R2 计算机配置成 Web 服务器(用于验证)，其地址与 DNS 中的主机记录地址一致。例如 IP 地址为 192.168.4.1，域名为 www.haisen.cn。

实验 8-4 验证 DNS 服务器

(1) 在客户机上通过域名访问 Web 服务器，如 http://www.haisen.com，查看访问结果。

(2) 在客户机上通过别名访问 Web 服务器，如 http://mail.haisen.com，查看访问结果。

(3) 在客户机上用 nslookup 命令测试服务器的设置。

实验 8-5 DNS 转发

(1) DNS 客户端对 DNS 服务器提出查询请求后，若 DNS 服务器内没有所需记录，则 DNS 服务器会代替客户端向根 DNS 服务器发出查询请求。在 DNS 管理中右击服务器，选择“属性”命令，在对话框中选择“根提示”标签，显示根 DNS 服务器的 IP 地址，如图 8-16 所示。

(2) DNS 客户端对 DNS 服务器提出查询请求后，若 DNS 服务器内没有所需记录，则 DNS 服务器也可以代替客户端向其他 DNS 服务器发出查询请求。单击“转发器”标签，再单击“编辑”按钮，输入要转发的目的 DNS 服务器的 IP 地址，单击“确定”按钮，如图 8-17 所示。

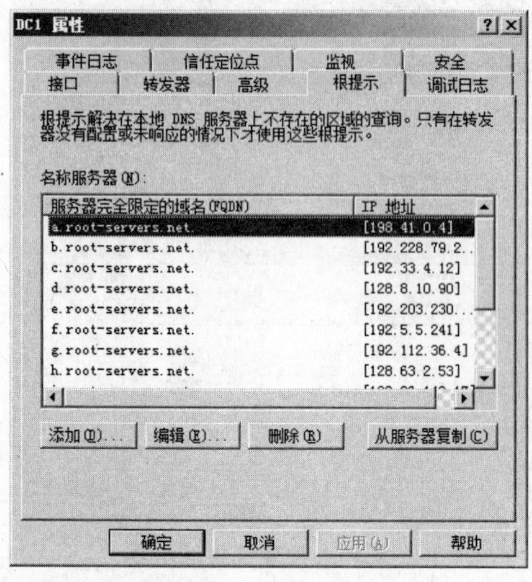

图 8-16 “根提示”标签

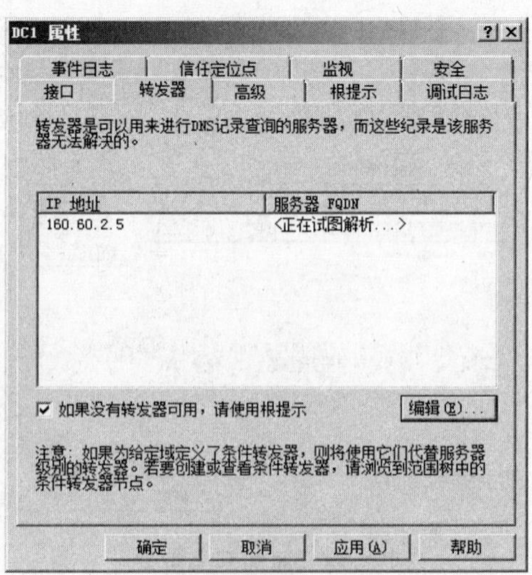

图 8-17 转发器设置

8.4 实训与思考

8.4.1 实训题

实训 8-1 添加 DNS 服务器角色

(1) 各组将组中各计算机的配置结果填入表 8-1。

表 8-1 WWW 服务器 TCP/IP 属性设置

计算机	IP 地址	子网掩码
WWW 服务器		
客户机 1		
客户机 2		
DNS 服务器		

(2) 在 DNS 服务器上添加服务器角色。

(3) 启动 DNS。

实训 8-2 创建正向查找区域

(1) 创建一个正向查找区域。

(2) 在新创建的区域中创建主机记录,主机记录中的 WWW 服务器的记录要与本组实验接线情况相匹配。

(3) 创建别名记录和 MX 记录。

(4) 将上述操作过程的主要配置信息填入表 8-2。

表 8-2 DNS 服务器作用域参数

参　数	设置值
区域名称	
主机记录 1	
主机记录 2	
配置别名记录	
配置 MX 记录	

实训 8-3 配置客户机并验证

(1) 配置客户机的 TCP/IP 属性,将客户机的配置结果填入表 8-3。

表 8-3　客户机 TCP/IP 属性配置

设置内容	设置值
IP 地址	
子网掩码	
默认网关	
DNS 服务器地址	

(2) 架设一台 WWW 服务器,并建设一个网站。

(3) 分别用 IP 地址、域名和别名访问这个 WWW 网站,将结果记录在表 8-4 中。

表 8-4　DNS 服务器配置测试结果

测试方法	结果	结论

(4) 在教师指导下,用 nslookup 命令测试 DNS 服务器。

8.4.2　思考题

(1) DNS 服务器的作用是什么?

(2) 配置 DNS 服务器的主要步骤有哪些?

(3) 什么是标准区域?什么是辅助区域?

(4) 什么是正向查找区域?什么是反向查找区域?

(5) 简述根据域名访问 Internet 资源的过程。

实验 9 experiment 9

用 IMail 实现电子邮件服务器

9.1 知识准备

9.1.1 电子邮件服务

电子邮件系统与我们生活中的邮政系统类似,也需要有邮局、邮递员和邮箱。

(1) 电子邮件服务器:相当于邮局,该服务器运行邮件传输代理软件,负责接收本地用户发来的邮件,并根据目的地址发送到接收方的邮件服务器中;负责接收其他服务器上传来的邮件,并转发到本地用户的邮箱中。

(2) 电子邮件协议:相当于邮递员,负责在用户和服务器之间、服务器和服务器之间传输电子邮件,发送邮件使用 SMTP(简单邮件传输)协议,接收邮件使用 POP3(邮局)协议或 IMAP 协议。

(3) 电子信箱:相当于邮箱,电子信箱是建立在邮件服务器上的一部分硬盘空间,由电子邮件服务机构提供,用于保存用户的电子邮件。用户可以利用它发送和接收电子邮件。

电子邮箱的地址格式为:用户名@主机名,该地址在全球是唯一的。

另外,收发电子邮件必须有相应的软件支持。常用的收发电子邮件的软件有 Exchange、Outlook Express 等,这些软件提供邮件的接收、编辑、发送及管理功能。现在,大多数 Internet 浏览器也都包含收发电子邮件的功能,如 Internet Explorer 和 Navigator/Communicator。

9.1.2 电子邮件协议

邮件服务器使用的协议有简单邮件转输协议(Simple Mail Transfer Protocol, SMTP)、多用途网际邮件扩充协议(Multipurpose Internet Mail Extensions, MIME)、邮局协议(Post Office Protocol, POP)和 Internet 报文存取协议(Internet Mail Access Protocol, IMAP)。

(1) SMTP 协议:即简单邮件传输协议,是一种可靠的电子邮件传输的协议。SMTP 是建立在 FTP 服务上的一种邮件服务,使用 TCP 端口 25,主要用于邮件服务器之间传输邮件信息。SMTP 目前已是事实上的邮件传输标准，它支持将邮件传给单个用户和多个用户。

(2) MIME 协议：即多用途网际邮件扩充协议，它的设计目的是为了在发送电子邮件时附加多媒体数据，让邮件客户程序能根据其类型进行处理，有了 MIME 协议，在电子邮件中就可以传输多媒体邮件。

(3) POP3 协议：是邮局协议的第 3 个版本，它是规定个人计算机如何连接到互联网上的邮件服务器进行收发邮件的协议。POP3 协议允许用户从服务器上把邮件存储到本地主机(即自己的计算机)上，同时根据客户端的操作删除或保存在邮件服务器上的邮件，而 POP3 服务器则是遵循 POP3 协议的接收邮件服务器。POP3 是基于 FTP 的应用层协议，它使用 TCP 端口 110。

(4) IMAP 协议：即 Internet 报文存取协议，也用于下载电子邮件，但与 POP3 有很大的差别。POP3 协议在把邮件交付给用户之后，POP3 服务器就不再保存这些邮件。而当客户程序打开 IMAP 服务器的邮箱时，用户就可以看到邮件的首部。如果用户需要打开某个邮件，则可以将该邮件传送到用户的计算机。在用户未发出删除邮件的命令前，IMAP 服务器邮箱中的邮件一直保存着。另外，POP3 协议在脱机状态下运行，而 IMAP 协议在联机状态下运行。

9.2 实验目的与任务

9.2.1 实验目的

(1) 掌握电子邮件服务器的架设方法。
(2) 理解电子邮件服务的原理。

9.2.2 实验任务

(1) 安装 IMail 服务器。
(2) 建立用户。
(3) 利用 IMail 收发邮件。
(4) 利用浏览器收发邮件。

9.2.3 实验环境

实验条件：

已安装 Windows 的计算机 4 台，1 台计算机为 IMail 服务器，1 台为 DNS 服务器，2 台做客户机，交换机 1 台。

实验接线：

实验接线如图 9-1 所示。

图 9-1 实验接线配置

9.3 实验过程

实验 9-1 设置 DNS 的 MX 记录

(1) 在 DNS 服务器上创建正向查找区域 haisen. com,参见实验 8-2。

(2) 在区域中新建主机记录：www. haisen. com 192. 168. 4. 1,参见实验 8-2。

(3) 在区域中新建 MX 记录,参见实验 8-2。

实验 9-2 安装 IMail

(1) 双击 IMail 安装文件 IMail8. 22. exe,出现欢迎界面,单击 Next 按钮。

(2) 在图 9-2 所示的对话框中输入主机名字,如 mail. haisen. com,单击 Next 按钮。

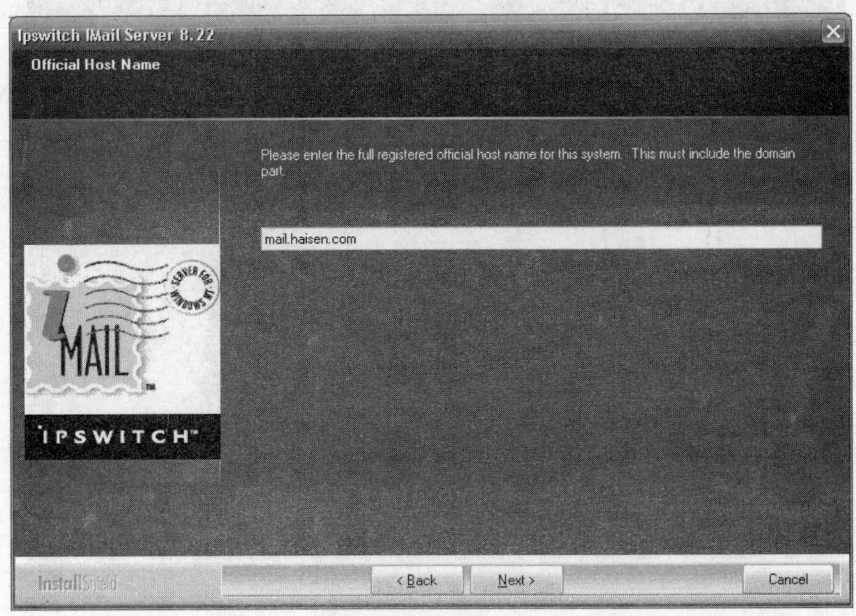

图 9-2 输入主机名

(3) 在图 9-3 所示的对话框中选择 IMail User Database 单选按钮，单击 Next 按钮。

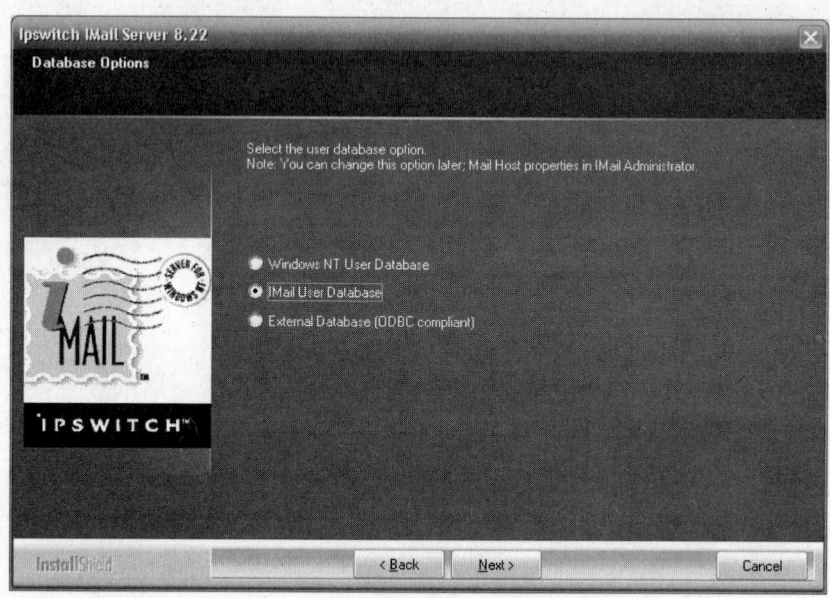

图 9-3 选择数据库

(4) 在图 9-4 所示的对话框中选择默认安装位置，单击 Next 按钮。

图 9-4 选择安装位置

(5) 在图 9-5 所示的对话框中选择组件快捷方式保存的文件夹，选择默认的 IMail，单击 Next 按钮，弹出 SSL Keys 对话框，单击“否”按钮。

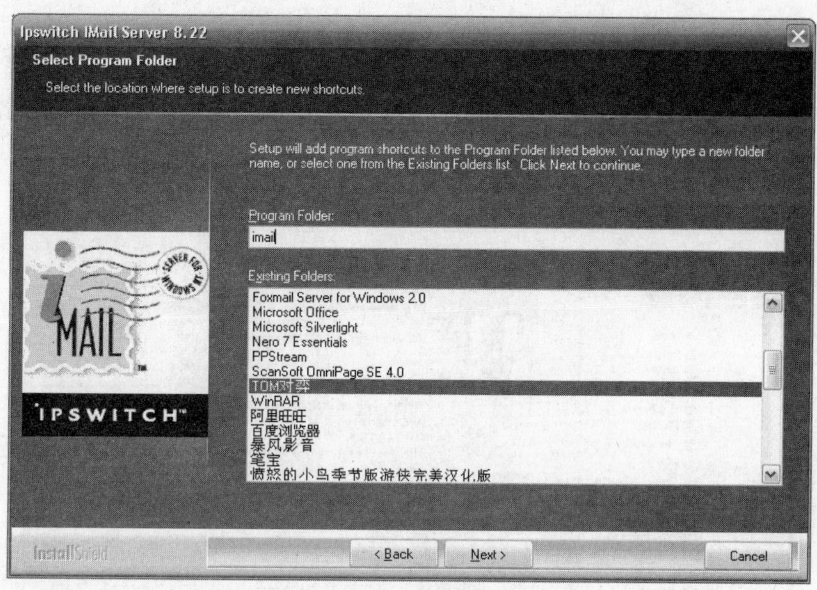

图 9-5　选择存放快捷方式的文件夹

(6) 在图 9-6 所示的对话框中选择安装的组件，勾选 IMail Monitor Service、IMail Web Service、IMail POP3 Server、IMail SMTP Server 和 IMail Queue Manager Service 复选框，单击 Next 按钮，开始安装，安装结束后，弹出如 9-7 所示的对话框，询问是否现在就添加用户，若现在添加选择“是”，否则选择“否”。这里选择“否”，在随后的对话框中单击 Finish 按钮。

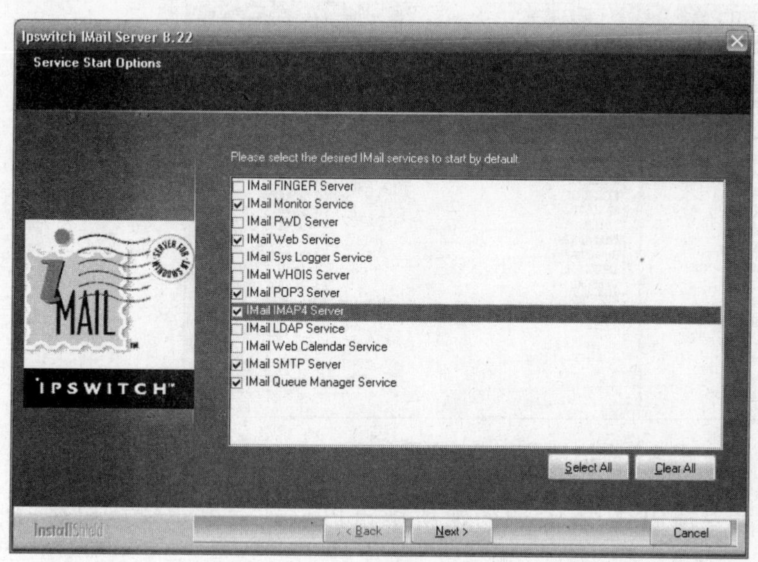

图 9-6　选择安装的服务模块

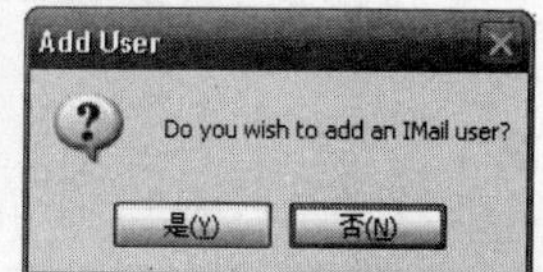

图 9-7　询问是否创建用户

实验 9-3　启动与停止服务

（1）依次单击“开始”→“程序”→IMail→IMail Administrator，出现 IMail 服务器管理窗口，如图 9-8 所示。

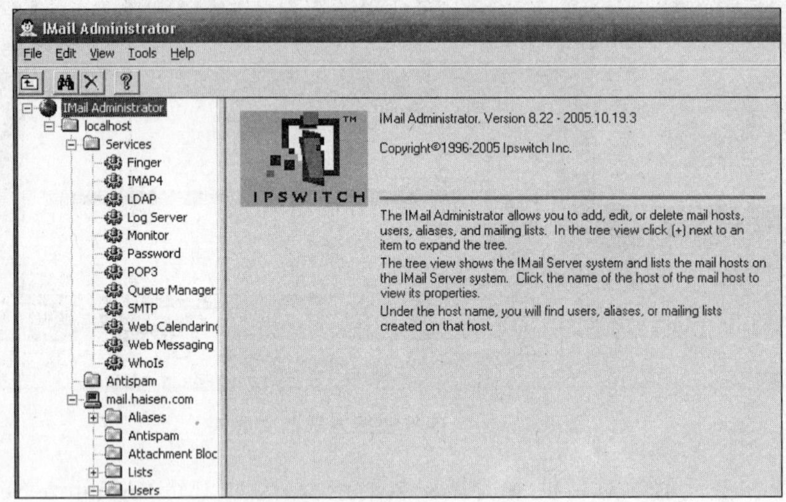

图 9-8　IMail 管理窗口

（2）在图 9-8 左侧的窗格中选 Services，在右侧的窗格中选择要启动的服务，单击“启动/停止”按钮，可以启动所有服务或停止所有服务，如图 9-9 所示。

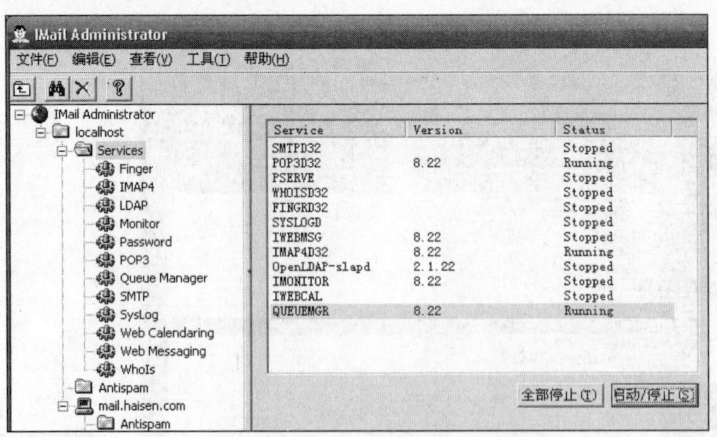

图 9-9　“启动/停止”所有服务

（3）在 Services 下单击一项服务，在右侧的窗格中可以启动和停止该项服务，如图 9-10 所示。

实验 9-4　创建用户

（1）在图 9-8 左侧的窗格中依次选择 localhost→mail. haisen. com，右击 Users，选择

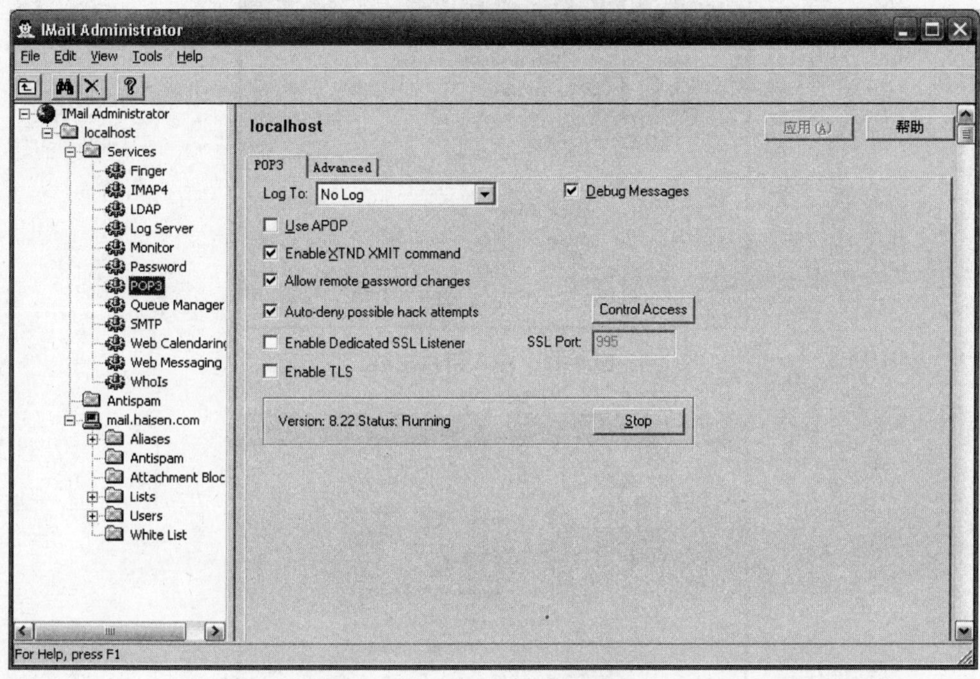

图 9-10 “启动/停止”单项服务

Add User 命令。

(2) 在图 9-11 所示的 New User ID 对话框中输入用户名，如 litaobao，单击“下一步”按钮。

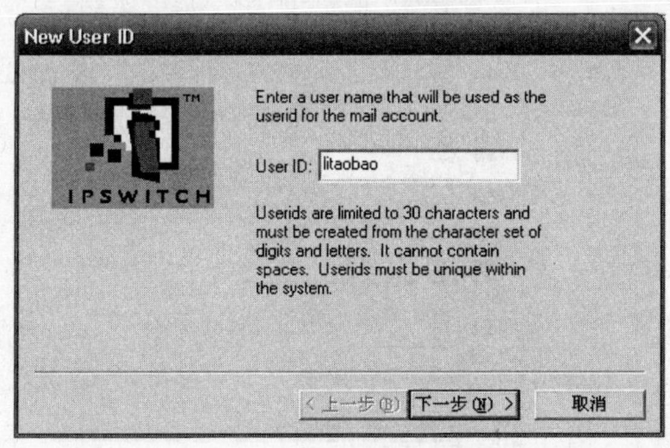

图 9-11 建立新用户

(3) 在 Full name of New User 对话框中输入用户全名，如图 9-12 所示，单击“下一步”按钮。

(4) 在 Password for New User 对话框中输入密码，如图 9-13 所示，单击“下一步”按钮。

(5) 单击“完成”按钮结束创建，新建账户信息如图 9-14 所示。

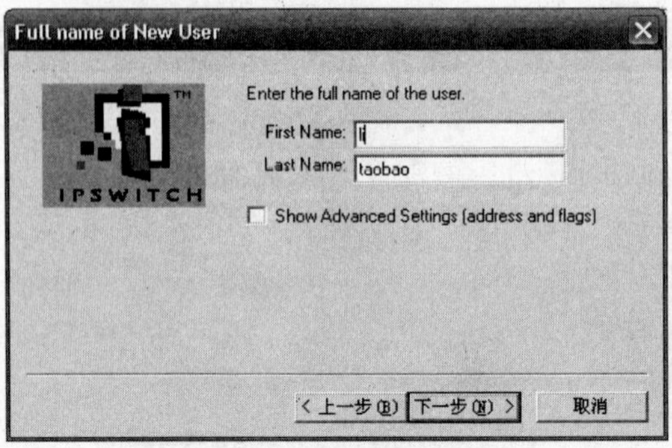

图 9-12　输入用户全名

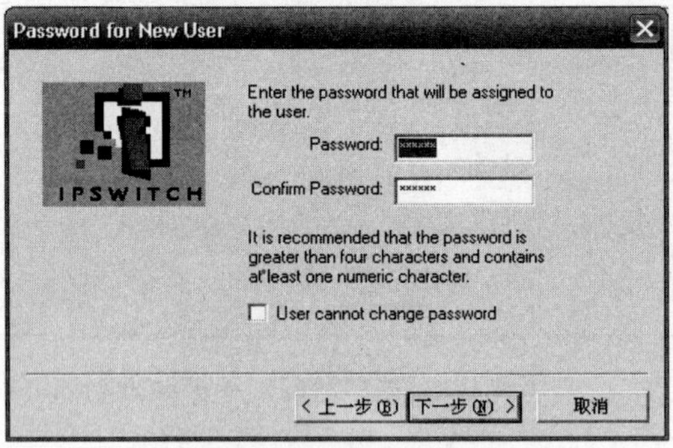

图 9-13　输入密码

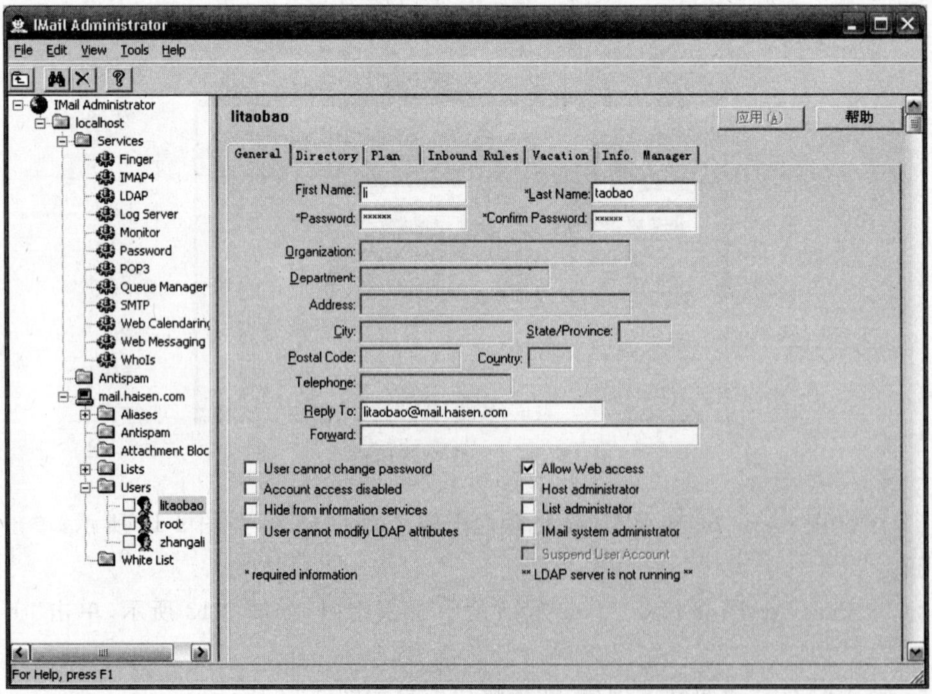

图 9-14　完成创建后的账户信息

实验 9-5 使用 IMail 客户端收发邮件

(1) 单击“开始”→“程序”→IMail→IMail Client，启动客户端程序，如图 9-15 所示。

(2) 在 User-ID 中选择 litaobao，其余默认，单击 OK 按钮。

(3) 在图 9-16 所示的 IMail (32)litaobao-main 窗口中单击 Send 按钮。

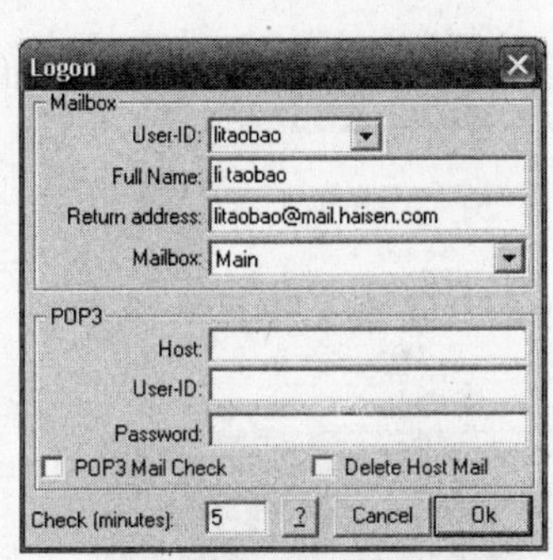

图 9-15 登录 IMail 客户端

图 9-16 IMail 客户端窗口

(4) 在图 9-17 所示的 Create Mail Message 窗口中输入收件人的信箱地址、主题和内容，单击 Send 按钮。

图 9-17 Create Mail Message 窗口

(5) 在客户端用接收者的账户(本例为 zhangali)登录，在 IMail 客户端窗口单击 View 按钮就可以看到 litaobao 发来的邮件，如图 9-18 所示。双击邮件即可查看邮件内容。

实验 9-6 使用浏览器收发邮件

(1) 在浏览器地址栏中输入 http://mail. haisen. com:8383，登录服务器界面，如图 9-19 所示。

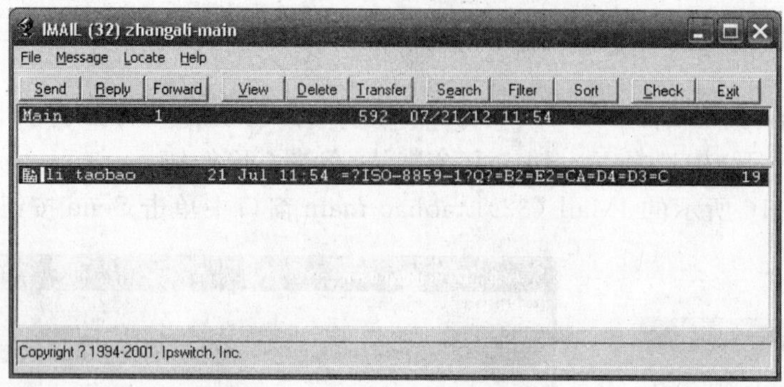

图 9-18 IMail 客户端窗口

图 9-19 HTTP 登录

(2) 输入邮箱账号 zhangali@mail.haisen.com 和密码，单击“登录”按钮，出现企业邮局中心窗口，如图 9-20 所示。

(3) 在图 9-20 中，单击“写邮件”，输入收件人信箱地址 litaobao@mail.haisen.com、主题和内容，单击“发送”按钮，如图 9-21 所示，系统显示发送成功，如图 9-22 所示。

(4) 用账户 litaobao 登录，出现企业邮件中心窗口，如图 9-23 所示。

(5) 单击收件箱，可以看到别人发来的邮件，双击邮件可以看到邮件内容，如图 9-24 所示。

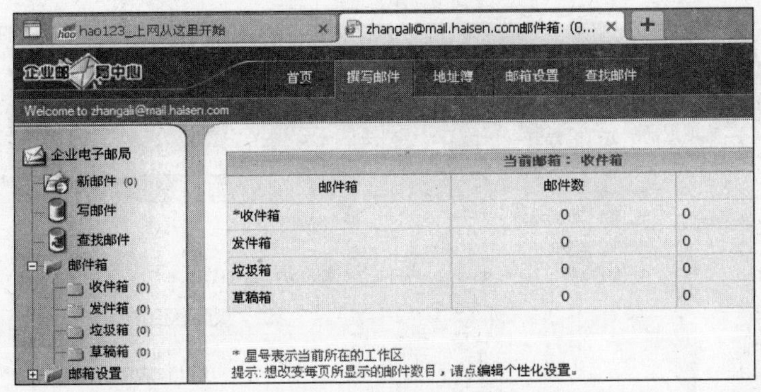

图 9-20 HTTP 登录

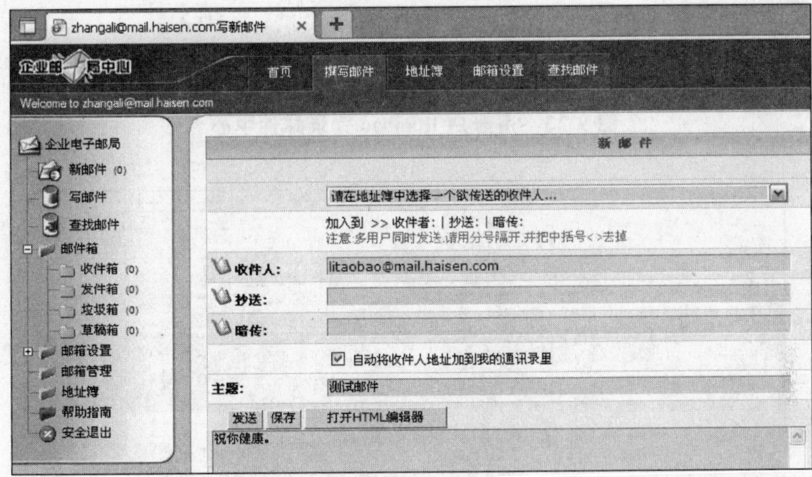

图 9-21 写邮件

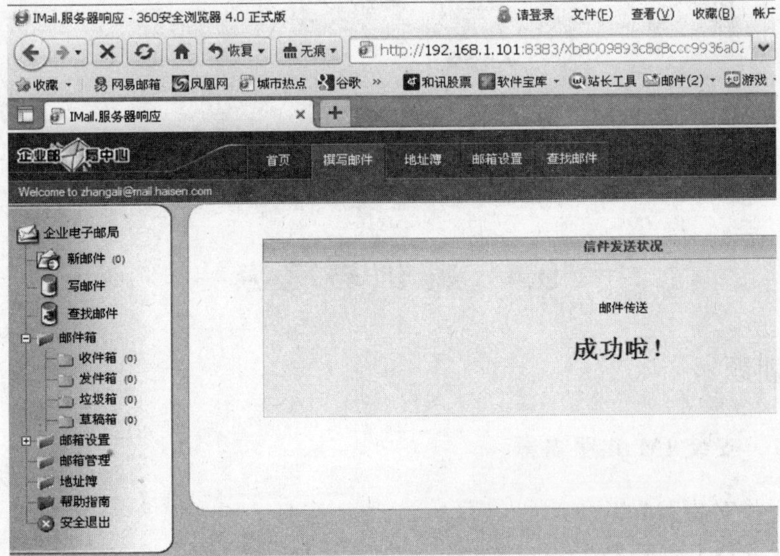

图 9-22 发送成功提示

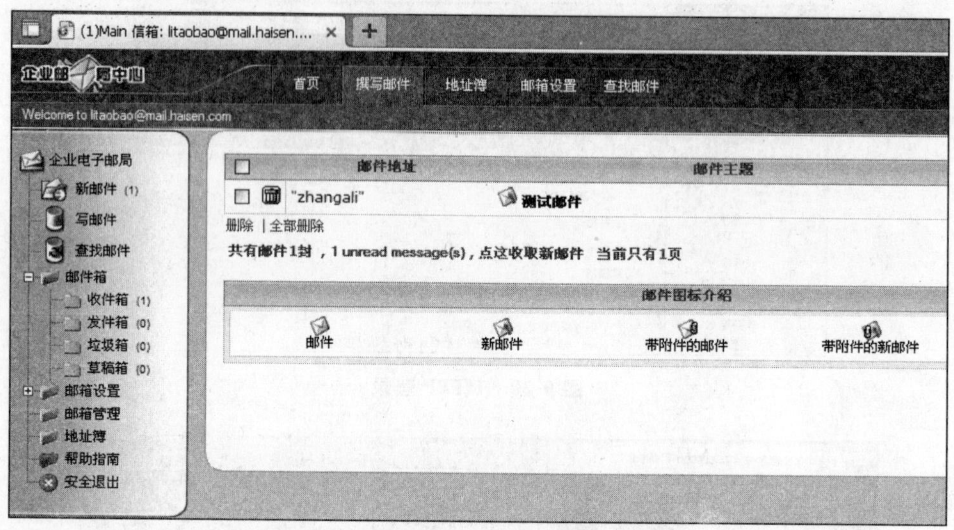

图 9-23 用账户 litaobao 登录邮件中心

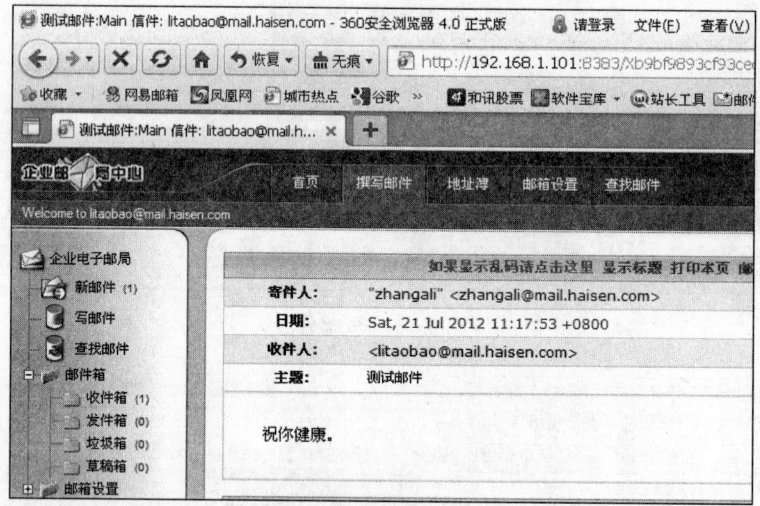

图 9-24 查看邮件内容

9.4 实训与思考

9.4.1 实训题

实训 9-1 安装 IMail 服务器

(1) 下载并安装 IMail 服务器。

(2) 在服务器上创建各个用户账户。

（3）将主要过程记录在表 9-1 中。

表 9-1 IMail 服务器安装过程

项　目	内容
使用的 IMail 版本	
邮件服务器名	
安装的服务组件名	
创建的用户名 1	
创建的用户名 2	

实训 9-2 用客户端收发邮件

（1）利用 IMail 客户端，用创建的用户互相发送邮件。

（2）将结果记录在表 9-2 中。

表 9-2 用 IMail 客户端收发邮件

发送者	接收者	发送成功否	接收成功否

实训 9-3 用浏览器收发邮件

（1）利用浏览器，用创建的用户互相发送邮件。

（2）将结果记录在表 9-3 中。

表 9-3 用 IMail 浏览器收发邮件

发送者	接收者	发送成功否	接收成功否

9.4.2 思考题

（1）电子邮件系统由哪几个部分组成？

（2）有哪些主要的电子邮件协议？其作用各是什么？

（3）上网查询有哪些主要的电子邮件服务器软件。

实验 10 experiment 10

组建无线局域网

10.1 知识准备

10.1.1 无线局域网概述

无线局域网(Wireless Local Network,WLAN)是计算机网络与无线通信技术相结合的产物。无线局域网是对有线局域网的一种补充和扩展。与有线网络相比,无线局域网具有安装便捷、使用灵活和易于扩展的优点。

随着无线通信技术的发展,产生了各种无线局域网的标准,目前,无线局域网标准主要有:

(1) IEEE 802.11。IEEE 于 1997 年推出,工作于 2.4GHz 频段,物理层采用红外、直接序列扩频或跳频扩技术,共享数据速率最高可达 2 Mb/s。它主要用于解决办公室局域网和校园网中用户终端的无线接入问题。

(2) IEEE 802.11b。工作于 2.4GHz ISM 频段,采用直接序列扩频和补码键控,能够支持 5.5Mb/s 和 11Mb/s 两种速率。

(3) IEEE 802.11a。工作于 5GHz 频段,它采用 OFDM(正交频分复用)技术。IEEE 802.11a 支持的数据速率最高可达 54Mb/s。它与 IEEE 802.11b 不兼容,并且成本也比较高。

(4) IEEE 802.11g。工作于 2.4GHz 频段,但采用了 OFDM 技术,可以实现最高 54Mb/s 的数据速率,与 IEEE 802.11a 相当。IEEE 802.11g 与 IEEE 802.11b 是兼容的。

(5) IEEE 802.11 的扩展标准。扩展标准是在现有的 IEEE 802.11b 及 IEEE 802.11a 的 MAC 层追加了 QOS 功能及安全功能的标准,标准名定为 IEEE 802.11e 及 IEEE 802.11f。而另一个扩展标准 IEEE 802.11i 则称为无线安全标准,它增强了 WLAN 的数据加密和认证性能。

(6) 蓝牙技术。是一种支持设备短距离通信(一般 10m 内)的无线电技术。由爱立信、诺基亚、Intel、IBM 和东芝共同开发,可以在 10m 范围内通信和交换信息,个别产品可以达到 100m,速率为 1Mb/s。蓝牙技术有低功耗、短距离、低带宽和低成本的特点,可以安装在各种设备内。

由于无线网络容易被偷听和侵入，因此采用了加密和身份验证技术。

(1) 加密技术：可以对 IEEE 802.11 网络使用 WEP 和 WPA 两种加密方式。WEP 加密使用共享的机密密钥来加密发送节点的数据，接收节点使用相同的 WEP 密钥来解密数据，需要在 AP 和无线客户端配置 WEP 密钥，并且要定期更换。WPA 加密使用临时密钥完整性协议来实现加密，该协议使用更强的加密算法代替了 WEP，由于临时密钥完整性协议密钥是自动生成的，因此不需要为 WPA 配置一个加密密钥。

(2) 身份验证：可以使用两种类型的身份验证：开放系统和共享密钥。开放系统身份验证并不是真正的身份验证，而是使用网卡的物理地址来识别工作组中的无线节点，这种方式较不可靠。共享密钥身份验证检验加入无线网络的无线客户端是否知道某个机密密钥。

10.1.2 无线局域网的模式

无线局域网有两种模式：没有基站的特定结构的网络(ad-hoc)和有基站的基础模式网络。

(1) 无基础设施的无线局域网：又称为临时结构网络或特定结构网络，相当于有线网络中的对等网，这种网络中没有接入点，无线站点之间的连接都是临时的、随意的、不断变化的，如图 10-1 所示。这种网络适用于需要临时搭建网络的场合，如用便携式计算机进行会议交流等。

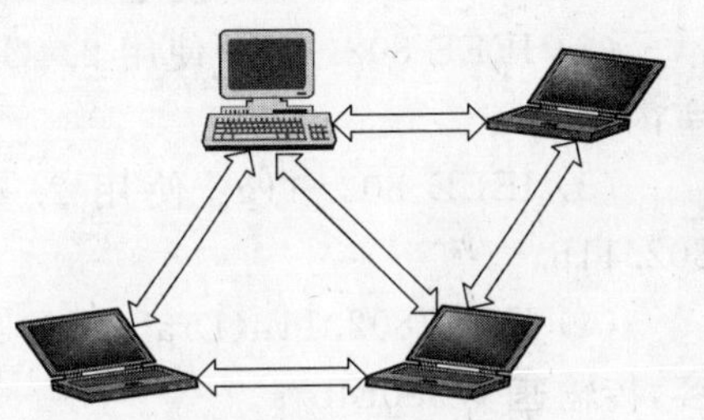

图 10-1 Ad Hoc 网络

(2) 基础结构无线局域网：位置是相对是固定的。简单的基础结构网络仅包含一个接入点(AP)，区域内的无线设备通过一个接入点连接起来，形成一个无线网络。另一种基础结构无线网络是将无线接入点用电缆连接到有线局域网中，实现无线站点与有线局域网中的设备进行通信，起到扩展有线局域网的作用，如图 10-2 所示。目前，企业、家庭和小型办公场所都广泛使用这种结构。

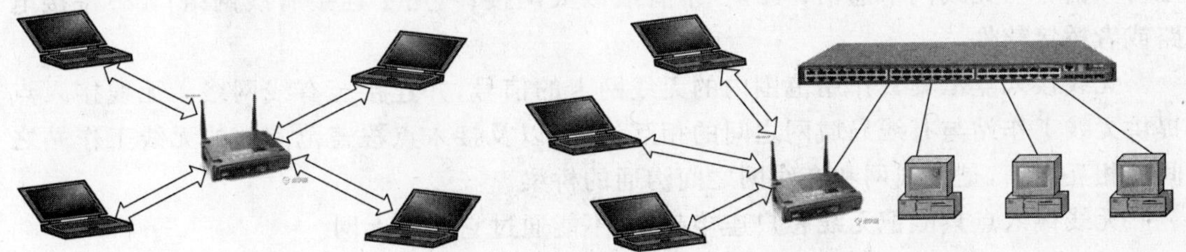

图 10-2 基础结构无线局域网

10.1.3 无线局域网设备

无线网络与有线网络在硬件构成上并无太大差别,同样需要网络连接设备、传输介质和网卡。在无线网络中,网络连接设备是无线接入点和无线路由器,传输介质是无线电波或红外线,网卡是无线网卡。

1. 无线网卡

对于一台在无线网络上通信的计算机来说,必须配一个无线网卡,才能通过无线网卡以无线的方式连入无线网络。无线网卡主要有4种类型:

(1) 台式机专用的PCI接口无线网卡,适用于普通的台式机。

(2) 笔记本计算机专用的PCMCIA接口网卡,仅适用于笔记本计算机,支持热插拔。

(3) USB接口无线网卡。使用这种网卡,不管是台式机用户还是笔记本用户,只要安装了驱动程序,都可以使用。

(4) 笔记本计算机内置的MINI-PCI无线网卡。

无线网卡支持的标准有:

(1) IEEE 802.11a:使用5GHz频段,传输速率54Mb/s,与IEEE 802.11b不兼容。

(2) IEEE 802.11b:使用2.4GHz频段,传输速率11Mb/s,传输距离为室外300m,室内100m。

(3) IEEE 802.11g:使用2.4GHz频段,传输速率54Mb/s,可向下兼容IEEE 802.11b。

(4) IEEE 802.11n(Draft 2.0):用于Intel新的迅驰2笔记本和高端路由,可向下兼容,传输速率300Mb/s。

目前无线局域网主要使用IEEE 802.11b和IEEE 802.11g两个标准。

2. 无线接入点

无线接入点又叫无线访问点,是将其覆盖范围内所有的无线网卡连接起来的设备,相当于有线网络中的集线器或交换机。无线接入点包括:(1)一个无线电收发机,用于使用射频信号与无线网卡通信;(2)一个有线以太网接口,用于连接有线网络;(3)桥接电路或者桥接软件。

无线接入点汇集其作用范围内的无线网卡的信号,并连接至有线网络。无线接入点提供无线工作站与有线局域网之间的相互访问,以及接入点覆盖范围内的无线工作站之间的相互通信,是无线网和有线网之间沟通的桥梁。

无线接入点只能把无线客户连接起来,不能通过它共享上网。

3. 无线路由器

无线路由器是带有无线覆盖功能的路由器,是单纯型接入点与宽带路由器的一种结合体;既有路由器的功能,又有无线接入点的功能。

无线路由器主要应用于用户共享上网。无线路由器不仅可以把无线节点连接起来，还可以把通过它进行无线和有线连接的终端都分配到一个子网。无线路由器还具有一些网络管理的功能，如DHCP服务、网络地址转换、防火墙和MAC地址过滤等功能。

10.2 实验目的与任务

10.2.1 实验目的

(1) 了解无线局域网的模式和设备。

(2) 掌握不同模式的无线局域网的设置方法。

10.2.2 实验任务

任务：

(1) 组建一个ad-hoc网络。

(2) 配置基础结构的无线局域网。

模拟场景：

场景1：企业经理召开会议，要求与会人员汇报自己的工作，并将一些文件在会议上彼此共享。会议室没有有线网络，每个参会人员都自带一个带无线网卡的笔记本计算机，需要组建一个临时的ad-hoc网络。

场景2：一个办公室，只有一个有线网络接口，有4台带有无线网卡的计算机和1台无线路由器，由于需要共享上网，所以需要组建一个基础结构的无线局域网。

10.2.3 实验环境

实验条件：

已安装Windows操作系统(本实验以Windows 7操作系统为例)的计算机4台，无线网卡4块，无线路由器1台，双绞线1根。

实验接线：

接线参照图10-2。

10.3 实验过程

实验10-1 组建Ad Hoc网络

1. 安装无线网卡(对一些即插即用的网卡，不需要以下这些步骤)

(1) 将无线网卡插入计算机中。

(2) 右击桌面上的“计算机”,选择“属性”命令,单击“设备管理器”。

(3) 在“网络适配器”下没有安装驱动程序的网卡前面会出现黄色的大问号,双击该网卡,在“常规”属性中会看到“这个设备运转不正常。可能是驱动程序没有安装。”

(4) 单击“驱动程序”选项卡,单击“更新驱动程序”按钮,按提示插入光盘,安装驱动程序。

(5) 安装驱动程序后,在桌面上自动建立网络图标,右击“网络”,选择“属性”命令,打开“网络和共享中心”对话框,单击“管理网络连接”,出现如图 10-3 所示的“网络连接”窗口。

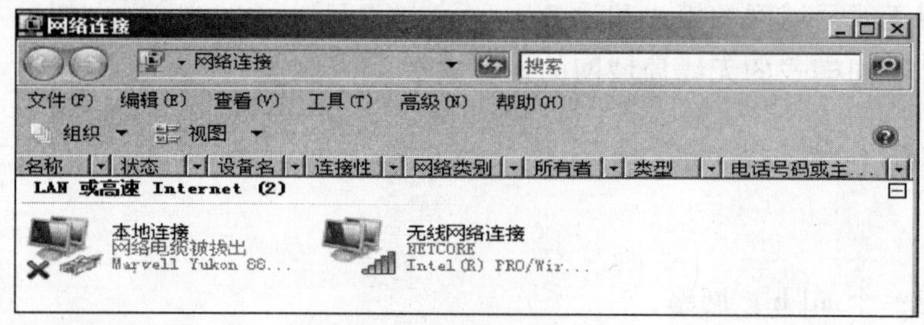

图 10-3 “网络连接”窗口

2. 配置 IP 地址

若使用 TCP/IP 协议,需要配置 IP 地址。在图 10-4 中,单击“Internet 协议版本 4(TCP/IPv4)”,再单击“属性”按钮,出现“Internet 协议版本 4(TCP/IPv4)属性”对话框。选择“使用下面的 IP 地址”,并输入相应的 IP 地址、子网掩码和默认网关等信息。各计算机的 IP 地址要处于同一个网络号中,例如,都使用 192.168.1.×,子网掩码为 255.255.255.0,默认网关为 192.168.1.1

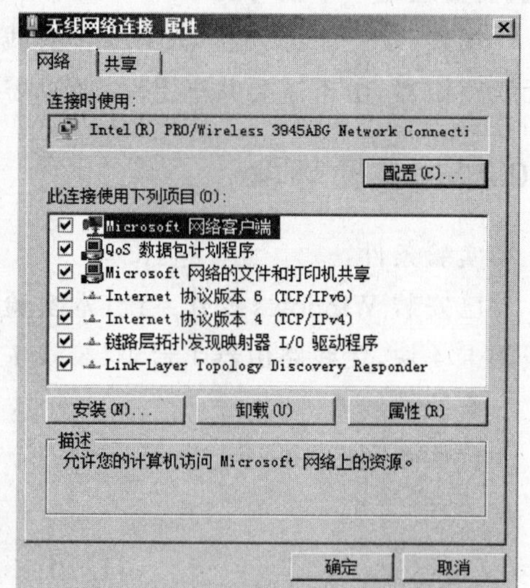

图 10-4 “无线网络连接 属性”对话框

3. 配置无线网卡 Ad Hoc 模式

(1) 右击桌面上的“网络”,选择“属性”命令,打开“网络和共享中心”对话框,单击“设置连接或网络”,弹出“设置连接或网络”对话框,如图 10-5 所示。

(2) 在“设置连接或网络”窗口中选择“设置无线临时(计算机到计算机)网络”,单击“下一步”按钮,则弹出“设置无线临时(计算机到计算机)网络”窗口,如图 10-6 所示。

(3) 在图 10-6 中单击“下一步”按钮,则弹出“为您的网络命名并选择安全选项”窗

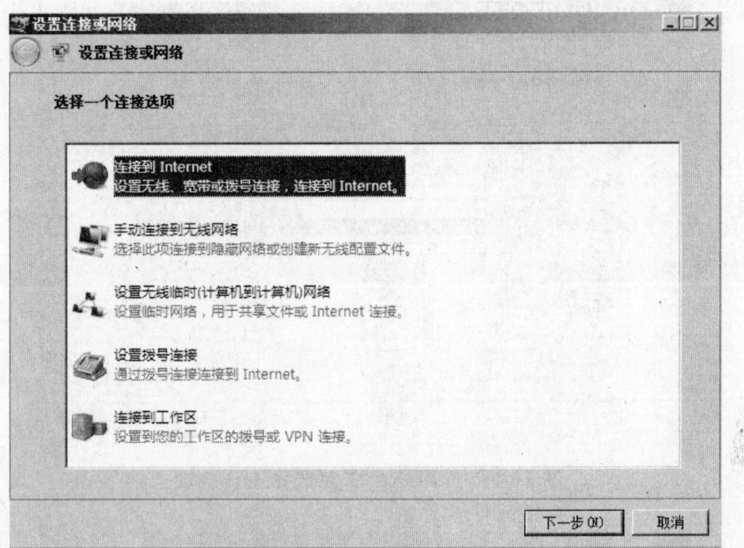

图 10-5 "设置连接或网络"窗口

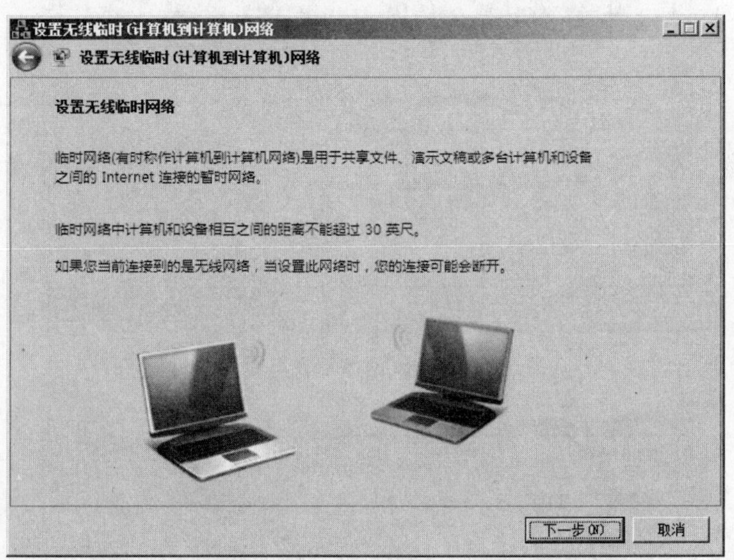

图 10-6 "设置无线临时(计算机到计算机)网络"窗口

口，如图 10-7 所示。在"网络名"中输入 office，在"安全类型"中可根据自己的需要进行选择，本书选择 WEP，密码为 12345。

(4) 设置完毕后，在图 10-7 中单击"下一步"按钮，Ad Hoc 网络即设置完毕，如图 10-8 所示。此时，可在"连接网络"对话框中看到名为 office 的 Ad Hoc 网络，如图 10-9 所示。

4. 加入 Ad Hoc 网络

(1) 在其他计算机上重复前面的步骤，安装并配置好无线网卡，将无线网络适配器的

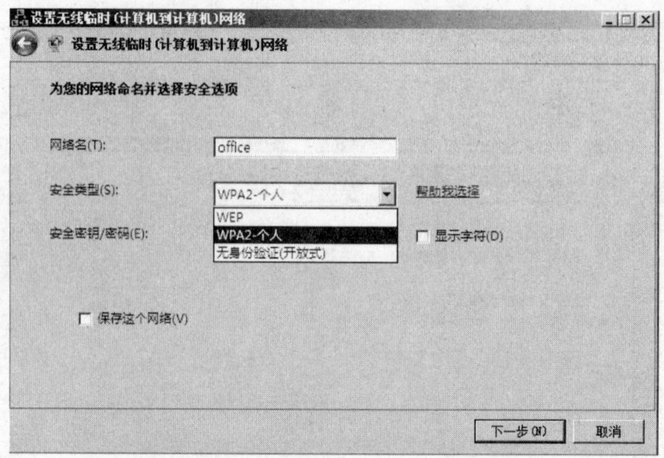

图 10-7　为网络命名并选择安全选项

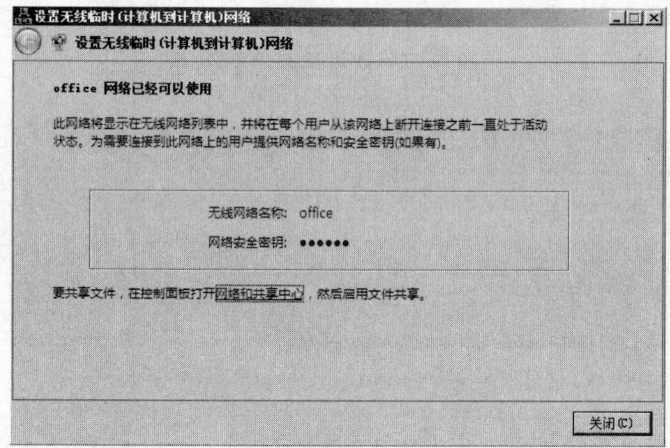

图 10-8　office 网络已经可以使用

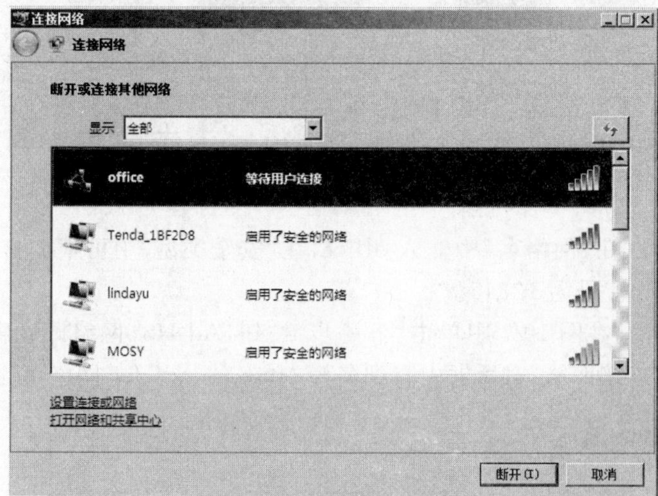

图 10-9　等待用户连接

IP 地址设置为 192.168.1.4×，子网掩码为 255.255.255.0，添加无线 WLAN 功能。

(2) 在已设置好的其他计算机上，进入“网络和共享中心”，单击“连接网络”，选择已经设置好的 office 连入 Ad Hoc 网络，如图 10-10 所示。

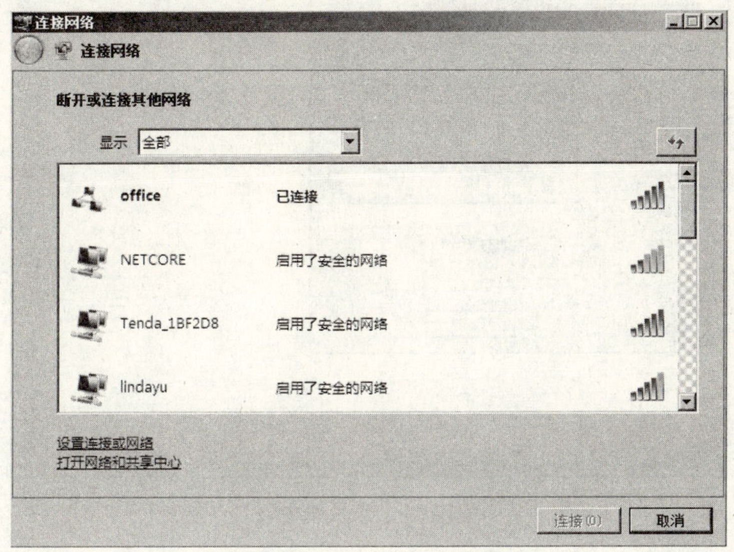

图 10-10 连入 Ad Hoc 网络

实验 10-2 配置基础结构的无线网络

1. 设置无线宽带路由器

(1) 将路由器的 WAN 端口连接外部网络，并插上附带的电源，检查路由器是否正常工作。

(2) 用双绞线将计算机和路由器的任意一个 LAN 口相连。

(3) 将计算机的 IP 地址设置在 192.168.1.0 网段上。以第 4 组为例，IP 地址为 192.168.1.41，子网掩码为 255.255.255.0，网关为 192.168.1.1。

(4) 打开计算机的 Web 浏览器，输入 http://192.168.1.1 网址，出现如图 10-11 所示的登录对话框，输入默认的用户名 guest，密码 guest，登录后即可进行相应的设置。

(5) 输入用户名和密码后，单击“确定”按钮，进入路由器的设置界面，如图 10-12 所示。

(6) 根据网络环境状况，在图 10-13 所示的路由器管理面板中对路由器进行 WLAN 和无线设置。本实验中 WLAN 采用 PPPoE 上网的方式，需输入用户名和密码，如图 10-13 所示。无线设置如图 10-14 所示，用户可设置频段、SSID 和模式等信息，本实验中 SSID 为 NETCORE。

2. 加入基础结构的无线网络

(1) 将具有无线网卡的计算机进行相应的 TCP/IP 设置，IP 地址设置在 192.168.1.0

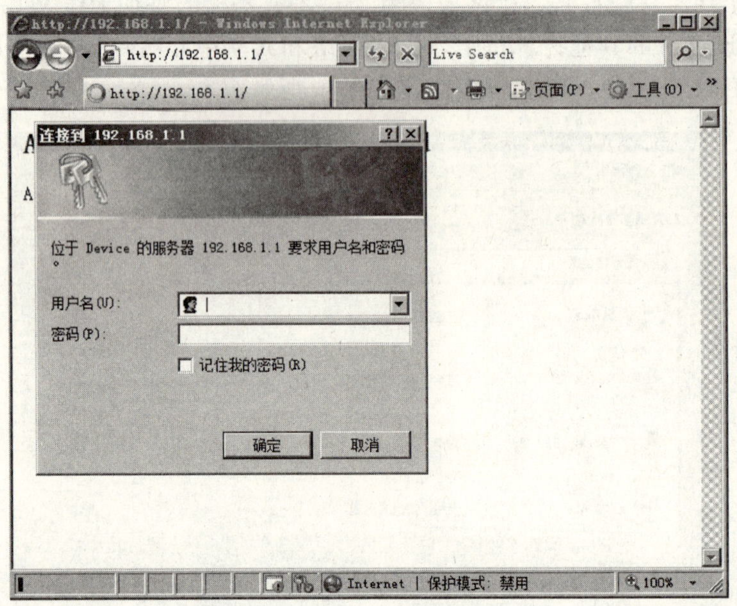

图 10-11 登录路由器

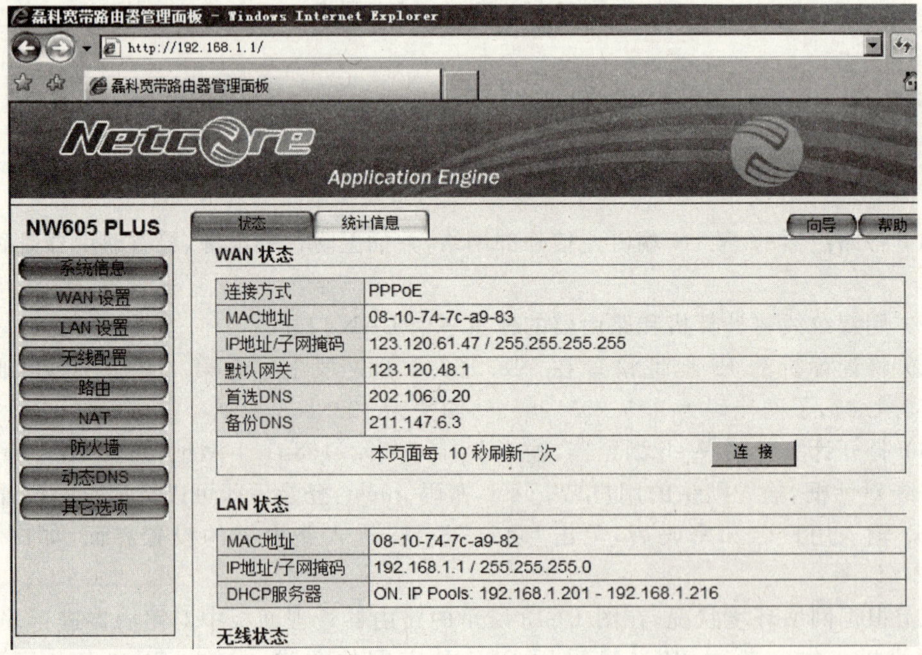

图 10-12 路由器设置界面

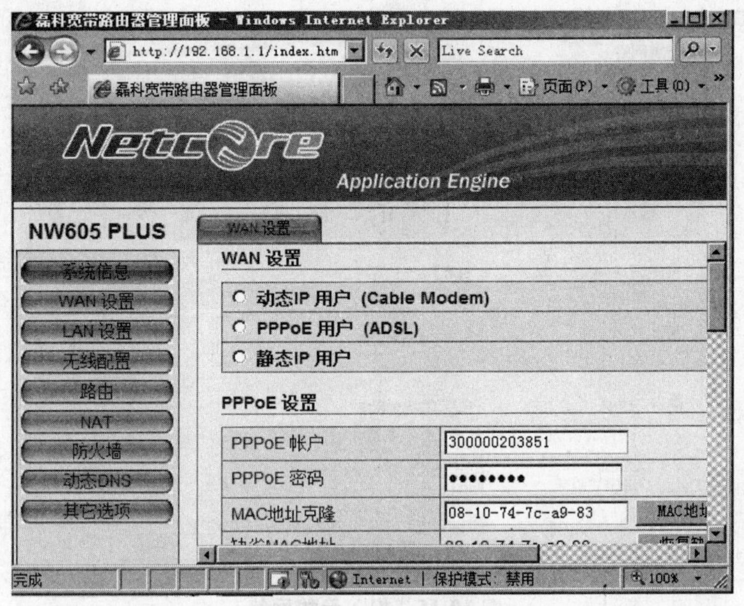

图 10-13 WLAN 设置

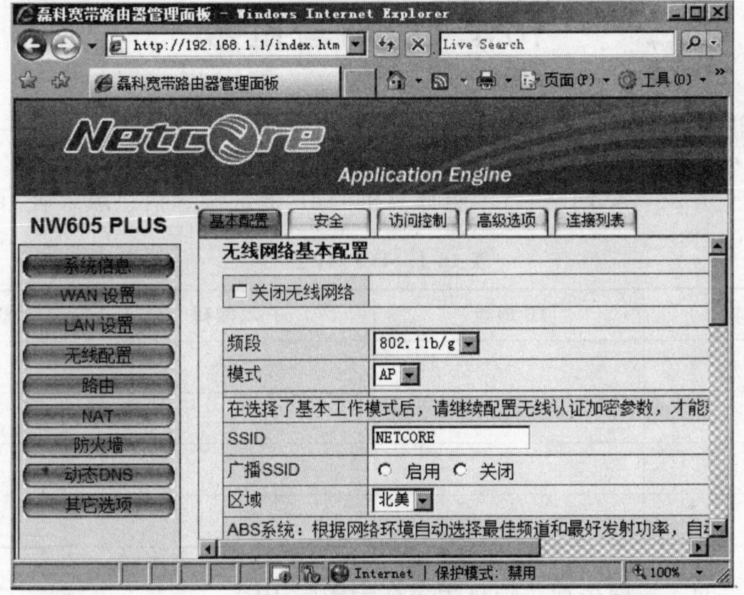

图 10-14 无线设置

网段上。以第 4 组为例,IP 地址为 192.168.1.4×,子网掩码为 255.255.255.0,网关为 192.168.1.1。

(2) 进入“网络和共享中心”,单击“连接网络”,选择已经设置好的 NETCORE 连入网络,如图 10-15 所示。

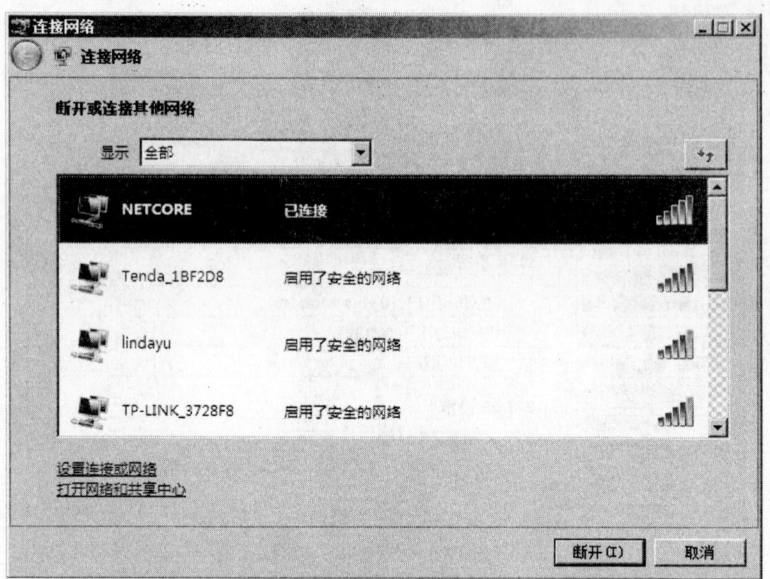

图 10-15 加入无线网络

10.4 实训与思考

10.4.1 实训题

(1) 组建一个 ad-hoc 网络,将本组计算机的 IP 地址设置信息填入表 10-1。

表 10-1 TCP/IP 属性

属性名称	IP 地址	子网掩码	默认网关
PC1			
PC2			
PC3			
PC4			

(2) 将本组的无线网络配置信息记录在表 10-2 中。

表 10-2 无线网络配置信息

网络名	安全类型	密码

(3) 组建一个以宽带路由器为中心的无线网络,将无线网络的设置信息填入表 10-3。

表 10-3 无线路由器配置信息

网络名	工作模式	通信协议	加密协议	认证协议

10.4.2 思考题

(1) 简述 ad-hoc 网络和基础结构网络的区别。

(2) 简述无线网卡中不同加密方式的区别。

第 2 篇　管 理 篇

Windows Server 2008 网络管理

实验 11 experiment 11

本地用户和组的管理

11.1 知识准备

11.1.1 用户

1. 用户账户的基本概念

用户账户由用户名和密码组成，是用户访问本地计算机资源或域资源的凭证。由于不同的用户对本地计算机或网络资源使用的权限是不同的，而且不同的用户习惯的工作环境也是不同的，所以要为每个经常访问网络的用户建立用户账户。

2. 用户账户的分类

Windows Server 2008 提供了以下用户账户类型：

(1) 从用户访问网络资源的范围可以分为本地用户账户和域用户账户。

① 本地用户账户是在用户使用的计算机上创建的账户，拥有本地用户账户的用户只能访问该计算机上的资源。本地用户账户信息保存在本地账户管理器(SAM)中。

② 域用户账户是在域控制器上创建的用户账户，拥有域用户账户的用户可以访问一个域内的任何计算机上的资源。域用户账户信息保存在活动目录(Active directory)中。

(2) 从用户账户由谁建立的角度上分可以分为内置用户账户和管理员创建的账户。

① 内置用户账户是安装 Windows Server 2008 或安装活动目录时由系统自动创建的用户，这些用户被系统赋予了特定的权限。其中有两个内置用户账户是不能删除的，一个是管理员用户，用户名为 Administrator，该用户账户用来对计算机或网络进行管理，拥有最高的权限；另一个是来宾账户，名为 Guest，对计算机或域只拥有非常有限的权限。

② 管理员创建的账户是管理员根据用户实际需要为用户创建的账户，管理员可以根据需要为不同的用户设置不同的权限。

11.1.2 用户组

1. 组的概念

组是用户的集合，由多个用户账户组成，组名可以看成是组成员共同的名字。引入组的概念主要是为了简化管理。例如,要把某个资源授权给一批用户使用,或者对一批用户设置相同的权限,若没有组时,只能按单个用户账户进行设置和授权;有了组后,可以一次性地向一个组授权,而当一个用户成为某个组的成员后,该用户就被授予了该组拥有的所有权限,从而简化了管理。

一个用户可以同时属于多个组,用户对某个资源的权限将是他在各组得到的权限之和。一个组也可以包含另一个组或成为其他组的成员。

2. 组的类型

Windows Server 2008 提供了以下组账户类型。

(1) 从用户访问网络资源的范围可以分为本地组和域组。

① 本地组又称为工作组中的组,组账户信息保存在本地账户管理器(SAM)中。这里的"工作组"是指网络的工作组模式。本地组一般在工作组模式下使用,只在不隶属于域的计算机上使用。虽然在域成员服务器或域的客户端计算机上也可以创建本地组,但一般不提倡这样做,因为在域中的计算机上使用本地组不利于集中化管理。管理员需要分别在每台计算机上管理本地组,本地组可以用来控制对本地计算机上的资源的访问,也可以用来对本地计算机执行系统任务。

② 域组是创建在域控制器上的组,组账户信息保存在活动目录(active directory)中。域组可以用来控制对域内任何一台计算机资源的访问和执行系统任务的权限。

(2) 从组账户由谁建立的角度可以分为内置组和管理员创建的组。

① 内置组是安装 Windows Server 2008 或安装活动目录时由系统自动创建的组,这些组被系统赋予了特定的权限,如果希望某个用户拥有某种权限,可以将该用户加入的相应的组。最常用的内置组有:

Administrators 组:该组成员可以在计算机上执行所有的管理任务,默认状态下,Administrator 是该组成员。将任何一个用户加入该组,这个用户就拥有了管理员的权限。

Users 组:该组成员只能执行被特别授予权限的任务,如访问共享资源或运行程序等,但是该组成员不能将文件夹共享给其他用户,也不能关机等。默认状态下,管理员在本地计算机上创建的所有用户自动属于 Users 组。

Guests 组:该组成员只能执行被特别授予权限的任务,而且只能访问被授权访问的资源,组成员也不能对他们的桌面环境做永久的修改。默认状态下 Guest 属于该组成员。

Backup Operators 组:该组成员可以用 Windows Backup 来备份和恢复计算机。

Power Users 组:在 Windows Server 2003 以及以前的版本中,该组成员可以创建和修改计算机上的本地用户账户,有比较多的管理权限。在 Windows Server 2008 中,这些权限被取消了,实际上该组已经失去了存在的意义。

Network Configuration Operators 组:该组成员可以执行常规的网络配置功能,例如,更改 IP 地址,但不可以安装或卸载驱动程序与服务,也不能执行与网络服务器配置有关的功能。

② 管理员创建的组是管理员根据需要创建的组，通过对组授权，使用户获得访问资源的权限。

3. 本地组的策略

(1) 所有在计算机上执行系统任务或获得共享资源的用户都要拥有一个账户(A)。

(2) 将共享资源相同或执行系统任务相同的用户划分到一个组(L)。

(3) 对本地组授予权限(P)。

上述方法被称为 ALP 策略。

如果可以通过把用户账户加入内置组中来给它授予权限，就应该用这种方法，而不要再创建一个新的本地组。

11.1.3 账户安全策略

为了加强账户的安全性，Windows Server 2008 提供了账户安全策略，包括密码策略和账户锁定策略。

1. 密码策略

1) 密码复杂性要求

密码复杂性要求是指密码中必须同时含有数字和字母，且字母必须既有大写又有小写。该策略有“禁用”和“启用”两种状态，“禁用”表示不要求满足密码复杂性，“启用”则表示密码必须满足复杂性要求。默认为启用。

2) 密码长度最小值

该策略对密码最小长度做出规定，所输入的密码必须满足最小长度要求。若密码长度设置为 0，则没有长度要求，若设置一个非 0 的数值 n，则要求密码长度不能小于 n 个字符。默认为 0 个字符。

3) 密码最长使用期限

为了保护用户账户的安全，Windows Server 2008 要求用户密码在使用一段时间后就要更换，该策略设置密码最长使用期限，到期后须更换密码，否则，即使密码正确也将被阻止登录。该值为 0 表示没有要求，该值为 n，表示最长使用期限为 n 天。默认为 42 天。

4) 密码最短使用期限

该策略设置用户更改密码后，多长时间内不能更换密码。该值为 0 表示没有要求，该值为 n，表示最短使用期限为 n 天，默认为 0 天。

5) 强制密码历史

为了保护用户账户安全，Windows Server 2008 要求用户的新密码不能是原来使用过的密码。该规则规定，不能用前几次使用过的密码。该值为 0 表示没有要求，该值为 n，表示不能使用前 n 次使用的密码，默认为 0 次。

6) 用可还原的加密来储存密码

该策略设置是否将密码加密存储，该策略有“禁用”和“启用”两种状态，“禁用”表示不用,“启用”则表示密码加密存储,默认为“禁用”。

2. 账户锁定策略

1）账户锁定阈值

该策略设置用户试探密码达到几次,就将账户锁定,若该值设置为 0,则永不锁定。默认为 0 次。

2）账户锁定时间

该策略设置账户被锁定多长时间。默认为 30 分钟。

3）重置账户锁定计数器

账户锁定计数器用来累加用户试探密码登录的次数,当计数值达到账户锁定阈值时,账户将被锁定,在解除锁定之前,应将该计数器的值清零。该策略设置锁定多长时间后将计数器的值清零,该值应该小于账户锁定时间,默认为 30 分钟。

11.2 实验目的与任务

11.2.1 实验目的

(1) 理解本地用户和组的作用。
(2) 掌握用户和组的管理。
(3) 会设置账户安全策略。

11.2.2 实验任务

任务：
(1) 创建不同的用户和组。
(2) 管理用户和组。
(3) 设置账户安全策略。
模拟场景：

一个小型企业,安装了一台 Windows Server 2008 R2,企业刘经理需要登录这台计算机,并且可以管理这台计算机;经理办公室的小张和小李也可以登录这台计算机,小张可以帮助经理执行备份操作,小李可以帮助经理执行网络配置方面的管理操作。每个用户都有自己喜欢的工作环境。另外,由于工作需要,小张和小李可能会被授权访问相同的资源,需要建立一个名为“日常工作”的组,小张和小李都是该组的成员。

11.2.3 实验环境

1 台安装了 Windows Server 2008 R2 的计算机。

11.3 实验过程

实验 11-1 新建本地用户账户

（1）单击“开始”→“管理工具”→“计算机管理”，出现“计算机管理”控制台，如图 11-1 所示。

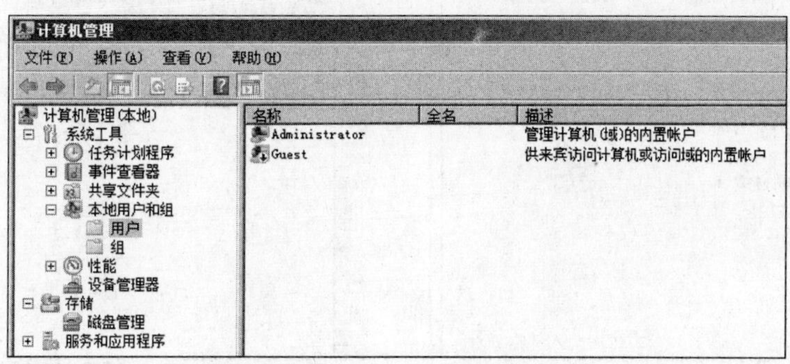

图 11-1 “计算机管理”控制台

（2）展开“本地用户和组”前面的＋号，右击“用户”，选择“新用户”命令，出现如图 11-2 所示的“新用户”对话框，输入用户名、全名和密码，然后单击“创建”按钮。

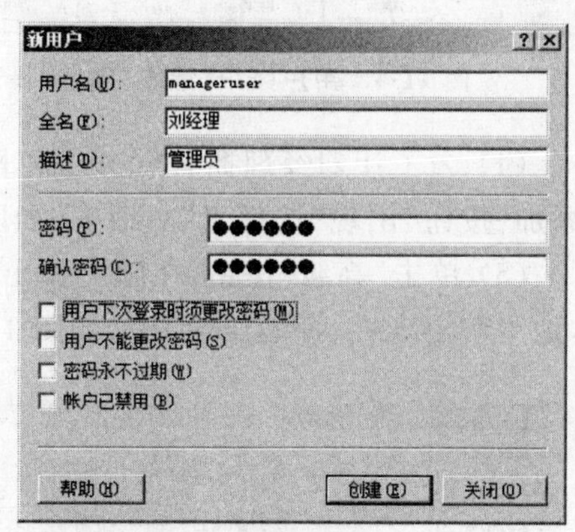

图 11-2 输入新用户账户信息

（3）用同样的方法依次给小张和小李创建账户，用户名分别 xiaozhang 和 xiaoli，结果如图 11-3 所示。

实验 11-2 管理本地用户账户

（1）在图 11-3 中，右击一个用户的账户，在弹出的快捷菜单中选择“设置密码”命令，可以修改用户密码；选择“删除”命令，可以删除用户；选择“重命名”命令，可以修改用户名。

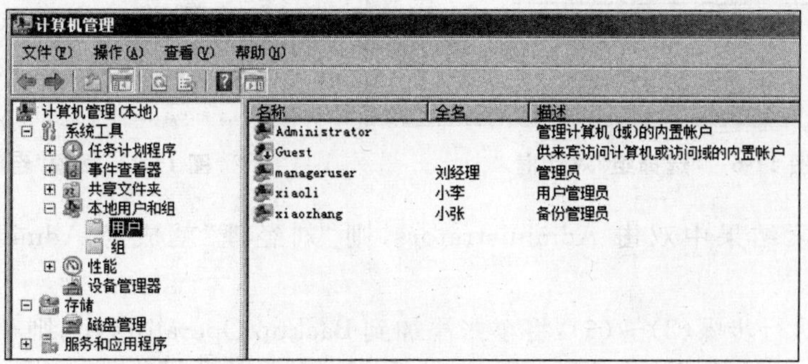

图 11-3 创建的新用户账户

(2) 在图 11-3 中，右击账户 Manageruser，在快捷菜单中选择“属性”命令，在如图 11-4 所示的属性对话框中可以修改用户属性，包括用户账户信息、密码规则和所属的组信息等。

(3) 在图 11-4 中，单击“隶属于”标签，查看刘经理所属的组，在默认状态下，新建立的用户都属于 Users 组，如图 11-5 所示。

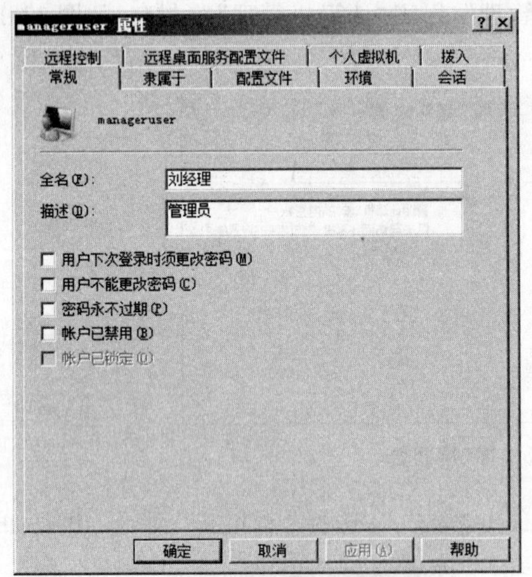

图 11-4 用户账户“常规”属性

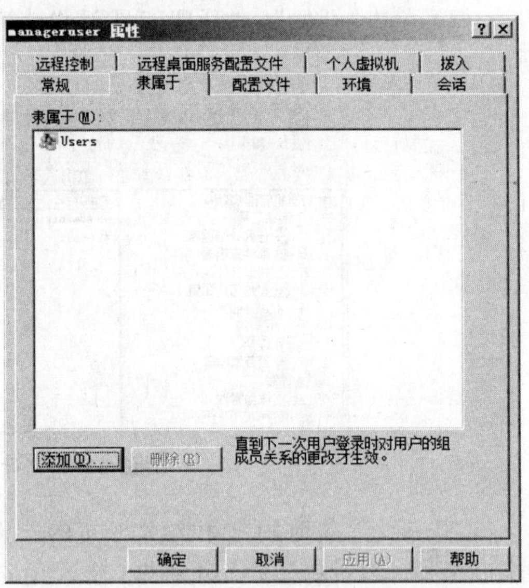

图 11-5 用户账户“隶属于”属性

(4) 为了让刘经理拥有管理员权限，应该将其账户加入到 Administrators 组。单击“添加”按钮，出现“选择组”对话框，如图 11-6 所示。

(5) 单击“高级”按钮，在随后弹出的对话框中单击“立即查找”按钮，则当前系统中的本地组都出现在“搜索结果”中，如图 11-7 所示。

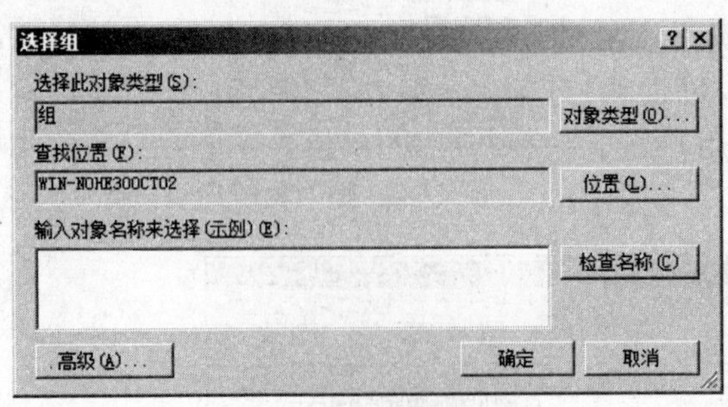

图 11-6 “选择组”对话框

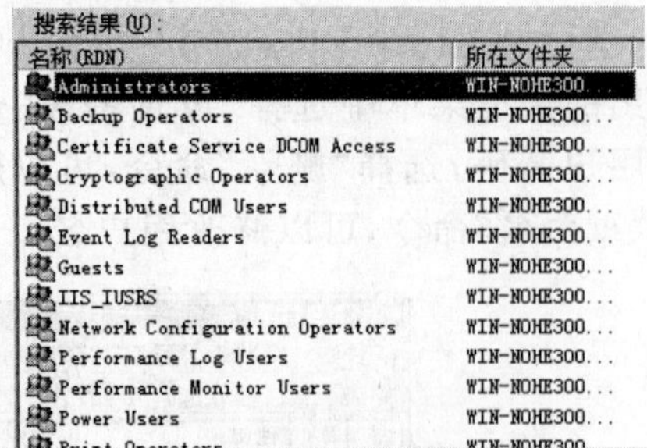

图 11-7 搜索“组”的结果

(6) 在搜索结果中双击 Administrators，则“刘经理”就成为 Administrators 组的成员。

(7) 重复执行步骤(2)～(6)，将小张添加到 Backup Operators 组，则小张就拥有了备份文件的权限。

(8) 重复执行步骤(2)～(6)，将小李添加到 Network Configuration Operators 组，则小李就拥有了网络配置的权限。

实验 11-3 新建本地组

(1) 在图 11-1 中，右击“组”，选择“新建组”命令，出现图 11-8 所示的“新建组”对话框，在“组名”中输入“日常工作”、在“描述”中输入“用于日常工作组”。

(2) 单击“添加”按钮，在出现的“选择用户”对话框中单击“高级”按钮，然后单击“立即查找”按钮。依次双击 xiaozhang 和 xiaoli，将这两个账户添加到“日常工作”组(参见图 11-6和图 11-7)，然后单击“创建”按钮，结果如图 11-8 所示。

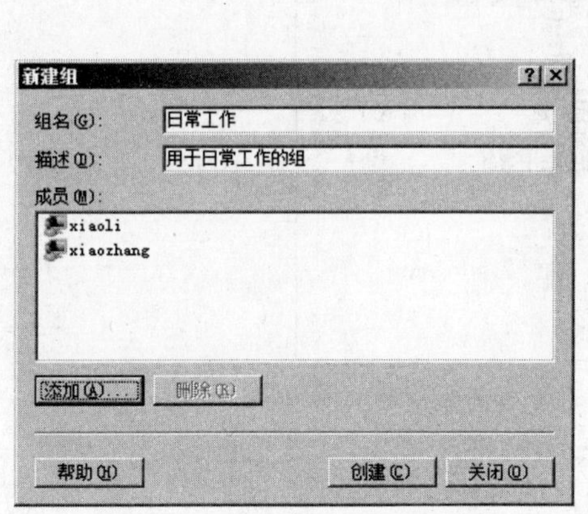

图 11-8 创建组并添加组成员

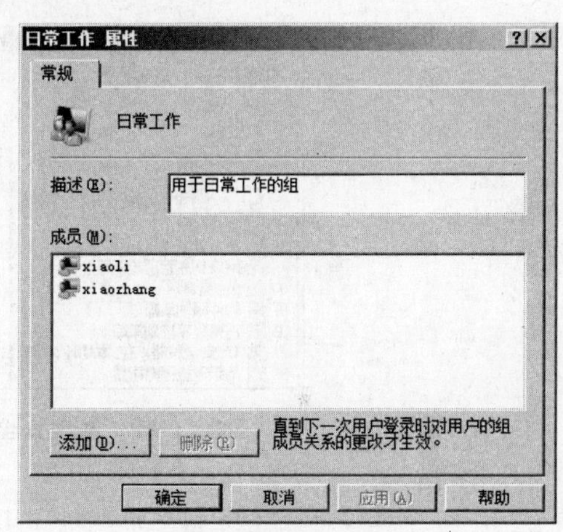

图 11-9 管理组内成员

实验 11-4 管理本地组

(1) 右击新建的一个组，在快捷菜单中选择“删除”命令可以删除组，选择“重命名”命令可以修改组名。

(2) 右击“日常工作”组，在快捷菜单中选择“属性”或“添加到组”命令，可以添加或删除组内成员，如图 11-9 所示。在图 11-9 中，单击“添加”按钮可以添加组成员。选中一个组成员，单击“删除”按钮可以删除组成员。

实验 11-5 设置本地账户策略

(1) 单击“开始”→“管理工具”→“本地安全策略”，出现“本地安全策略”窗口，单击“密码策略”，在右侧的窗格中显示可以设置的密码策略，如图 11-10 所示。

(2) 在图 11-10 所示的窗口右侧窗格中双击一个策略，在随后出现的对话框中就可以设置该策略。

(3) 在“本地安全策略”窗口单击“账户锁定策略”，在右侧的窗格中显示可以设置的账户锁定策略，如图 11-11 所示。双击一个账户策略，在随后出现的对话框中即可设置该策略。

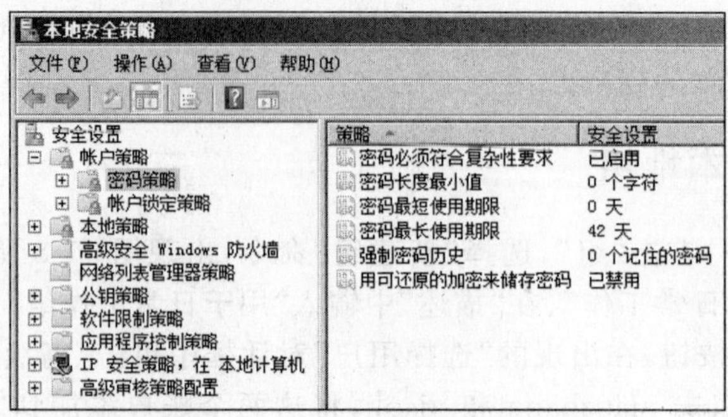

图 11-10　本地安全策略—密码策略

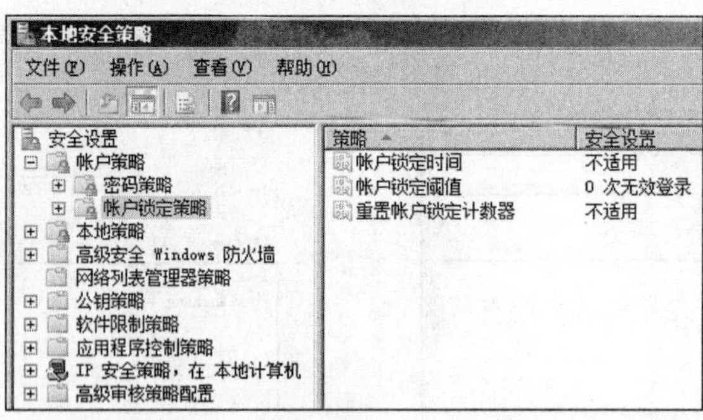

图 11-11　本地安全策略—账户锁定策略

11.4　实训与思考

11.4.1　实训题

实训 11-1　用户账户练习

(1) 建立 5 个用户账户，用户名为 User1、User2、User3、User4 和 User5(也可以自己命名，如用学号)。将账户信息填入表 11-1。

(2) User1 拥有管理员权限，User2 可以备份文件，User3 可以进行网络配置，User4 和 User5 为普通用户。为他们分配合适的组。将分配结果填入表 11-1。

表 11-1　用户账户信息

用户名	全名	描述	密码	所属的组

(3) 注销管理员,用 User1(有管理员权限)登录,然后进行以下操作:

① 建立用户,如 User6;

② 修改密码;

③ 更改网络配置;

④ 关机。

将上述操作结果记录在表 11-2 中。

表 11-2 用户权限(有则打√,无则打×)

登录用户名	建立用户(√或×)	修改密码(√或×)	更改网络设置(√或×)	关机(√或×)
User1				
User3				
User4				

(4) 注销 User1,分别用 User3 和 User4(普通用户)登录,重复上述操作,将结果记录在表 11-2 中。

实训 11-2 本地组练习

(1) 建立一个本地组,名为"练习组"。

(2) 将已经建立的账户 User1～User5 加入到"练习组"中。

(3) 查看各组的成员,并将结果填入表 11-3。

表 11-3 各组的成员

组 名	成员
Administrators	
Users	
Backup Operators	
Network Configuration Operators	
练习组	

实训 11-3 设置本地账户策略

(1) 设置如下密码策略:

① 启用密码复杂性策略;

② 将密码最小长度限制为 8 个字符;

③ 设置密码使用期限为 30 天;

④ 设置强制密码历史为 3。

(2) 验证密码策略。以修改 User5 的密码为例,分别输入以下密码,将结果记录在表 11-4 中。

表 11-4 修改密码的结果

输入的密码	结果(成功/失败)	原因分析

① 输入 8 位数字字符;

② 输入 6 位数字和小写字母;

③ 输入 10 位数字和小写字母;

④ 输入大写字母、小写字母和数字混合字符,且大于 8 个字符;

⑤ 输入最近用过的密码。

(3) 设置如下账户锁定策略:

① 设置账户锁定阈值为 2;

② 设置锁定时间为 3 分钟;

③ 设置复位账户锁定计数器复位时间为 3 分钟。

用 User1 的账户登录,有意输入错误密码,锁定 3 分钟后重新尝试。

11.4.2 思考题

(1) 为什么要建立用户?为什么要建立组?

(2) 有哪些主要的内置用户账户和内置组账户?

(3) 密码策略包含哪些内容?

(4) 设有文件夹 A、B、C,张三和李四对 A 有读取权,李四和王五对 B 有写入权,张三、李四和王五都可以访问 C,张三拥有管理员权限,李四可以备份,需要建立哪些组?如何给用户分配其所属组?

(5) 什么是 ALP 策略?

实验 12 experiment 12

文件系统与安全权限管理

12.1 知识准备

12.1.1 NTFS 文件系统

文件系统是操作系统用于在磁盘上组织文件的方法或存储文件的数据结构，有 FAT 和 NTFS 两种文件系统。

1. FAT 文件系统

FAT 文件系统分为 FAT16 和 FAT32 两种。

FAT16 是过去 DOS 或 Windows 95 时代支持的文件系统，其支持的分区最大为 4GB。FAT16 使用较大的簇来存储数据，每个分区的簇大小为 32KB，存储效率低。

同 FAT16 相比，FAT32 可以支持的磁盘大小达到 32GB，而 FAT32 分区的簇最小只有 4KB，由于采用了更小的簇，FAT32 文件系统可以更有效率地保存信息，与 FAT16 相比，通常情况下可以提高 15%。

FAT 文件系统不支持安全权限、磁盘配额、文件加密和活动目录。

2. NTFS 文件系统

NTFS 文件系统采用了独特的文件系统结构，是一个具有出色的安全性能，同时兼顾节省存储资源、减少磁盘占用量的一种先进的文件系统。NTFS 文件系统具有以下特点：

(1) 支持更大的磁盘空间。最大可以达到 2TB。

(2) 支持更小的簇。最大不超过 4KB，可以更有效地利用磁盘空间。

(3) 自动恢复文件系统。发生系统失败事件时，NTFS 使用日志文件和检查点信息自动恢复文件系统的一致性。

(4) 支持对分区、文件夹和文件的压缩。当对压缩文件进行读取时，文件将自动进行解压缩；文件关闭或保存时会自动对文件进行压缩。

(5) 支持安全权限。在 NTFS 分区上，可以为共享资源、文件夹以及文件设置安全权限。安全权限不但适用于本地计算机的用户，也适用于通过网络访问的用户。

(6) 支持磁盘配额。管理员可以为用户所能使用的磁盘空间进行配额限制。

12.1.2 NTFS 权限

NTFS 权限支持本地安全性,它支持在同一台计算机上以不同用户名登录,对硬盘上同一文件夹可以有不同的访问权限。

当一个用户试图访问一个文件或者文件夹的时候,NTFS 文件系统会检查用户使用的账户或者账户所属的组是否在此文件或者文件夹的访问控制列表(ACL)中,如果存在则进一步检查访问控制项(ACE),然后根据控制项中的权限来判断用户最终的权限。如果访问控制列表中不存在用户使用的账户或者账户所属的组,就拒绝用户访问。

NTFS 权限分为特殊权限和标准权限,标准权限可以看成是若干权限的组合,而特殊权限是其他一些不常用的权限。所有权限都有相应的"允许"和"拒绝"两种选择。

1. 文件的标准 NTFS 权限

(1) 读取(Read):可以读取文件内容,查看文件的属性、所有者以及权限。

(2) 写入(Write):可以写入数据、修改文件内容、修改文件属性、覆盖文件以及查看文件权限和所有权。

(3) 读取和运行(Read&Execute):除了拥有读取权外,还可以运行应用程序。

(4) 修改(Modify):除了拥有"读取"、"写入"与"读取和运行"权限外,还可以删除文件。

(5) 完全控制(Full Control):对文件的最高权力,除了拥有上述所有的权限以外,还拥有修改文件权限以及夺取文件所有权的特殊权限。

2. 文件夹的标准 NTFS 权限

对于文件夹,可以赋予用户、组和计算机以下权限:

(1) 读取(Read):查看子文件夹内的文件名与文件夹名,查看文件夹属性、所有者和权限。

(2) 写入(Write):创建文件和文件夹、修改文件夹属性以及查看文件夹权限和所有者。

(3) 列出文件夹内容(List Folder Contents):除了具有"读取"权外,还具有查看此文件夹中的文件和子文件夹以及打开和关闭文件夹的权限。

(4) 读取和运行(Read&Execute):具有与"列出文件夹内容"权限相同的权限,只是在权限继承方面有所不同,"列出文件夹内容"权限只会被文件夹继承,"读取和运行"会同时被文件夹和文件继承。

(5) 修改(Modify):除了具有读取、写入、列出文件夹内容、读取和运行等权限外,还可以删除文件夹。

(6) 完全控制(Full Control):文件夹的最高权限,除了拥有上述所有文件夹权限以外,还可以修改文件夹权限以及替换所有者。

3. 特殊权限

(1) 遍历文件夹/运行文件:"遍历文件夹"可以让用户即使在无权访问某个文件夹的情况下,仍然可以切换到该文件夹内。这个权限设置只适用于文件夹,不适用于文件。"运行文件"让用户可以运行程序文件,该权限设置只适用于文件,不适用于文件夹。

(2) 列出文件夹/读取数据:"列出文件夹"让用户可以查看该文件夹内的文件名称与子文件夹的名称。"读取数据"让用户可以查看文件内的数据。

(3) 读取属性:让用户可以查看文件夹或文件的属性,例如只读、隐藏等属性。

(4) 读取扩展属性:该权限让用户可以查看文件夹或文件的扩展属性。扩展属性是由应用程序自行定义的,不同的应用程序可能有不同的设置。

(5) 创建文件/写入数据:"创建文件"让用户可以在文件夹内创建文件;"写入数据"让用户能够更改文件内的数据。

(6) 创建文件夹/附加数据:"创建文件夹"让用户可以在文件夹内创建子文件夹;"附加数据"让用户可以在文件的后面添加数据,但是无法更改、删除或覆盖原有的数据。

(7) 写入属性:让用户可以更改文件夹或文件的属性,例如只读、隐藏等属性。

(8) 写入扩展属性:让用户可以更改文件夹或文件的扩展属性。扩展属性是由应用程序自行定义的,不同的应用程序可能有不同的设置。

(9) 删除子文件夹及文件:让用户可以删除该文件夹内的子文件夹与文件,即使用户对这个子文件夹或文件没有"删除"的权限,也可以将其删除。

(10) 删除:让用户可以删除该文件夹与文件。即使用户对该文件夹或文件没有"删除"的权限,但是只要用户对该文件夹或文件的父文件夹具有"删除子文件夹及文件"的权限,也可以删除该文件夹或文件。

(11) 读取权限:让用户可以读取文件夹或文件的权限设置。

(12) 更改权限:让用户可以更改文件夹或文件的权限设置。

(13) 取得所有权:让用户可以夺取文件夹或文件的所有权。文件夹或文件的所有者,不论对该文件夹或文件的权限是什么,他永远具有更改该文件夹或文件权限的能力。

4. NTFS 权限规则

1) 权限继承规则

对文件夹设置权限后,这个权限默认会被此文件夹下的子文件夹与文件继承。例如,设置用户 A 对文件夹 A 拥有读取权限,则用户对该文件夹下的子文件夹 B、子文件夹 C 和文件 D 均有读取权限,如图 12-1 所示。

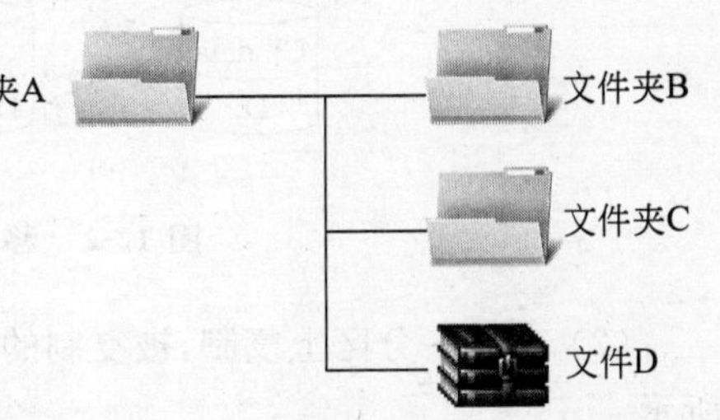

图 12-1 子文件夹和文件继承父文件夹的权限

设置文件夹权限时,除了可以让文件夹和文件都继承权限外,也可以根据需要,只让某些文件或文件夹继承,或者都不让它们继承。

而设置子文件夹或文件权限时，可以让子文件夹或文件不要继承父文件夹的权限，而直接对该子文件夹或文件设置单独的与父文件夹权限无关的权限。

2）权限累加规则

如果用户属于多个组，而且该用户与这些组分别对某个文件或文件夹拥有不同的权限设置时，该用户对这个文件的最后有效权限是所有权限来源的总和。例如，用户 A 同时属于 X 组和 Y 组，各组对文件夹 A 的权限如表 12-1 所示，则用户 A 最终的有效权限是写入＋读取＋运行。

3）文件权限高于文件夹权限的规则

如果设置了用户对某个文件具有某种操作权限，而用户对该文件的父文件夹没有访问权限，用户也可以对该文件进行操作。例如，用户对文件夹 A 的权限是“拒绝读取”，而用户 A 对文件 D 的权限是“允许读取”，则文件权限有效，用户最终可以读取文件 D。

4）拒绝权限高于允许权限的规则

NTFS 所有权限设置都有“允许”和“拒绝”两种选择。当用户对某个文件或文件夹的权限有多个来源时，只要其中有一个权限来源被设置为拒绝，则用户将不会拥有此权限。例如，用户 A 同时属于 X 组和 Y 组，各组对文件夹 A 的权限如表 12-2 所示，则用户 A 的读取权被拒绝，因此也就无法访问该文件夹。

表 12-1　对文件 F 的授权表

用户或组	权限
用户 A	读取
X 组	写入
Y 组	读取与运行

表 12-2　对文件 F 的授权表

用户或组	权限
用户 A	读取
X 组	拒绝读取
Y 组	写入

5. 移动或复制对 NTFS 权限的影响

当对设置了 NTFS 权限的文件夹或文件进行移动或复制时，用户对其的使用权限可能发生变化，具体改变情况如下：

(1) 在同一分区上移动，保留原来的权限，如图 12-2(a)所示。

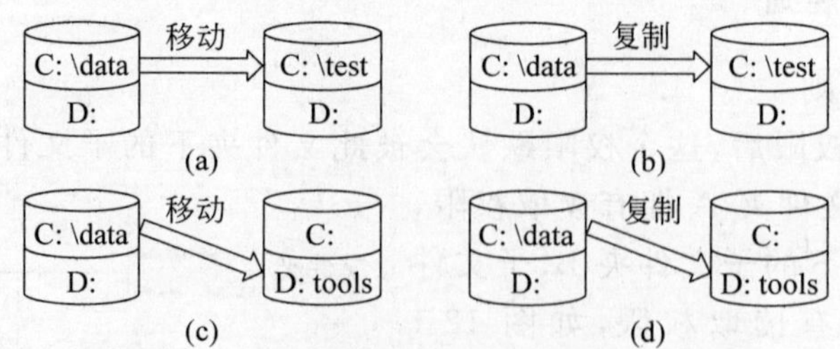

图 12-2　移动或复制对 NTFS 权限的影响

(2) 在同一分区上复制，被复制的文件或文件夹将继承目的文件夹的权限，如图 12-2(b)所示。

(3) 在不同分区间移动，被移动的文件或文件夹将继承目的文件夹的权限，如图 12-2(c)

所示。

(4) 在不同分区间复制,继承目的文件夹的权限,如图 12-2(d)所示。

12.1.3 共享权限与安全权限的关系

1. 共享权限和 NTFS 权限的区别

(1) 共享权限是基于文件夹的,也就是说只能在文件夹上设置共享权限,不可能在文件上设置共享权限;NTFS 权限是基于文件的,既可以在文件夹上设置,也可以在文件上设置。

(2) 共享权限只有当用户通过网络访问共享文件夹时才起作用,如果用户从本地登录计算机,则共享权限不起作用;NTFS 权限无论用户是通过网络还是本地登录都会起作用,只不过当用户通过网络访问文件时,它会与共享权限联合起作用,规则是取最严格的权限设置。

(3) 共享权限与文件系统无关,只要设置共享就能够应用共享权限;NTFS 权限必须要求是 NTFS 文件系统,否则不起作用。共享权限只有 3 种:读取、更改和完全控制;NTFS 权限则有许多种,如读取、写入、读取和运行、更改、完全控制等,可以进行非常细致的设置。

2. 权限计算

(1) 权限累加原则。不管是共享的权限还是 NTFS 权限都有累加性。

(2) 拒绝权限高于其他权限的原则。不管是共享权限还是 NTFS 权限都遵循"拒绝"权限超越其他权限。

(3) 最严厉权限原则。当一个账户通过网络访问一个共享文件夹,而这个文件夹又在一个 NTFS 分区上,那么用户最终的权限是它对该文件夹的共享权限与 NTFS 权限中最为严格的权限。

例如,有两个用户,一个是在本地主机登录的本地用户,用户名为"张本地"。另一个是通过网络访问主机的远程用户,用户名为"李远程"。两个用户都是本地组 X、Y、Z 的成员,3 个组分别被授予了对本地主机上的文件夹 A 的共享权限和安全权限,具体授权情况如表 12-3 所示,则"张本地"和"李远程"对文件夹 A 的权限计算如下:

表 12-3 对文件夹 A 的授权情况

组名	共享权限	安全权限	组名	共享权限	安全权限
X	更改	读取	Z	读取	完全控制
Y	更改	写入	Everyone	读取	读取

"张本地"不受共享权限的限制,所以他的共享权限是"完全控制"。根据权限累加原则,安全权限取权限最大者:"完全控制",所以"张本地"的最终权限是"完全控制"。

根据权限累加原则,"李远程"的共享权限取权限最大者:"更改";安全权限取权限最大者"完全控制"。综合考虑共享权限和安全权限,取二者中最严厉者:"更改",所以"李远程”对文件夹 A 的最终权限是“更改”。

12.2 实验目的与任务

12.2.1 实验目的

（1）理解安全权限及其作用。
（2）掌握安全权限的设置方法。
（3）理解权限规则。

12.2.2 实验任务

任务：
（1）设置标准权限。
（2）设置特殊权限。
（3）设置权限继承。
模拟场景：

设在计算机的 C 盘上已经建立了一个“数据”文件夹，一个“工作”文件夹，如图 12-3 所示。“数据”文件夹保存着企业的重要数据，只有经理可以对其完全控制，小张和小李可以看文件内容，但是不能修改文件，也不能在该文件夹下创建文件，其余用户（小王）不能访问。“工作”文件夹保存所有用户的数据，该文件夹下为每个用户创建了一个文件夹，每个用户对自己的文件夹可以完全控制，对其他用户的文件夹只能浏览和读取文件内容。另外，由于工作需要，小张文件夹下有一个文件“工作日志. DOC”，允许小李修改。企业还来了一个实习生小赵，允许他用来宾账户登录，但他只能浏览“工作”文件夹的目录。为了安全起见，企业规定，删除一切默认的继承权限，所有权限都由管理员统一分配。

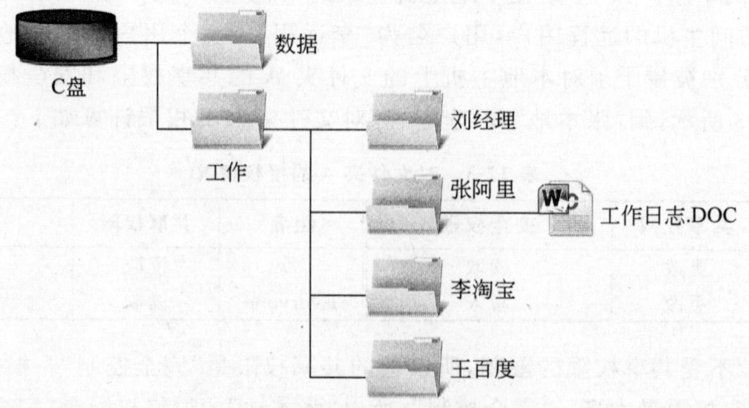

图 12-3 模拟场景的文件夹结构

12.2.3 实验环境

1 台安装了 Windows Server 2008 R2 的计算机。

12.3 实验过程

实验 12-1 阻止继承文件夹权限

(1) 以管理员身份登录计算机,单击"开始"→"计算机",双击"本地磁盘 C",右击"数据"文件夹,选择"属性"命令,单击"安全"标签,如图 12-4 所示。可以看到 Users 组(包含所有用户)对该文件夹拥有"读取和运行"、"列出文件夹内容"等默认权限。

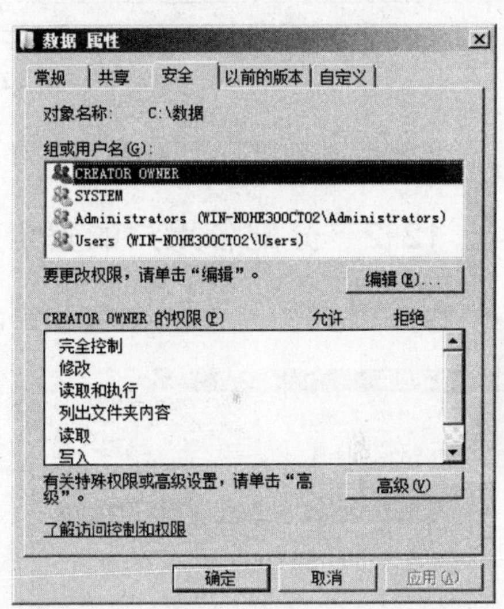

图 12-4 文件夹属性—安全标签

(2) 在安全标签上单击"高级"按钮,出现"数据的高级安全设置"对话框,如图 12-5 所示。

(3) 在图 12-5 中单击"更改权限"按钮,在随后出现的对话框中将"包括可从该对象的父项继承的权限"前面的"√"去除,在随后弹出的对话框中,单击"删除"按钮,删除从父对象继承的权限。若选择"添加"按钮,则是删除从父对象继承的权限,而将原来继承的权限再授予该对象,如图 12-6 所示。

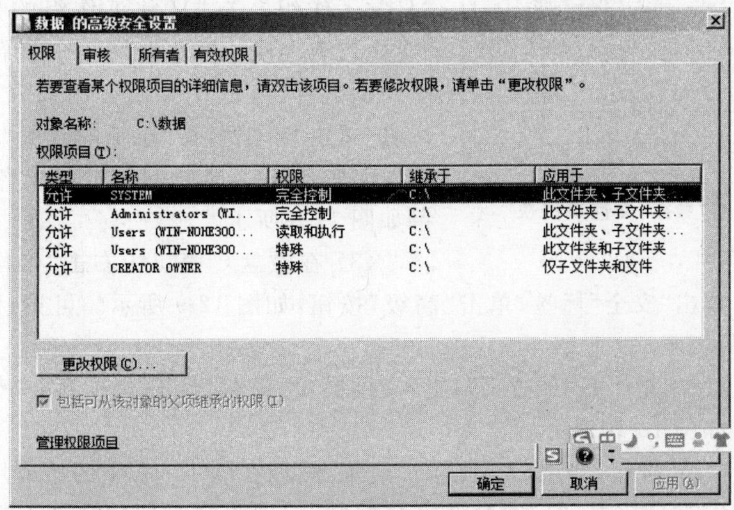

图 12-5 文件夹的高级安全设置

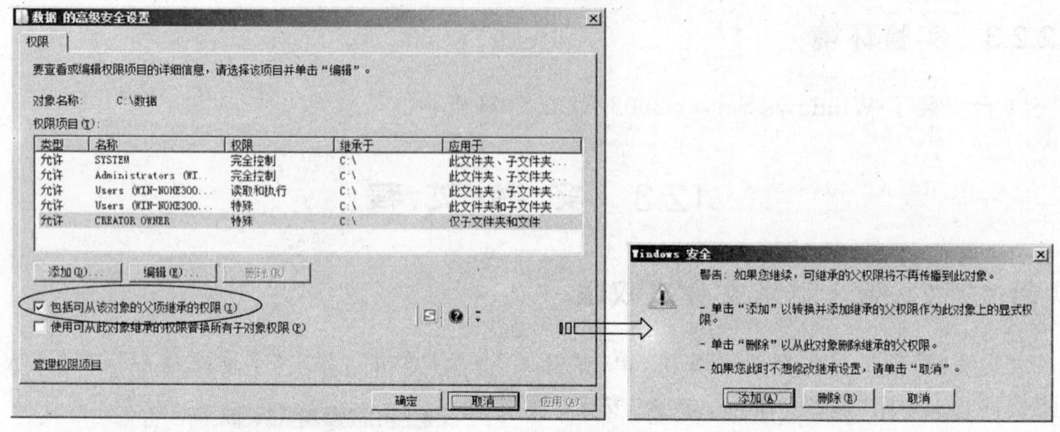

图 12-6　更改继承权限

(4) 删除继承权限后，任何用户对该文件夹都没有访问权限。

实验 12-2　分配各用户的安全权限

(1) 在图 12-4 中单击“编辑”按钮，出现“数据 的权限”对话框，如图 12-7 所示。单击“添加”按钮，添加用户或组。将 Administrators 组(成员是 Administrator 和刘经理)、日常工作组(成员有小张和小李)用户小王添加进来。

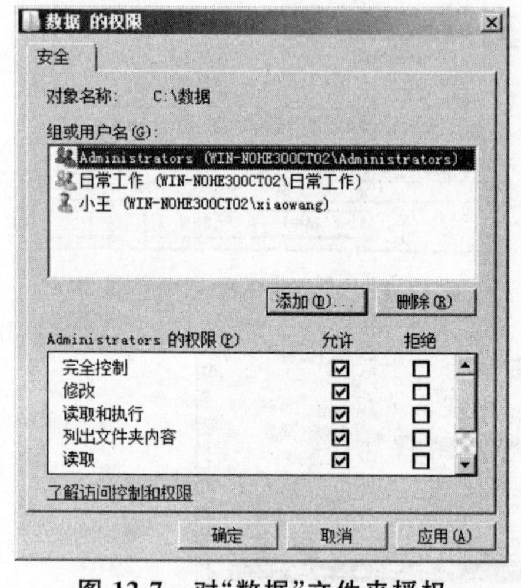

图 12-7　对“数据”文件夹授权

(2) 在图 12-7 中的“组或用户名”中单击 Administrators 组，在“Administrators 的权限”中勾选“允许完全控制”。刘经理对该文件夹就有了完全控制的权限。在“组或用户名”中单击“日常工作组”，在“日常工作组的权限”中勾选“允许读取和执行”，小张和小李就有了浏览文件夹中的文件、读取文件内容的权限。在“组或用户名”单击“小王”，在“小王的权限”中勾选“拒绝读取”，则小王不能访问“数据”文件夹。授权结果如图 12-8 所示。

(3) 在磁盘 C 窗口中右击“工作”文件夹，选择“属性”命令，单击“安全”标签，单击“高级”按钮，如图 12-9 所示。可见，Users 组默认拥有读取和运行权限。

(4) 右击“工作”文件夹下的“张阿里”文件夹，选择“属性”命令，单击“安全”标签，单击“编辑”按钮，如图 12-10 所示。

(5) 单击“添加”按钮，将用户小张添加进来，然后在图 12-10 中的组或用户名中选中“小张”，在“小张的权限”中，勾选“允许完全控制”。则小张对他的文件夹拥有完全控制的权限，其他用户(小李和小王)通过 Users 组获取读取权限。

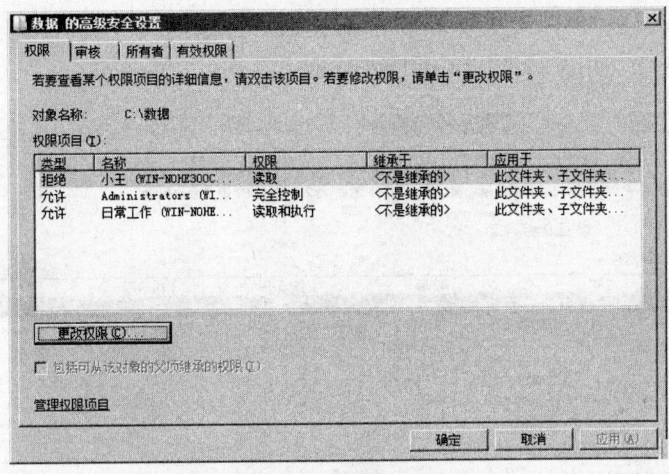

图 12-8 授权结果

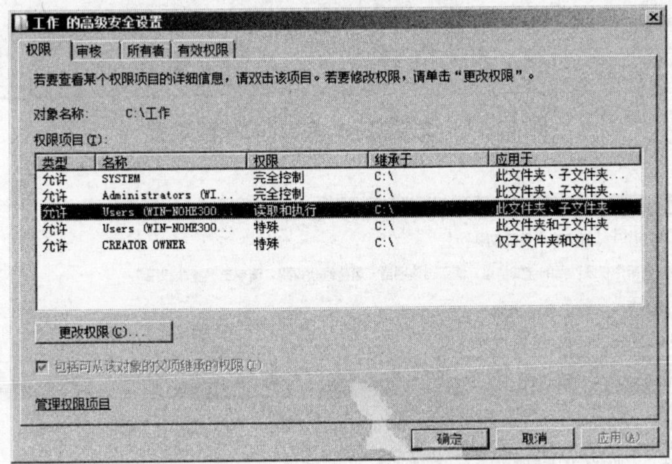

图 12-9 “工作”文件夹的授权情况

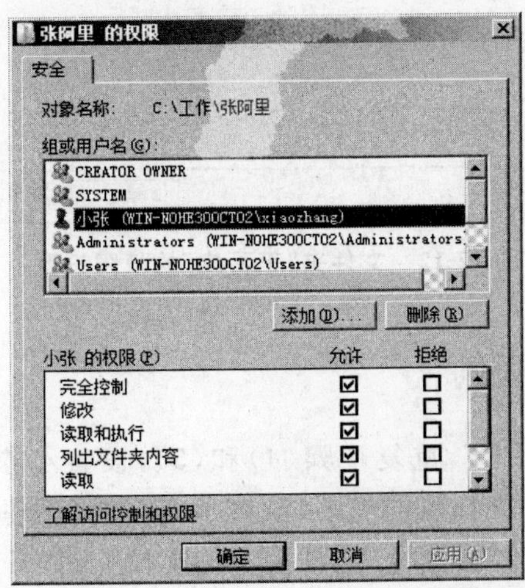

图 12-10 文件夹“张阿里”的权限

(6) 重复步骤(4)和(5),设置小李和小王分别对自己的文件夹有“完全控制”权限,其他用户只有只读权限,如图 12-11 和图 12-12 所示。

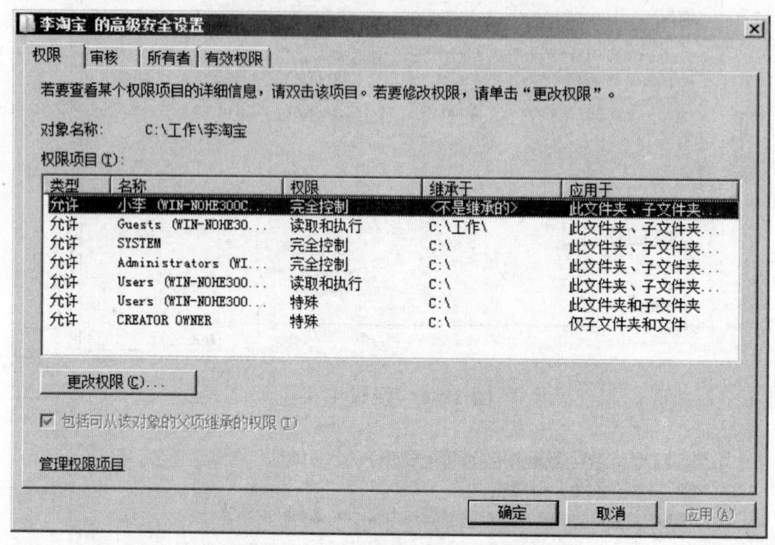

图 12-11 文件夹“李淘宝”的权限设置

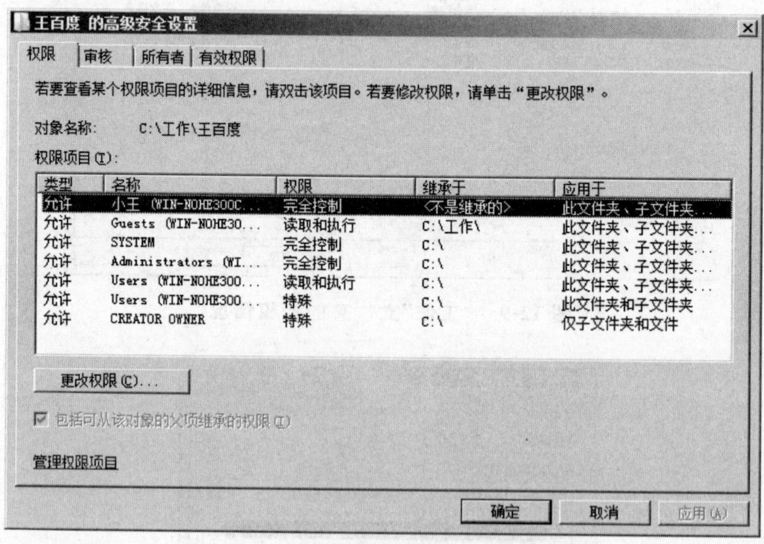

图 12-12 文件夹“王百度”的权限设置

实验 12-3 运用权限规则

右击文件“工作日志.DOC”,重复步骤(4)和(5),设置小李对该文件拥有“修改”权限。根据文件权限高于文件夹权限的规则,虽然小李对“张阿里”文件夹只拥有读取和运行权,但是小李仍然可以修改“张阿里”文件夹下的文件“工作日志.DOC”。

实验 12-4 分配特殊权限

(1) 右击“工作”文件夹,选择“属性”命令,单击“安全”标签,如图 12-13 所示。

(2) 单击“编辑”按钮,然后在“工作 的权限”对话框中单击“添加”按钮,将用户组 Guests 添加进来,如图 12-14 所示。然后单击“确定”按钮,返回图 12-13。

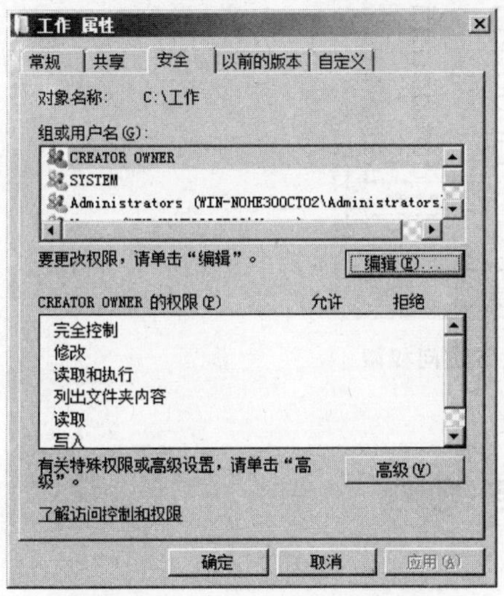

图 12-13 “工作”文件夹属性

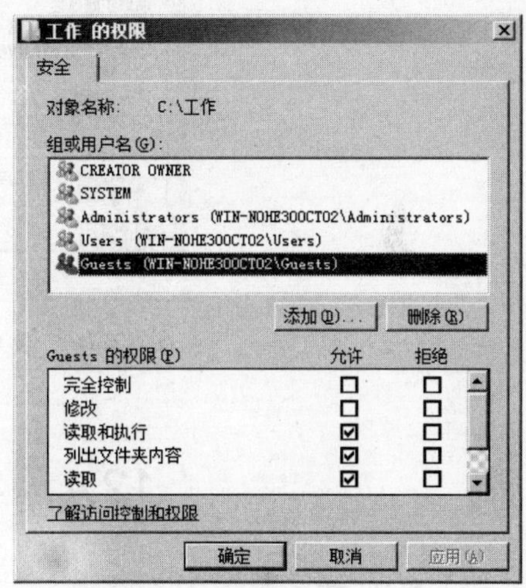

图 12-14 添加 Guests 组

(3) 在图 12-13 中单击“高级”按钮,出现“工作 的高级权限设置”对话框,单击“更改权限”按钮,出现如图 12-15 所示的对话框。

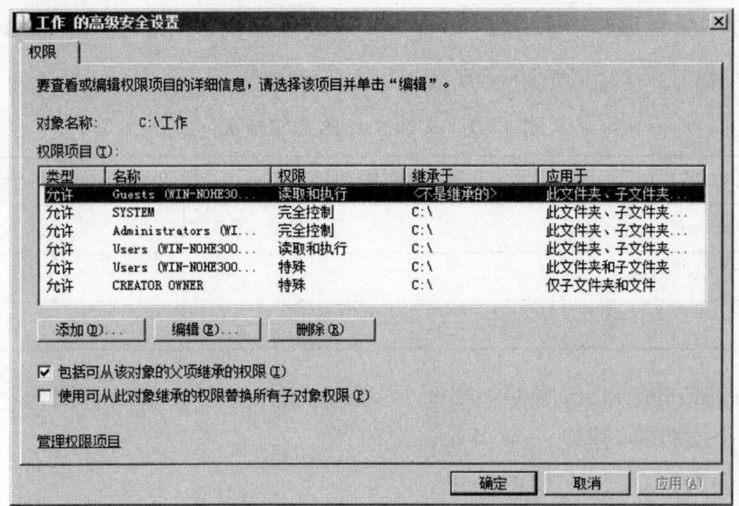

图 12-15 “工作”文件夹属性

(4) 选择 Guests 组,单击“编辑”按钮,在弹出的“工作的权限项目”中设置权限为“遍历文件夹/执行文件”,然后单击“确定”按钮,如图 12-16 所示。

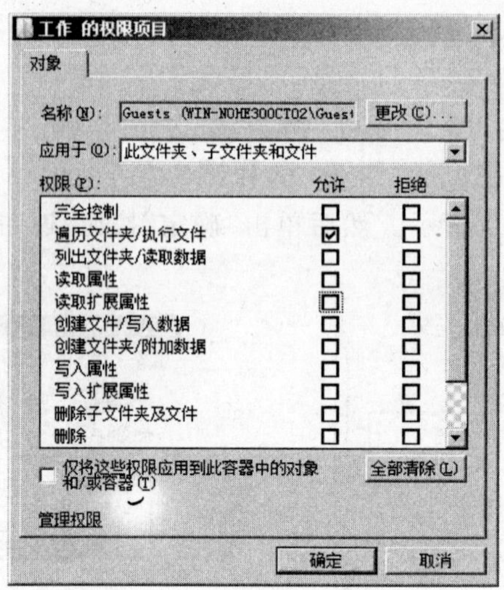

图 12-16 给 Guests 组设置访问权限

12.4 实训与思考

12.4.1 实训题

实训 12-1 设置与验证安全权限

(1) 利用第 11 章建立的用户和组，采用恰当的方式，将 C 盘文件夹 A(如果没有，可以先建立)对用户或组做以下授权：User1 有完全控制的权限，User2 有修改权，其余用户只有读取权。将授权结果填入表 12-4。

表 12-4 文件夹 A 的授权情况

授权对象	授予的权限	是否继承

(2) 注销 Administrator，用 User1 登录，在 A 文件夹下尝试以下操作：

① 建立 1 个文件夹，建立一个 Word 文档；

② 修改文件内容，并保存修改结果；

③ 查看文件属性和用户权限，并修改权限；

④ 删除文件。

分别以 User2 和 User3 登录，重复上述内容。将操作结果成功与否记录在表 12-5 中(填写成功或失败)。

表 12-5 以不同用户登录能够进行的操作

登录名	建立文件	修改内容	查看权限	修改权限	删除文件

实训 12-2 阻止继承

(1) 设 C 盘有文件夹 B,B 文件夹下有文件夹 BB。设置“练习”组对文件夹 B 有修改权。

(2) 查看“练习”组以及其他组对 BB 的权限,并记录在表 12-6 中。

(3) 设置 BB 文件夹拒绝继承来自父文件夹的权限。

(4) 单独设置“练习”组对 BB 文件夹有读取权限。

(5) 查看各组对 BB 文件夹的权限,并记录在表 12-6 中。

表 12-6 阻止继承前后各用户或用户组对 BB 文件夹的权限变化

组　名	阻止继承前的权限	阻止集成后的权限

实训 12-3 设置文件权限

(1) 设置 C 盘有文件夹 C,C 下有文本文件 C1. txt。设置 User5 对 C 有读取与运行的权限。

(2) 设置 User5 对 C1. txt 有完全控制的权限。

(3) 查看个用户和组对 C1. txt 的最终权限,将结果记入表 12-7。

表 12-7 用户和组对 C1. txt 的最终权限

用户或组名	权　限	用户或组名	权　限

实训 12-4　验证权限规则

(1) User5 同时属于 3 个组：Users、练习组和 Group1(如果该组没有建立，先建立这个组；如果 User5 不是这个组的成员，先将 User5 加入这个组)，一个文件夹 D 分别授权给这 3 个组：Users 组有读取和运行权，练习组有写入权和读取权(特殊权限)，Group1 组有读取权。User5 的最终权限是什么？

(2) User5 同时属于 3 个组：Users、练习组和 Group1，一个文件夹 E 分别授权给这 3 个组：Users 组有读取和运行权，练习组有修改权，Group1 组的权限为拒绝读取。User5 的最终权限是什么？

(3) 用 User5 登录，分别在文件夹 D 和 E 下完成以下操作：

① 打开文件夹；

② 建立文件；

③ 修改文件内容并保存；

④ 查看文件权限，并修改权限；

⑤ 删除文件。

(4) 将上述操作结果记录在表 12-8 中(填成功或失败)。

表 12-8　多渠道获得权限下的用户最终权限

操作对象	打开文件夹	建立文件	修改文件内容	修改权限	删除文件
文件夹 D					
文件夹 E					

12.4.2　思考题

(1) NTFS 文件系统有哪些优越性？

(2) 安全权限与共享权限的区别有哪些？

(3) 什么是权限继承？如何阻止继承？

(4) NTFS 权限有哪些规则？

实验 13 experiment 13

磁盘管理

13.1 知识准备

13.1.1 磁盘类型

1. MBR 磁盘和 GPT 磁盘

Windows Server 2008 的磁盘有两种分区形式，MBR 磁盘分区和 GPT 磁盘分区。

MBR（主引导记录）是标准的传统分区样式，支持最大卷为 2TB，并且每个磁盘最多有 4 个主分区（或 3 个主分区、1 个扩展分区和无限制的逻辑驱动器），其分区信息存储在磁盘的最前端，计算机启动时，主板上的 BIOS（基本输入输出系统）会先读取 MBR，并将计算机的控制权交给 MBR 内的程序，然后由这个程序来继续后面的工作。

GPT(Globally Unique Identifier Partition Table Format)是一种由基于 Itanium 计算机中的可扩展固件接口（EFI）使用的磁盘分区架构。与 MBR 分区方法相比，GPT 允许每个磁盘有多达 128 个分区，支持高达 18EB(1EB=1024TB)的卷大小。其分区信息也是位于磁盘的前端，GPT 分区上有主磁盘分区表和备份磁盘分区表，可以提供容错功能。

2. 基本磁盘与动态磁盘

Windows Server 2008 提供两种磁盘类型：基本磁盘和动态磁盘。基本磁盘受 26 个英文字母的限制，也就是说磁盘的盘符只能是 26 个英文字母中的一个。因为 A、B 已经被软驱占用，实际上磁盘可用的盘符只有 C～Z 共 24 个。而动态磁盘不受 26 个英文字母的限制，它是用"卷"来命名的。动态磁盘的最大优点是可以将磁盘容量扩展到非邻近的磁盘空间。

基本磁盘和动态磁盘的主要区别如下：

(1) 卷集或分区数量。动态磁盘在一个硬盘上可创建的卷集个数没有限制，而基本磁盘在一个硬盘上最多只能有 4 个主分区。

(2) 磁盘空间管理。动态磁盘可以把不同磁盘的分区创建成一个卷集，并且这些分区可以是非邻接的，磁盘的大小就是几个磁盘分区的总大小。基本磁盘则不能跨硬盘分区并且要求分区必须是连续的空间，每个分区的容量最大只能是单个硬盘的最大容量，存取速度和单个硬盘相比也没有提升。

(3) 磁盘容量大小管理。动态磁盘允许在不重新启动机器的情况下调整动态磁盘大小,而且不会丢失和损坏已有的数据。而基本磁盘的分区一旦创建,就无法更改容量大小,除非借助于第三方磁盘工具软件,比如 PQ Magic。

(4) 磁盘配置信息管理和容错。动态磁盘将磁盘配置信息放在磁盘中,如果是 RAID 容错系统会被复制到其他动态磁盘上,这样可以利用 RAID-1 的容错功能,如果某个硬盘损坏,系统将自动调用另一个硬盘的数据,保持数据的完整性。而基本磁盘将配置信息存放在引导区,没有容错功能。

基本磁盘可以直接转换为动态磁盘,但是该过程是不可逆的。要想从动态磁盘转回基本磁盘,只有把所有数据全部备份,然后删除硬盘所有分区后才能转换回去。

13.1.2 基本磁盘

基本磁盘是 Windows Server 2008 默认的磁盘类型,基本磁盘用分区来分割和管理磁盘。所谓分区,是将一块物理硬盘上的空间划分成多个独立使用的逻辑单元,称为逻辑磁盘。

磁盘分区是在使用磁盘之前必须完成的任务,只有通过磁盘分区,使磁盘初始化,才能进一步对磁盘进行格式化并存储数据;用户通过磁盘分区可以分门别类地管理自己的文件和合理使用磁盘空间,当一个服务器上需要安装多个操作系统时,分区是必需的,只有先分区,才能在不同的分区上安装不同的操作系统。

磁盘分区可分为主分区和扩展分区。主分区是可以用来引导操作系统的分区,可以直接存储文件,主分区上的引导文件可用来启动计算机;存放引导文件的主分区要被指定为活动分区。而扩展分区不能直接存储数据,创建扩展分区是为了建立更多逻辑盘,在逻辑盘上可以存储数据,而扩展分区或逻辑盘不能被指定为活动分区。

在基本磁盘上最多可以建立 4 个主分区(注意是主分区,而不是扩展分区),或 3 个主分和 1 扩展分区,在扩展分区上可以创建逻辑盘。

13.1.3 动态磁盘

在动态磁盘中使用卷(Volume)来表示磁盘上可存储的区域。动态磁盘比基本磁盘具有更强的扩展性和可靠性。动态磁盘的卷有 5 种:简单卷、跨区卷、带区卷、镜像卷和 RAID-5 卷。

1. 简单卷

简单卷是用一块动态磁盘的磁盘空间建立的卷,简单卷可以由磁盘上的单个区域构成,也可以由同一磁盘上连续或不连续的多个区域组成。简单卷没有容错能力,与基本磁盘相比,基本磁盘容量是固定的;而当物理磁盘尚有未分配空间时,简单卷可以扩展容量,如图 13-1 所示,但前提是未分配空间一定是 NTFS 文件系统。简单卷可以成为镜像卷、

图 13-1 简单卷的扩展

带区卷和 RAID-5 卷的成员之一。

2. 跨区卷

跨区卷是跨多个磁盘扩展的简单卷，由两块以上的硬盘上的存储空间组成（最多 32 块硬盘），它可以将每个磁盘上剩余的容量较小的未分配空间合并为一个容量较大的卷，以充分利用磁盘空间。跨区卷不要求每个磁盘上的空间相等，写入数据时先从第一块磁盘开始写，待其空间用尽再写在第二块磁盘上，如图 13-2 所示。跨区卷没有容错能力，不能成为镜像卷、带区卷和 RAID-5 卷的成员之一。跨区卷中的一块磁盘发生故障，整个卷将崩溃。

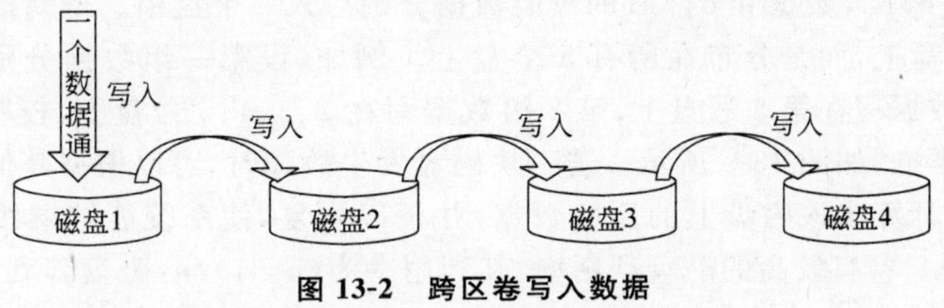

图 13-2　跨区卷写入数据

3. 带区卷（RAID-0）

带区卷由两块或两块以上硬盘组成，最多 32 块磁盘，每块磁盘的厂商和型号要相同，每个盘所贡献的空间大小必须相同。使用带区卷时，系统会自动将数据以 64KB 为基本单位，平均、分散地存储在各块磁盘的空间上。由于多块磁盘同时读写，所以带区卷可提高文件读写效率，如图 13-3 所示。带区卷没有容错功能，也没有扩展能力，当一块磁盘发生故障时，整个卷将崩溃。

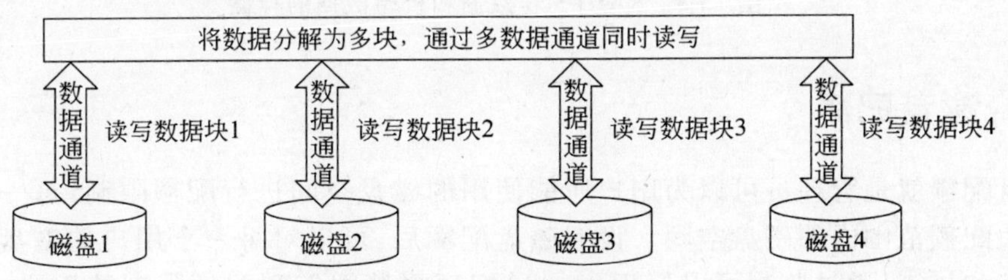

图 13-3　带区卷读写数据

4. 镜像卷（RAID-1）

镜像卷由两块相同型号、相同容量的磁盘组成，可以利用两块磁盘的所有空间或是部分空间组成镜像卷，但是，同一镜像卷中两块磁盘上的空间一定要相等。使用镜像卷时，系统会自动将数据同时写在两块磁盘上，如图 13-4 所示，一块磁盘上的数据为正本，另一个则为其镜像，故镜像卷磁盘利用率只能达到 50%。镜像卷提供冗余存储以换取可靠性，当一块磁盘发生故障时，系统可以通过另一块磁盘（镜像）继续

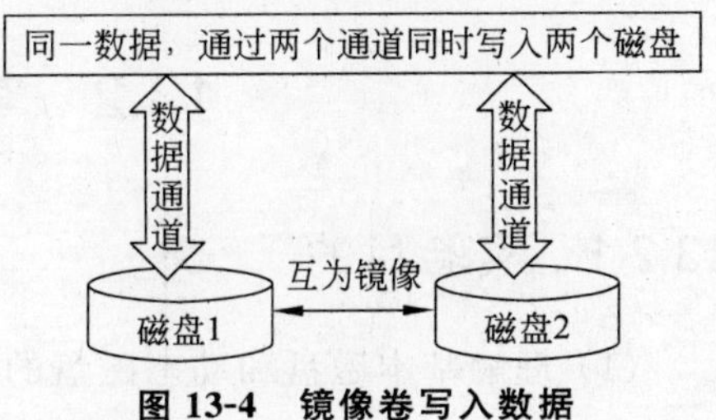

图 13-4　镜像卷写入数据

工作。如果中断镜像,会将镜像卷分解成两个简单卷,上边存储的数据不受影响,可以在镜像卷中一块磁盘损坏的时候中断镜像,然后替换损坏的磁盘,添加镜像,即可恢复损坏的镜像卷。镜像卷通常用于安装操作系统。

5. RAID-5 卷

RAID-5 卷至少由 3 块磁盘型号相同、容量相同的磁盘组成,数据分散写入各磁盘中,同时建立一份奇偶校验数据信息,分别保存在不同的硬盘上。例如,由 5 个盘组成的 RAID-5 卷,则系统会将数据拆分成每 4 个 64KB 为一组,外加 64KB 的奇偶校验数据,每次将一组 4 个 64KB 数据和 64KB 的校验数据分别写入 5 个盘中。奇偶校验数据不是写在一个固定的盘上,而是分布在所有 5 个盘上。例如,设第一组数据分别写在 1、2、3、4 号盘上,校验数据写在第 5 号盘上;第 2 组数据写在 2、3、4、5 号盘上,校验数据写在第 1 号盘上,依此类推,如图 13-5 所示。若一块磁盘发生故障时,可以根据其他盘上的数据和奇偶校验信息计算出该磁盘上的原始数据,并予以恢复,使系统能够继续运行。与镜像卷相比,RAID-5 卷有较高的磁盘利用率,其利用率为$(n-1)/n$,磁盘阵列中的磁盘越多,磁盘的利用率就越高。

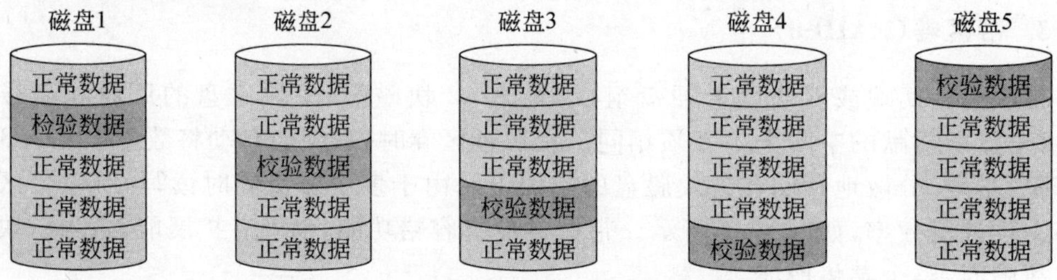

图 13-5 RAID-5 卷数据和校验数据的存储

13.1.4 磁盘配额

磁盘配额就是管理员可以为用户所能使用的磁盘空间进行配额限制,每一用户只能使用最大配额范围内的磁盘空间。设置磁盘配额后,可以对每一个用户的磁盘使用情况进行跟踪和控制,通过监测可以标识出超过配额报警阈值和配额限制的用户,从而采取相应的措施。磁盘配额管理功能的提供,使得管理员可以方便合理地为用户分配存储资源,可以限制指定账户能够使用的磁盘空间,这样可以避免因某个用户的过度使用磁盘空间造成其他用户无法正常工作甚至影响系统运行,避免由于磁盘空间使用的失控可能造成的系统崩溃,提高了系统的安全性。

13.2 实验目的与任务

13.2.1 实验目的

(1) 理解基本磁盘和动态磁盘的概念和特点。

(2) 掌握基本磁盘和动态磁盘的管理方法。

13.2.2 实验任务

任务：

(1) 基本磁盘的管理。

(2) 基本磁盘与动态磁盘的转换。

(3) 动态磁盘管理。

模拟场景：

一个服务器采用基本磁盘管理模式，由于不能满足容量扩展、容错、读写速度等方面的需求，将基本磁盘升级为动态磁盘，根据不同的需要，创建不同类型的卷。

13.2.3 实验环境

安装 Windows Server 2008 的计算机 1 台，要求安装 3 块以上的物理硬盘。可以使用虚拟机实现实验环境。

13.3 实验过程

实验 13-1 磁盘初始化

(1) 依次单击“开始”→“管理工具”→“计算机管理”，单击“存储”→“磁盘管理”。如图 13-6。默认为基本磁盘，MBR 类型。

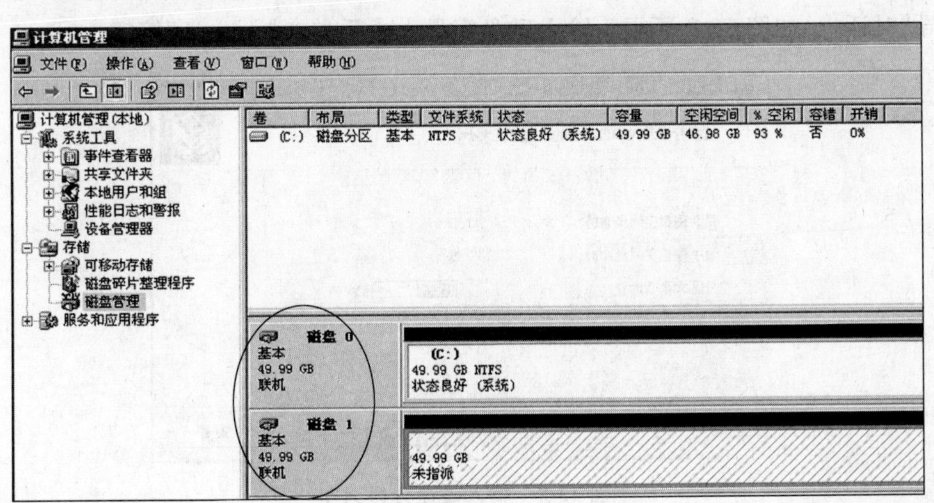

图 13-6 计算机管理之“磁盘管理”

(2) 安装新磁盘，在计算机内安装新磁盘后必须经过初始化后才能使用。依次单击“开始”→“管理工具”→“计算机管理”，单击“存储”→“磁盘管理”后会弹出如图 13-7 所示的对话框,选择要初始化的磁盘,单击"下一步"按钮,选择 MBR 或 GPT 类型,单击"确定"按钮。

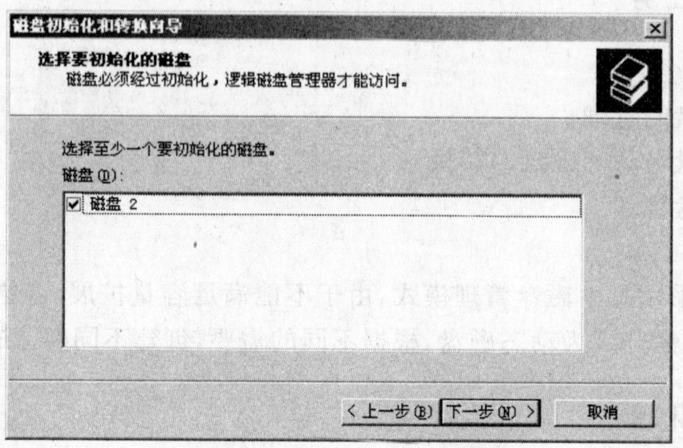

图 13-7　磁盘初始化

(3) MBR 磁盘和 GPT 磁盘的转换:右击一个"未指派"的磁盘"磁盘 1",选择"转换为 GPT 磁盘",可转换为 GPT 类型。同样,右击未指派的 GPT 类型的磁盘,可以将其转换为 MBR 类型。

实验 13-2　基本磁盘管理

1. 建立基本磁盘分区

(1) 在图 13-6 中右击未分区的磁盘空间,选择"新建简单卷"命令,出现"新建磁盘分区向导"对话框,如图 13-8 所示。输入磁盘容量大小后单击"下一步"按钮。

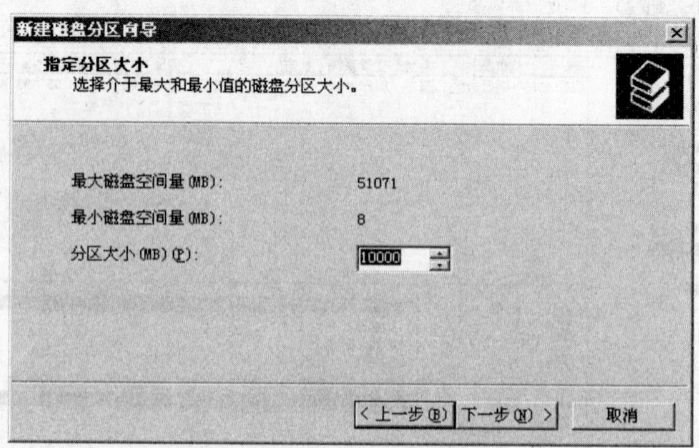

图 13-8　输入磁盘分区大小

(2) 在图 13-9 中指派驱动器号,然后单击"下一步"按钮。

(3) 在图 13-10 中选择"按下面的设置格式化这个磁盘分区"单选按钮和"执行快速格式化"复选框,单击"下一步"按钮。

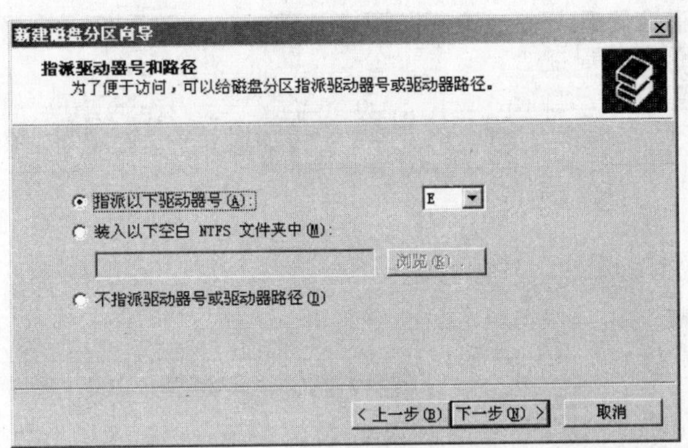

图 13-9 指派驱动器号

图 13-10 格式化分区

(4) 在图 13-11 中显示磁盘分区的设置信息，单击“完成”按钮。在磁盘 1 上创建分区后的磁盘管理窗口如图 13-12 所示。

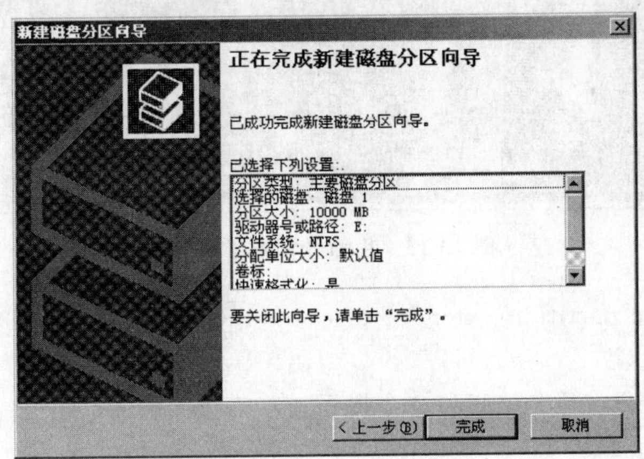

图 13-11 完成创建

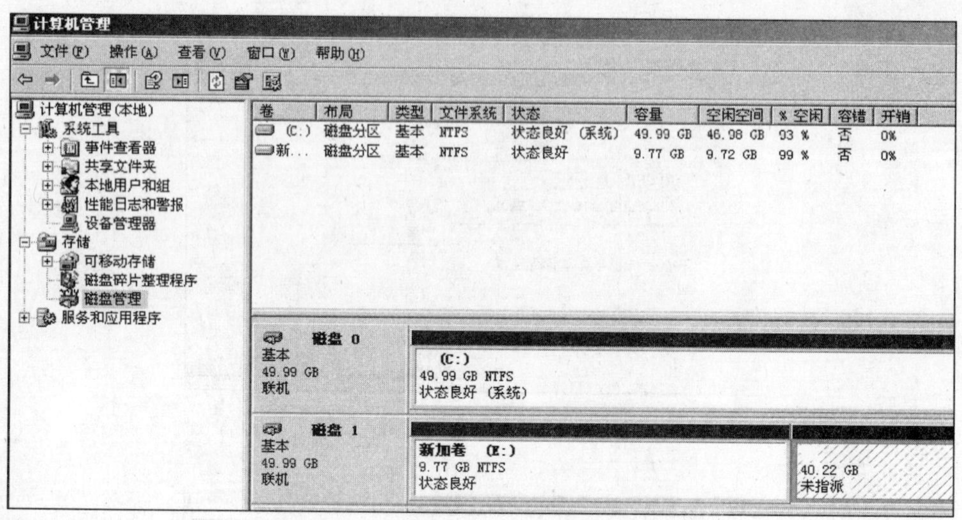

图 13-12 在“磁盘 1”上创建的主分区

2. 建立扩展分区

(1) Windows Server 2008 不提供用图形界面创建扩展分区，只能用 Diskpart. exe 程序来创建。单击“开始”→“运行”，输入 diskpart，单击“确定”按钮。

(2) 在图 13-13 中，输入 select disk 1 选择磁盘 1。

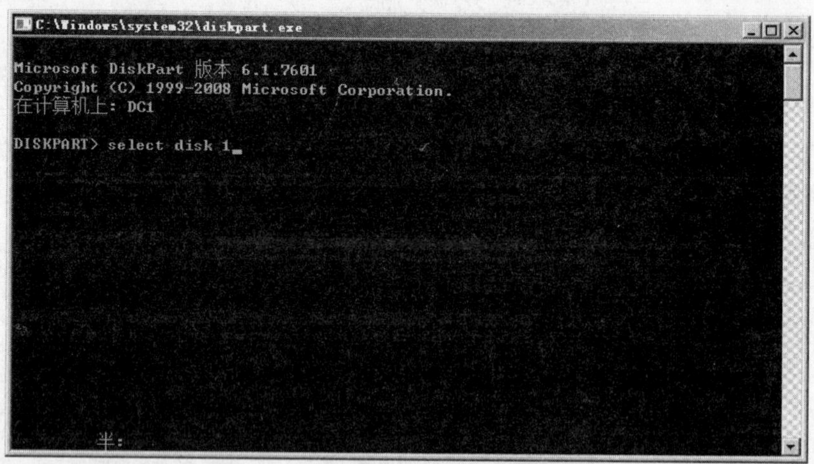

图 13-13 用命令创建扩展分区

(3) 输入 create partition extended size=41190，创建一个约 40GB 的扩展分区，如图 13-14 所示。

(4) 两次输入 exit，退出程序和命令提示符状态。

3. 创建逻辑盘

在图 13-14 中右击扩展分区，选择“新建简单卷”命令，出现“新建简单卷向导”，接下

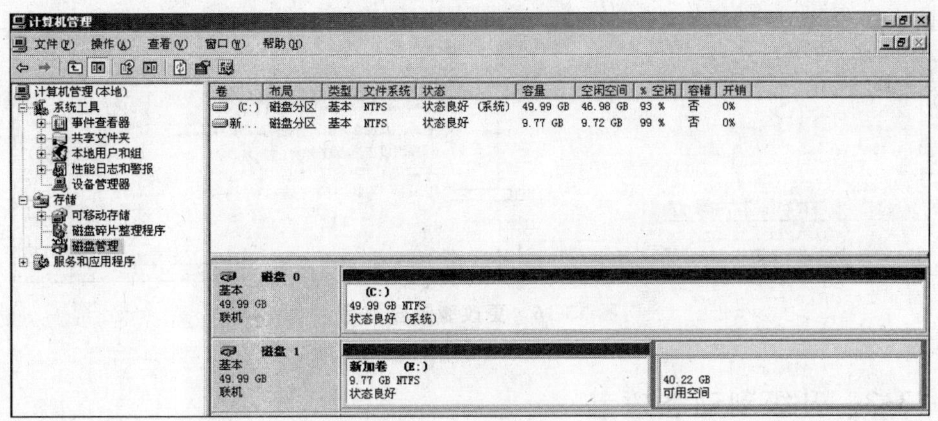

图 13-14 创建的扩展分区

来的步骤重复实验 13-2 中的“1. 建立基本磁盘分区”中的步骤(1)～(4)，创建的逻辑盘如图 13-15 所示。

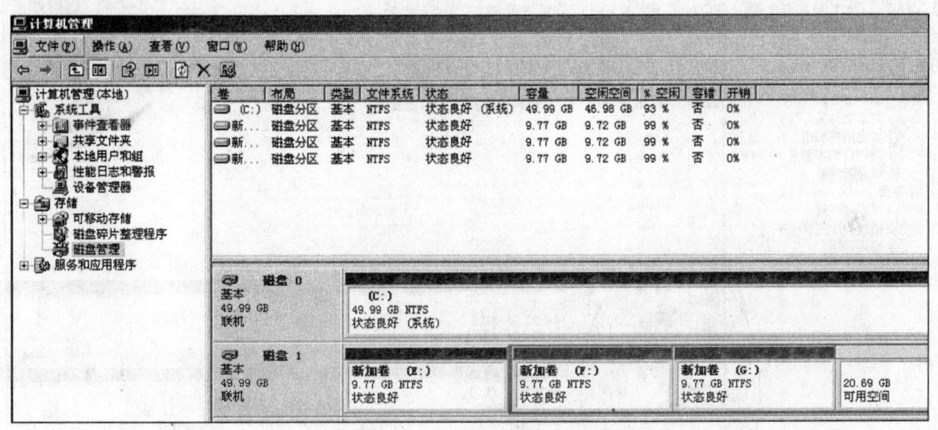

图 13-15 创建的逻辑驱动器

4. 其他磁盘管理操作

(1) 指定活动分区：右击要安装系统的分区(必须是主分区)，选择“将分区标注为活动分区”命令。

(2) 格式化：右击要格式化的分区，选择“格式化”命令。

(3) 改卷标：右击要加卷标的分区，选择“属性”命令。

(4) 改驱动器符号：右击要改驱动器符号的分区，选择“更改驱动器符号和路径”命令，单击“更改”按钮，在随后出现的“更改驱动器符号和路径”对话框中更改，如图 13-16 所示。

(5) 删除逻辑盘：右击要删除的逻辑驱动器，选择“删除卷”命令。

(6) 删除分区：右击要删除的分区，选择“删除分区”命令。要删除扩展分区，必须先删除逻辑驱动器。

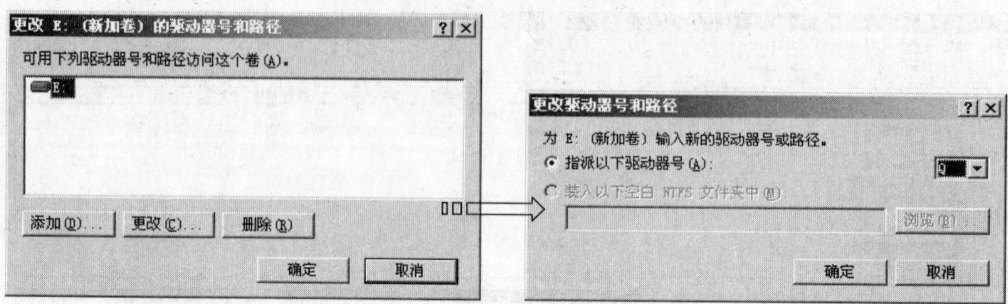

图 13-16　更改驱动器符号

实验 13-3　升级到动态磁盘

(1) 在图 13-17 中，原来的磁盘都是基本磁盘类型。右击一个磁盘，选择“转换到动态磁盘”命令。

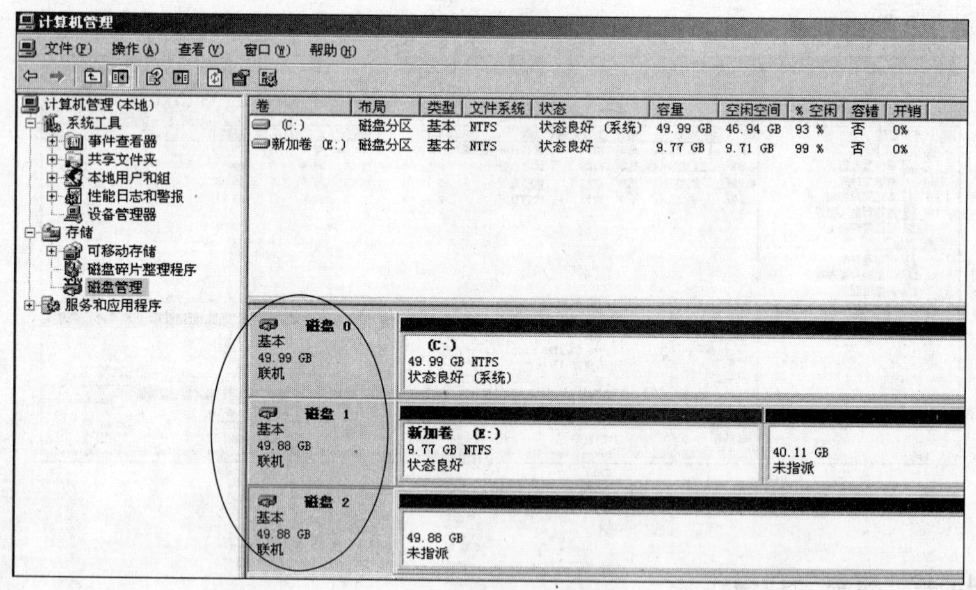

图 13-17　基本磁盘类型

(2) 在图 13-18 中，选择要转换的磁盘，如“磁盘 1”和“磁盘 2”，单击“确定”按钮。

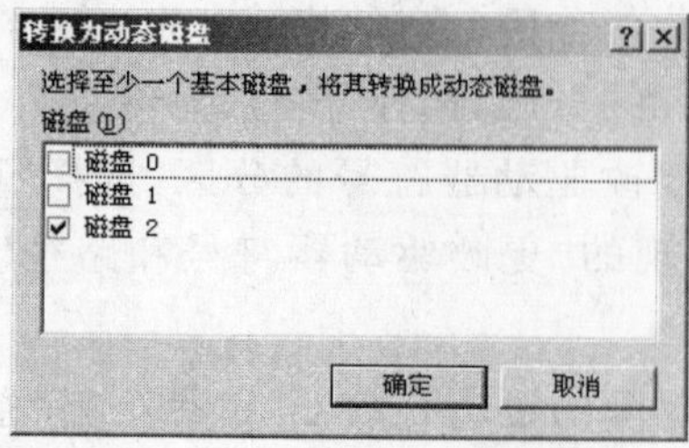

图 13-18　选择要转换的磁盘

(3) 转换以后,磁盘 1 和磁盘 2 变为动态磁盘,如图 13-19 所示。

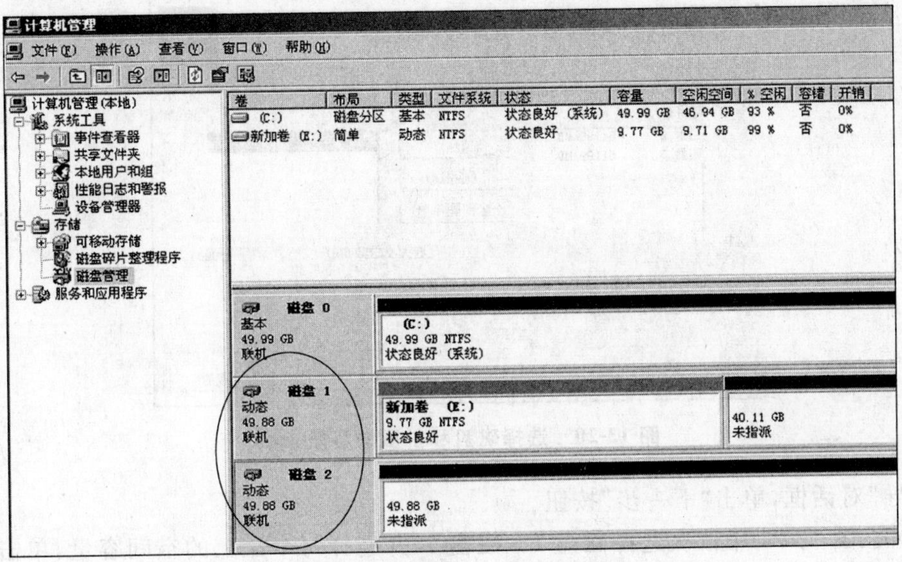

图 13-19 转换为动态磁盘

(4) 转换为动态磁盘后,如果磁盘为空(没有建立卷),可以用类似方法将磁盘转换为基本磁盘;若磁盘上已经创建卷,就不能转换为基本磁盘。

实验 13-4 管理卷

1. 创建简单卷

(1) 右击一个动态磁盘上未指派的空间,选择"新建简单卷"命令,出现"新建卷向导",单击"下一步"按钮,在随后弹出的对话框中选择卷的大小(参见图 13-8),单击"下一步"按钮。

(2) 接下来执行"选择驱动器号和路径"(参见图 13-9)和"卷区格式化"(参见图 13-10),完成创建。

2. 扩展简单卷

(1) 右击已经建立的简单卷,选择"扩展卷"命令,出现"扩展卷向导"对话框,单击"下一步"按钮。

(2) 在图 13-20 中选择磁盘,如"磁盘 1",并选择要扩展的容量大小(扩展的容量应来自同一磁盘,可以来自不同的磁盘,但那将成为跨区卷),单击"下一步"按钮,完成卷的扩展。

3. 创建跨区卷

利用磁盘 1、磁盘 2 和磁盘 3 上的未指派空间创建跨区卷。

(1) 右击 3 个磁盘上未指派空间的任意一个,选择"新建跨区卷"命令,出现"新建跨

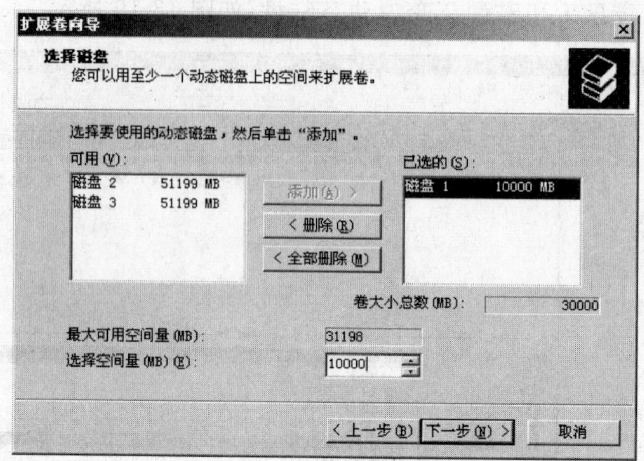

图 13-20 选择磁盘和扩展的容量大小

区卷向导”对话框，单击“下一步”按钮。

(2) 在图 13-21 中依次选择磁盘 1～磁盘 3，并选择每个盘上的空间容量，单击“下一步”按钮。

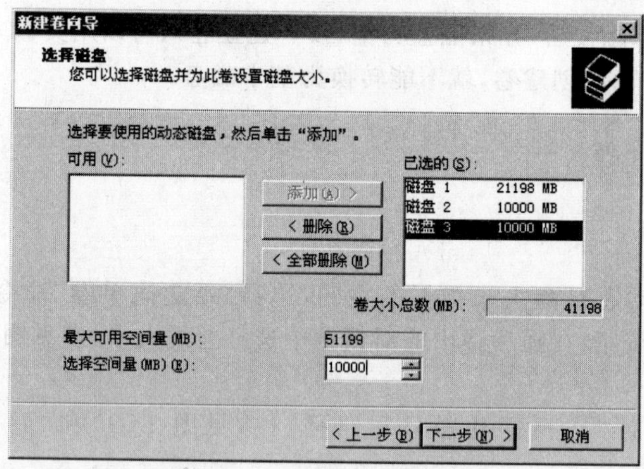

图 13-21 设置磁盘的空间容量

(3) 接下来执行“选择驱动器号和路径”(参见图 13-9)和“卷区格式化”(参见图 13-10)，完成创建。结果如图 13-22 所示。

4. 创建带区卷

利用磁盘 1、磁盘 2 和磁盘 3 上的未指派空间创建跨区卷。

(1) 右击 3 个磁盘上未指派空间的任意一个，选择“新建带区卷”命令，出现“新建带区卷向导”对话框，单击“下一步”按钮。

(2) 在图 13-23 中依次选择磁盘 1～磁盘 3，并选择每个盘上的空间容量(注意：各磁盘选择的容量要相同)，单击“下一步”按钮。

(3) 接下来执行“选择驱动器号和路径”(参见图 13-9)和“卷区格式化”(参见

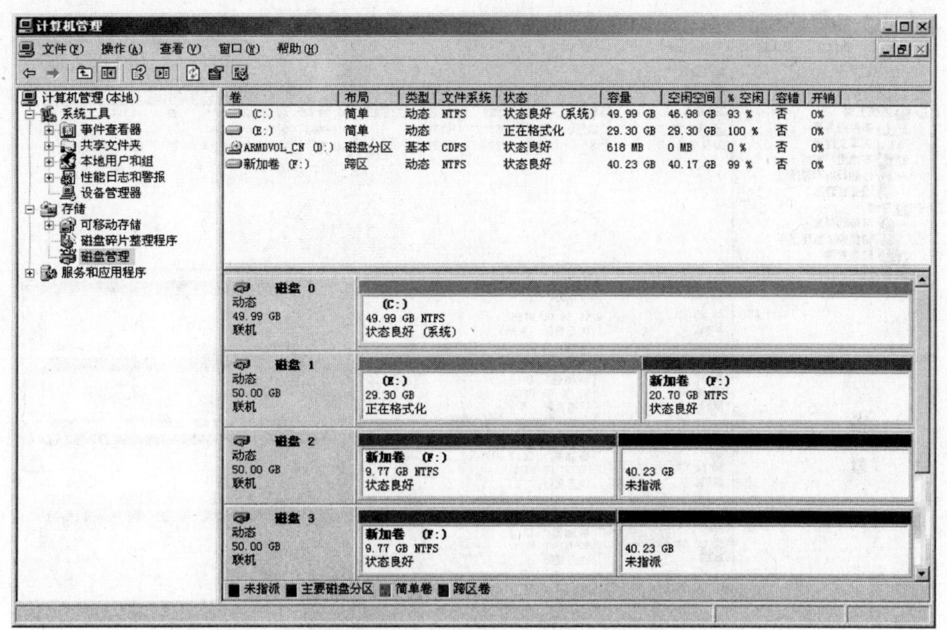

图 13-22 创建好的跨区卷

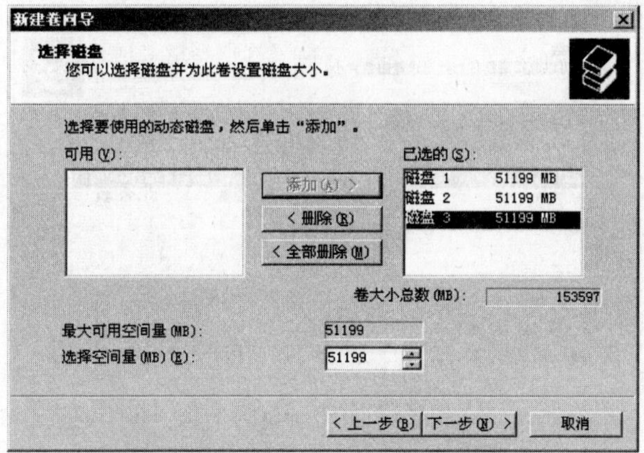

图 13-23 各磁盘选择相同的容量

图 13-10)，完成创建。结果如图 13-24 所示。

5. 创建镜像卷

利用磁盘 1 和磁盘 2 创建镜像卷。

(1) 右击两个磁盘上未指派空间的任意一个，选择"新建镜像卷"命令，出现"新建镜像卷向导"对话框，单击"下一步"按钮。

(2) 在图 13-25 中依次选择磁盘 1 和磁盘 2，并选择每个盘上的空间容量(注意：各磁盘选择的容量要相同)，单击"下一步"按钮。

(3) 接下来执行"选择驱动器号和路径"(参见图 13-9)和"卷区格式化"(参见

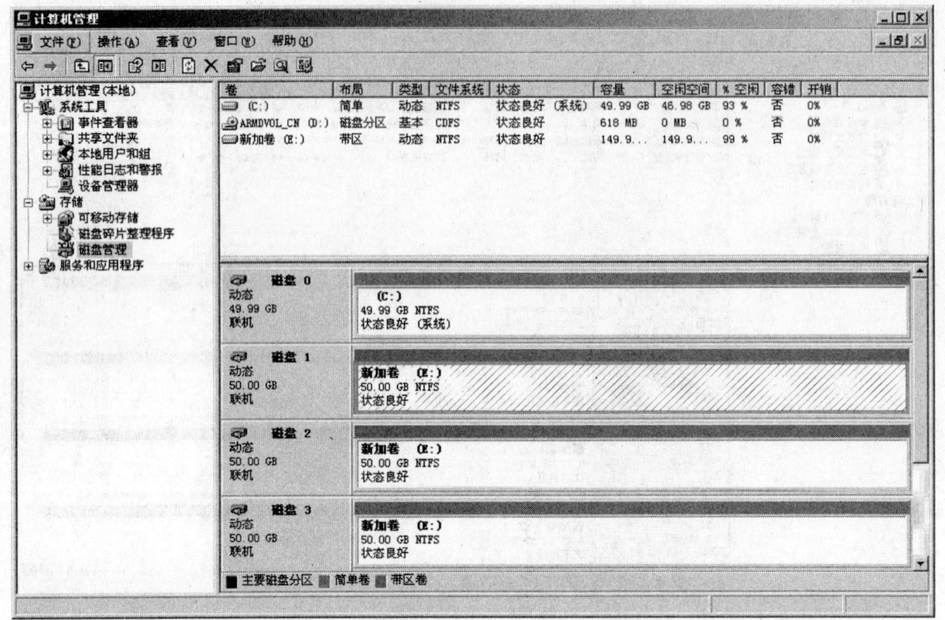

图 13-24 创建好的带区卷

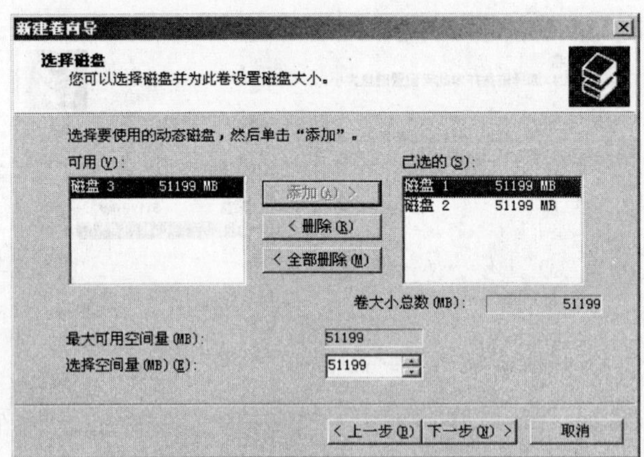

图 13-25 选择磁盘和容量

图 13-10)，完成创建。结果如图 13-26 所示。

(4) 中断镜像：右击“镜像卷”，选择“中断镜像”命令，则原来的两个成员都会独立成简单卷。一个沿用原来的驱动器号，另一个使用下一个可用的驱动器号，两个卷中的数据都会保留。

(5) 添加镜像：右击一个已经存在的简单卷，选择“添加镜像”命令，出现“添加镜像”对话框，在该对话框中选择一个磁盘，单击“添加镜像”按钮，系统会自动创建一个与已经存在的简单卷容量相同的简单卷，并将数据从原来的简单卷向新添加的简单卷复制。

(6) 删除镜像：右击“镜像卷”中的一个简单卷，选择“删除镜像”命令，则右击选择的那个简单卷被删除，其所占用空间被改为“未分配空间”。

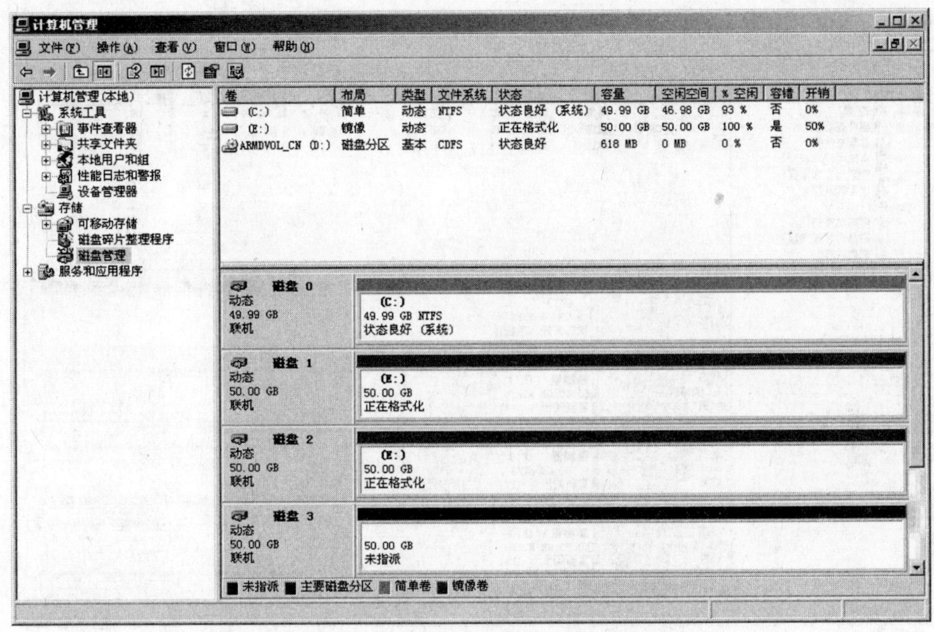

图 13-26 创建好的镜像卷

6. 创建 RAID-5 卷

利用磁盘 1、磁盘 2 和磁盘 3 创建 RAID-5 卷。

(1) 右击 3 个磁盘上未指派空间的任意一个,选择"新建 RAID-5 卷"命令,出现"新建卷向导"对话框,单击"下一步"按钮。

(2) 在图 13-27 中依次选择磁盘 1～磁盘 3,并选择每个盘上的空间容量(注意:各磁盘选择的容量要相同),单击"下一步"按钮。

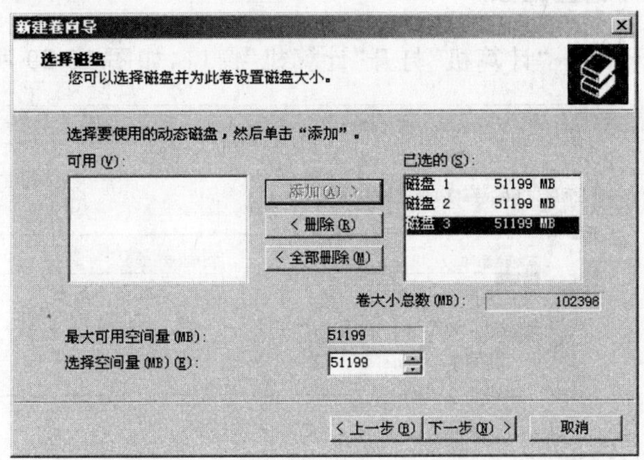

图 13-27 选择磁盘和容量

(3) 接下来执行"选择驱动器号和路径"(参见图 13-9)和"卷区格式化"(参见图 13-10),完成创建。结果如图 13-28 所示。

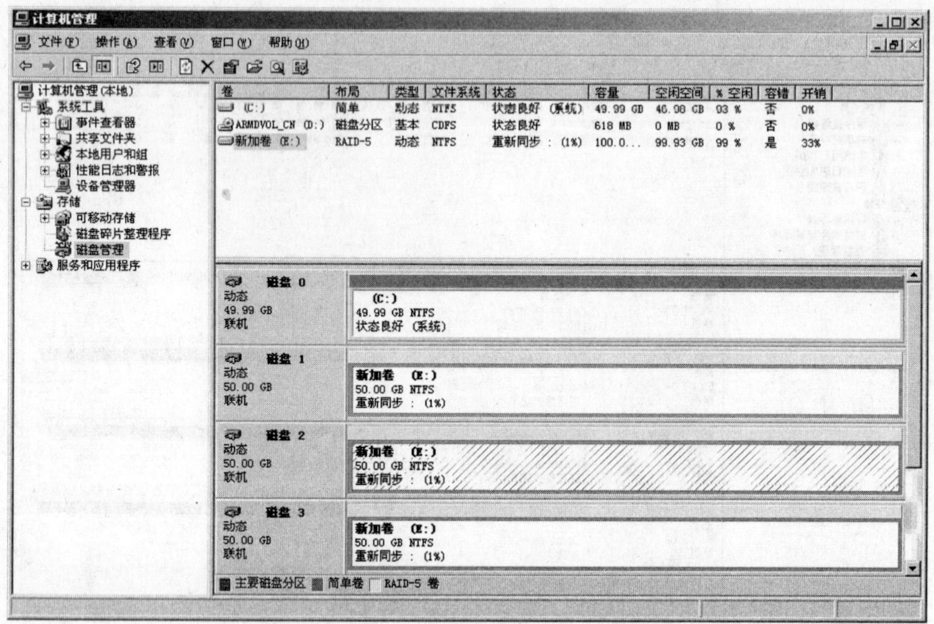

图 13-28 创建好的 RAID-5 卷

7. 删除卷

右击一个要删除的卷，选择“删除”命令，该卷被删除，所占用的磁盘空间被改为“未分配”空间。

实验 13-5 磁盘配额管理

1. 为新用户建立磁盘配额

(1) 依次单击“开始”→“计算机”打开“计算机”窗口，如图 13-29 所示。

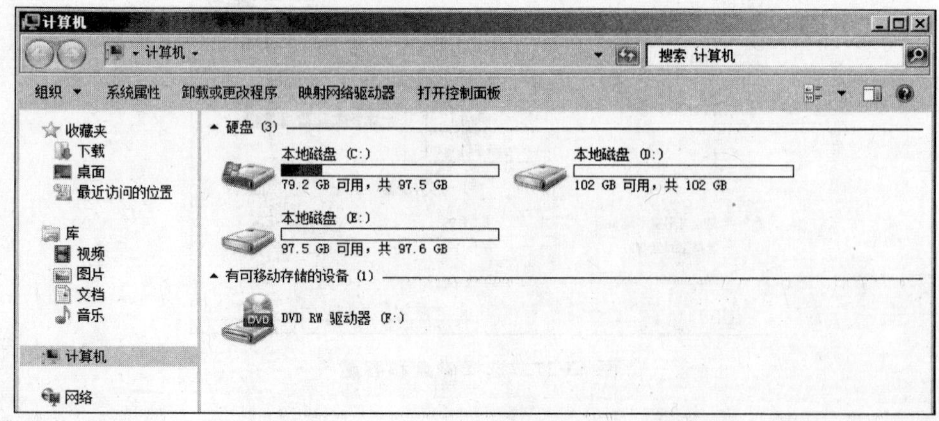

图 13-29 “计算机”窗口

(2) 右击要创建配额的磁盘，如 E 盘，选择“属性”命令，单击“配额”标签，如图 13-30 所示。

(3) 单击“启用配额管理”，同时勾选“拒绝将磁盘空间给超过配额限制的用户”复选框，选择“将磁盘空间限制为”单选按钮并输入磁盘空间大小，如图 13-30 所示，单击“确定”按钮。该配额只对以后加入的新用户有效。

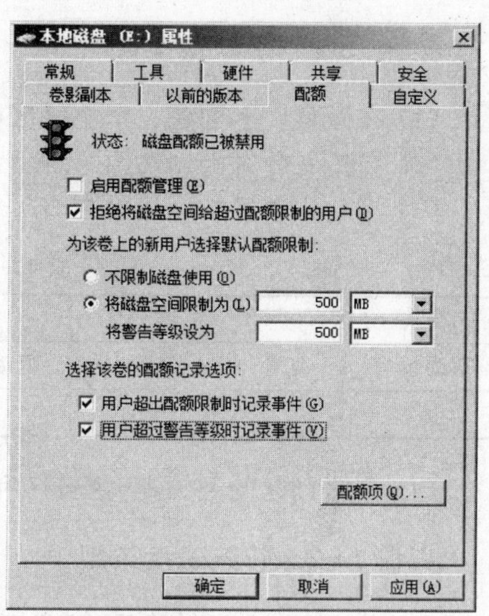

图 13-30 磁盘配额标签

2. 为每个用户单独建立磁盘配额

(1) 在图 13-30 中，单击“配额项”按钮，出现“(E:)的配额项”窗口，如图 13-31 所示。

(2) 依次单击“配额”菜单→“新建配额项”，出现“选择用户”窗口，在该窗口中选择一个用户，然后在图 13-32 所示的“添加新配额项”对话框中设置配额数量。单击“确定”按钮。

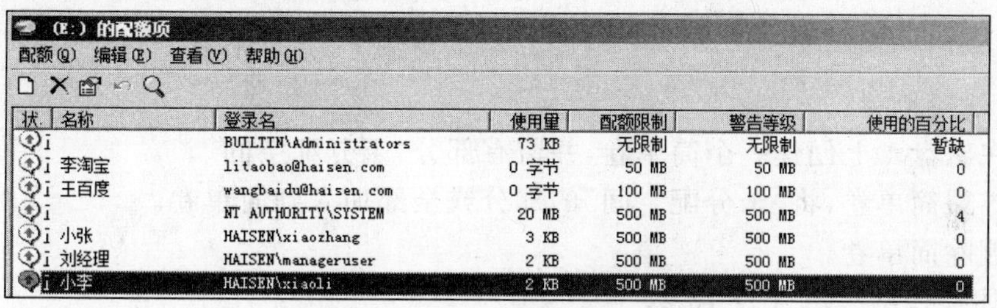

图 13-31 为单个用户建立配额项

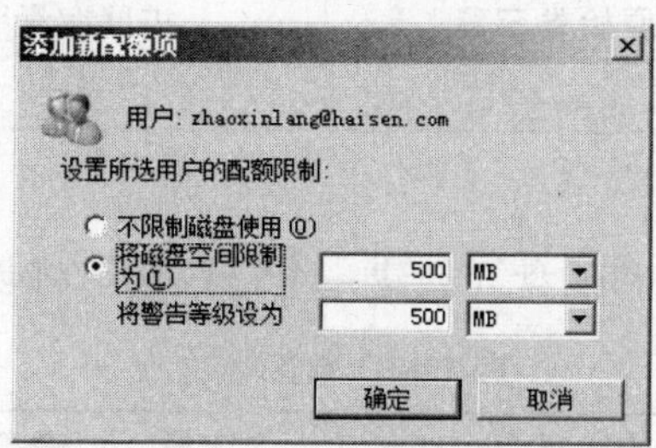

图 13-32 输入配额大小

13.4 实训与思考

13.4.1 实训题

本实训建议用虚拟机实现，在虚拟机上至少要安装 3 块物理硬盘。

实训 13-1 基本磁盘管理

(1) 在磁盘 1 上创建一个主分区(卷)和一个扩展分区。
(2) 在扩展分区上创建两个逻辑盘。
(3) 将上述创建结果记录在表 13-1 中。

表 13-1 基本磁盘划分信息

主分区		扩展分区	逻辑盘 1		逻辑盘 2		未指派空间
驱动器号	容量	容量	驱动器号	容量	驱动器号	容量	容量

(4) 删除创建的逻辑盘、主分区和扩展分区。

实训 13-2 转换磁盘类型

(1) 将 MBR 磁盘转换为 GPT 磁盘。
(2) 将基本磁盘转换为动态磁盘。

实训 13-3 动态磁盘管理

1. 管理简单卷
(1) 在磁盘 1 上创建一个简单卷,并留有部分“未分配空间”。
(2) 扩展简单卷,将“未分配空间”的部分或全部加入到简单卷。
(3) 删除简单卷。
将上述操作结果填入表 13-2。

表 13-2 简单卷信息

驱动器号	原始卷容量	扩展容量	总容量

2. 管理跨区卷
(1) 利用磁盘 1、磁盘 2 和磁盘 3 创建一个跨区卷。将创建结果填入表 13-3。

表 13-3 跨区卷信息

驱动器号	磁盘 1 上的容量	磁盘 2 上的容量	磁盘 3 上的容量	总容量

(2) 删除跨区卷
3. 管理带区卷
(1) 利用磁盘 1、磁盘 2 和磁盘 3 创建一个带区卷。将创建结果填入表 13-4。

表 13-4 带区卷信息

驱动器号	磁盘 1 上的容量	磁盘 2 上的容量	磁盘 3 上的容量	总容量

(2) 删除带区卷

4. 管理镜像卷

(1) 利用磁盘 1 和磁盘 2 创建一个镜像卷。将创建结果填入表 13-5。

表 13-5 镜像卷信息

驱动器号	磁盘 1 上的容量	磁盘 2 上的容量	总容量	磁盘利用率

(2) 删除镜像。

(3) 添加镜像。

(4) 中断镜像。

(5) 删除镜像卷。

将步骤(2)～(4)的结果填入表 13-6。

表 13-6 镜像卷的变化信息

操　作	结　果
删除镜像	
添加镜像	
中断镜像	
删除镜像卷	

5. 管理 RAID-5 卷

(1) 利用磁盘 1、磁盘 2 和磁盘 3 创建一个 RAID-5 卷。将创建结果填入表 13-7。

表 13-7 RAID-5 卷信息

驱动器号	磁盘 1 上的容量	磁盘 2 上的容量	总容量	磁盘利用率

(2) 删除 RAID-5 卷。

13.4.2 思考题

(1) MBR 磁盘和 GPT 磁盘有何区别?

(2) 基本磁盘和动态磁盘有何区别?

(3) 基本磁盘管理包括哪些内容?

(4) 简单卷与基本磁盘相比有哪些优势?

(5) 跨区卷、带区卷、镜像卷和 RAID-5 卷各有什么特点?

(6) 简述镜像卷、带区卷、跨区卷和 RAID-5 卷是如何存取数据的。

实验 14 experiment 14

活动目录

14.1 知识准备

14.1.1 Windows 网络的两种工作模式

Windows 网络有两种工作模式，即工作组模式和域模式。

1. 工作组模式

工作组模式的网络也称为对等网。在工作组模式中，工作组中所有计算机之间是一种平等的关系，没有主从之分。工作组模式下资源和账户的管理是分散的，每台计算机上的管理员独立完成对自己计算机上的资源与账户的管理。工作组模式的网络不需要专门的网络操作系统，一个用户只能在为他创建了账户的计算机上登录，可以访问工作组内的共享资源。工作组模式通常适用于不超过 10 台计算机的小型网络。

2. 域模式

在域模式中，域中的计算机地位不平等，分为域控制器、成员服务器和客户机等。域控制器可以对域中所有对象，如用户、组、各种计算机和共享资源等进行统一、集中的控制和管理，并通过对整个域的安全策略的设置来保护域的安全。域控制器上必须安装网络操作系统。用户可以从域中任何一台计算机登录，由域控制器负责验证用户的用户名和密码是否正确。一旦登录成功，就可以访问本域或其他域中的共享资源。域模式的网络适合于大型网络以及要求资源集中控制或安全性要求高的网络。

14.1.2 活动目录相关概念

1. 域

域(Domain)是一个共用"目录服务数据库"的计算机和用户的集合。正是由于所有域成员计算机和域用户都共用这个域的"目录服务数据库"，域管理员就可以基于域的"目录服务数据库"来对用户账户、组账户、计算机账户、权限设置、组策略设置以及共享资源等进行集中管理。

域是网络上的一个逻辑组，与网络的物理拓扑无关，可以很小，比如只有一台域控制器；也可以很大，包括遍布世界各地的计算机，比如大型跨国公司网络上的域，当然跨国公司们多采用多域结构。

域又是安全边界，每个域的管理员都可以通过安全设置、组策略等独立设置本域的安全策略，以及本域与其他域的安全信任关系，域管理员只能管理本域的事务，除非得到其他域的授权，才可以访问或管理其他域。

2. 目录服务

目录服务是一个数据库，存储网络资源相关信息，包括资源的位置和管理等信息。目录服务管理网络中的所有实体资源，如各种计算机、用户、组、打印机、组织单位和共享资源等。目录服务为管理员提供从网络上任何一个计算机上查看和管理用户和网络资源的能力。目录服务也为用户提供唯一的用户名和密码，用户只需一次登录，即可访问本域或者有信任关系的其他域上的所有资源（当然用户得有权限才行），而不需要多次提供用户名和密码登录。

3. 活动目录

活动目录（Active Directory，AD）是 Windows Server 2008 提供的目录服务，它不仅具有目录服务的各种功能，而且充分考虑了现代企业应用与业务需求，为这些应用提供了基本的管理对象模型，如在用户这个对象上，除了基本用户信息外，还集成了办公电话、手机、住址、上司、下属、电子邮件和家庭信息等属性。之所以叫活动目录，是因为它具有很好的可伸缩性和很好的扩展能力，允许应用程序定制目录中对象的属性或添加新的对象类型。

4. 域树与域树林

1）域树

域树由多个具有连续名字空间的域组成，某域下面的域为该域的子域，某域上面的域为该域的父域，这些域共享同一表结构和配置，形成一个连续的名字空间。一个域的域名就是该域的名字加上它父域的名字，如图 14-1 所示。

2）域树林

域树林由一个或多个没有形成连续名字空间的域树组成，如图 14-2 所示。它与域树

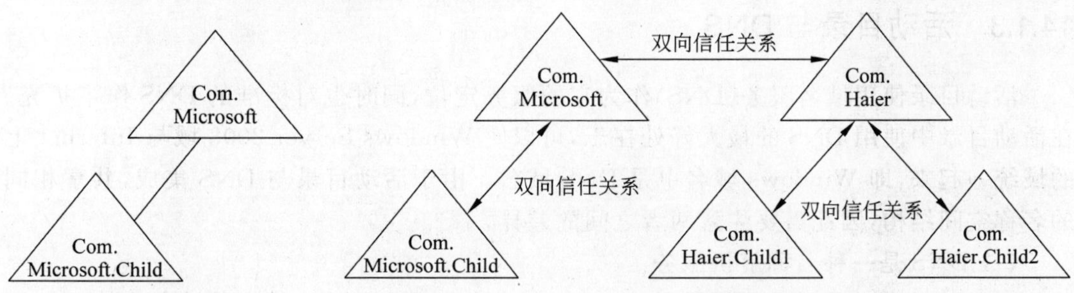

图 14-1 域树结构　　**图 14-2 域树林与域间的信任关系**

最明显的区别就在于域林之间没有形成连续的名字空间，而域树则是由一些具有连续名字空间的域组成。但域林中的所有域树仍共享同一个表结构、配置和全局目录。

5. 信任关系

域树中的域是通过双向可传递信任关系连接在一起的。所谓信任关系是指：A 域信任 B 域，则在 B 域登录的用户可以访问 A 域的资源，但是具体访问内容和权限要由 A 域管理员指派。如果 A 域信任 B 域，而 B 域不信任 A 域，叫单向信任。如果 A 域与 B 域相互信任则叫双向信任。在 Windows Server 2008 中，在域树或树林中新创建的域可以立即与域树或树林中其他的域建立双向且可传递的信任关系，参见图 14-2。这些信任关系允许用户在一个域登录，就可以访问整个域树林内的资源，但这并不意味着通过身份验证的用户在域树林的所有域中都拥有相同的权利和权限。因为域是安全界限，所以必须在每个域的基础上为用户指派相应的权利和权限。

6. 域控制器

域控制器(Domain Controllers，DC)是指运行 Windows Server 2008 版本的服务器，它保存了活动目录信息的副本。域控制器管理目录信息的变化，并把这些变化复制到同一个域中的其他域控制器上。例如，在任何一台域控制器上添加一个用户后，这个账户默认是被创建在此域控制器的活动目录数据库内，之后，这个账户会自动被复制到其他域控制器的活动目录中。域控制器也负责用户的登录过程，对用户身份进行验证。域控制器还承担其他与域有关的操作，比如执行安全策略、目录信息查找等。

一个域可以有多个域控制器，多个域控制器的地位是平等的。Windows Server 2008 中域控制器没有主次之分，多个域控制器的情况下，每一个域控制器都保存一个目录。在同一时刻，不同的域控制器中的目录信息可能有所不同，一旦活动目录中的所有域控制器执行同步操作之后，各域控制器中的目录信息就会保持一致。

规模较小的域可以只需要两个域控制器，一个用于实际使用，另一个用于容错性检查，规模较大的域可以使用多个域控制器。

如果把网络比喻为一个世界，域是这个世界中的一个国家，域控制器是这个国家的国家机器(民政、司法、军警等强力部门)，管理员是这个国家的国王，而域中的其他对象包括计算机、用户、组和组织单位等都是这个国家的公民与财富。管理员通过域控制器，设定域的安全策略，并对域中的用户进行控制，对资源进行分配。

14.1.3 活动目录与 DNS

活动目录使用域名服务(DNS)作为它的服务定位，同时也对标准的 DNS 作了扩充。在活动目录中使用 DNS 的最大好处在于，可以使 Windows Server 2008 域与 Internet 上的域统一起来，即 Windows 域名也是 DNS 域名。由于活动目录与 DNS 集成，共享相同的名称空间结构，因此需要注意两者之间的差异。

(1) DNS 是一种名称解析服务。

DNS 客户端向 DNS 服务器发送 DNS 名称查询，DNS 服务器接受域名查询。DNS

是使用最为广泛的定位服务，不仅在 Internet 上，甚至在许多企业内部网络中也使用 DNS 作为定位服务。DNS 不需要活动目录就能单独运行。

(2) 活动目录是一种目录服务。

活动目录提供信息存储库以及让用户和应用程序访问信息的服务，活动目录客户使用轻量级目录访问协议(Lightweight Directory Access Protocol,LDAP)向活动目录服务器发送查询。

要定位活动目录服务器，活动目录客户端应查询 DNS，活动目录需要 DNS 才能工作。即活动目录用于组织资源，而 DNS 用于查找资源，只有它们共同工作才能为用户或其他请求类似信息的过程返回信息。DNS 是活动目录的关键组件，如果没有 DNS，活动目录就无法将用户的请求解析成资源的 IP 地址。

14.1.4 站点与复制

活动目录分为两种结构：逻辑结构和物理结构。域反映了活动目录的逻辑结构，而站点反映了活动目录的物理结构。

所谓站点(Site)，是指在物理上有较好的线路连接的，能实现较快通信速率的计算机的集合，是一个高速链接的网络，一般是指一个 LAN。配置站点的目的是为了对活动目录复制进行优化控制。

复制是活动目录服务中最重要的功能之一。活动目录服务必须有多个域控制器才能提供容错处理和负载平衡。而且每个域控制器中必须存储完全相同的活动目录数据库副本。只要管理员更改了活动目录中的信息，则发生更改的域控制器就会将更改的信息复制到本域中其他的域控制器中去。

但是，一个企业的网络其地理分布范围可能很广，例如，某企业的集团总部设在北京，在北京、上海和广州都有分公司，在三地均拥有各自的局域网，局域网内部采用高速链接，局域网之间通过租用专线来连接(慢速链接)。那么，如果不同局域网中的域控制器间频繁地进行复制操作，将占用大量的网络带宽。

有了站点这个概念之后，就可以将一个域中的计算机根据地理位置的分布分装在几个站点之中。在一个站点内部，活动目录利用复制组件和知识一致性检查器(KCC)，使同一站点内的域控制器之间形成复制伙伴关系，在它们之间形成完全的信息同步。当一个域控制器中的目录数据库发生变化，它会等待一段时间间隔后向它的复制伙伴发送变更通知，同样复制伙伴还会把变更信息发送给它的复制伙伴，从而实现整个站点内的域控制器的同步。由于站点内采用快速而可靠的网络连接，因此站点内域控制器之间的复制数据是不压缩的，这虽然增加了复制信息要求的带宽，但减少了域控制器处理数据的负担。而站点之间的复制可以安排在网络连接相对空闲的时间进行，从而优化了复制。

当域树林中的不同域处于不同的区域，而区域之间的链接为慢速链接时，应该创建多个站点。

活动目录的域和站点之间没有必然的联系，一个域可以包含多个站点，一个站点也可以包含多个域。

14.2 实验目的与任务

14.2.1 实验目的

（1）掌握活动目录的安装方法。

（2）学会创建域树。

（3）掌握将计算机加入到域的方法。

14.2.2 实验任务

任务：

（1）安装活动目录，创建域和域树。

（2）将计算机加入到域。

（3）创建额外的域控制器。

（4）创建子域。

模拟场景：

某企业由于业务发展需要，已经注册一个域名 haisen. com，出于安全考虑，在企业内部网中采用域管理模式，将企业的计算机全部集中控制和管理，为此，它需要创建一个域，并将企业的所有计算机都加入到域中。为了提高用户登录的效率，同时，为了在域控制器发生故障的情况下仍然能够由其他的域控制器继续提供服务，创建第二台域控制器。该企业还有一个子公司，需要单独设置安全策略，因此，需要为其建立一个子域。

14.2.3 实验环境

实验条件：

安装 Windows Server 2008 R2 的计算机 3 台，DC1 是 haisen. com 域的域控制器，DC2 是 haisen. com 域的第二台域控制器，DC3 是 sele. haisen. com 域的域控制器，安装 Windows 7 的用户计算机 1～2 台。

实验接线：

这些计算机互连成网，如图 14-3 所示。

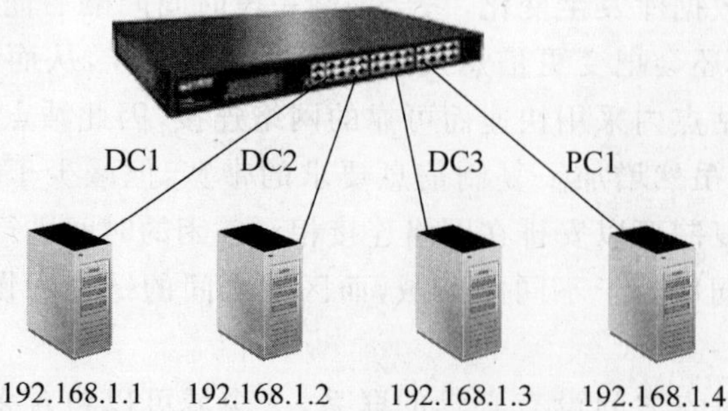

图 14-3 实验接线图

14.3 实验过程

实验 14-1 安装活动目录与创建域

(1) 单击“开始”→“管理工具”→“服务器管理器”，出现“服务器管理器”窗口，如图 14-4 所示。

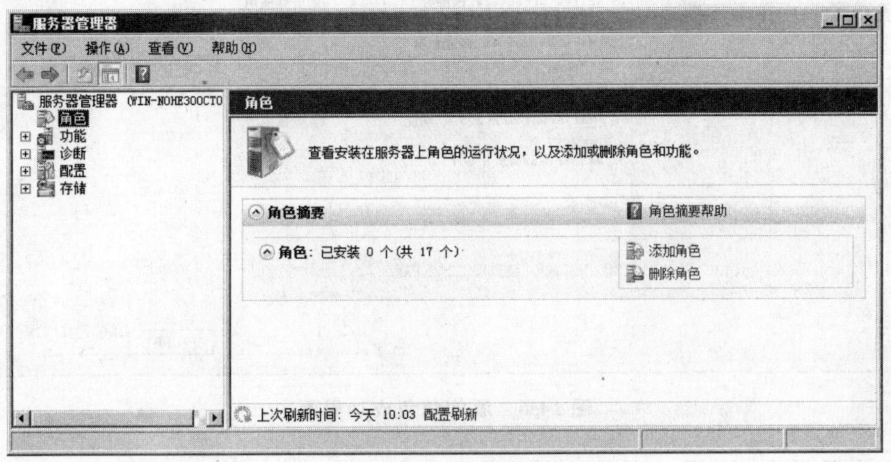

图 14-4 “服务器管理器”窗口

(2) 在图 14-4 中，单击“添加角色”，出现“选择服务器角色”对话框，如图 14-5 所示。勾选其中的“Active Directory 域服务”复选框，然后单击“下一步”按钮。

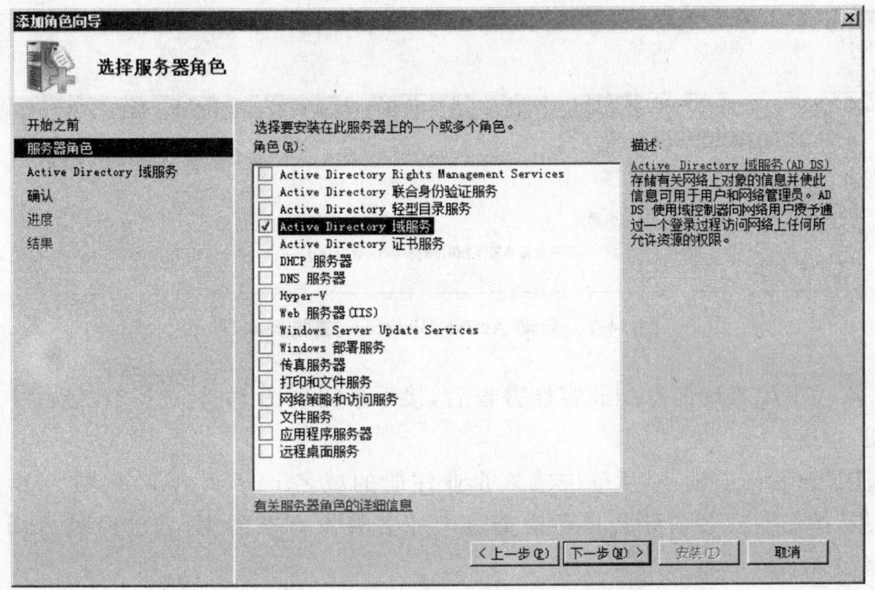

图 14-5 “选择服务器角色”对话框

(3) 在“确认安装选择”界面中,单击“安装”按钮。安装成功界面如图 14-6 所示。单击“关闭”按钮结束安装。

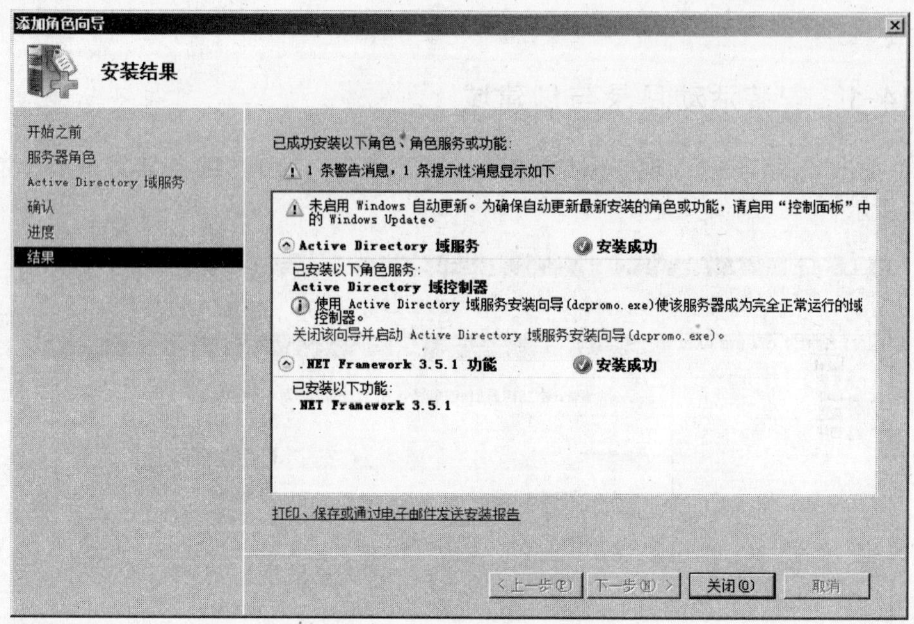

图 14-6 添加角色成功界面

(4) 在随后出现“服务器管理器”界面左侧的窗格中单击“角色”下面的“Active Directory 域服务”,在右侧的窗格中单击“运行 Active Directory 域服务安装向导”(也可以直接单击“开始”→“运行”,在“打开”中输入安装程序名称 dcpromo. exe),如图 14-7 所示。

图 14-7 启动 Active Directory 域服务向导

(5) 依次出现欢迎信息和兼容性警告后,接下来出现图 14-8,选择“在新林中新建域”单选按钮,单击“下一步”按钮。

(6) 在“命名林根域”对话框中输入企业注册的域名 haisen. com,如图 14-9 所示,单击“下一步”按钮。安装向导会自动检查这个域名有没有被占用,若已经被占用,安装程序会要求输入新的域名。

(7) 在图 14-10 所示的“设置林功能级别”对话框中选择 Windows Server 2008 R2,

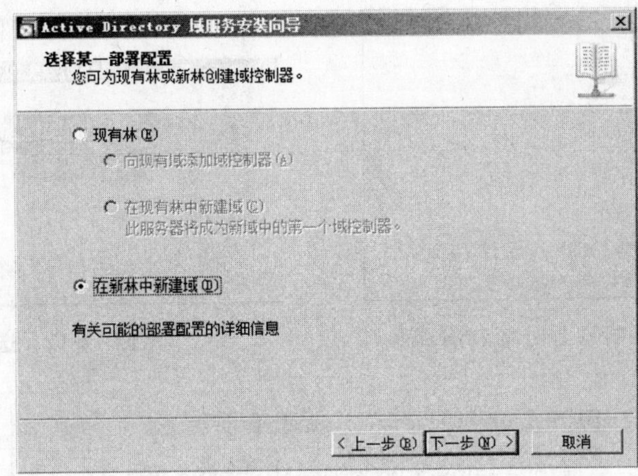

图 14-8 选择新建域

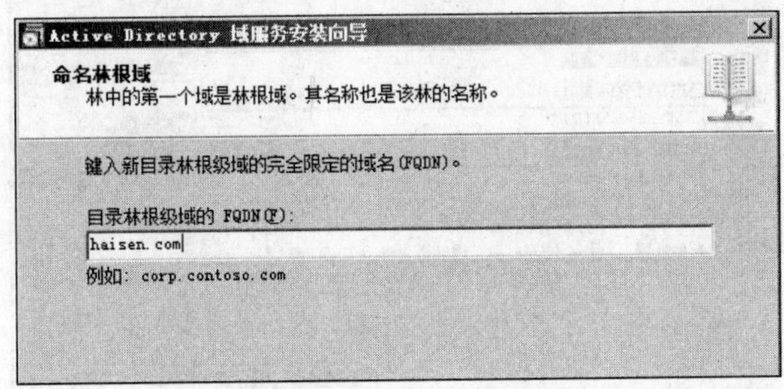

图 14-9 输入域名

单击"下一步"按钮。系统会检查 DNS 配置。

图 14-10 设置林功能的级别

(8) 在图 14-11 所示的"其他域控制器选项"对话框中,勾选"DNS 服务器"复选框,将 DNS 服务器服务安装在第一个域控制器上,然后单击"下一步"按钮。

(9) 图 14-12 所示的"无法创建该 DNS 服务器的委派"信息是因为安装向导找不到父域,因而无法通过父域委派。不过此域为根域,不需要父域委派,单击"是"按钮。

(10) 在图 14-13 中选择数据库和日志文件的保存位置,此处均使用默认位置,单击"下一步"按钮。

(11) 在图 14-14 所示的"目录服务还原模式的 Administrator 密码"对话框中输入密

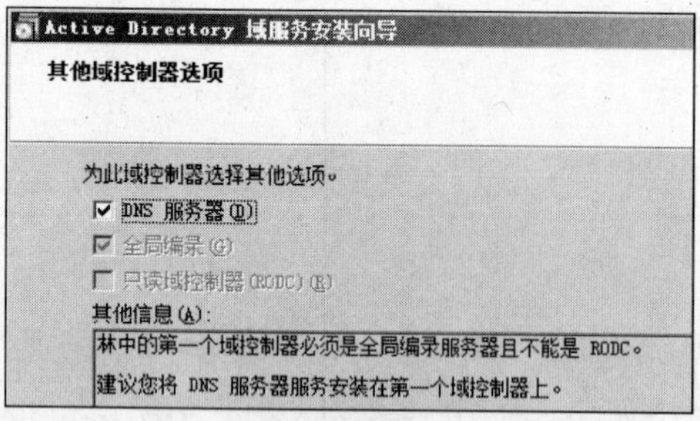

图 14-11 选择在域控制器上创建 DNS 服务器

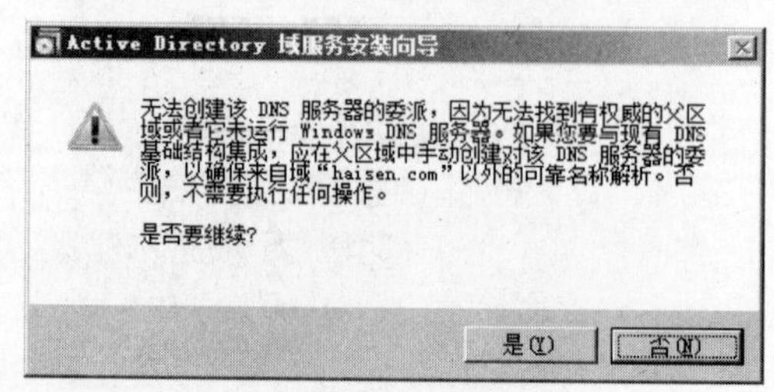

图 14-12 选择继续

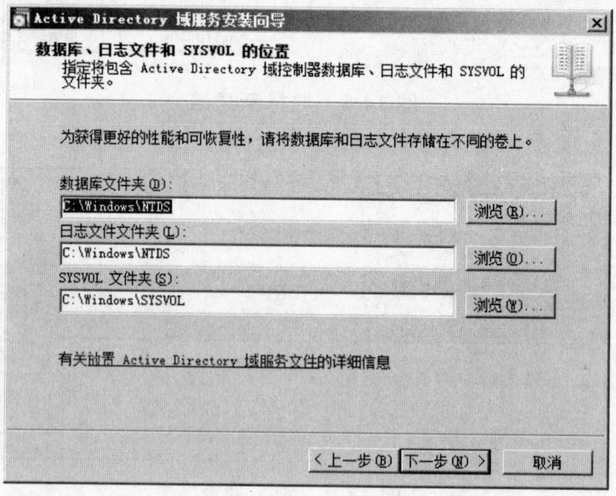

图 14-13 选择数据库和日志文件保存位置

码，然后单击"下一步"按钮。目录还原模式是一种安全模式，进入此模式可以修复活动目录数据库。可以在系统启动时按下 F8 键进入此模式。

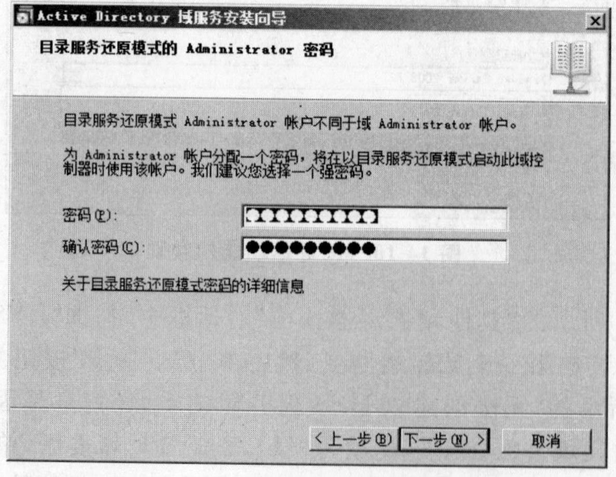

图 14-14 输入目录还原模式密码

(12) 在图 14-15 所示的摘要中列出了安装过程用户回答的参数，单击"下一步"按钮。安装向导开始安装活动目录。安装完成后需要重新启动计算机。重新启动计算机后,在“管理工具”的下级菜单中增加了“Active Directory 管理中心”、“Active Directory 用户和计算机”、“Active Directory 站点和服务”和“Active Directory 域和信任关系”4 项内容。

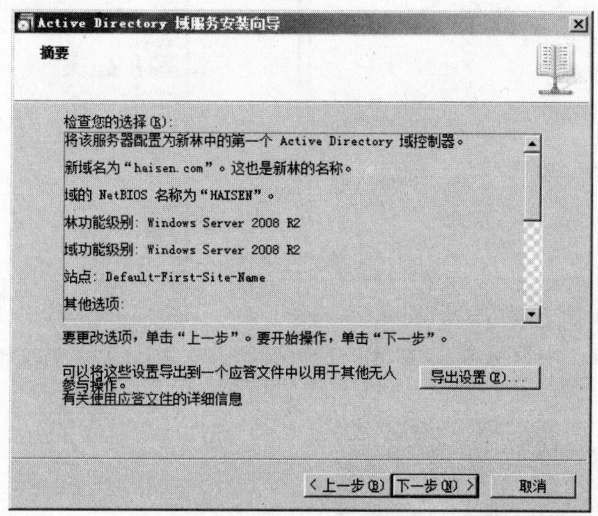

图 14-15 列出摘要

实验 14-2 将计算机加入到域

将 Windows 计算机加入到域有两种方法,一种是管理员亲自将各计算机加入到域,另一种是管理员在“Active Directory 用户和计算机”中为用户计算机建立账户,由用户自己将计算机加入到域。

1. 管理员亲自将各计算机加入到域

(1) 右击“我的电脑”→“属性”,单击“计算机名”标签,如图 14-16 所示。

(2) 单击“更改”按钮,出现“计算机名称更改”对话框,如图 14-17 所示。在“计算机名”下输入 Computer1,在“隶属于”下选择“域”单选按钮并输入域名 haisen. com。单击“确定”按钮。

(3) 在图 14-18 所示的对话框中输入域控制器管理员账户和登录密码,单击“确定”按钮。只有具有管理员权限的用户才能将计算机加入到域。

(4) 经过域控制器验证后,弹出图 14-19 所示的欢迎加入域的对话框。

2. 由用户自己将计算机加入到域(以小李为例)

(1) 管理员在域控制上单击“开始”→“管理工具”→“Active Directory 用户和计算机”,打开“Active Directory 用户和计算机”窗口,如图 14-20 所示。

(2) 右击 haisen 下的 Cumputers,在快捷菜单中选择“新建”→“计算机”命令。

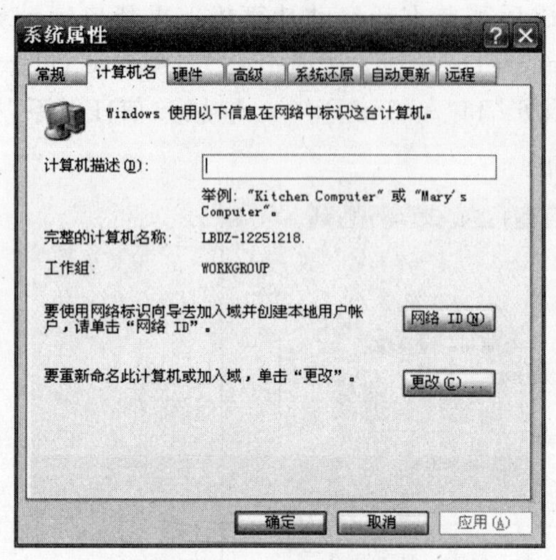

图 14-16 "计算机名"标签

图 14-17 更改计算机名加入到域

图 14-18 输入域管理员的用户名和密码

图 14-19 欢迎加入域信息

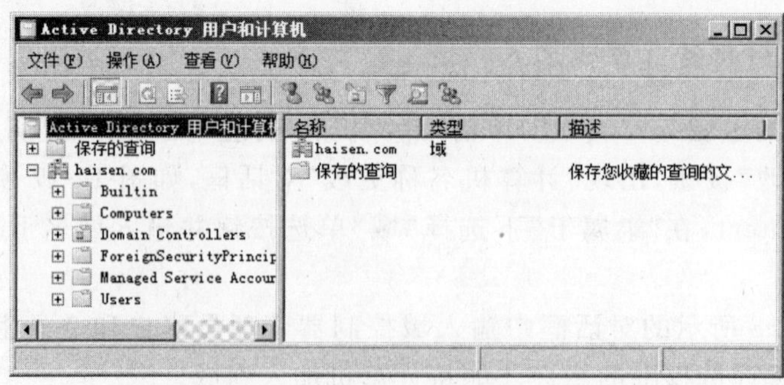

图 14-20 "Active Directory 用户和计算机"窗口

(3) 在图 14-21 所示的"新建对象-计算机"对话框中的"计算机名称"中输入用户计算机的名字 Computer2，单击"更改"→"高级"→"立即查找"按钮，在搜索结果中双击 xiaoli，单击"确定"按钮，如图 14-21 所示。

(4) 小李在自己的计算机上右击"我的电脑"→"属性"→"计算机名"标签(参见图 14-16)，单击"更改"按钮，在"计算机名"中输入 Computer2，在"隶属于"下选择"域"单

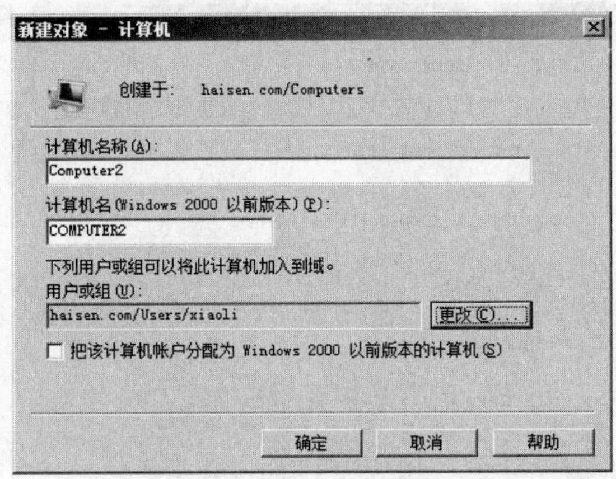

图 14-21 设置小李可以将 Computer2 加入到域

选钮并输入域名 haisen.com(参见图 14-17),单击“确定”按钮。

(5) 在随后弹出的对话框中输入自己的用户名和密码(参见图 14-18),单击“确定”按钮,即可将自己的计算机加入到域。

3. 脱离域

脱离域与加入域的方法相同,在图 14-17 中选择“工作组”,输入工作组名,单击“确定”按钮,即可将计算机脱离域。

4. 利用已加入域的计算机登录

(1) 利用本地账户登录:在出现登录界面后,输入本地系统管理员账户和密码登录,登录成功后,可以使用本计算机的资源,但无法访问域内其他计算机的资源。

(2) 利用域用户账户登录:在出现登录界面后,输入域用户账户用户名和密码登录,登录成功后,可以使用域中授权访问的其他计算机上的资源。

实验 14-3 在已有的域中创建新的域控制器

(1) 在第二台计算机 DC2 上单击“开始”→“运行”,在运行对话框的“打开”组合框中输入 Dcpromo,单击“确定”按钮,则自动出现“Active Directory 域服务安装向导”对话框。

(2) 单击“下一步”按钮,出现兼容性警告,单击“下一步”按钮。

(3) 在图 14-22 所示的“选择某一部署配置”对话框中,选择“现有林”→“向现有域添加域控制器”,然后单击“下一步”按钮。

(4) 在图 14-23 所示的“网络凭据”对话框中输入域树林中域的名称 haisen.com,单击“备用凭据”下面一栏右侧的“设置”按钮,在随后出现的对话框中输入管理员账户 Administrator 和密码后,单击“确定”按钮,再单击“下一步”按钮。

(5) 在图 14-24 所示的“选择域”对话框中选择“haisen.com(林根域)”,单击“下一步”按钮。

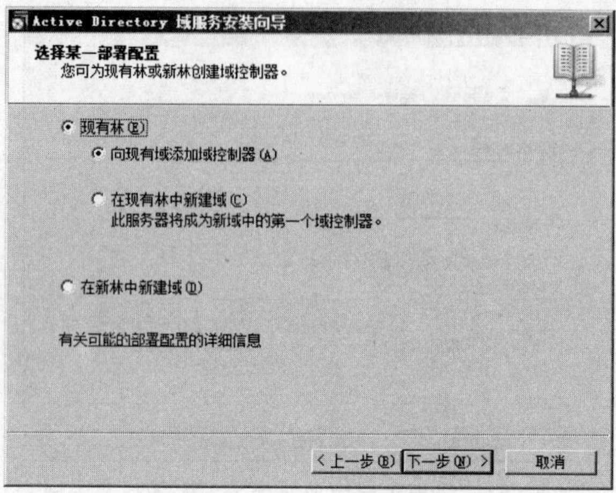

图 14-22 选择域控制器角色

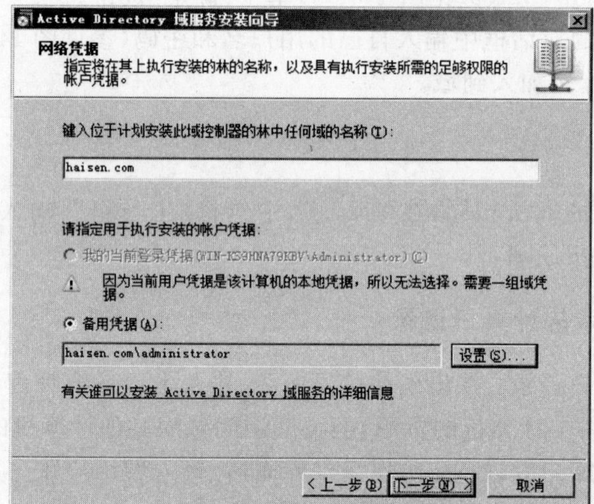

图 14-23 输入现有域的域名和管理员账户

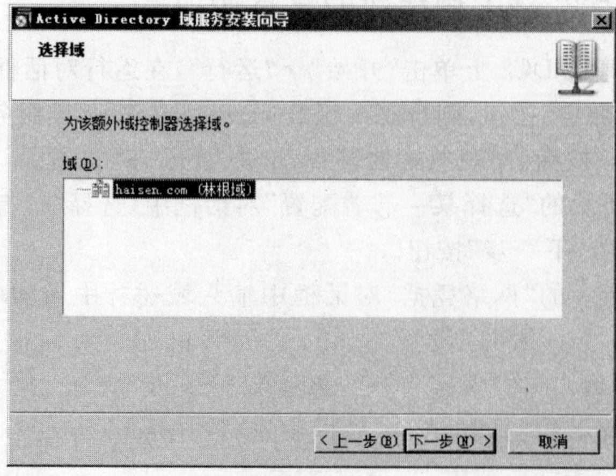

图 14-24 选择域

(6) 在图 14-25 所示的“请选择一个站点”对话框中选择默认站点，单击“下一步”按钮。

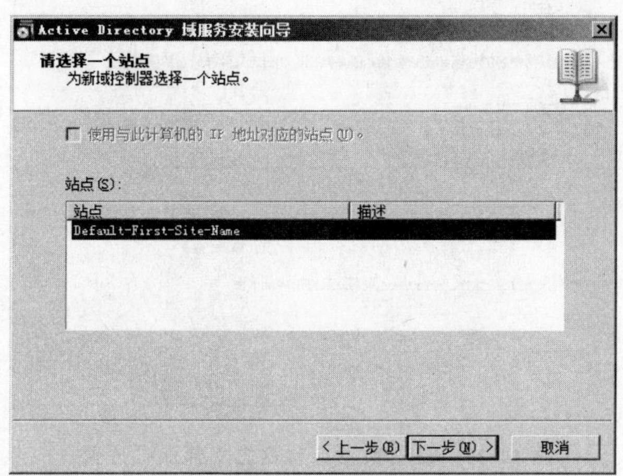

图 14-25　选择站点

(7) 在图 14-26 所示的“其他域控制器选项”对话框中选择“DNS 服务器”和“全局编录”复选框，该服务器将被设置为 DNS 服务器和全局编录服务器，单击“下一步”按钮。

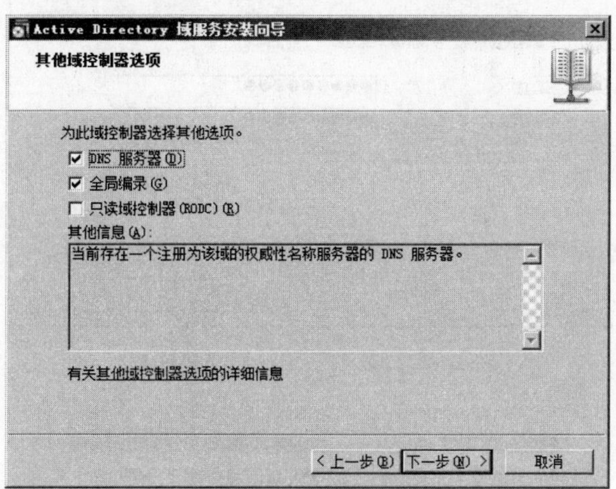

图 14-26　选择其他选项

(8) 出现“无法创建 DNS 委派”信息时，单击“是”按钮。

(9) 在图 14-27 所示的“数据库、日志文件和 SYSVOL 的位置”对话框中选择默认位置，单击“下一步”按钮。

(10) 在图 14-28 所示的“目录还原模式的 Administrator 密码”对话框中设置管理员密码，单击“下一步”按钮。

(11) 在摘要对话框中单击“下一步”按钮，随后开始安装，如图 14-29 所示。

(12) 安装完成后，单击“完成”按钮结束安装。

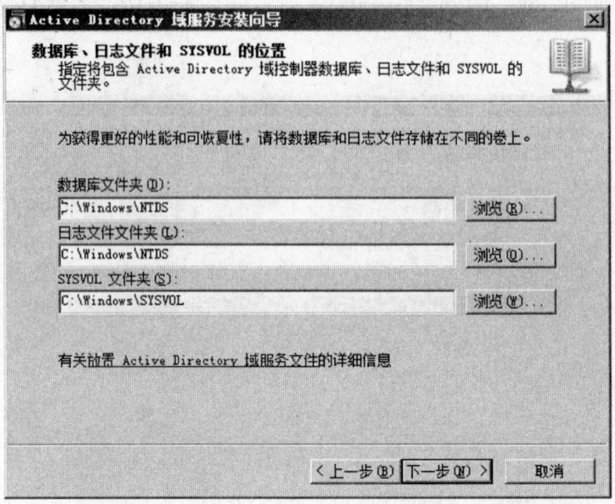

Active Directory 域服务安装向导

数据库、日志文件和 SYSVOL 的位置

指定将包含 Active Directory 域控制器数据库、日志文件和 SYSVOL 的文件夹。

为获得更好的性能和可恢复性，请将数据库和日志文件存储在不同的卷上。

数据库文件夹(D):

C:\Windows\NTDS　浏览(R)...

日志文件文件夹(L):

C:\Windows\NTDS　浏览(O)...

SYSVOL 文件夹(S):

C:\Windows\SYSVOL　浏览(W)...

有关放置 Active Directory 域服务文件的详细信息

<上一步(B)　下一步(N)>　取消

图 14-27　设置数据库和日志文件保存位置

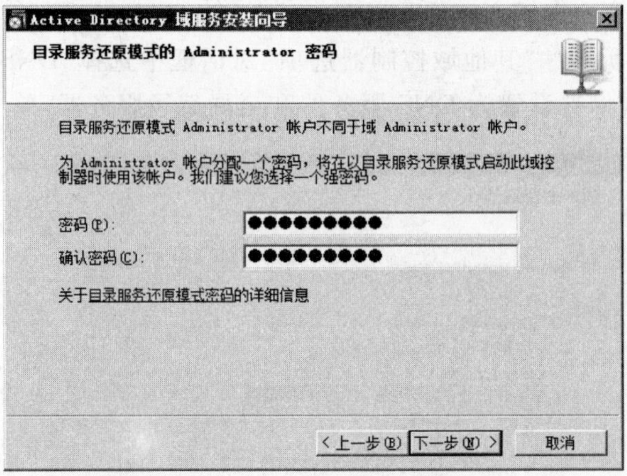

Active Directory 域服务安装向导

目录服务还原模式的 Administrator 密码

目录服务还原模式 Administrator 帐户不同于域 Administrator 帐户。

为 Administrator 帐户分配一个密码，将在以目录服务还原模式启动此域控制器时使用该帐户。我们建议您选择一个强密码。

密码(P): ●●●●●●●●●●

确认密码(C): ●●●●●●●●●●

关于目录服务还原模式密码的详细信息

<上一步(B)　下一步(N)>　取消

图 14-28　输入目录还原模式密码

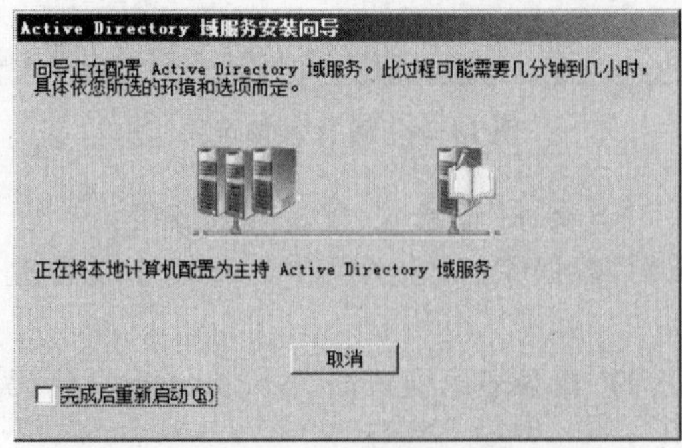

图 14-29　安装 Active Directory 域服务

实验 14-4 删除域控制器与域

(1) 在要删除域控制器的计算机上单击“开始”→“运行”,在“运行”对话框的组合框中输入 Dcpromo,单击“确定”按钮,则自动出现“Active Directory 域服务安装向导”对话框,如图 14-30 所示。该向导提示“此计算机已是 Active Directory 域控制器。可使用该向导卸载该服务器上的 Active Directory 域服务”。单击“下一步”按钮。

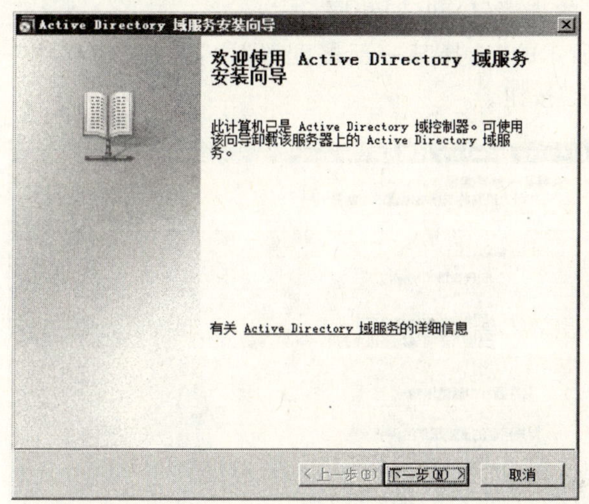

图 14-30 “Active Directory 域服务安装向导”对话框

(2) 在图 14-31 中,提示此域控制器是全局编录服务器,降级后将不再扮演全局编录服务器角色,确认站点内还有其他全局编录服务器后单击“确定”按钮。

(3) 在图 14-32 所示的“删除域”对话框中,根据该服务器的不同情况做如下选择:如果此服务器是域内最后一台域控制器,则勾选“删除该域,……”前面的复选框,降级后,此服务器将变成独立服务器;如果此服务器不是域内最后一台域控制器,不勾选“删除该

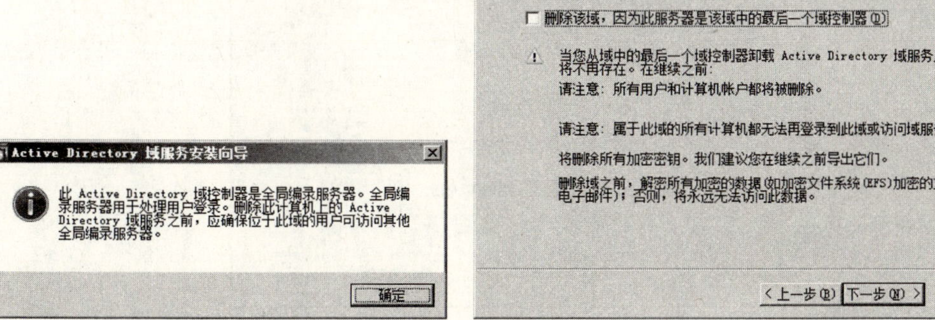

图 14-31 提示信息　　　　图 14-32 选择是否删除域

域,……”前面的复选框,降级后,此服务器将变成成员服务器。选择后,单击“下一步”按钮。

(4) 接下来,安装向导会要求输入管理员密码,显示摘要信息,然后开始删除操作。删除成功后,单击“完成”按钮。

实验 14-5 创建子域

(1) 与实验 14-3 的步骤(1)和(2)相同。

(2) 在图 14-33 所示的“选择某一部署配置”中,选择“现有林”→“在现有林中新建域”,然后单击“下一步”按钮。

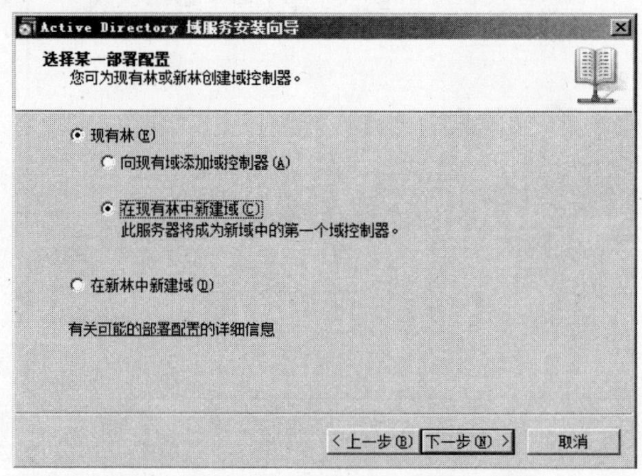

图 14-33 选择“在现有林中新建域”

(3) 在图 14-34 所示的“网络凭据”对话框中,选择“我的当前登录凭据……”(默认选项),单击“下一步”按钮。

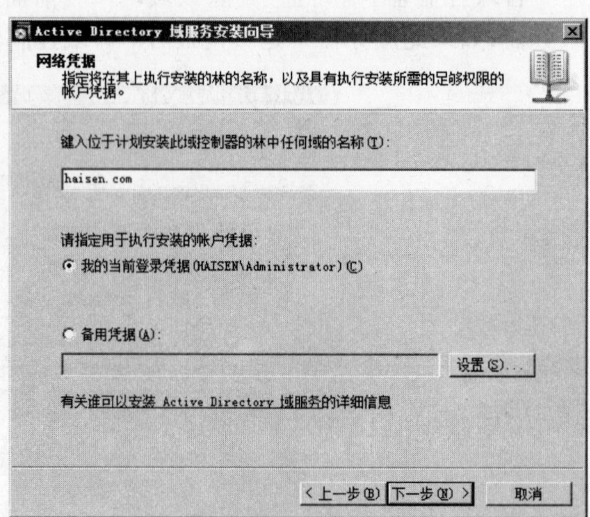

图 14-34 选择网络凭据

(4) 在图 14-35 所示的“命名新域”对话框中的“父域的 FQDN”中输入 haisen. com，在“子域的单标签 DNS 名称”中输入子域名称 sele，则子域完整的域名为 sele. haisen. com。单击“下一步”按钮。

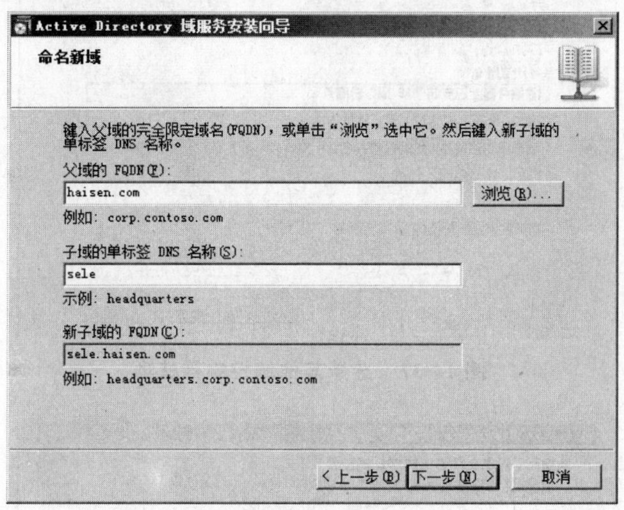

图 14-35 输入子域名称

(5) 在图 14-36 所示的“选择一个站点”对话框中，单击“下一步”按钮。

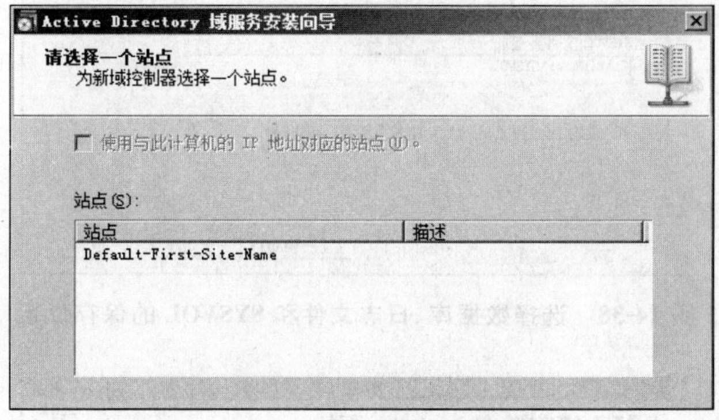

图 14-36 选择站点

(6) 在图 14-37 所示的“其他域控制器选项”对话框中，选择是否让此域控制器成为 DNS 服务器和全局编录服务器，此处使用默认设置，直接单击“下一步”按钮。

(7) 在图 14-38 所示的“数据库、日志文件和 SYSVOL 的位置”对话框中，单击“下一步”按钮。

(8) 在图 14-39 所示的“目录服务还原模式 Administrator 密码”中输入密码，单击“下一步”按钮。

(9) 随后会显示“摘要”信息，然后开始安装过程，安装结束后单击“完成”按钮。

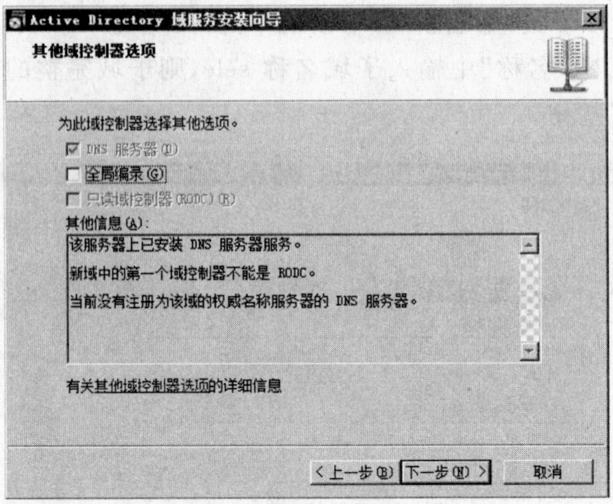

Active Directory 域服务安装向导

其他域控制器选项

为此域控制器选择其他选项。

☑ DNS 服务器(D)

☐ 全局编录(G)

☐ 只读域控制器(RODC)(R)

其他信息(A):

该服务器上已安装 DNS 服务器服务。

新域中的第一个域控制器不能是 RODC。

当前没有注册为该域的权威名称服务器的 DNS 服务器。

有关其他域控制器选项的详细信息

< 上一步(B) 下一步(N) > 取消

图 14-37 选择其他域控制器选项

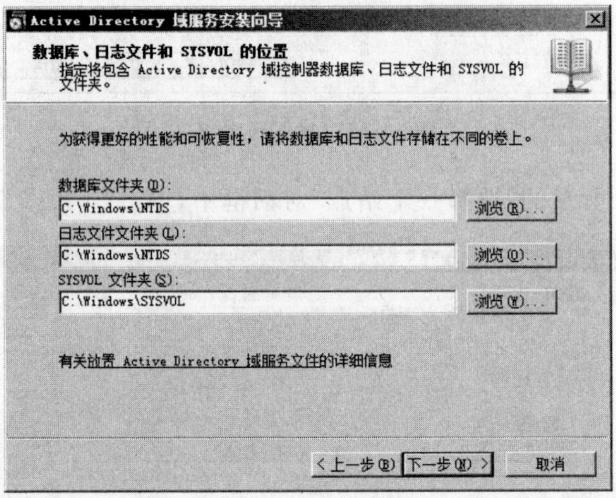

Active Directory 域服务安装向导

数据库、日志文件和 SYSVOL 的位置

指定将包含 Active Directory 域控制器数据库、日志文件和 SYSVOL 的文件夹。

为获得更好的性能和可恢复性，请将数据库和日志文件存储在不同的卷上。

数据库文件夹(D):

C:\Windows\NTDS 浏览(R)...

日志文件文件夹(L):

C:\Windows\NTDS 浏览(O)...

SYSVOL 文件夹(S):

C:\Windows\SYSVOL 浏览(W)...

有关放置 Active Directory 域服务文件的详细信息

< 上一步(B) 下一步(N) > 取消

图 14-38 选择数据库、日志文件和 SYSVOL 的保存位置

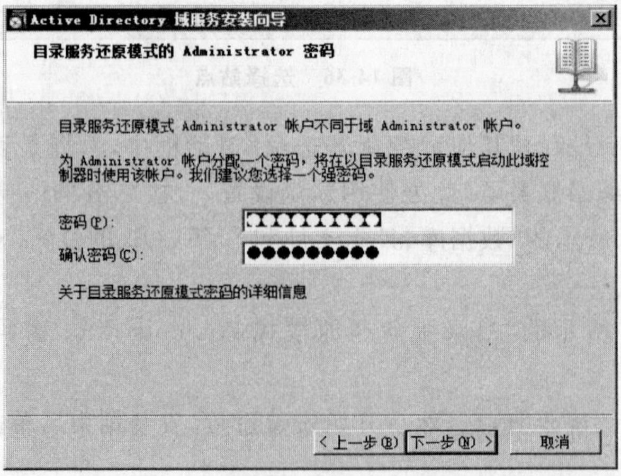

Active Directory 域服务安装向导

目录服务还原模式的 Administrator 密码

目录服务还原模式 Administrator 帐户不同于域 Administrator 帐户。

为 Administrator 帐户分配一个密码，将在以目录服务还原模式启动此域控制器时使用该帐户。我们建议您选择一个强密码。

密码(P): ●●●●●●●●●●

确认密码(C): ●●●●●●●●●●

关于目录服务还原模式密码的详细信息

< 上一步(B) 下一步(N) > 取消

图 14-39 输入目录服务还原模式 Administrator 密码

14.4 实训与思考

14.4.1 实训题

以小组为单位，每组 4 台安装了 Windows Server 2008 R2 的服务器，分别为 Server1、Server2、Server3 和 Server4，如图 14-40 所示。

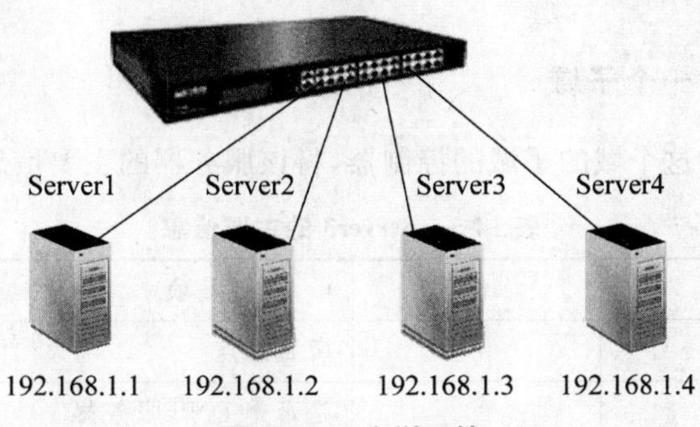

图 14-40 实训环境

实训 14-1 安装 Active Directory 域服务

在 Server1 上安装 Active Directory 域服务，并创建域，使其成为该域的第一台域控制器。将该服务器的主要信息记录在表 14-1 中。

表 14-1 Server1 的主要信息

项　目	值	项　目	值
计算机名		是否是全局编录服务器	
IP 地址		目录还原模式密码	
域名		数据库文件保存位置	
角色		日志文件保存位置	
是否是 DNS 服务器		SYSVOL 文件夹保存位置	

实训 14-2 将本组计算机加入到域

(1) 用管理员身份，将 Server4 加入到域。

(2) 将 Server4 从域中脱离。

(3) 用普通用户身份将 Server4 加入到域。

实训 14-3 在已有域添加一个新域控制器

将 Server2 创建成这个域的第二台域控制器，将该服务器的主要信息记录在表 14-2 中。

表 14-2　Server2 的主要信息

项　　目	值	项　　目	值
计算机名		所属站点	
IP 地址		是否是 DNS 服务器	
所属域		是否是全局编录服务器	
角色		Server1 和 Server2 的 Active Directory 内容是否一致	

实训 14-4　创建一个子域

将 Server3 创建为这个域的子域的控制器，将该服务器的主要信息记录在表 14-3 中。

表 14-3　Server3 的主要信息

项　　目	值	项　　目	值
计算机名		所属站点	
IP 地址		是否是 DNS 服务器	
域名		是否是全局编录服务器	
角色		Server1 和 Server3 的 Active Directory 内容是否一致	

实训 14-5　卸载 Active Directory

将 Server2 降级为成员服务器，将卸载的主要过程记录到表 14-4 中。

表 14-4　卸载 Active Directory 的主要过程

步骤	内　　容	步骤	内　　容
1		4	
2		5	
3		6	

14.4.2　思考题

(1) 什么是域、活动目录？
(2) 域控制器有哪些作用？
(3) 域和站点之间的关系如何？
(4) 什么时候需要建立站点？
(5) 为什么在一个域中需要多台域控制器？
(6) 安装活动目录和创建域有哪些方法？
(7) 将用户计算机加入到域有哪些方法？

实验 15 experiment 15

在域中管理对象

15.1 知识准备

15.1.1 域中的计算机

1. 域控制器

域控制器是指运行 Windows Server 2008 版本的服务器,它保存了活动目录信息的副本。域控制器也负责用户的登录过程,对用户身份进行验证。域控制器还承担其他与域有关的操作,比如执行安全策略、目录信息查找等。

2. 成员服务器

成员服务器也是安装 Windows Server 2008、Windows Server 2003 或 Windows Server 2000 的服务器。成员服务器是域的成员,但是成员服务器内没有安装活动目录数据库,不负责执行域的策略,也不参与域用户的登录过程。成员服务器主要用作专用服务器,如文件服务器、打印服务器、SQL 服务器和 RAS 服务器等。

3. 独立服务器

若服务器没有加入到域,则称为独立服务器,独立服务器不受域的约束,它通过本地安全账户数据库(SAM)来审核本地用户。

4. 用户计算机

用户计算机是安装了各种 Windows 版本的计算机,用户利用这些计算机登录域,访问域中的资源,使用域中的服务,又被称为客户机。用户如果要利用活动目录数据库内的域用户账户登录,用户的计算机也必须加入到域。

下列 Windows 计算机都可以被加入域:

(1) Windows Server 2008 R2,Windows Server 2008。

(2) Windows Server 2003 R2,Windows Server 2003。

(3) Windows 7 Ultimate, Windows 7 Enterprise, Windows 7 Professional。

(4) Windows Vista Ultimate,Windows Vista Enterprise,Windows Vista Business。

(5) Windows XP Professional。

(6) Windows 2000 Server, Windows 2000 Professional。

15.1.2 域中的用户

1. 域用户的概念

用户分为域用户和本地用户。域用户账户建立在域控制器的 Active Directory 数据库内,由域控制器验证用户的身份。用户可以利用域用户账户来登录域,一旦登录成功后,当用户要访问域内其他计算机上的资源(例如访问其他计算机内的文件和打印机等资源)时,就不需要再登录了。

本地用户账户建立在独立服务器、成员服务器或客户机的本地安全数据库内,而不是域控制器内,由本地计算机负责验证用户身份。用户可以利用本地用户账户来登录此计算机,但是只能够访问这台计算机内的资源,无法访问网络上的资源。

2. 登录域用户账户

域用户可以到域成员计算机上(非域控制器)使用两种账户登录域,一种叫 UPN 账户,另一种叫 SamAccountName 账户。

UPN 账户名称的格式与电子邮件账户格式相同,例如 liming@abc.com,这个名称只能在隶属于域的计算机上登录时使用。UPN 不会随着账户转移到其他域而改变,即使 UPN 账户从一个域转移到域树林中另外一个域内,用户仍然可以使用原来的 UPN 账户登录。在一个域树林内,这个名称必须是唯一的。

SamAccountName 账户是 Windows 2000 以前版本的登录账户。使用 Windows 2000 以前版本的旧客户端可以使用这个名称登录,在隶属于域的 Windows 2000 以后版本的计算机上也可以采用这种名称来登录。在一个域内,这个名称必须是唯一的。

15.1.3 域中的组

1. 域组的概念

组是管理用户权限的有效策略,它可以包括用户或其他组。域组的成员只能是域用户,域组不能包含本地组成员。

2. 域组的分类

1) 按照组的用途分类

Windows Server 2008 所支持的域组分为以下两种类型:安全组和分发组。

安全组:可以用来设置权限,简化网络的维护和管理。例如,可以指定某个安全组对某个文件具有“只读”权限,则组内成员对该文件都有“只读”权限。安全组也可以用在与安全无关的设置上,例如,发送电子邮件给某个安全组,则组内成员都可以收到这封邮件。

分发组：只能用在与安全(权限的设置等)无关的任务上，例如，可以将电子邮件发送给某个分发组。分发组不能进行权限设置。

2）按组的作用范围分类

通用组：其成员可以包含当前域林中的任何域成员、全局组和通用组，但不能包含任何域内的本地组。通用组成员可以在当前域林中的任何域中获得访问权限，并按权限使用这些资源。

全局组：其成员只能来源于其所在的域，包括域用户和全局组。全局组成员可以在当前域林中的任何域获得访问权限，并按权限使用这些资源。

本地域组：其成员可以是域树林中任何一个域的用户、全局组和通用组，也可以是本域内的本地组，但不能包含其他域的本地域组。本地域组的成员只能访问所属域的资源，无法访问其他域的资源。

3. 内置的域组

当用户安装了一个域控制器后，在 Builtin 和 Users 文件夹下可以看到系统预定义的组，这些组都是安全组，包括本地域组、全局组与系统组，这些组本身已被赋予了一些权利与权限，以便让其具备管理域控制器与活动目录的能力。只要将用户或全局组等账户加入到这些内置的本地域组内，这些账户也将具有相同的权利与权限。

而没有安装活动目录的 Windows Server 2008 独立服务器、Windows Server 2008 成员服务器和 Windows 2008 Professional 内则包含了一些内置的本地组与系统组。这些组也被赋予了对本地计算机的不同的权利和权限。

1）本地域组

内置本地域组位于容器 Builtin 内，以下列出较常用的本地域组：

(1) Account Operators：其成员默认可以在容器与组织单位内添加、删除和修改用户账户、组账户与计算机账户。

(2) Administrators：其成员具备系统管理员权限，他们对所有域控制器拥有最大控制权，可以执行 AD DS 管理工作。此组默认的成员包含了 Administrator、全局组 Domain Admins 和通用组 Enterprise Admins，无法将 Administrator 从此组内删除。

(3) Backup Operators：其成员可以通过图形界面的 Windows Server Backup 功能或 wbadmin. exe 程序来备份与还原域控制器内的文件，不论它们是否有权限访问这些文件。Backup Operators 的成员也可以将域控制器关机。

(4) Users：其成员只拥有一些基本权限，例如运行应用程序，但是其成员不能修改操作系统的设置，不能更改其他用户的数据，不能将服务器关机。此组默认的成员为全局组 Domain Users。

2）全局组

内置的全局组本身并没有任何权利与权限，但是可以将其加入到具备权利或权限的本地域组，或另外直接指派权利或权限给此全局组。

内置全局组位于容器 Users 内。以下列出较常用的全局组：

(1) Domain Admins：域成员计算机会自动将此组加入到本地组 Administrators 内，因此 Domain Admins 组内的每一个成员在域内的每一台计算机上都具备系统管理员权限。此组默认的成员为域用户 Administrator。

(2) Domain Computers：所有加入域的计算机都会被自动加入到此组内。

(3) Domain Users：域成员计算机会自动将此组加入到本地域组 Users 内，因此 Domain Users 内的用户享有本地域组 Users 所拥有的权利与权限，例如拥有允许本地登录的权利。此组默认的成员为域用户 Administrator，而以后所有添加的域用户账户都自动会隶属于 Domain Users 组。

3) 通用组

内置的通用组位于容器 Users 内。Enterprise Admins 是一个通用组，此组只存在于林根域，其成员有权管理林内的所有域。此组默认的成员为林根域内的用户 Administrator。

4. 活动目录中的特殊对象

可以理解为特殊组，其成员是变化的，随网络使用情况而定，管理员不能更改。主要有以下特殊组：

(1) Everyone：任何一位用户都属于这个组。若 Guest 账户被启用，也属于该组，所以 Guest 也将具备 Everyone 所拥有的权限。若不希望未注册的用户访问网络资源，应该禁用 Guest 账户。

(2) Network：任何通过网络访问某种特定资源的用户都属于这个组。

(3) Interactive：任何在本地登录的用户都属于这个组。

(4) Authenticated User：任何使用有效用户账户来登录的用户都属于这个组。

15.1.4 组织单位

组织单位(Organizational Unit，OU)是隶属于域的一种容器对象。在域的下面，为便于管理可以创建组织单位，组织单位中可以放置用户、组、计算机或其他组织单位，但组织单位中不能放置其他域中的对象。

同一个组织单位的成员会形成一个独立的安全体系，可以自己管理组织单位内部的用户、组、计算机、文件或打印机。域的管理员可以将权限下放给组织单位管理员以减少负担。

在域中合理地添加和设置组织单位，不仅方便了管理员对域中用户和组的管理，而且还有利于网络的扩展。可以通过 OU 把对象分组成最适应企业需求的逻辑层次结构，使之与企业的管理相适应。可以根据部门划分 OU，也可以根据地理位置划分 OU。还可以根据管理的需要划分 OU，例如，一个企业由一个管理员管理所有用户账户，另一个管理员管理所有计算机账户，那么就可以创建一个账户的 OU 和计算机的 OU。

15.1.5 组的使用策略

用 A 代表用户账户(user Account)、G 代表全局组(Global group)、DL 代表本地域

组(Domain Local group)、U 代表通用组(Universal group)、P 代表权限(Permission)。为了让网络管理更加容易,同时也为了减少以后的负担,在使用组来管理网络资源时,可以采用以下的策略。

1. A-G-DL-P 策略

A-G-DL-P 策略就是先将用户账户(A)加入到全局组(G)、再将全局组加入到本地域组(DL)内,然后设置本地域组的权限(P),如图 15-1 所示。以此图为例,只要针对图中的本地域组来设置权限,则隶属于该本地域组的全局组内的所有用户都自动会具备该权限。

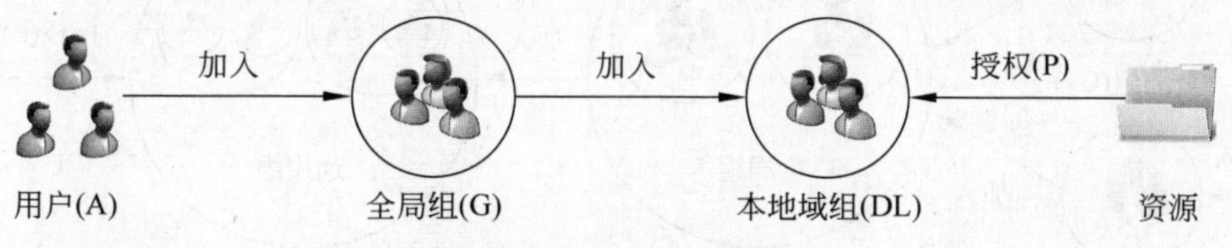

图 15-1 A-G-DL-P 策略

例如,若 A 域内的用户需要访问 B 域内资源的话,则由 A 域的系统管理员负责在 A 域创建全局组以及将 A 域用户账户加入到此组内;而 B 域的系统管理员则负责在 B 域创建本地组并设置此组的权限,然后将 A 域的全局组加入到此组内。之后由 A 域的系统管理员负责维护全局组内的成员,而 B 域的系统管理员则负责维护权限的设置,如此便可以将管理的负担分散。

2. A-G-G-DL-P 策略

A-G-G-DL-P 策略就是先将用户账户(A)加入到全局组(G),将此全局组加入到另一个全局组内(G)内,再将此全局组加入到本地域组(DL)内,然后设置本地域组的权限(P),如图 15-2 所示。图中的全局组(G3)内包含了两个全局组(G1 与 G2),它们必须是同一个域内的全局组,因为全局组内只能够包含位于同一个域内的用户账户与全局组。

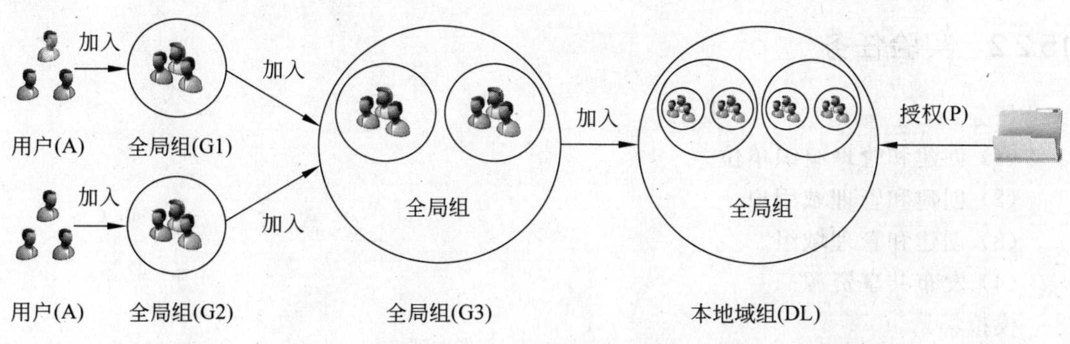

图 15-2 A-G-G-DL-P 策略

3. A-G-U-DL-P 策略

图 15-2 中的全局组 G1 与 G2 若不是与 G3 在同一个域内，则无法采用 A-G-G-DL-P 策略，因为全局组（G3）内无法包含位于另外一个域内的全局组，此时就必须将全局组 G3 改为通用组，也就是必须改用 A-G-U-DL-P 策略（如图 15-3 所示）。此策略是先将用户账户（A）加入到全局组（G）、将此全局组加入到通用组（U）内，再将此通用组加入到本地域组（DL）内，然后设置本地域组的权限（P）。

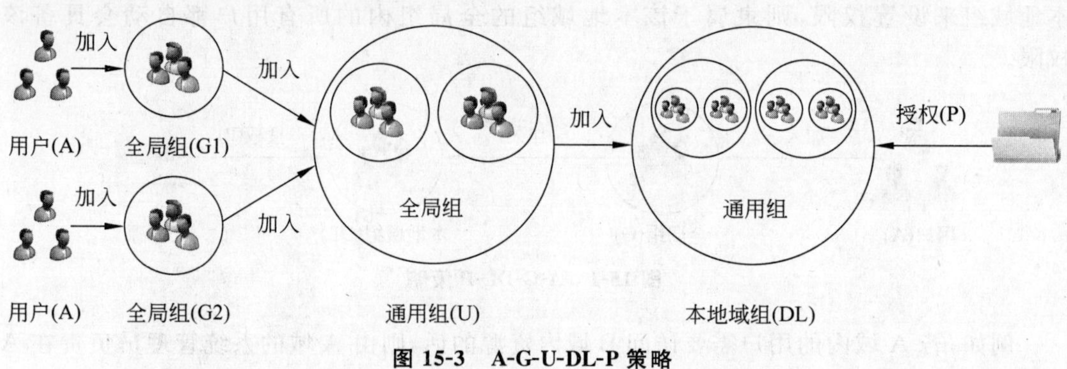

图 15-3　A-G-U-DL-P 策略

4. A-G-G-U-DL-P 策略

A-G-G-U-DL-P 策略与前面两种策略类似，在此不再重复说明。

究竟使用何种策略，其原则首先是要满足需要，其次是要尽量减少管理工作量。

15.2 实验目的与任务

15.2.1 实验目的

掌握域对象（组织单位、用户、组和共享文件夹）的创建与管理方法。

15.2.2 实验任务

任务：

（1）创建和管理组织单位。

（2）创建和管理域用户。

（3）创建和管理域组。

（4）发布共享资源。

模拟场景：

由于管理的需要，公司需要在域内创建两个组织单位：业务部和财务部，并将这两个部门的用户和计算机分配到相应的组织单位。在组织单位内要给员工建立用户账户。张阿里和李淘宝是业务部的员工，允许他们从周日到下周六早 6 点到晚 10 点登录到域；

王百度和刘搜狐是财务部的员工，只能在周一到周五的上午8点到下午5点登录，这些用户只允许在DC2、DC3上登录。为了便于分配权限，需要建立一个全局组，上述4个用户都是这个组的成员。公司的一些共享文件需要在活动目录中发布。

15.2.3 实验环境

运行 Windows Server 2008 R2 的服务器1台(Server)，充当域控制器角色，运行 Windows 7 或 Windows Server 2008 R2 的客户机至少3台(PC1～PC3)，如图15-4所示。

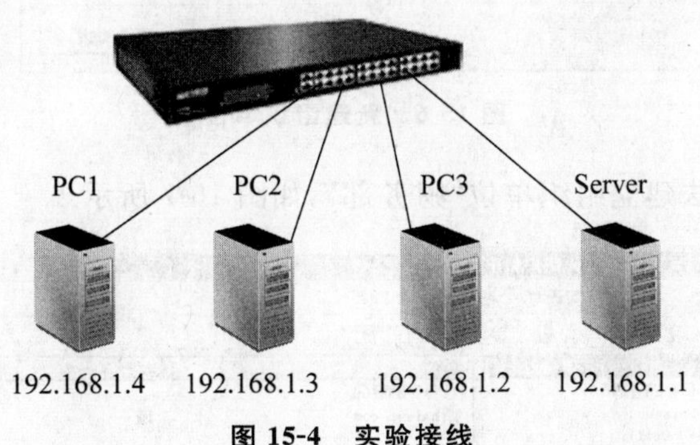

图 15-4 实验接线

15.3 实验过程

实验 15-1 创建组织单位

创建组织单位可以在"Active Directory 用户和计算机"或"Active Directory 管理中心"完成。下面以在"Active Directory 用户和计算机"中创建为例介绍实验步骤。

(1) 单击"开始"→"管理工具"→"Active Directory 用户和计算机"，如图15-5所示。

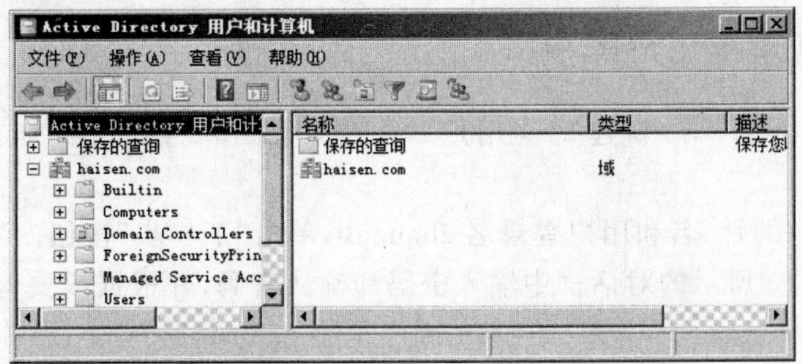

图 15-5 "Active Directory 用户和计算机"窗口

(2) 右击 haisen.com→"新建"→"组织单位"，出现"新建对象-组织单位"对话框，如图15-6所示。在"名称"中输入"业务部"。若要防止组织单位被意外删除，勾选"防止容器被意外删除”复选 框(默认),然后单击“确定”按钮。

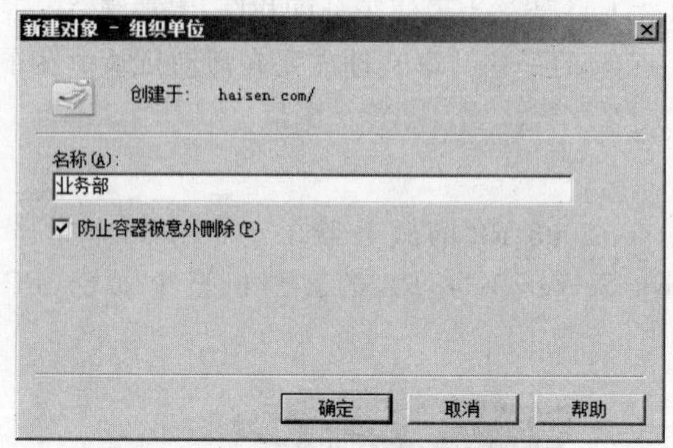

图 15-6　新建组织单位

(3) 用同样的方法建立组织单位“财务部”,如图 15-7 所示。

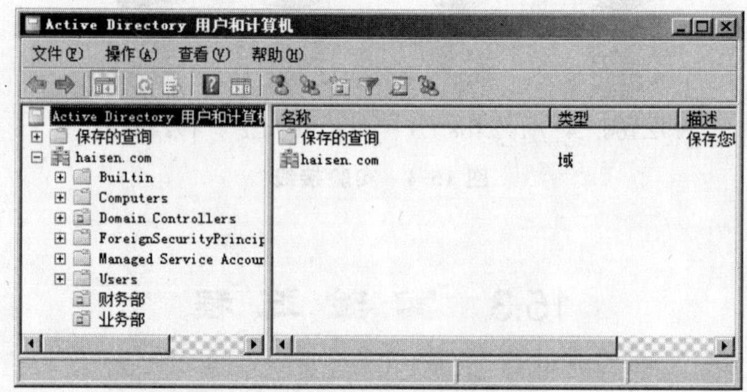

图 15-7　新建的组织单位

(4) 由于勾选了“防止容器被意外删除”复选框,要删除组织单位,先在“Active Directory 用户和计算机”窗口单击“查看”→“高级功能”,然后,右击要删除的组织单位,选择“属性”→“对象”标签,清除“防止容器被意外删除”复选框,如图 15-8 所示。

实验 15-2　创建域用户账户

(1) 右击“业务部”→“新建”→“用户”,出现如图 15-9 所示的“新建对象-用户”对话框。

(2) 输入用户的姓、名和用户登录名 zhangali,单击“下一步”按钮。

(3) 在图 15-10 所示的对话框中输入密码和确认密码,并根据需要勾选密码规则,单击“下一步”按钮。

(4) 在随后出现的对话框中单击“完成”按钮,完成用户创建,如图 15-11 所示。

(5) 用同样的方法创建其他用户账户。

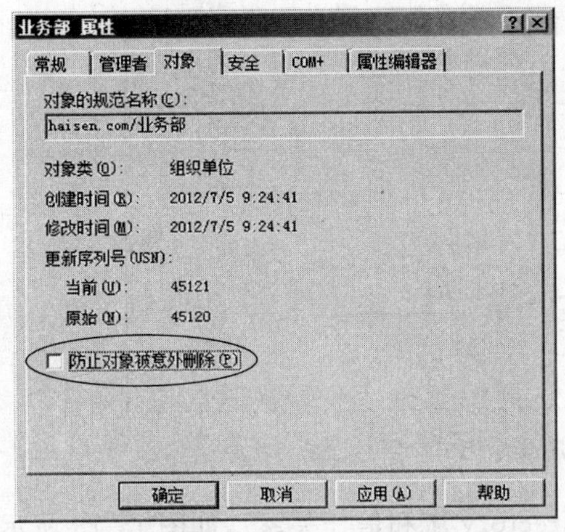

图 15-8 清除“防止容器被意外删除”复选框

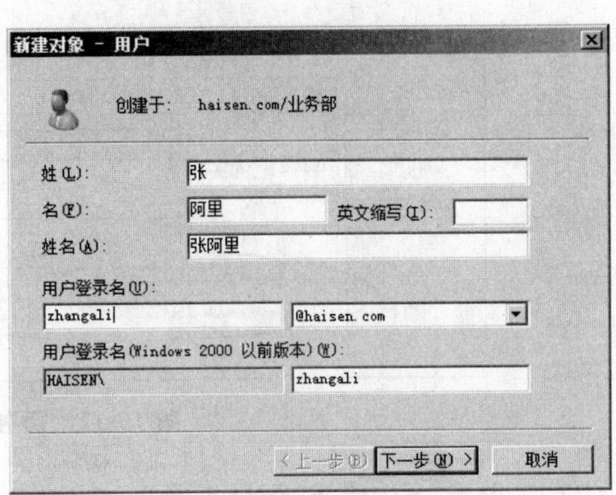

图 15-9 新建用户

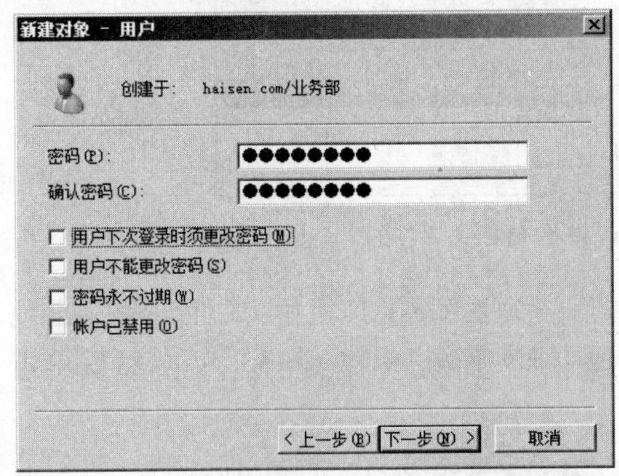

图 15-10 输入密码

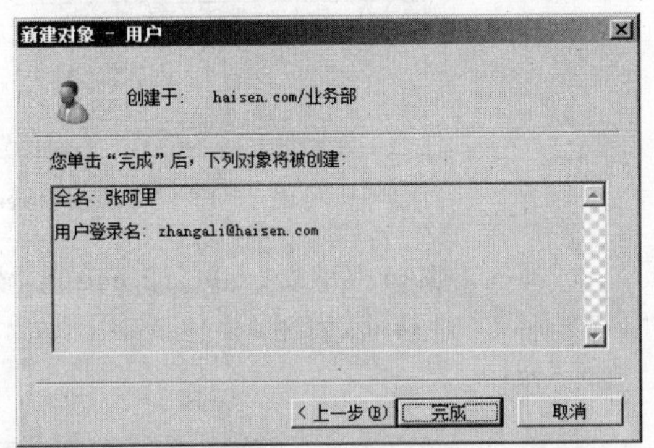

图 15-11 完成创建

实验 15-3 用域用户账户登录

域用户账户在域成员服务器上(非域控制器)可以用两种账户来登录域，一种是用户 UPN 登录，其格式为 zhangali@haisen.com；另一种是用户 SamAccountName 登录，其格式为 haisen\zhangali。如图 15-12 所示，该界面是“Active Directory 管理中心”中的用户属性界面。

用户 UPN 账户登录格式与电子邮件账户相同，这个名称只能在隶属于域的计算机上登录域时使用。在整个域树林内，这个名称必须是唯一的。

用户 SamAccountName 账户是旧格式的用户账户，在 Windows 2000 之前版本的客户端上必须使用这种格式，在 Windows 2000 之后的版本的客户机上也可以使用这种格式登录。

若用户希望用自己习惯的邮箱账号登录，如用 zhangali@163.com 登录，可以创建 UPN 后缀。

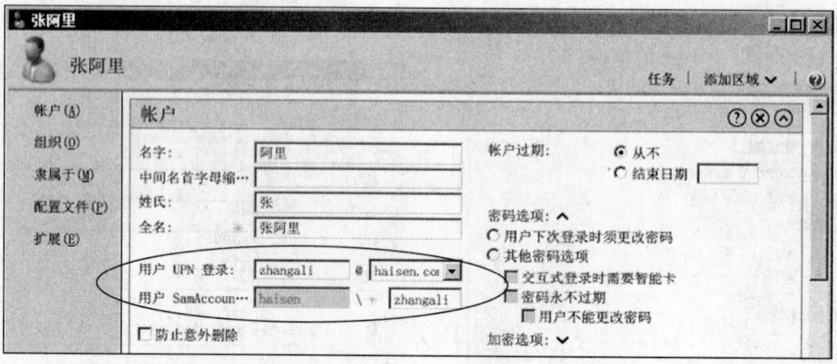

图 15-12　两种用户登录方式

(1) 单击“开始”→“管理工具”→“Active Directory 域和信任关系”，如图 15-13 所示。

图 15-13　“Active Directory 域和信任关系”窗口

(2) 单击窗口中的“Active Directory 域和信任关系”→工具栏中“属性”按钮，出现“UPN 后缀”对话框，如图 15-14 所示。在“其他 UPN 后缀”中输入 163. com，然后单击“添加”按钮。

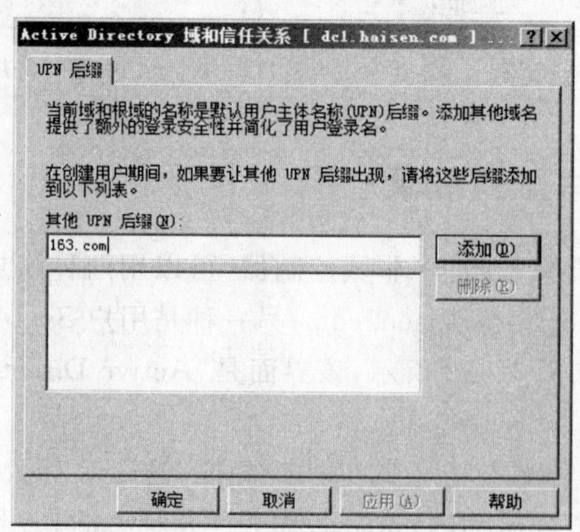

图 15-14　添加 UPN 后缀

实验 15-4　管理用户账户

用户账户管理可以在“Active Directory 用户和计算机”或“Active Directory 管理中

心”完成。下面的步骤以在“Active Directory 管理中心”管理用户账户为例。

(1) 单击“开始”→“管理工具”→“Active Directory 管理中心”,如图 15-15 所示。

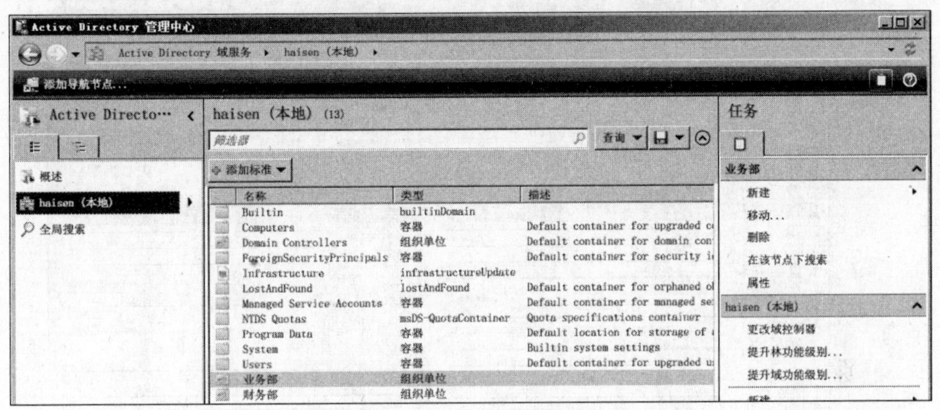

图 15-15 “Active Directory 管理中心”窗口

(2) 单击 haisen,在中间的窗格中双击“业务部”,则业务部的对象出现在中间窗格中,如图 15-16 所示。

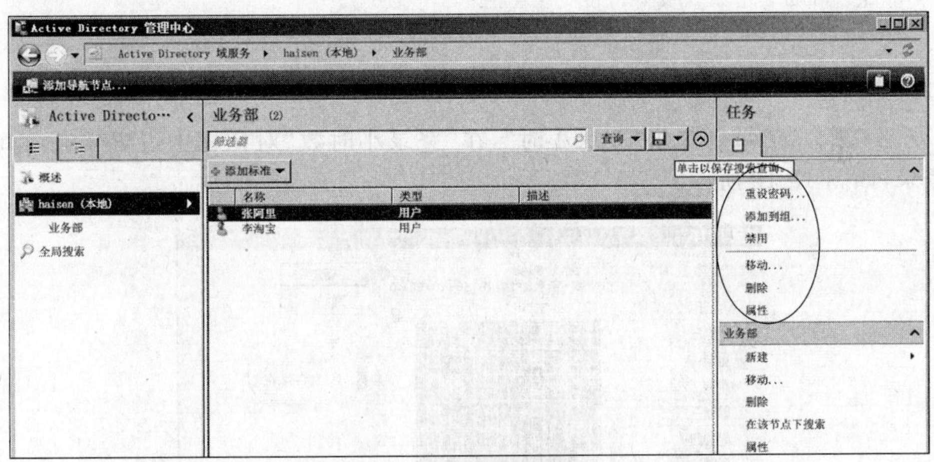

图 15-16 用户账户的管理操作

(3) 单击一个用户,在右侧窗格中,单击“重设密码”,可以修改用户的密码;单击“添加到组”,可以将用户加入到一个组;单击“禁用”,可以禁用这个用户账户;单击“移动”,可以将用户账户移动到其他容器之中;单击“删除”,可以删除这个用户;单击“属性”,可以设置该用户的属性。

实验 15-5 设置用户账户属性

(1) 在图 15-16 中,右击一个用户账户,选择“属性”命令,出现用户属性窗口,如图 15-17 所示。在“账户”区域可以修改用户名、用户登录名、密码选项、账户过期以及防止意外删除等内容,在“组织”区域可以设置组织信息,在“成员”区域可以设置该用户属于哪些组的成员，在“配置文件”区域可以设置用户配置文件路径。

图 15-17　用户账户属性

(2) 在“账户”区域中单击“登录小时”，在“登录小时数”对话框中设置什么时间允许用户登录，如图 15-18 所示。

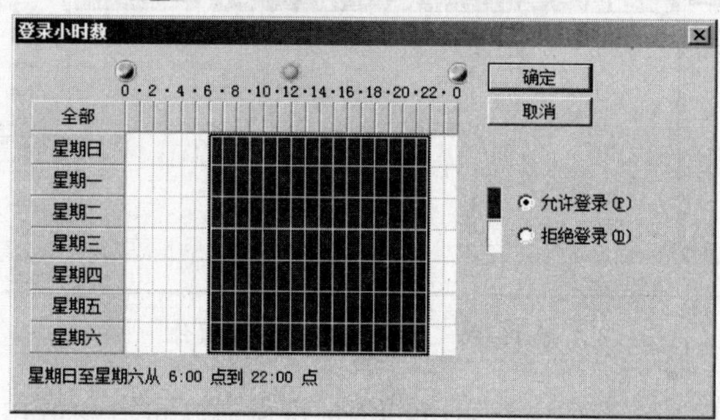

图 15-18　设置登录小时

(3) 在“账户”区域中单击“登录到”，在“登录到”对话框中设置允许用户在哪些计算机上登录，如图 15-19 所示。

实验 15-6　创建组

创建组可以在“Active Directory 用户和计算机”或“Active Directory 管理中心”完成。下面的步骤以在“Active Directory 管理中心”创建组为例。

(1) 在图 15-15 中双击“业务部”，在最右侧的窗格“业务部”下单击“新建”→“组”，出

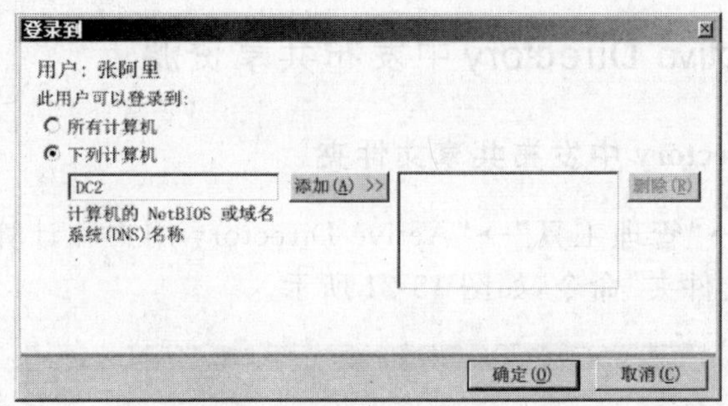

图 15-19 设置允许登录的计算机

现如图 15-20 所示的“创建 组:”窗口。

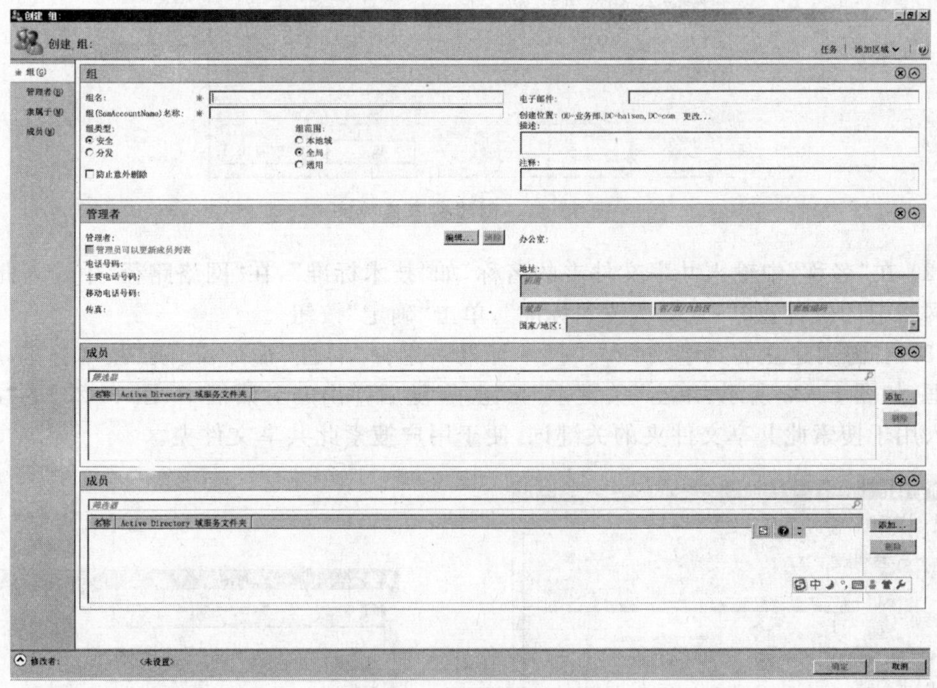

图 15-20 “创建 组:”窗口

(2) 在“组”区域的“组名”中输入组的名字，如“管理组”，在“组类型”中选择一种类型，如“全局”。

(3) 在“管理者”区域中，单击“编辑”按钮，可以设置哪些用户或组可以管理这个组，管理的权限包括添加或删除组成员。

(4) 在第一个“成员”区域，单击“添加”按钮，可以将本组添加到其他组，成为其他组的成员。

(5) 在第二个“成员”区域中，单击“添加”按钮，可以向本组添加成员。成员可以是用户或组。

实验 15-7 在 Active Directory 中发布共享资源

1. 在 Active Directory 中发布共享文件夹

(1) 单击“开始”→“管理工具”→“Active Directory 用户和计算机”，右击域 haisen，选择“新建”→“共享文件夹”命令，如图 15-21 所示。

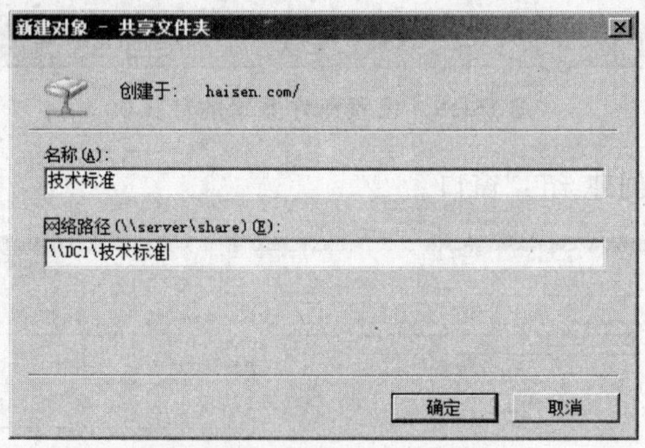

图 15-21 创建共享文件夹

(2) 在“名称”中输入共享文件夹的名称，如“技术标准”，在“网络路径”中输入此文件夹在网络中的位置，如“\\DC1\技术标准”，单击“确定”按钮。

(3) 右击刚建立的共享文件夹“技术标准”，选择“属性”命令，出现“技术标准 属性”对话框，如图 15-22 所示，单击“关键字”按钮，在随后弹出的对话框中(图 15-23)的“新值”中输入用于搜索此共享文件夹的关键词，便于用户搜索此共享文件夹。

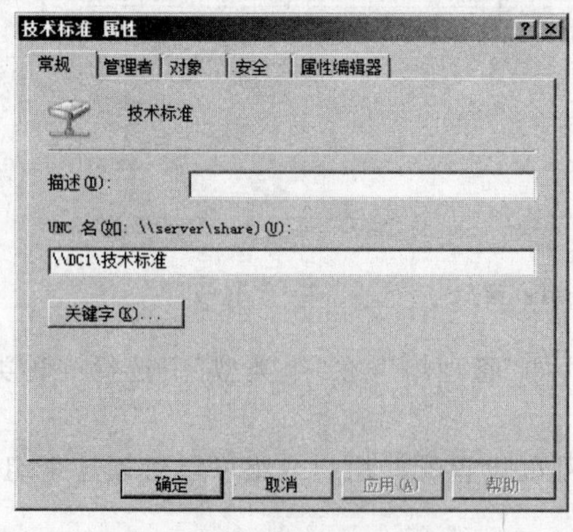

图 15-22 共享文件夹属性

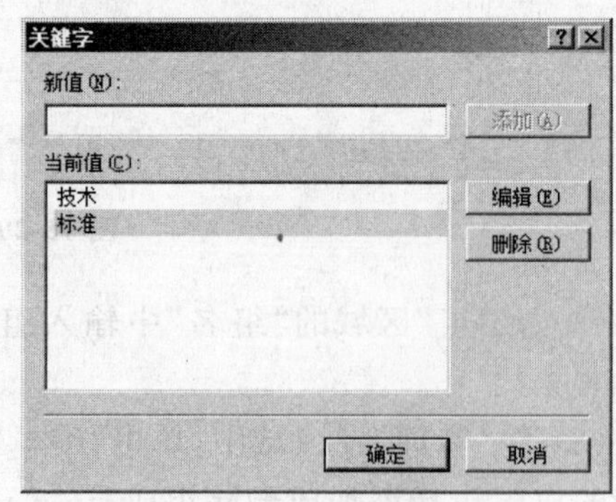

图 15-23 添加供搜索用的词

2. Active Directory 中发布打印机

若将隶属于域的 Windows Server 2008 R2 的打印机或 Windows 7 内的共享打印机发布到活动目录中，操作如下：

单击“开始”→“设备和打印机”，右击要发布的打印机，选择“打印机属性”命令，单击“共享”标签，如图 15-24 所示。勾选“共享这台打印机”和“列入目录”复选框，然后单击“确定”按钮。

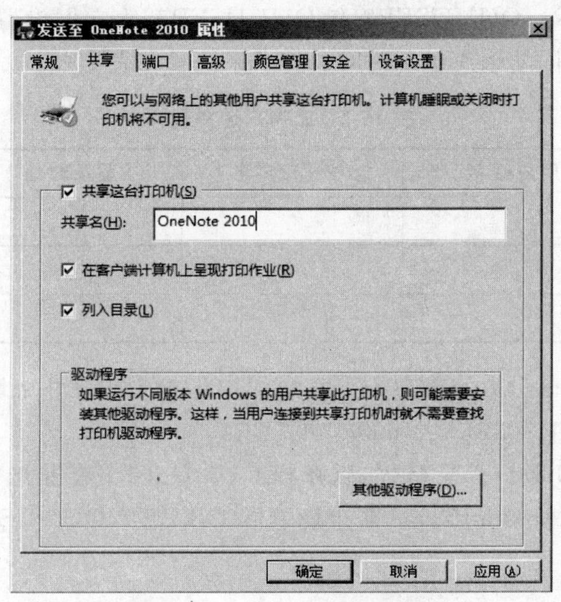

图 15-24　发布共享打印机

15.4 实训与思考

15.4.1 实训题

实训 15-1　建立组织单位

(1) 分别在“Active Directory 用户和计算机”和“Active Directory 管理中心”中各创建一个组织单位，名字分别为“练习 OU1”和“练习 OU2”。

(2) 创建第三个组织单位“练习 OU3”，然后将其删除。

(3) 查看“练习 OU1”的属性，并将结果填入表 15-1。

表 15-1　练习 OU1 的属性

属 性 名	属性值
组织单位名	
默认的管理者	
是否设置了“防止对象被意外删除”	
Administrator 对该组织单位的权限是什么	
Everyone 对该组织单位的权限是什么	

实训 15-2 建立域用户账户

(1) 用“Active Directory 用户和计算机”在“练习 OU1”下建立 3 个域用户账户，用户名分别为 OU1-USER1、OU1-USER2 和 OU1-USER3，为它们设置不同的登录时间、允许登录的计算机和不同的账户过期时间。将结果记录在表 15-2 中。

表 15-2 域用户账户属性

账户名	用户姓名	UPN 账户名	登录时间	登录计算机

(2) 用“Active Directory 管理中心”在“练习 OU2”下建立 3 个域用户账户，用户名分别为 OU2-USER1、OU2-USER2 和 OU2-USER3。

(3) 用用户 UPN 账户登录格式，以账户 OU1-USER1 在非域控制器的计算机上登录域。再用用户 SamAccountName 账户登录格式，以账户 OU1-USER2 在非域控制器的计算机上登录域。

实训 15-3 建立组

(1) 在“练习 OU1”中建立一个全局组，组名为“全局练习组 1”，成员包括“练习 OU1”中的所有用户；在“练习 OU2”中建立一个全局组，组名为“全局练习组 2”，成员包括“练习 OU2”中的所有用户。

(2) 在域中创建一个通用组，组名为“通用练习组”，成员为“全局练习组 1”和“全局练习组 2”。

将上述创建组的结果记录在表 15-3 中。

表 15-3 创建的组信息

组　名	组成员	组类型	组管理者

实训 15-4 发布共享资源

(1) 在 Server2 上建立共享文件夹，将其发布到 Active Directory 中，并为该共享文件夹建立搜索关键词。

(2) 将 Server2 上的打印机发布到活动目录上。

将上述操作结果记录在表 15-4 中。

表 15-4 共享目录信息表

Active Directory 中的共享文件夹名	Server2 中的共享文件夹名	搜索关键词	发布的共享打印机名

15.4.2 思考题

（1）为什么要建立组织单位？组织单位与域有什么区别？

（2）域用户账户与本地用户账户有哪些区别？

（3）域用户账户有哪些建立方法？

（4）域用户账户有哪些登录方法？

（5）域中有哪些角色的计算机？

（6）组有哪些类型？

（7）通用组、全局组和本地域组的作用范围如何？分别可以包含哪些成员？

（8）解释 A-G-DL-P 策略，A-G-G-DL-P 策略，A-G-U-DL-P 策略和 A-G-G-U-DL-P 策略。这些策略的宗旨是什么？

实验 16 experiment 16

使用组策略

16.1 知识准备

16.1.1 组策略概述

1. 组策略的概念

组策略是一种允许通过用户设置和计算机设置定义用户桌面环境的技术,可以帮助系统管理员针对整个计算机或特定用户来设置多种配置,包括桌面配置和安全配置。例如,可以为特定用户或用户组定制其可用的程序、桌面上的内容,以及"开始"菜单选项等。管理员可以根据需要设置组策略,然后将组策略作用于活动目录中的容器,如站点、域和组织单位等,最终组策略将影响这些容器中的计算机和用户对象。

2. 组策略对象

组策略对象(Group Policy Object,GPO)是组策略的集合。组策略的设置结果是保存在 GPO 中的。GPO 中包含用于特定用户或计算机的策略信息和配置。可以将其看成是组策略工具所生成的文档,它在原理上同 txt 或 doc 这类文档没有什么差别。

在 Windows 系统中,共有两种类型的 GPO。

1) 本地 GPO

一台运行 Windows Server 2008 的计算机,不论其是否连接在网络上,也无论其是否属于某个域,都存在一个本地 GPO。在活动目录环境下,本地 GPO 将被活动目录中的 GPO 所覆盖,在非网络环境中,本地 GPO 将发挥作用。

2) 非本地 GPO

非本地 GPO 是 Active Directory 环境中使用的 GPO,它们仅在 Active Directory 环境中可用。这些 GPO 存储在某个域中,并且复制到该域的所有域控制器上。它们应用于组策略对象所链接的站点、域或组织单位中的用户和计算机。

3. 组策略的功能

组策略能提供以下功能:

(1) 账户策略的设置：例如，设置用户的密码长度、密码使用期限和账户锁定策略等。

(2) 本地策略的设置：例如，审核策略的设置、用户权限的分配和安全性的设置等。

(3) 脚本的设置：例如，登录与注销、启动与关机脚本的设置。

(4) 用户工作环境的设置：例如，隐藏用户桌面上所有的图标，删除开始菜单中的运行、搜索、关机等功能，在开始菜单中添加注销选项，删除浏览器内的部分选项，强制通过指定的代理服务器上网等。

(5) 软件的安装与删除：在用户登录或计算机启动时，自动为用户安装应用软件、自动修复应用软件或自动删除应用软件。

(6) 限制软件的运行：通过各种不同的软件限制规则来限制域用户只能运行指定的软件。

(7) 文件夹的重定向：例如，改变文件、开始菜单等文件夹的存储位置。

(8) 限制访问可移动存储设备：例如，限制将文件写入U盘，以免企业内的机密文件轻易地被带离公司。

(9) 其他系统设置：例如，让所有的计算机都自动信任指定的CA、限制安装设备驱动程序等。

16.1.2 组策略的配置内容

1. 计算机配置与用户配置

组策略配置包括计算机配置与用户配置两部分。

1) 计算机配置

当计算机开机时，系统会根据计算机配置的属性来设置计算机的环境。例如，如果针对某个域设置了组策略，则此组策略内的计算机配置策略就会被应用于这个域内的所有计算机。

计算机策略在计算机开机时自动应用，若在计算机已经开机的情况下，新设置的组策略隔一段时间会自动应用。

2) 用户配置

当用户登录时，系统会根据用户配置的属性来配置用户的工作环境。例如，如果针对某个域设置了组策略，则此组策略内的用户配置策略就会被应用到这个域内的所有用户。

用户策略在用户登录时自动应用，若用户已经登录，新设置的组策略隔一段时间会自动应用。

当用户策略与计算机策略发生冲突时，计算机策略优先于用户策略。

2. 组策略设置内容

用户组策略设置和计算机组策略设置都包含3个内容：

1) 软件设置

能够帮助用户安装和维护程序，可以用分配和发布的方法让计算机或用户使用某个程序。若想让某个计算机或用户拥有某个程序，可以将程序分配给它；若想让某个用户在想使用某个程序时能够使用到这个程序，可以发布该程序。

2）Windows 设置

Windows 设置包含了脚本和安全设置。脚本设置包括启动/关闭脚本和登录/注销脚本，启动/关闭脚本在启动或关闭计算机时运行，登录/注销脚本在登录或注销用户时运行。安全模板允许管理员手动为本地或非本地的 GPO 对象设置安全级别。

3）管理模板

管理模板包含了所有基于注册表的组策略设置，不论是用户配置还是计算机配置，都包括 Windows 组件、系统和网络的设置 3 个模块。"Windows 组件"可以管理 Windows 2008 组件；"系统"可以用来管理登录及注销时执行的策略；"网络"用来配置网络及拨号连接策略以及控制脱机文件。

计算机配置中还包含打印机设置，用户配置中还包含任务栏和开始菜单设置、桌面设置控制面板设置等内容。

3. 策略设置和首选设置

组策略内的设置可以再分为策略设置和首选设置。二者的区别如下：

(1) 只有域的组策略才有首选设置功能，本地计算机策略并无此功能。

(2) 策略设置是强制性设置，客户端应用这些设置后就无法更改(有些设置虽然客户端可以自行更改设置值，不过下次应用策略时，仍然会被改为策略内的设置值)；然而首选设置非强制性，客户端可自行更改设置值，因此首选设置适合于用来当作默认值。

(3) 若要过滤策略设置的话，必须针对整个 GPO 来过滤，例如，某个 GPO 已经被应用到业务部，但是可以通过过滤设置来让其不要被应用到业务部的"张阿里"，也就是整个 GPO 内的所有设置项目都不会被应用到张阿里；然而首选设置可以针对单一设置项目来过滤。

(4) 如果在策略设置与首选设置内有相同的设置项目，而且都已做了设置，但是其设置值却不相同时，则以策略设置优先，也就是最后的有效设置是策略设置内的设置值。

(5) 要应用首选设置的客户端必须安装支持首选设置的客户端扩展(Client-Side Extension，CSE)软件，包括 Windows Server 2008 R2、Windows Server 2008 和 Windows Server 7 等 Windows 系统自带 CSE，其他 Windows 系统需要到微软公司的网站下载。

(6) 要应用首选设置的客户端还需要安装 XMLLite，包括 Windows Server 2008 R2、Windows Server 2008、Windows Server 7、Windows Server Vista、Windows Server 2003 SP2 和 Windows XP SP3 等 Windows 系统自带 XMLLite，其他 Windows 系统需要到微软公司的网站下载。

4. 内置的 GPO

在安装了活动目录后，在域中已经自动建立了两个内置的组策略对象：

(1) Default Domain Policy。该 GPO 默认已经被链接到域，其设置值会被应用到整个域内的所有用户与计算机。

(2) Default Domain Controller Policy。该 GPO 默认已经被链接到组织单位 Domain Controllers,其设置值会被应用到 Domain Controllers 内所有的用户和计算机。在 Domain Controllers 内,默认只有域控制器的计算机账户。

16.1.3 将组策略应用于对象

1. 组策略的应用对象

组策略的应用对象可以是站点、域和组织单位。在实际应用中,先设置好 GPO,然后将 GPO 与站点、域或组织单位链接起来,则 GPO 中的设置就会影响到站点、域或组织单位中的用户对象或计算机对象。

可以将一个 GPO 连接到网络中的多个站点、域或组织单位,其结果是不同容器中的用户或计算机对象应用相同的组策略。例如,财务、营销和研发部门的用户需要运行相同的登录脚本,这时可以只创建一个包含该特定脚本的 GPO,然后将这个 GPO 链接到上述组织单位。

也可以建立多个 GPO,多个 GPO 可以链接到同一个容器上,这样便于实现不同的容器中的用户或计算机对象应用不同的组策略。例如,可以创建一个或多个包含网络安全策略的 GPO、一个或多个桌面环境的 GPO 以及一个或多个包含软件安装的 GPO,根据对象的需求,将多个 GPO 链接到一个组织单位上,从而实现不同的组织单位应用不同的组策略。

当创建链接到站点、域或组织单位的 GPO 时,需要执行两个独立操作:一是创建一个新的 GPO,二是将其链接到站点、域或组织单位。

2. 建立组策略对象

可以创建有链接的 GPO,也可以创建无链接的 GPO。所谓有链接的 GPO 是指在创建 GPO 的同时,将其链接到某个容器(如组织单位)上;而无链接的 GPO 是指创建 GPO,但暂时不与某个容器相链接,以备将来使用。如果现有的 GPO 已经包含了某个容器所需求的设置,那么就可以把该 GPO 链接到容器上了。

可以用"组策略管理"控制台建立组策略对象或者将组策略对象与域、组织单位和站点相链接。

创建 GPO 必须满足以下条件:

(1) 对于与 GPO 相链接的容器而言,必须具有对其 gPLink 和 gPOptions 两个属性的"读取"和"写入"权限。

(2) 在默认情况下,只有 Domain Admins 和 Enterprise Admins 组的成员才拥有将 GPO 链接到域和组织单位的必要权限,而只有 Enterprise Admins 组的成员才拥有把 GPO 链接到站点的必要权限。

(3) Group Policy Creator Owners 组的成员能够创建 GPO,但不能将容器与 GPO 进行链接。

3. 将 GPO 链接到容器

将 GPO(此 GPO 中包含所需的设置)与另外的 Active Directory 容器链接起来,就可以将组策略设置应用到容器中了。如果希望把 GPO 链接到站点、域或组织单位上,那么就必须具有对相应站点、域或组织单位的 gPLink 和 gPOptions 两种属性的"读取"和"写入"权限。

16.1.4 组策略的处理规则

1. 继承规则

组策略处理过程就是 GPO 中策略设置的顺序、应用组策略的顺序以及继承组策略设置的应用过程,最终将决定哪些设置会影响用户和计算机。

1) 继承

在默认情况下,GPO 设置是要被继承的。在 Active Directory 中,继承的顺序是从站点向下依次为域、组织单位和子组织单位。由于子容器可以从它们的父容器继承组策略,因此,子容器即使没有接链接到它本身的 GPO,仍然可以应用一些组策略设置。如果子容器有直接链接到它本身的 GPO,那么将首先应用来自 Active Directory 树中更高级别的其他父容器的设置,最后应用该子容器本身的设置。子容器的设置将覆盖父容器的设置。

2) 应用顺序

GPO 的应用顺序由该 GPO 链接到的 Active Directory 容器决定。而 Windows 2008 根据以下顺序来决定链接到这些容器的 GPO 的应用顺序:本地→站点→域→组织单位→子组织单位。

这个顺序意味着计算机会首先处理本地 GPO,最后处理链接到该计算机或用户直接所属组织单位的 GPO(覆盖前面处理的 GPO)。例如,如果设置了一个域 GPO,它允许任何人交互地登录到域,那么可以再为域控制器设置一个组织单位 GPO,它可以覆盖前面的域 GPO,并阻止除管理组成员以外的任何人登录。图 16-1 表示了组策略和 Active Directory 服务的关系。图中营销 OU 的策略执行顺序是 A1→A2→A3→A4→A5,服务 OU 的策略执行顺序是 A1→A2→A3→A6。

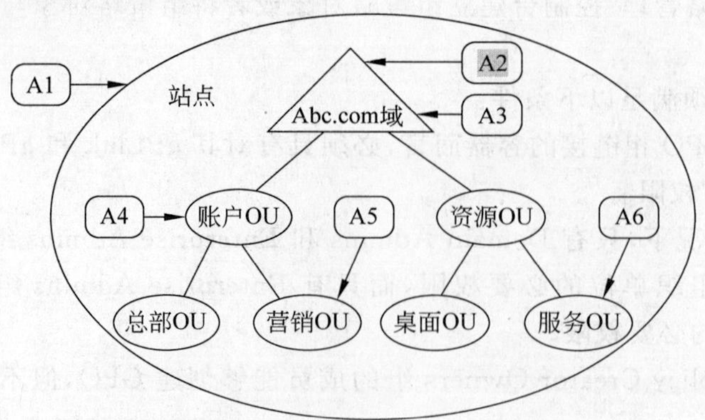

图 16-1 组策略和 Active Directory 服务

2. 阻止继承

通过在子容器上启用“阻止继承”,可以阻止子容器继承其父容器的任何 GPO。这样做会阻止所有组策略设置的继承,而不是个别设置的继承。

若某个 Active Directory 容器需要唯一的组策略设置,而且需要确保该设置不是通过继承得到的,那么“阻止继承”这时就起作用。例如,当组织单位的管理员必须控制该组织单位的所有组策略设置时,就可以使用“阻止继承”。

不能有选择地阻止对 GPO 的继承,阻止继承将影响父容器中的所有 GPO。

3. 强制继承

通过启用父容器中的“强制”选项,那么该容器的子容器就不能阻止对该 GPO 的继承。即使组策略设置和子容器所链接到的 GPO 的设置发生了冲突,但由于“强制”设置的优先级高于“阻止继承”设置的优先级,因此“强制”能使得所有的组策略设置都得到应用。

“强制”选项是设置在链接上的,而不是在 GPO 上。如果某 GPO 链接到多个容器,那么可以互相独立地为每个容器设置“强制”选项。

在将多个链接都设置为“强制”状态后,在 Active Directory 层次结构中处于最高的 GPO 将拥有优先权。

4. 组策略过滤

修改组策略继承的另一种方法是筛选。使用筛选能够阻止将某个 GPO 及其设置应用到某容器中特定的计算机、用户和安全组上。

为了把某个 GPO 的组策略应用到某个用户或计算机账户,该账户必须具有对该 GPO 的“读取”和“采用组策略”的权限。影响新建 GPO 处理过程的默认权限如下:

(1) Authenticated Users:“允许读取”和“允许采用组策略”。

(2) Domain Admins,Enterprise Admins and SYSTEM:“允许读取”、“允许写入”、“允许创建所有子对象”和“允许删除所有子对象”。

为了对某个 GPO 进行筛选,以阻止它应用到特定的计算机、用户或安全组对象上,必须“拒绝”与该 GPO 有关的“采用组策略”权限。

16.2 实验目的与任务

16.2.1 实验目的

(1) 掌握组策略工具的使用。

(2) 掌握组策略对象 GPO 的建立方法。

(3) 能够将 GPO 应用于容器对象。

16.2.2 实验任务

任务：

(1) 建立有链接的 GPO。

(2) 建立无连接的 GPO。

(3) 将现有的 GPO 连接到容器对象。

模拟场景：

作为网络管理员，在具体设计组策略之前，需要对组策略的作用和建立方法做出验证。为此，先设置一些简单的策略，如在域中的计算机登录时无须按下 Ctrl＋Alt＋Del 键，让组织单位“业务部”的用户必须使用企业内部的代理服务器上网。所有用户登录时，其驱动器号 Z：自动连接到\\DC1\tools 文件夹上。

16.2.3 实验环境

1 台配置 Windows Server 2008 R2，担任域控制器角色的服务器，该服务器上有如图 15-7所示的 OU 结构，3 台运行 Windows 7 系统的客户机，如图 16-2 所示。

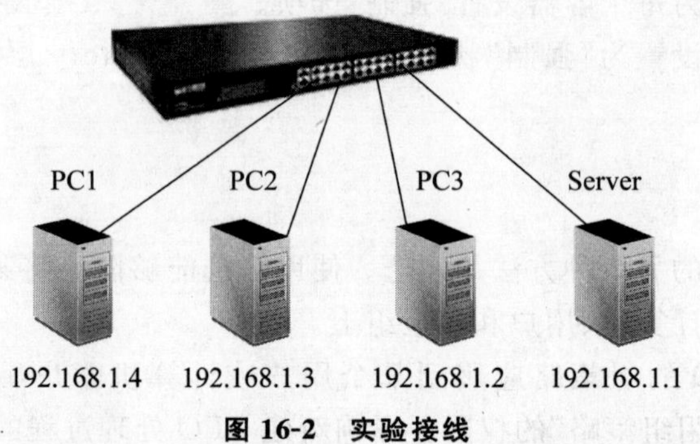

图 16-2 实验接线

16.3 实验过程

实验 16-1 计算机配置

要求：让域中的计算机启动后，用户登录时无须按下 Ctrl＋Alt＋Del 键。

(1) 单击“开始”→“管理工具”→“组策略管理”，打开“组策略管理”窗口，如图 16-3 所示。

(2) 依次展开“域”→haisen，右击 Default Domain Policy，选择“编辑”命令，出现“组策略管理编辑器”窗口。

(3) 依次选择“计算机配置”→“策略”→“Windows 设置”→“安全设置”→“本地策略”→“安全选项”，如图 16-4 所示。

(4) 双击“交互式登录：无须按 Ctrl＋Alt＋Del”，在“安全策略设置”标签中选择“定义此策略设置”复选框和“已启用”单选按钮，单击“确定”按钮，如图 16-5 所示。

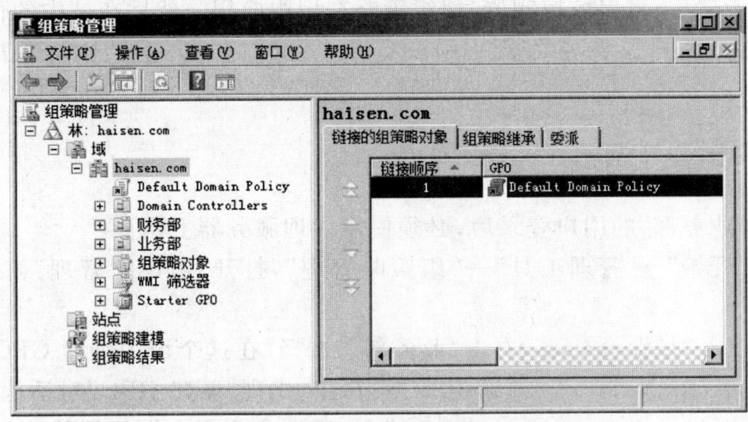

图 16-3 “组策略管理”窗口

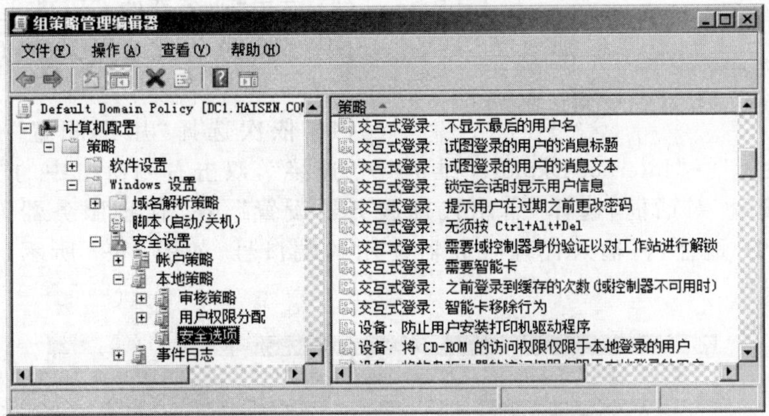

图 16-4 “组策略管理编辑器”窗口

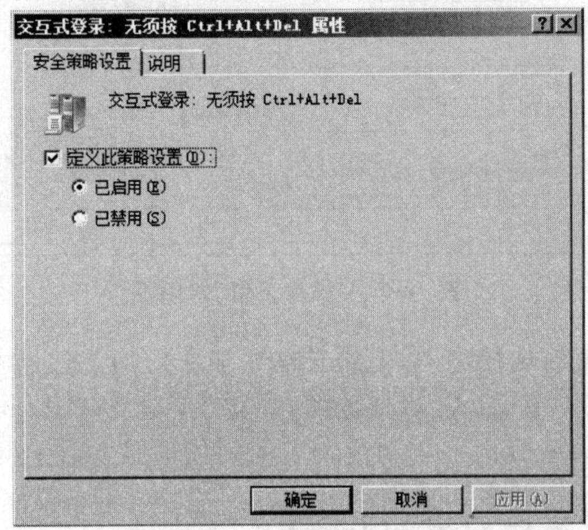

图 16-5 设置安全策略

(5) 完成设置后，重启域控制器，使组策略在域中应用。然后在域中的任何计算机上登录，用已存在的账户登录，会发现不用按 Ctrl+Alt+Del 键，直接输入用户名和密码即可登录。

实验 16-2 用户配置

要求：让“业务部”的用户登录后，必须使用代理服务器上网。

(1) 单击“开始”→“管理工具”→“组策略管理”，打开“组策略管理”窗口，如图 16-3 所示。

(2) 依次展开“域”→haisen，右击“业务部”，选择“在这个域中创建 GPO 并在此处链接”命令，出现“新建 GPO”对话框，在“名称”中输入 GPO 的名称“业务部的 GPO”，单击“确定”按钮，如图 16-6 所示。

图 16-6 “新建 GPO”对话框

(3) 右击“业务部的 GPO”，选择“编辑”命令，出现“组策略管理编辑器”窗口，如图 16-4 所示。

(4) 依次选择“用户配置”→“策略”→“Windows 设置”→“Internet Explorer 维护”→“连接”，双击右侧窗格中的“代理设置”，出现“代理设置”对话框，选择“启用代理服务器设置”，在“代理服务器地址”中输入代理服务器 IP 地址，再输入代理服务器使用的端口号，如图 16-7 所示，单击“确定”按钮。

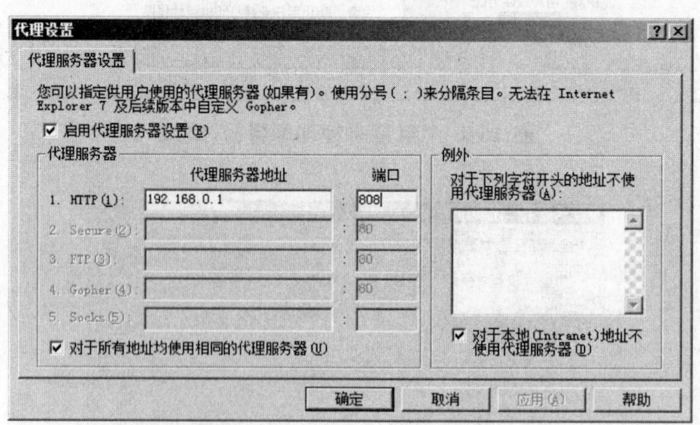

图 16-7 “代理设置”对话框

(5) 完成设置后，重启域控制器，使组策略在域中应用。然后在域中的任何计算机上用“业务部”中的用户账户登录，启动浏览器，单击“工具”→“Internet 选项”→“连接”标签→“局域网设置”，可以看到已经自动设置了使用代理服务器上网。

实验 16-3 建立无链接对象的 GPO

要求：用户登录后，自动将其 Z 盘映射到“\\DC1\通知通告”文件夹。

(1) 单击“开始”→“管理工具”→“组策略管理”，打开“组策略管理”窗口，如图16-2所示。

(2) 依次展开“域”→haisen，右击“组策略对象”，选择“新建”命令，出现“新建GPO”对话框，在“名称”中输入GPO的名称“驱动器映射-通知通告”，参见图16-6，单击“确定”按钮。

(3) 右击新建的组策略对象“驱动器映射-通知通告”，选择“编辑”命令，在图16-4所示的“组策略管理编辑器”窗口中依次选择“用户配置”→“首选项”→“Windows设置”，右击“驱动器映射”，选择“新建”→“映射驱动器”，出现“驱动器属性”对话框，如图16-8所示。

(4) 在“常规”标签的“操作”中选择“创建”，在“位置”中输入“\\DC1\通知通告”，在“驱动器号”下面选择“使用”单选按钮和“Z”，如图16-8所示，单击“确定”按钮。

实验16-4 链接现有组策略对象

要求：将GPO“驱动器映射-通知通告”链接到“业务部”。

(1) 在图16-3所示的“组策略管理”窗口中右击“业务部”，选择“链接现有的GPO”，出现“选择GPO”对话框，如图16-9所示。

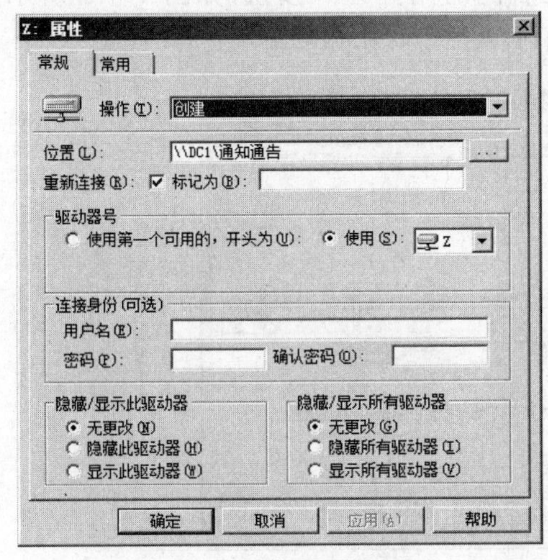

图16-8 映射网络驱动器

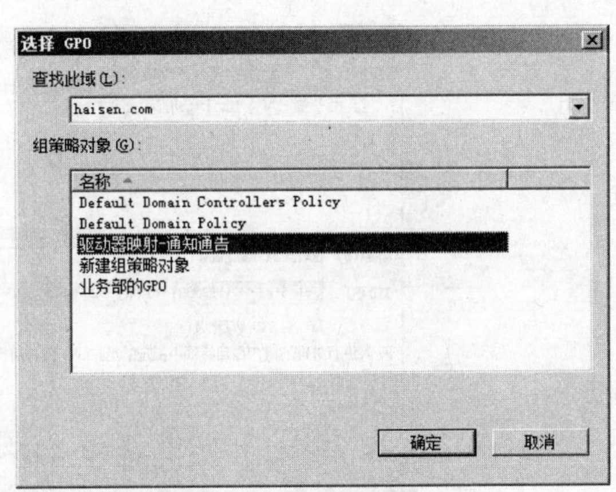

图16-9 将GPO链接到“业务部”

(2) 在“查找此域”中选择haisen.com，在“组策略对象”中选择“驱动器映射-通知通告”，单击“确定”按钮。

实验16-5 组策略筛选

1. 利用“首选项”的“项目级别目标”实现筛选

要求：建立一个名为“驱动器映射-技术标准”的GPO，“业务部”的张阿里登录时，其Y盘映射到“\\DC1\技术标准”文件夹，业务部其他用户登录时不做这个映射。

(1) 在图16-3所示的“组策略管理”窗口中右击“业务部”，选择“在这个域中创建

GPO并在此处链接”命令，在随后出现的“新建GPO”对话框中输入“驱动器映射-技术标准”，单击“确定”按钮，参见图16-6。

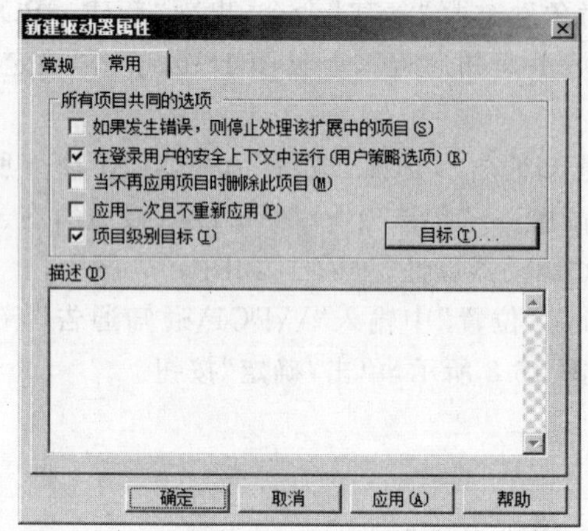

图16-10 选择“目标”

(2) 右击“驱动器映射-技术标准”，选择“编辑”命令，在“组策略编辑管理器”窗口中依次选择“用户配置”→“首选项”→“Windows设置”。

(3) 右击“驱动器映射”，选择“新建”→“映射驱动器”，在“新建驱动器属性”对话框的“常规”标签中(参见图16-8)的“操作”中选择“更新”，在“位置”中输入“\\DC1\技术标准”，在“驱动器号”中选择“使用”单选按钮和“Y”。

(4) 单击“常用”标签，如图16-10所示，选择“项目级目标”并单击“目标”按钮。

(5) 在随后出现的“目标编辑器”窗口中单击“新建项目”→选择“用户”，单击用户文本框右侧的浏览“…”按钮，如图16-11所示。在随后出现的浏览用户窗口查找并选择“张阿里(HAISEN\zhangali)”。

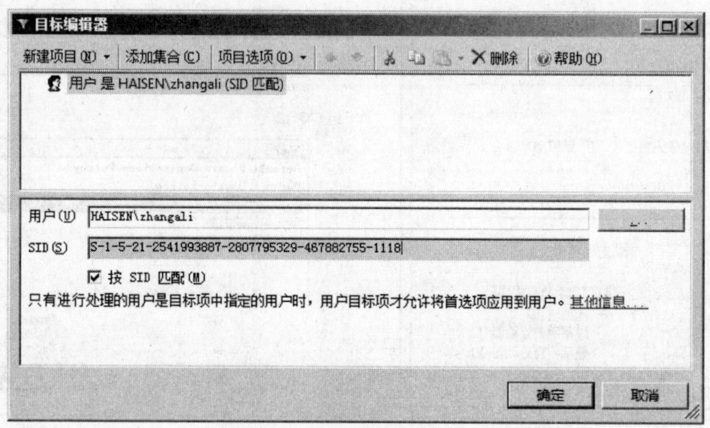

图16-11 选择“目标”用户

2. 利用“过滤组策略”设置进行筛选

要求：将实验16-3中建立的“业务部的GPO”应用于业务部，但用户“张阿里”不受此组策略限制。

(1) 在“组策略管理”窗口中依次选择“域”→haisen→“业务部”，单击“业务部的GPO”，在右侧的窗格中单击“委派”标签，如图16-12所示。

(2) 单击“高级”按钮，选择Authenticated User查看其权限，可以看到该组用户默认都有读取和应用组策略的权限，如图16-13所示。

(3) 单击“添加”按钮，将用户“张阿里(zhangali@haisen.com)”添加进来，设置其“应

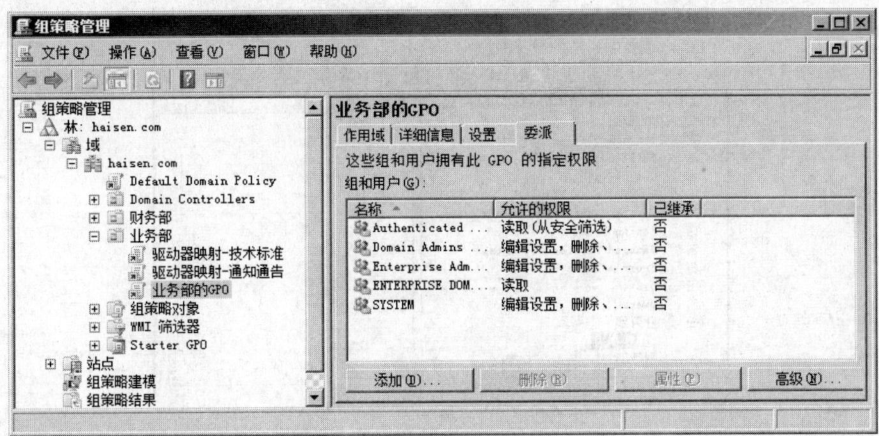

图 16-12 GPO 的委派

用组策略”权限为“拒绝”，如图 16-14 所示。

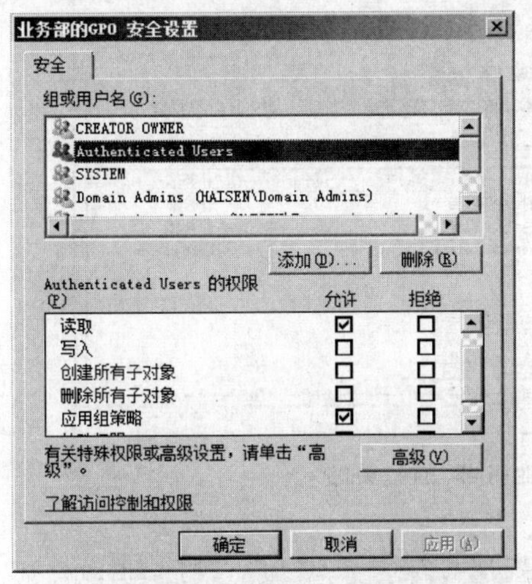

图 16-13 Authenticated User 组的权限

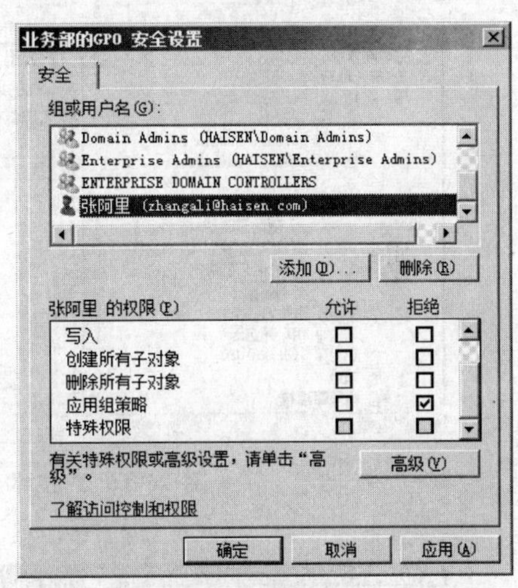

图 16-14 设置用户拒绝“应用组策略”

(4) 在域中其他计算机上再次用 zhangali 登录，会发现，用户“张阿里”的浏览器设置中不再需要代理服务器，而同一组织单位内的其他用户仍然需要通过代理服务器上网。

实验 16-6 组策略继承与阻止继承

(1) 在“业务部”OU 下创建一个新 OU“技术组”，在“技术组”OU 中新建用户账户“赵新浪”(zhaoxinlang@haisen.com)，如图 16-15 所示。

(2) 依次单击“开始”→“管理工具”→“组策略管理”，在“组策略管理”窗口中单击“技术组”，在右侧的窗格中单击“组策略继承”标签，如图 16-16 所示。可以看到，链接到“业务部”OU 的组策略全部被“技术组”OU 所继承。

(3) 右击“技术组”OU，选择“阻止继承”命令，则链接到“业务部”的组策略不再作用于“技术组”，如图 16-17 所示。

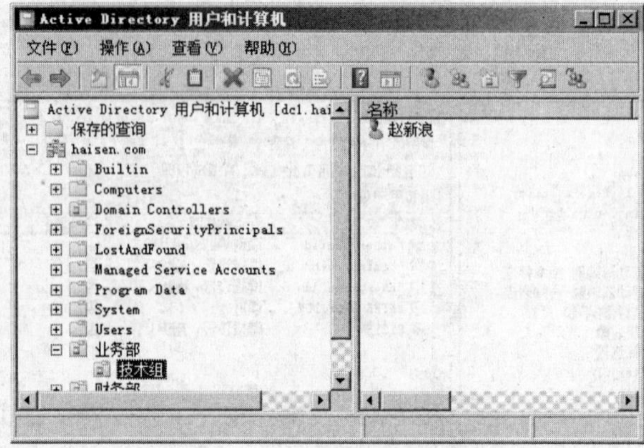

图 16-15 “技术组”OU 及其成员

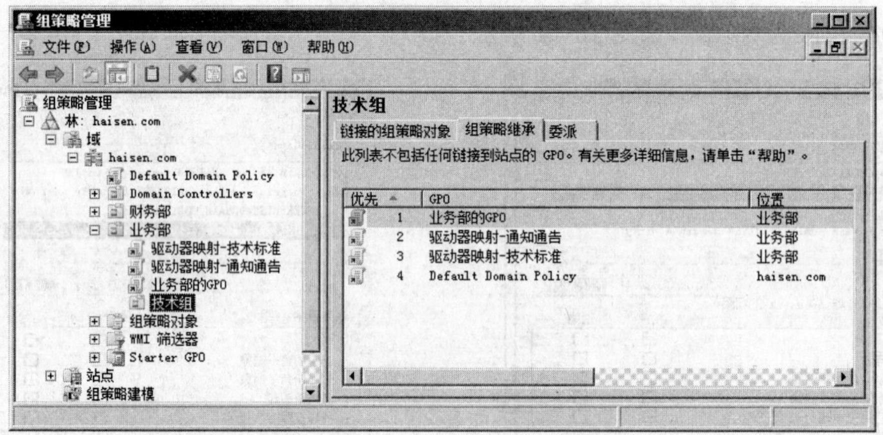

图 16-16 “技术组”继承“业务部”的组策略

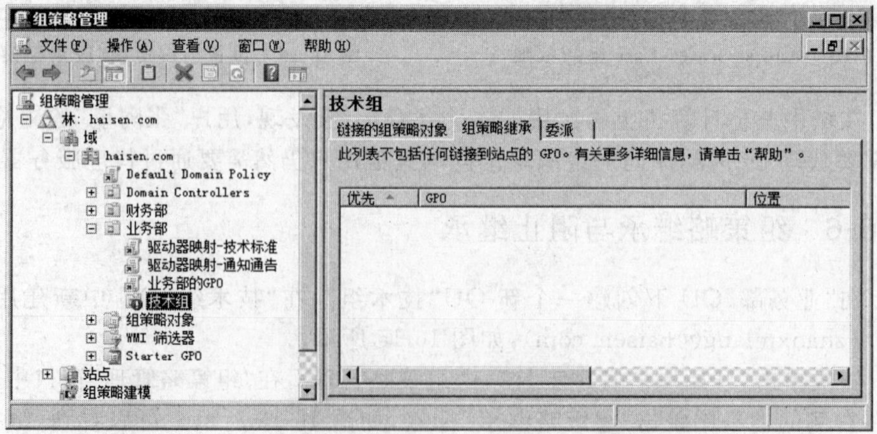

图 16-17 阻止“技术组”继承“业务部”的组策略

实验 16-7 强制继承

（1）在“组策略管理”窗口选择“业务部”，右击链接到该 OU 的组策略“业务部的 GPO”，选择“强制”，则下级 OU 不能阻止继承该组策略。

（2）右击“技术组”选择“阻止继承”命令，在“组策略继承”标签中可以看到，不能阻止“业务部的 GPO”，如图 16-18 所示。

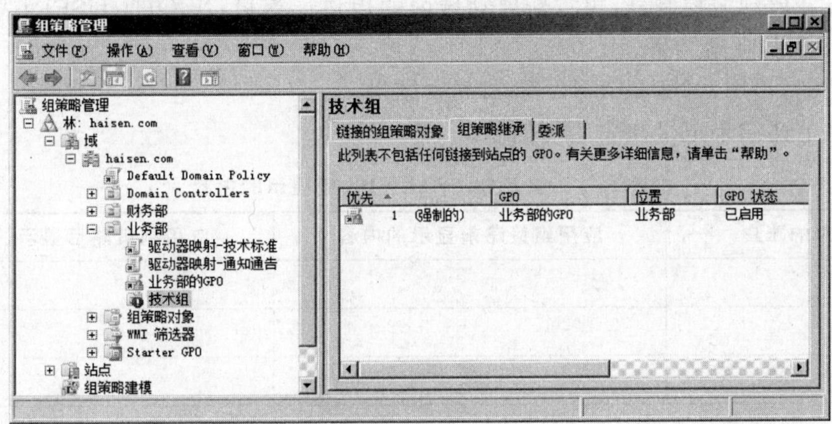

图 16-18 “强制继承”高于“阻止继承”

16.4 实训与思考

16.4.1 实训题

实训 16-1 计算机配置

要求：编辑默认 GPO“Default Domain Policy”，使域内计算机启动后，显示“欢迎”（标题）和“欢迎登录到域，请自觉遵守实验室的规章制度”（内容）。

提示：选择“计算机设置”→“策略”→“Windows 设置”→“安全设置”→“本地策略”→“安全选项”，在“交互式登录：试图登录的用户的消息标题”中，设置“欢迎”，在“交互式登录：试图登录的用户的消息内容”中，设置“欢迎登录到域，请自觉遵守实验室的规章制度”。

重新启动域控制器，再重新启动域内的用户计算机，观察结果。将结果记录在表 16-1 中。

表 16-1 设置交互式登录消息

计算机名	启动时是否显示设置信息	注销后是否显示设置信息

实训 16-2 用户配置

要求：给“练习 OU1”建立一个 GPO，名为“练习 OU1 的 GPO”，让“练习 OU1”的用户登录后，按下组合键 Ctrl＋Alt＋Del，不显示“更改密码”和“注销”。

提示：在“用户设置”→“策略”→“管理模板”→“系统”中进行设置。

(1) 先在没有应用组策略前，按下 Ctrl＋Alt＋Del 键，观察结果。

(2) 重新启动域控制器，再重新启动域内的用户计算机，用 OU1-USER1 登录，按下 Ctrl＋Alt＋Del，观察结果。

(3) 注销，再用 OU2-USER1 登录，观察结果。

(4) 将上述结果记录在表 16-2 中。

表 16-2 按下 Ctrl＋Alt＋Del 键显示的内容

登录用的账户	应用组策略前显示的内容	应用组策略后显示的内容

实训 16-3 建立一个无连接的 GPO

要求：在 Server1 上建立一个文件夹“学生事务”。建立一个无连接的 GPO“映射学生事务”，用户登录后，自动将其 Z 盘映射到“\\Server1\学生事务”文件夹。

实训 16-4 将已有的 GPO 链接到容器

(1) 将实训 16-3 中建立的 GPO 链接到“练习 OU1”上。

(2) 重启域控制器和用户计算机，用 OU1-USER1 登录，打开“我的电脑”，观察结果。

(3) 注销，用 OU2-USER1 登录，打开“我的电脑”，观察结果。

(4) 将上述结果记录在表 16-3 中。

表 16-3 驱动器 Z 的映射结果

登录用的账户	应用组策略前是否有 Z 盘	应用组策略后是否有 Z 盘

实训 16-5 组策略筛选

1. 利用“首选项”的“项目级别目标”实现筛选

要求：建立一个名为“映射学习资料”的 GPO，在 Server1 上建立一个“学习资料”文件夹，并设置共享。“练习 OU1”的“OU1-USER1”登录时，其 Y 盘映射到“\\Server1\学习资料”文件夹，业务部其他用户登录时不做这个映射。

(1) 在 Server1 上建立一个“学习资料”文件夹，并设置共享。

(2) 建立符合要求的 GPO。

(3) 设置完成后重启域控制器和用户计算机，用 OU1-USER1 登录，打开“我的电脑”，观察结果。

(4) 注销，用 OU1-USER2 登录，打开“我的电脑”，观察结果。

(5) 将上述结果记录在表 16-4 中。

表 16-4 驱动器 Y 的映射结果

登录用的账户	应用组策略前是否有 Y 盘	应用组策略后是否有 Y 盘

2. 利用“过滤组策略”设置进行筛选。

要求：将实训 16-2 中建立的“练习 OU1 的 GPO”应用于“练习 OU1”，但用户 OU1-USER1 不受此组策略限制。

(1) 在没有应用组策略前，按下 Ctrl＋Alt＋Del 键，观察结果。

(2) 按照要求对“练习 OU1 的 GPO”进行设置。

(3) 重新启动域控制器，再重新启动域内的用户计算机，用 OU1-USER1 登录，按下 Ctrl＋Alt＋Del 键，观察结果。

(4) 注销，再用 OU1-USER2 登录，观察结果。

(5) 将上述结果记录在表 16-5 中。

表 16-5 按下 Ctrl＋Alt＋Del 键显示的内容

登录用的账户	应用组策略前显示的内容	应用组策略后显示的内容

实训 16-6 组策略的继承与阻止继承

(1) 在“练习 OU1”下新建一个 OU，名为“子 OU”，在“子 OU”下新建用户，名为“子 OU-USER1”。

(2) 查看当前作用在“练习 OU1”的组策略，将这些 GPO 记录在表 16-6 中。再查看“子 OU”的组策略，将这些 GPO 记录在表 16-6 中。

(3) 阻止“子 OU”继承“练习 OU1”的组策略，再次查看链接到“子 OU”的组策略，将结果记录在表 16-6 中。

表 16-6 “子 OU”继承的组策略

项　目	优先级	GPO 名称	链接位置	是否是继承的	是否强制
“练习 OU1”应用的组策略					
“子 OU”应用的组策略					
阻止继承后“子 OU”应用的组策略					
强制继承后“子 OU”应用的组策略					

实训 16-7　组策略的强制继承

设置“练习 OU1”链接的组策略为“强制”继承，然后查看链接到“子 OU”的组策略，将结果记录在表 16-6 中。

16.4.2　思考题

(1) 什么是组策略？
(2) 组策略设置的内容有哪些？
(3) 组策略可以链接到哪些对象？
(4) 计算机设置与用户设置有何区别？
(5) 组策略的继承规则有哪些？
(6) 如何将组策略应用于一个 OU 而不应用于 OU 中的某个用户？

实验 17 experiment 17

组策略的应用

17.1 知识准备

17.1.1 用户环境

用户工作环境是指与用户相关的桌面、开始菜单、控制面板和安全设置等内容，管理员通过组策略可以方便地控制用户工作环境。用户工作环境包含的内容极其丰富，下面仅在计算机配置的管理模板策略、用户配置的管理模板策略、账户策略、用户权限分配策略、安全选项策略、登录/注销、启动/关机脚本与文件夹重定向等设置中选出几个有代表性的设置，来说明如何利用组策略管理计算机与用户的工作环境。

1. 计算机配置的管理模板策略

仅说明两个常用设置。

(1) 显示“关闭事件追踪程序”：若禁用此策略，则用户将计算机关机时，系统就不会再要求用户提供关机的理由。其设置方法为：“系统”→双击右边的“显示‘关闭事件追踪程序’”。默认会将关闭事件追踪程序显示在服务器计算机上(例如 Windows Server 2008 R2)，而工作站计算机(例如 Windows 7)不会显示。

(2) 显示用户以前交互式登录的信息：用户登录时屏幕上会显示用户上次成功登录与失败登录的日期与时间、自从上次登录成功后登录失败的次数等信息。其设置方法为：选择“Windows 组件”→“Windows 登录选项”→双击右边的“在用户登录期间显示有关以前登录的信息”。

2. 用户配置的管理模板策略

仅说明 6 个常用设置。

(1) 限制用户只可以或不可以运行指定的 Windows 应用程序。其设置方法为：“系统”→双击右边的“只运行指定的 Windows 应用程序”或“不要运行已指定的 Windows 应用程序”。在添加程序时，输入该应用程序的可执行文件名称，例如 QQ. exe。

(2) 隐藏或只显示在控制面板内指定的项目。用户在控制面板内将看不到被隐藏起来的项目，或只看得到被指定要显示的项目。其设置方法为：“控制面板”→双击右边的

“隐藏指定的‘控制面板’项”或“只显示指定的‘控制面板’项”。在添加项目时，输入项目名称，例如“鼠标”、“用户账户”等。

(3) 禁用按下 Ctrl＋Alt＋Del 键后出现在界面中的选项。用户按下 Ctrl＋Alt＋Del 键后，将无法选择界面中被禁用的按钮，例如“锁定计算机”、“注销”、“更改密码”或“启动任务管理器”等。其设置方法为：“系统”→“Ctrl＋Alt＋Del”选项。

(4) 隐藏和禁用桌面上所有的项目。其设置方法为：“桌面”→“隐藏和禁用桌面上的所有项目”。用户登录后，其桌面上所有的项目都会被隐藏，而且对桌面无法单击鼠标右键。

(5) 删除 Internet Explorer 的 Internet 选项中的部分标签，用户将无法选择“工具菜单”→“Internet 选项”中被删除的标签，例如“安全”、“连接”或“高级”等。其设置方法为：“Windows 组件”→“Internet Explorer”→双击右边的“Internet 控制面板”。

(6) 删除开始菜单功能中的“关机”、“重新启动”、“睡眠”和“休眠”命令。其设置方法为：打开“开始菜单和任务栏”→双击右边的“删除并阻止访问‘关机’、‘重新启动’、‘睡眠’和‘休眠’”命令。在用户的开始菜单中，这些功能的图标都会被删除。

3. 账户策略

可以通过组策略中的账户策略来设置密码的使用准则与账户锁定方式。在设置账户策略时要特别注意以下说明：

(1) 针对域用户所设置的账户策略必须通过域级别的 GPO 来设置才有效，例如，通过域 haisen .com 的 Default Domain Policy GPO 来设置，这个策略会被应用到域内的所有用户账户。通过站点或组织单位的 GPO 所设置的账户策略对域用户没有作用。账户策略不但会被应用到所有的域用户账户，也会被应用到所有域成员计算机内的本地用户账户。

(2) 如果针对某个组织单位来设置账户策略，则这个账户策略只会被应用到位于此组织单位的计算机的本地用户账户，但是对于此组织单位内的域用户账户没有影响。

域用户账户的密码策略和账户锁定策略内容与实验 11 的 11.1.3 节中介绍的本地账户安全策略相同，在此不再赘述。

4. 用户权限分配

利用组策略可以将用户权限分配给需要特殊操作的用户。常用权限介绍如下：

(1) 允许本地登录：允许用户直接在计算机上按 Ctrl＋Alt＋Del 键登录。

(2) 拒绝本地登录：拒绝用户直接在计算机上按 Ctrl＋Alt＋Del 键登录。这个权限优先于允许本地登录的权限。

(3) 将工作站添加到域：允许用户将计算机加入到域。

(4) 关闭系统：允许用户将此计算机关机。

(5) 从网络访问此计算机：允许用户通过网络上的其他计算机连接，访问此计算机内的资源。

(6) 拒绝从网络访问这台计算机：拒绝用户通过网络上的其他计算机连接，访问此计算机内的资源。这个权限优先于允许从网络访问此计算机权限。

(7) 从远程系统强制关机：允许用户从远程计算机来将这台计算机关机(可通过shutdown.exe程序)。

(8) 备份文件和目录：允许用户备份硬盘内的文件和文件夹。

(9) 还原文件和目录：允许用户还原所备份的文件和文件夹。

(10) 管理审核和安全记录：允许用户指定要审核的事件，也允许用户查询和清除安全记录。

(11) 更改系统时间：允许用户更改计算机的系统日期与时间。

(12) 加载和卸载设备驱动程序：允许用户加载和卸载设备(设备)的驱动程序，也就是允许用户添加和删除硬设备的驱动程序。

(13) 取得文件或其他对象的所有权：允许夺取其他用户所拥有的文件、文件夹或其他对象的所有权。

5. 安全选项

列举以下几个安全选项策略。

(1) 交互式登录：无须按Ctrl＋Alt＋Del键。让登录界面不要再显示按Ctrl＋Alt＋Del登录窗口。

(2) 交互式登录：不要显示上次登录的用户名。每一次用户按Ctrl＋Alt＋Del键后都会自动显示上一次登录者的用户名，然而通过此选项可以让其不显示。

(3) 交互式登录：域控制器无法使用时，要缓存先前的登录次数。域用户登录成功后，其账户和密码会被存储到用户计算机的缓存区，若之后此计算机因故无法与域控制器连接，该用户还是可以通过缓存区的账户数据来验证其身份进行登录。可以通过此策略来限制缓存区内账户数据的数量，默认为记录10个登录用户的账户数据。若此值为0，表示禁用此缓存功能；若此值超过50，则最多只会缓存50个账户信息。

(4) 交互式登录：在密码过期之前提示用户更改密码。该选项用来设置在用户的密码过期之前几天提示用户更改密码。

(5) 交互式登录：给出登录用户的信息本文和信息标题。若用户在登录时按下Ctrl＋Alt＋Del键后，希望界面上能够显示让用户看到的信息，就通过这两个选项来设置，其中一个用来设置信息标题文字，另一个用来设置信息本文。

(6) 关机：允许不登录就将系统关机。让登录界面能够显示关机图标或按钮，以便在不需要登录的情况下就可以直接通过此图标或按钮将计算机关机。

6. 登录/注销、启动/关机脚本

脚本是为登录/注销过程写好的脚本文件，通过文件中存储的命令行与服务器进行交互，自动完成登录/注销过程而不需人工干预。脚本是一个典型的批处理文件，管理员可以使用登录脚本分配用户何时能登录特定的计算机系统，使用系统环境参数设置用户环境，也能执行其他可执行程序。

登录脚本文件名为logon.vbs，保存在%systemroot%\SYSVOL\sysvol\域名\

Policies\{GUID) \User\Scripts\Logon 下。

注销脚本文件名为 logoff. vbs，保存在%systemroot%\SYSVOL\sysvol\域名\Policies\{GUID) \User\Scripts\Logoff 下。

启动脚本文件名为 startup. vbs，保存在%systemroot%\SYSVOL\sysvol\域名\Policies\{GUID) \User\Scripts\Logon 下。

关机脚本文件名为 startdown. vbs，保存在%systemroot%\SYSVOL\sysvol\域名\Policies\{GUID) \User\Scripts\Logoff 下。

可以让用户登录时，系统自动运行登录脚本，当用户注销时，自动运行注销脚本；计算机在开机启动时自动运行启动脚本，关机时自动运行关机脚本。

登录/注销脚本在“用户配置”中的“Windows 设置”中设置，启动/关闭脚本在“计算机配置”中的“Windows 设置”中设置。

7. 文件夹重定向

文件夹重定向是用户的某些文件夹的存储位置，重定向到网络共享文件夹内。用户文件夹通常都存放在用户计算机内，例如“我的文档”、“我的图片”、“我的音乐”等文件夹都保存在用户计算机的 C 盘上，当用户在其他计算机上工作时就无法访问这些文件夹，当用户文件夹被重定向到网络服务器上的共享文件夹后，不管用户在哪台计算机上登录，都可找到自己的文件夹。由于服务器上的文件会定期备份，所以用户的文件夹变得更加安全。

在设置文件夹重定向时有 3 种选择(参见图 17-10)：

(1) 基本：将每个人的文件夹重定向到同一位置。将组织单位业务部内所有用户的文件夹都重定向。

(2) 高级：为不同的用户组指定位置。将组织单位业务部内隶属于指定组内的用户的文件夹重定向。

(3) 未配置：不重定向。

8. 限制访问移动存储设备

系统管理员可以使用组策略来限制用户访问可移动存储设备，例如 U 盘和移动硬盘，以免企业内部员工通过这些存储设备给计算机带来威胁。

若在一个组织单位内使用计算机配置来设置这些策略，则任何域用户只要在这个组织单位内的计算机登录，就会受到限制；若是针对用户配置来设置这些策略，则所有位于此组织单位内的用户到域内任意一台计算机登录时就会受到限制。

这些策略只对使用 Windows Vista、Windows 7、Windows Serve 2008 与 Windows Server 2008 R2 等新版操作系统的计算机有效。

设置内容如下(参见图 17-11)：

(1) 强制重新启动的时间(以秒为单位)。有些策略设置必须重新启动计算机才会应用，若启用这个强制重新启动的时间(以秒为单位)策略的话，则系统就会在指定的时间到达时自动重新启动计算机。

(2) 可以分门别类地设置CD和DVD以及软盘、可移动磁盘、磁带和WPD等可移动存储设备，它们都可以设置“拒绝读取权限”和“拒绝写入权限”。

(3) 也可以通过对“所有可移动存储类”设置“拒绝所有权限”来拒绝用户访问所有的移动存储设备。而且，该策略权限高于其他策略，不论其他策略设置如何，都会拒绝用户读取或写入到可移动存储设备。

17.1.2 软件部署

软件部署是通过组策略将软件部署给域内的计算机，当用户登录计算机或计算机启动时，会自动安装部署的软件。软件部署分为分配(Assign)和发布(Publish)两种。

1. 分配软件

当将一个软件通过组策略分配给域用户后，用户在域内的任何一台计算机登录时，软件都会被通告给该用户，但是此软件并没有完全安装，而只是安装了与这个软件有关的部分信息而已。例如，可能会在“开始”→“所有程序”中自动创建该软件的快捷方式或者将自动将某种类型的文件与分配给用户的程序相关联，当用户单击该软件的快捷方式或双击与该软件相关联的程序时，该软件就会自动安装。

当软件被分配给域用户时，用户在域内的任何一台计算机登录，都可以安装并使用这个软件。当软件被分配给域内的计算机时，这些计算机启动时就会自动安装这个软件，任何用户登录都可以使用这个软件。

2. 发布软件

将一个软件通过组策略发布给域用户后，此软件并不会自动被安装到用户的计算机内，而是由用户自行使用以下两种方式来安装。

(1) 利用控制面板安装，若客户端为Windows Server 2008 R2或Windows 7，选择“开始”→“控制面板”→单击“程序”处的“获取程序”；若客户端为Windows Server 2008或Windows Vista，选择“开始”→“控制面板”→双击“程序”→单击获取新程序处的“从网络安装程序”；若客户端为Windows Server 2003或Windows XP，选择“开始”→“控制面板”→“添加或删除程序”→“添加新程序”。

(2) 利用文件与程序的关联运行程序的功能。在发布软件状态下，用户计算机并不会将某种类型的文件与其发布的程序设置关联，但是在活动目录中会建立这种关系。用户在Windows资源管理器内双击任何一个与发布的程序相关联的类型的文件时，计算机就会通过AD DS得知该扩展名的文件与发布的程序存在关联关系，因此会自动安装发布的程序。

例如，假设被发布的软件为Microsoft Office Excel 2003，则在AD DS内会自动将扩展名为xls的文件和Microsoft Office Excel 2003关联在一起；然而用户登录时，他的计算机并不会将扩展名为xls的文件和Microsoft Office Excel 2003关联在一起，也就是对此计算机来说，扩展名为xls的文件是一个未知的文件类型，不过只要用户在Windows资源管理器内双击扩展名为xls的文件，计算机就会通过AD DS得知扩展名为xls的文件是与 Microsoft Office Excel 2003 关联在一起的，因此会自动安装 Microsoft Office Excel 2003。

3. 自动修复软件

被发布或分配的 Windows 安装包（Windows Installer Package）可以具备自动修复的功能，也就是客户端在安装完成后，若此软件程序内有关键性的文件损毁、丢失或被用户不小心删除，则在用户运行此软件时，系统会自动检测到不正常现象，并重新安装这些文件。

4. 删除软件

一个被发布或分配的软件，在用户将其安装完成后，不想再让用户使用此软件的话，可在组策略内从发布或分配的软件列表中将此软件删除，并设置下次用户登录或计算机启动时自动将这个软件从用户的计算机中删除。

17.2 实验目的与任务

17.2.1 实验目的

（1）学会用组策略管理用户环境。

（2）掌握发布和部署软件的方法。

17.2.2 实验任务

任务：

（1）根据用户环境要求建立组策略对象。

（2）将组策略对象链接到需要的域或组织单位。

（3）发布软件。

（4）分配软件。

模拟场景：

财务部由于其业务的特殊性，需要特殊的用户环境，所以为其建立特殊组策略对象。而一些典型的用户环境设置许多组织单位都可能用到，管理员可以设置一些独立的 GPO，当某个组织单位需要这个环境时，就与该 GPO 链接。另外，业务部用户需要安装聊天工具 QQ，统一发布，由用户自行安装。财务部计算机需要安装工行网银助手，用软件分配的方法让计算机启动后自行安装。

17.2.3 实验环境

实验条件：

Windows Server 2008 R2 服务器 1 台，Windows 7 客户机 1～3 台，通过交换机连接成局域网。

实验接线：

接线如图 17-1 所示。

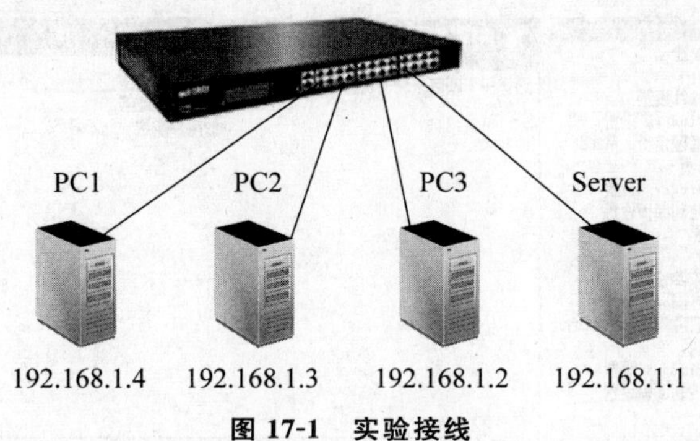

图 17-1 实验接线

17.3 实验过程

实验 17-1 为财务部建立特殊的组策略

要求：从开始菜单删除“运行”命令，禁止访问控制面板，禁止本地登录，禁止运行记事本程序 notepad. exe。

(1) 单击“开始”→“管理工具”→“组策略管理”，如图 17-2 所示。

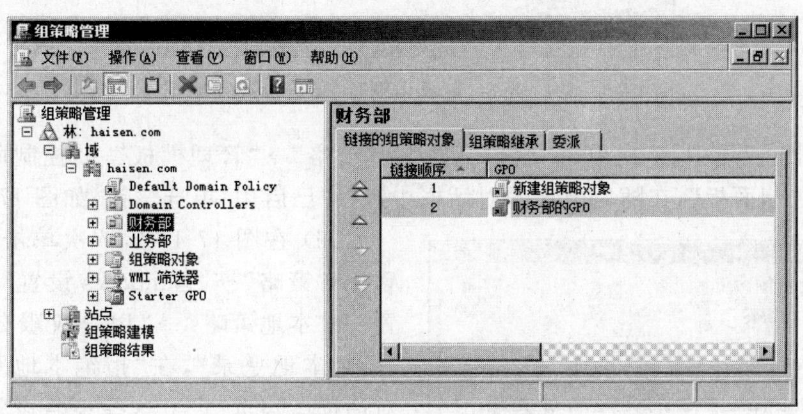

图 17-2 “组策略管理器”窗口

(2) 右击“财务部”，选择“在这个域中创建 GPO 并在此处链接”，在弹出的对话框中输入组策略名“财务部的 GPO”，如图 17-3 所示，单击“确定”按钮。

图 17-3 “新建 GPO”对话框

(3) 右击新建立的“财务部的 GPO”，选择“编辑”，出现“组策略管理编辑器”窗口，如图 17-4 所示。

(4) 依次单击“用户配置”→“策略”→“管

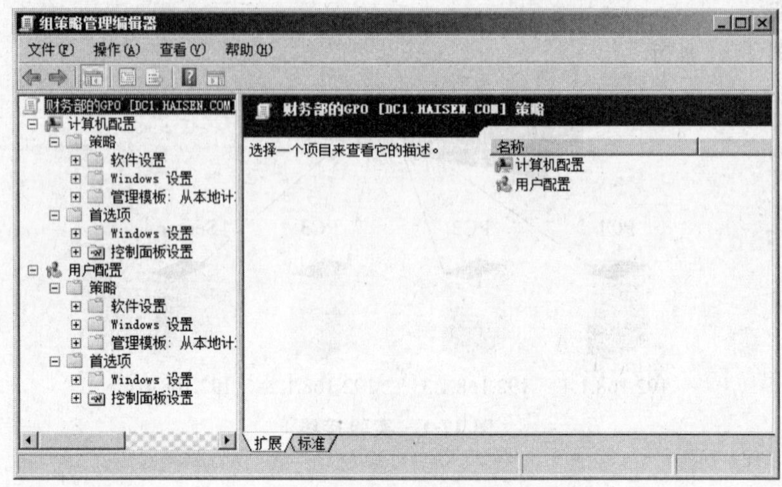

图 17-4 “组策略管理编辑器”窗口

理模板”→“开始菜单和任务栏”，双击“从‘开始’菜单中删除‘运行’菜单”，在随后弹出的对话框中选择“已启用”，如图 17-5 所示，单击“确定”按钮。

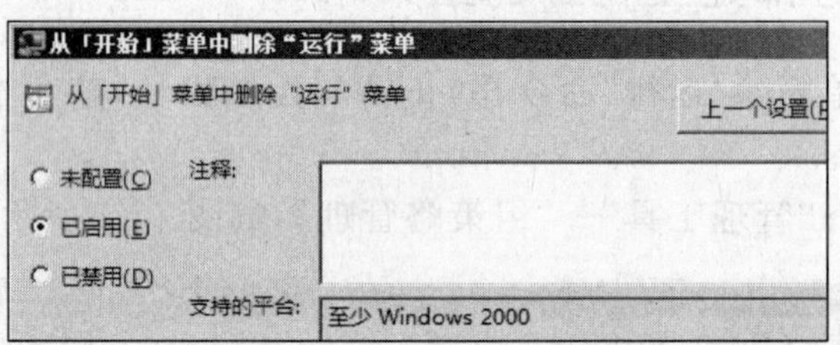

图 17-5 “从‘开始’菜单中删除‘运行’菜单”对话框

(5) 在图 17-4 中，依次单击“用户配置”→“策略”→“管理模板”→“控制面板”，双击“禁止访问控制面板”，在随后弹出的对话框中选择“已启用”单选按钮，如图 17-5 所示。

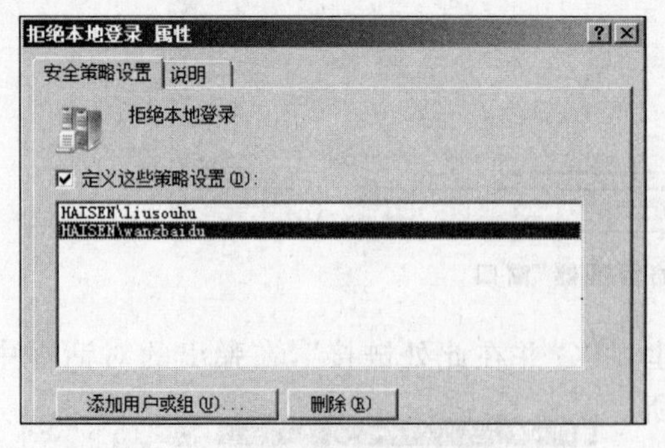

图 17-6 设置拒绝登录

(6) 在图 17-4 中，依次单击“计算机配置”→“策略”→“Windows 设置”→“安全设置”→“本地策略”→“用户权限分配”，双击“拒绝本地登录”，在“拒绝本地登录 属性”对话框中勾选“定义这些策略设置”复选框，单击“添加用户或组”按钮，将财务部 OU 下的用户或组添加进来，如图 17-6 所示，单击“确定”按钮。

(7) 在图 17-4 中，依次单击“用户配置”→“策略”→“管理模板”→“系统”，双击“不要运行指定的 Windows 程序”，如图 17-7 所示。选择“已启用”单选按钮，单击“显示”按钮，在“显示内容”对话框中输入禁止运行的程序名，如图 17-8 所示，单击“确定”按钮。

(8) 用财务部 OU 的账户 wangbaidu 在域中的计算机登录，会发现“开始”菜单中没

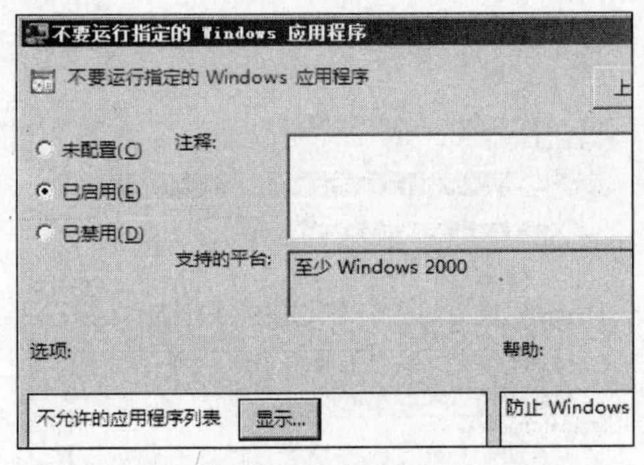

图 17-7 设置不要运行指定的程序

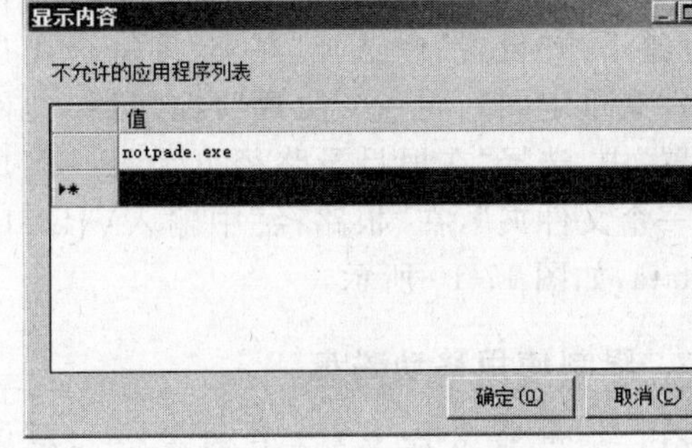

图 17-8 输入程序名

有“运行”命令，也没有“控制面板”，不能运行记事本程序，用该用户名在域控制器上登录也被拒绝。

实验 17-2 建立独立的组策略对象

1. 重定向文件夹

要求：将“我的文档”文件夹重定向到 DC1 上 userdata 文件夹。

(1) 在图 17-2 所示的“组策略管理编辑器”窗口中右击“组策略对象”，选择“新建”命令，在弹出的“新建 GPO”对话框中输入“文件夹重定向 GPO”，参见图 17-3，单击“确定”按钮。

(2) 右击“文件夹重定向 GPO”，选择“编辑”命令，出现“组策略管理编辑器”窗口，如图 17-4 所示，依次单击“用户配置”→“策略”→“Windows 设置”→“文件夹重定向”，如图 17-9 所示。

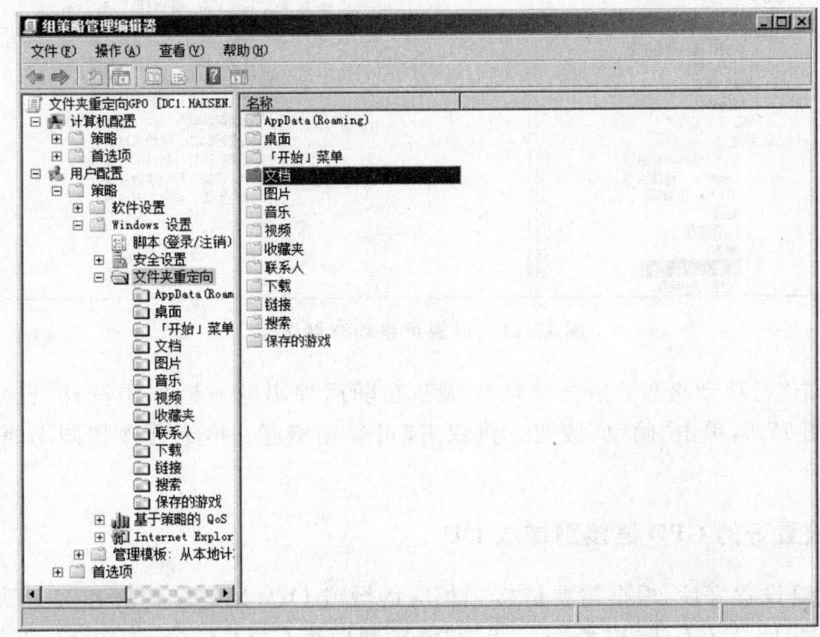

图 17-9 组策略编辑器—文件夹重定向

(3) 右击“文档”，选择“属性”命令，在“目标”标签下的“设置”中选择“基本-将每个用户的文件夹重定向到同一个位置”，在“目标文件夹位置”中，选择“在根目录路径下为每一用户创建一个文件夹”，在“根路径”中输入\\DC1\userdata，如图 17-10 所示。

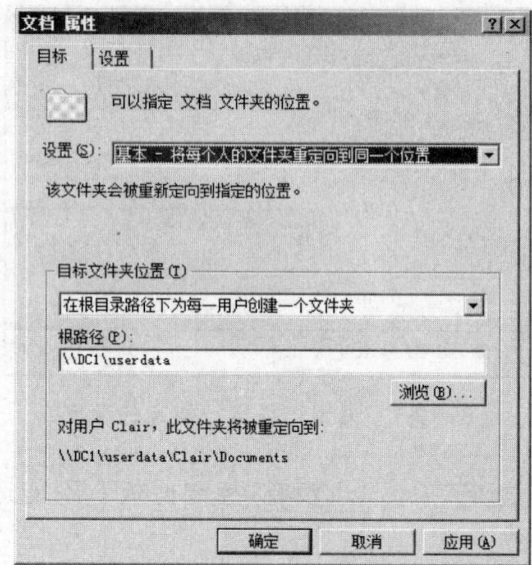

图 17-10 设置文档属性

2. 限制使用移动磁盘

(1) 在图 17-2 所示的“组策略管理编辑器”窗口中右击“组策略对象”，选择“新建”命令，在弹出的“新建 GPO”对话框中输入“限制使用移动磁盘 GPO”，参见图 17-3，单击“确定”按钮。

(2) 右击“限制使用移动磁盘 GPO”，选择“编辑”，出现“组策略管理编辑器”窗口，如图 17-4 所示，依次单击“用户配置”→“策略”→“管理模板”→“系统”→“可移动存储访问”，如图 17-11 所示。

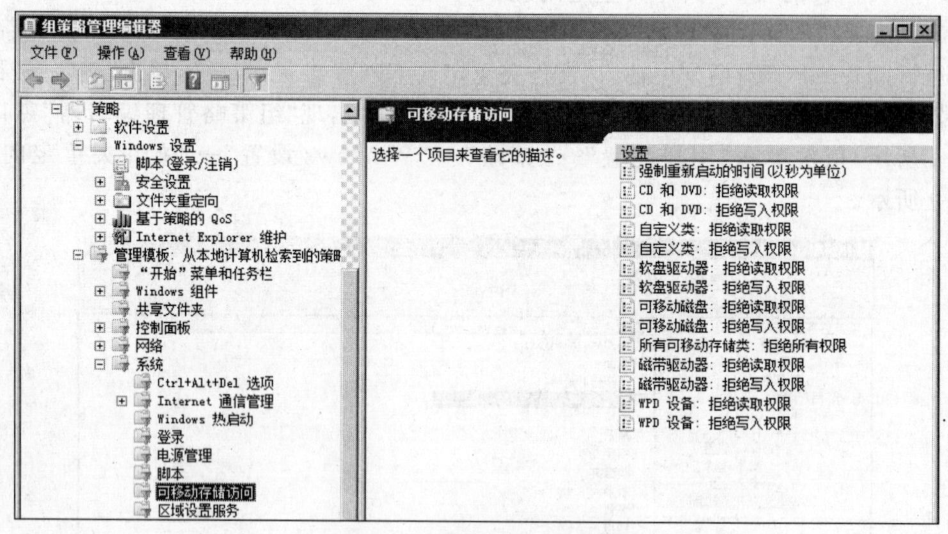

图 17-11 设置可移动存储访问

(3) 双击“可移动磁盘：拒绝读取权限”，在随后弹出的对话框中选择“已启用”单选按钮，参见图 17-5，单击“确定”按钮。再双击“可移动磁盘：拒绝写入权限”，重复前面的操作。

3. 将设置好的 GPO 链接到域或 OU

上述策略设置好后，根据需要链接到相应的域或 OU，如链接到财务部 OU。

(1) 在图 17-2 中右击“财务部”，选择“链接到现有 GPO”命令，如图 17-12 所示。

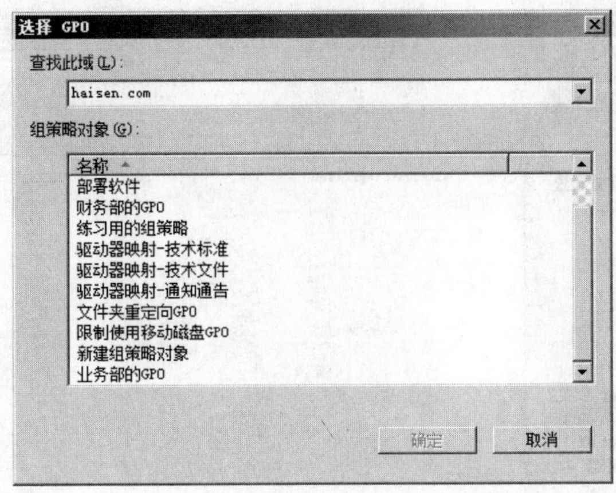

图 17-12 “选择 GPO”对话框

(2) 在图 17-12 中分别选择“文件夹重定向 GPO”和“限制使用移动磁盘 GPO”，单击“确定”按钮。

(3) 用财务部 OU 的账户 wangbaidu 在域中的计算机登录，会发现不允许使用 U 盘。

实验 17-3 向业务部发布软件

(1) 先在域中的任何计算机上创建一个存放要发布的软件的文件夹，例如，在 DC1 的 C 盘上创建一个“发布的软件”文件夹，将要发布的软件保存在该文件夹下。

(2) 将该文件夹设置为共享，赋予 Everyone 组读取权限。

(3) 在图 17-2 中右击“业务部”，选择“在这个域中创建 GPO 并在此处链接”命令，在弹出的对话框中输入组策略名“为业务部分配软件”，参见图 17-3，单击“确定”按钮。

(4) 右击“为业务部分配软件”GPO，选择“编辑”命令，出现“组策略管理编辑器”窗口，如图 17-4 所示。

(5) 依次展开“用户策略”→“策略”→“软件设置”，右击“软件安装”，选择“属性”命令。

(6) 在图 17-13 所示的“软件安装 属性”对话框“常规”标签下“默认程序数据包位置”中输入“\\DC1\发布的软件”，单击“确定”按钮。

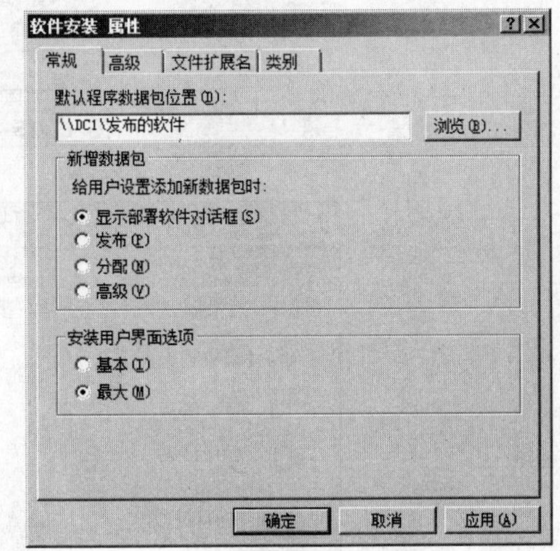

图 17-13 软件安装属性

(7) 右击“软件安装”，选择“新建”→“数据包”命令，依次选择“计算机”→“本地磁盘(C:)”→“发布的软件”文件夹，如图 17-14 所示。选择要发布的软件，如 QQ，单击“打开”按钮。

(8) 在弹出的对话框中选择“已发布”单选按钮，如图 17-15 所示。

(9) 在客户机上用 litaobao 的账户登录，单击“开始”→“控制面板”，如图 17-16 所示。

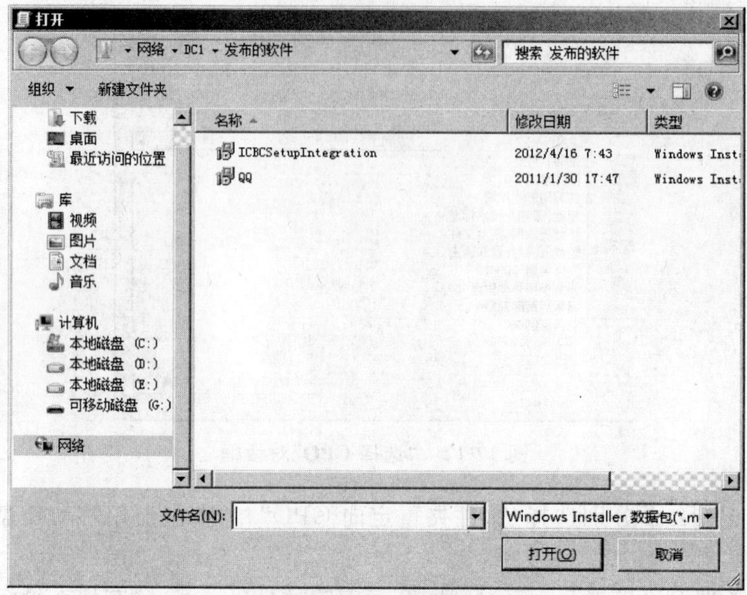

图 17-14 选择软件

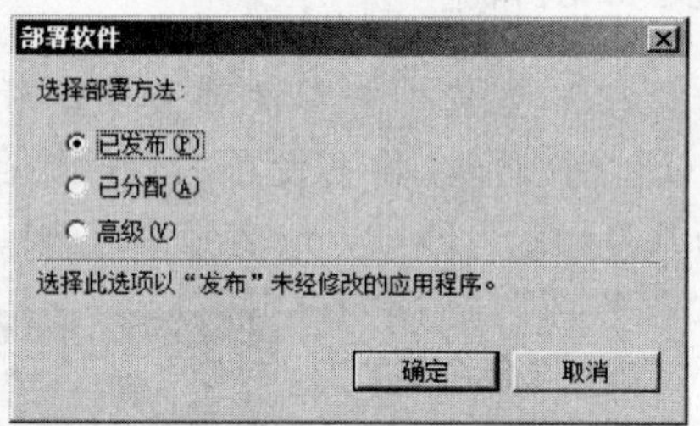

图 17-15 选择部署方法

图 17-16 控制面板

(10) 在控制面板中双击"程序和功能",如图 17-17 所示。

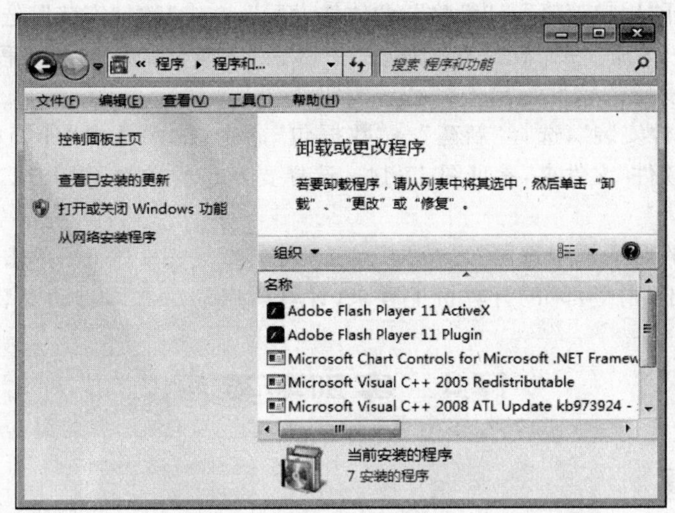

图 17-17 "程序和功能"窗口

(11) 单击"从网络安装程序",如图 17-18 所示。双击发布的软件 QQ。则 QQ 程序被安装在客户机上。

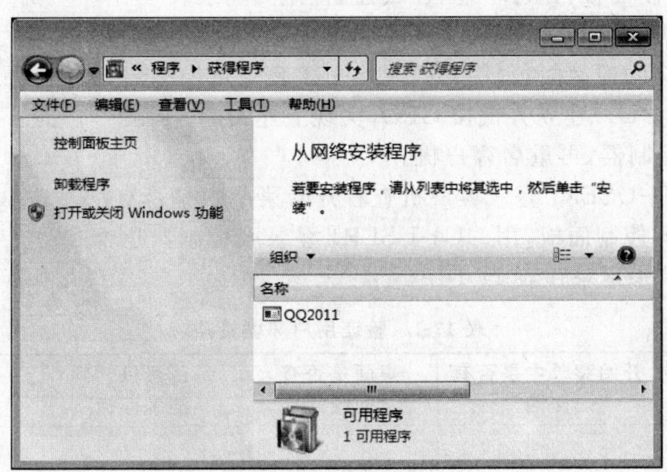

图 17-18 获得程序

实验 17-4 向财务部分配软件

(1) 在"财务部"OU 中创建计算机对象,或者从其他容器中将计算机对象移动到财务部。

(2) 在图 17-2 中右击"财务部",选择"在这个域中创建 GPO 并在此处链接"命令。在弹出的对话框中输入组策略名"为财务部分配软件",参见图 17-3,单击"确定"按钮。

(3) 右击"为财务部分配软件"GPO,选择"编辑"命令,出现"组策略管理编辑器"窗口，参见图 17-4。

（4）依次展开“用户策略”→“策略”→“软件设置”，右击“软件安装”，选择“属性”命令。

（5）在图 17-13 所示的“软件安装属性”对话框“常规”标签下“默认程序数据包位置”中输入“\\DC1\发布的软件”，单击“确定”按钮。

（6）右击“软件安装”，选择“新建”→“数据包”命令，依次选择“计算机”→“本地磁盘(C:)”→“发布的软件”文件夹，参见图 17-14。选择要发布的软件，如 ICBCSetupIntegration，单击“打开”命令。

（7）在弹出的对话框中选择“已分配”单选按钮，参见图 17-15。单击“确定”按钮。

（8）在隶属于“财务部”的计算机上登录，计算机启动后立即自动安装软件。

17.4 实训与思考

17.4.1 实训题

实训 17-1 给 OU 建立一个特殊环境的 GPO

要求：给“练习 OU1”建立一个 GPO，从开始菜单删除“文档”命令，从桌面上删除回收站，禁止访问控制面板，允许本地(在域控制器上)登录。

（1）先用 OU1-USER1 登录客户机，查看开始菜单中是否有“文档”，桌面是否有“回收站”，是否可以访问控制面板，用 OU1-USER1 登录域控制器是否成功。

（2）为“练习 OU1”建立并链接 GPO，实现上述策略。

（3）重启域控制器，再重启客户机。

（4）先用 OU1-USER1 登录客户机查看开始菜单中是否有“文档”，桌面是否有“回收站”，是否可以访问控制面板，用 OU1-USER1 登录域控制器是否成功。

（5）将上述结果记录在表 17-1 中。

表 17-1 验证用户环境策略

验证项目 时机	开始菜单中是否有“文档”	桌面是否有“回收站”	是否可以访问控制面板	用 OU1-USER1 登录域控制器
应用组策略前				
应用组策略后				

实训 17-2 建立独立的无连接的 GPO

1. 建立“限制移动磁盘练习 GPO”

要求：名为“限制移动磁盘练习 GPO”；限制对移动磁盘读写。

（1）用已经建立的用户账户登录客户机，验证是否可以使用移动磁盘。

（2）建立上述 GPO。

（3）将该 GPO 链接到域。

（4）用已经建立的用户账户在客户机上登录，验证能否使用移动磁盘。

2. 建立一个"文件夹重定向的 GPO"

要求：将用户文件夹"桌面"重定向到域控制器上的文件夹"C:\用户的桌面"。

(1) 在域控制器的 C 盘建立文件夹"用户的桌面"，将该文件夹设置为共享，让 Everyone 对其拥有"读取/写入"权限。

(2) 建立上述 GPO。

(3) 将该 GPO 链接到域。

(4) 用已经建立的任何用户名在客户机上登录，查看"桌面"文件夹的保存位置。

将上述两个操作的结果记录在表 17-2 中。

表 17-2 验证限制使用移动磁盘

时机 \ 验证项目	是否可以使用移动磁盘	用户"桌面"文件夹的保存位置
应用组策略前		
应用组策略后		

实训 17-3 向"练习 OU1"分配软件

建立一个 GPO，练习将一个软件(＊.msi)分配给"练习 OU1"中的计算机，当计算机启动时，自动安装这个软件。

(1) 准备好软件，并保存在域控制器的 C 盘上。文件夹名自己定义，将该文件夹设置为共享，赋予 Everyone 组读取权限。

(2) 建立这个 GPO。

(3) 在隶属于"练习 OU1"的计算机上登录。

(4) 查看软件安装情况。

(5) 将建立和验证过程记录在表 17-3 中。

表 17-3 将软件分配给计算机的过程

记录项目	内容
组策略名称	
分配的软件的保存位置	
分配的软件的名称	
采用计算机策略还是用户策略	
在客户机上登录的用户名	
验证的结果	

实训 17-4 向"练习 OU2"发布软件

要求：建立一个 GPO，练习将一个软件(＊.msi)发布给"练习 OU2"中的用户，当用户登录时，用户手动安装这个软件。

(1) 准备好软件,并保存在域控制器的 C 盘上。文件夹名自己定义,将该文件夹设置为共享,赋予 Everyone 组读取权限。

(2) 建立这个 GPO。

(3) 用"练习 OU2"中的用户账户登录。

(4) 安装软件。

(5) 将建立和验证过程记录在表 17-4 中。

表 17-4 将软件发布给计算机的过程

记录项目	内容
组策略名称	
发布的软件的保存位置	
发布的软件的名称	
采用计算机策略还是用户策略	
在客户机上登录的用户名	
验证的结果	

17.4.2 思考题

(1) 发布软件和分配软件有何区别?

(2) 文件夹重定向有什么好处?

(3) 概括"计算机配置"中的"账户策略"的作用。

(4) 概括"计算机配置"中的"用户权限分配"的作用。

(5) 概括"管理模板"的作用。

实验 18 experiment 18

用 Windows Server 2008 计算机实现路由器

18.1 知识准备

18.1.1 路由器的作用与原理

路由器的一个作用是连接多个网络，包括局域网和广域网，在网络之间传输报文分组；另一个作用是在网络互连环境中为报文分组选择最佳路径。路由器是互联网的主要节点设备，是不同网络之间相互连接的枢纽，如图 18-1 所示。

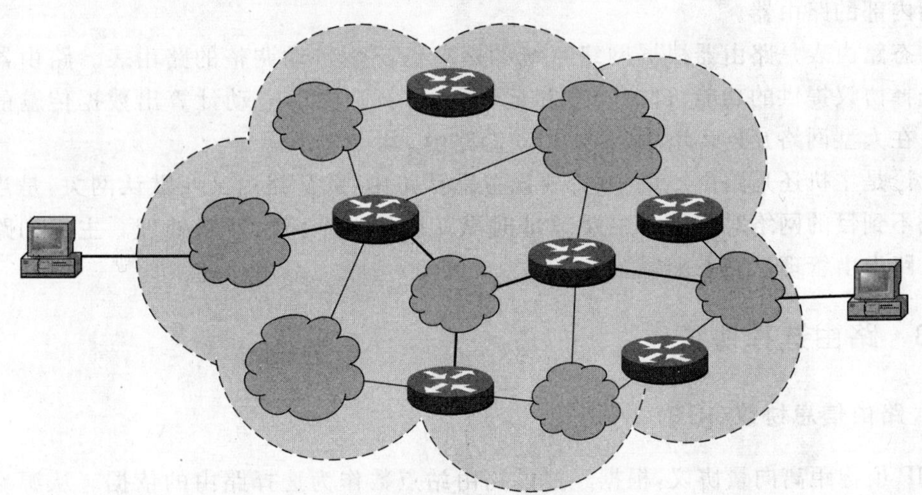

图 18-1 路由器的作用

在网络层，整个网络上逻辑上被划分成一个个的子网络，每个子网络都被赋予一个网络号，网络中的主机都被赋予一个带有网络号的逻辑地址，例如，在 TCP/IP 协议中的 IP 地址。路由器根据网络号来转发数据包，当路由器从一个网络收到一个数据包后，就抽取数据包中 IP 地址中的目的网络号，从路由表中找到到达目的网络的路径，然后把数据包转发给下一个路由器或目的网络。数据包到达目的网络后，再根据主机地址和物理地址将数据包交给目的主机，不过这已经不是路由器的工作范围了。

18.1.2 路由表

路由器转发数据要依赖路由表，路由表是通过某种路由协议软件在对网络流量进行分析计算的基础上得到的，每个路由器都在路由表中保存着从本路由器到达目的网络的路由信息，以及从本路由器到达目的网络的距离信息，如图 18-2 所示。如果目的网络与本路由器直接相连，路由器就把数据包丢给目的网络；如果目的网络不与本路由器直接相连，就把数据包交给下一个路由器，由下一个路由器继续做路由选择。

DC1 - IP 路由表

目标	网络掩码	网关	接口	跃点数	协议
0.0.0.0	0.0.0.0	192.168.0.254	本地连接	276	网络管理
127.0.0.0	255.0.0.0	127.0.0.1	Loopback	51	本地
127.0.0.1	255.255.255.255	127.0.0.1	Loopback	306	本地
192.168.0.0	255.255.255.0	0.0.0.0	本地连接	276	网络管理
192.168.0.1	255.255.255.255	0.0.0.0	本地连接	276	网络管理
192.168.0.255	255.255.255.255	0.0.0.0	本地连接	276	网络管理
224.0.0.0	240.0.0.0	0.0.0.0	本地连接	276	网络管理
255.255.255.255	255.255.255.255	0.0.0.0	本地连接	276	网络管理

图 18-2 路由器上的路由表

路由表又分为静态路由表和动态路由表。静态路由表是系统管理员根据网络互连情况设置好的，它不会随网络结构的改变而改变，也不会根据网络通信状况的改变而改变，所以静态路由只适用于网络结构基本不变，网络互连规模比较小的情况，如校园网或企业网内部的路由器。

动态路由表是路由器根据网络系统的运行情况而自动调整的路由表。路由器根据路由选择协议提供的功能，自动收集和记忆网络运行情况，自动计算出数据传输的最佳路径。在大型网络互连环境中，都使用动态路由。

无论是主机还是路由器，一般都要设置默认路由，默认路由又叫默认网关，是当路由表中找不到目的网络对应的下一跳地址时默认交给哪个路由器来处理。主机和路由器的默认路由由管理员静态配置。

18.1.3 路由选择协议

1. 路由信息协议(RIP)

RIP 也称距离向量协议，根据经过的路由站点数作为选择路由的依据。从源站点到目的站点有多条路径，RIP 认为经过的路由器最少的路径为最短路径，如果有两条路径相同，则使用最先学习的路径。

运行 RIP 协议的路由器周期性地向物理连接上相邻的路由器发送路由刷新报文，该报文包含本路由器可到达的目的网络或主机信息（向量 ***V***），以及到达目的网络或主机的跳数（距离 ***D***）信息。其他路由器在接收到某个路由器的(***V***,***D***)报文后，按照最短路径原则对各自的路由表进行刷新。当网络拓扑结构发生变化时，路由表会自动更新，一般每 30 秒更新一次。RIP 经过的最长路径是 15 个路由器（15 跳），超过此数则认为该目的地址不能到达。

RIP 路由器照以下规律更新路由表：

(1) 如果获取到本路由器没有的路由信息，则在本路由器增加这条新的路由信息，将下一跳指向提供该路由信息的路由器，同时将距离(跳数)在获取的距离信息的基础上加 1。

(2) 如果获取到本路由器已经存在的路由信息，而新获取的路由距离比本路由器原来的距离短，则用新路径更新原来的路径；否则，保留原来的路径。

RIP 协议实现简单，但由于其自身的特点，在大型广域网和有大量路由器的网络中效率较低，不适合在大型网络或路由经常变化的网络中使用，适合于小型网络。

2. 开放最短路径优先协议(OSPF)

OSPF 根据经过的“开销”最小作为选择路由的依据。从源站点到目的站点有多条路径，OSPF 认为开销最小的路径为最佳路径。

在一个自治系统内，运行 OSPF 协议的路由器间要频繁地交换路由信息，交换的路由信息包括本路由器与哪些路由器相邻，以及链路状态的度量等，最后生成链路状态数据库。这里的链路状态是指费用、距离、带宽和延时等，根据链路状态值，按照某种计算方法，计算出该链路上的总开销，开销值越小越好。这样，根据链路状态数据库，每个路由器都掌握了该区域上所有路由器的链路状态信息，也就等于了解了整个网络的拓扑状况。在此基础上路由器利用“最短路径优先算法”，独立地计算出从本路由器到达任意目的地网络的路由，并生成路由表。

与 RIP 不同，OSPF 具有支持大型网络、路由收敛快、占用网络资源少等优点，在目前应用的路由协议中占有相当重要的地位。

18.2 实验目的与任务

18.2.1 实验目的

(1) 理解路由器的作用和工作原理

(2) 掌握用 Windows Server 2008 实现路由器的方法。

18.2.2 实验任务

任务：

(1) 将 Windows Server 2008 R2 计算机配置成路由器。

(2) 实现不同网络中的计算机之间相互通信。

模拟场景：

某单位有两个独立的局域网，由于工作需要，要把两个局域网互连起来，而每个网络又要有相对的独立性，因此需要用路由器互联。但是单位目前没有专用路由器，考虑用安装 Windows Server 2008 R2 的计算机，充当路由器。

18.2.3 实验环境

实验条件：

已安装 Windows Server 2008 R2 的计算机 2 台，Windows 7 计算机 2 台，交换机 1 台，互连成网。

在充当路由器的计算机中安装两块网卡，并安装驱动程序，为两块网卡分别配置 IP 地址，使两块网卡分别处于不同的网络。如果只有一块网卡，可以给网卡绑定两个 IP 地址。

实验接线：

物理连接如图 18-3 所示，逻辑结构如图 18-4 所示。

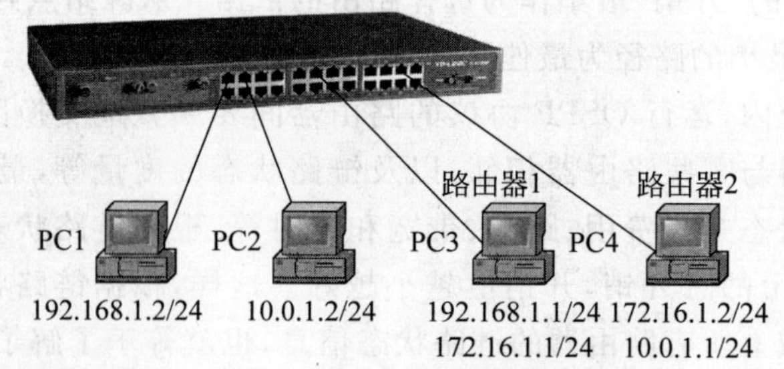

图 18-3 实验接线

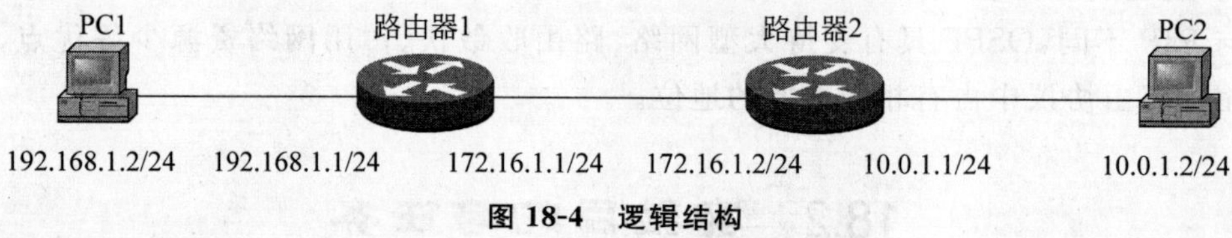

图 18-4 逻辑结构

18.3 实验过程

实验 18-1 安装“网络策略和访问服务”

(1) 依次单击“开始”→“管理工具”→“服务器管理器”，如图 18-5 所示。

(2) 单击“角色”→“添加角色”，在图 18-6 中单击“服务器角色”→“网络策略和访问服务”。单击“下一步”按钮，出现“网络策略和访问服务”对话框，单击“下一步”按钮。

(3) 在图 18-7“选择角色服务”对话框中选择“路由和远程访问服务”复选框，单击“下一步”按钮。

(4) 在“确认安装选择”对话框单击“安装”按钮。显示安装进程之后单击“关闭”按钮。

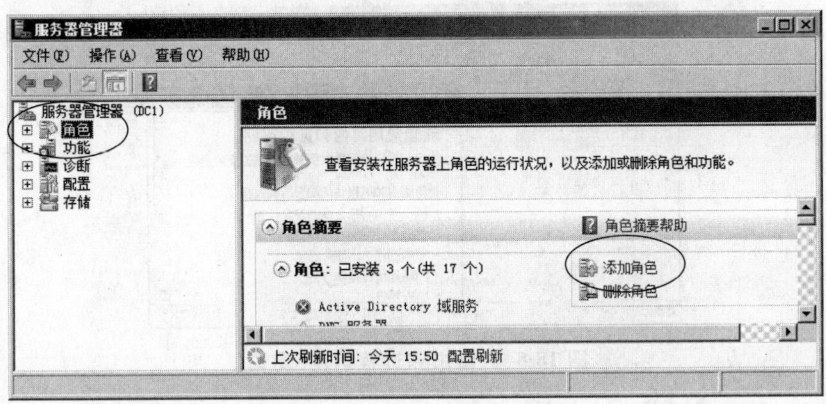

图 18-5 “服务器管理器”窗口

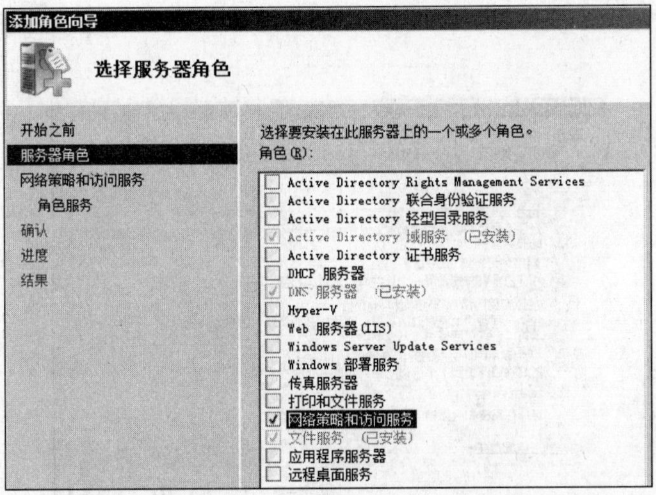

图 18-6 “选择服务器角色”对话框

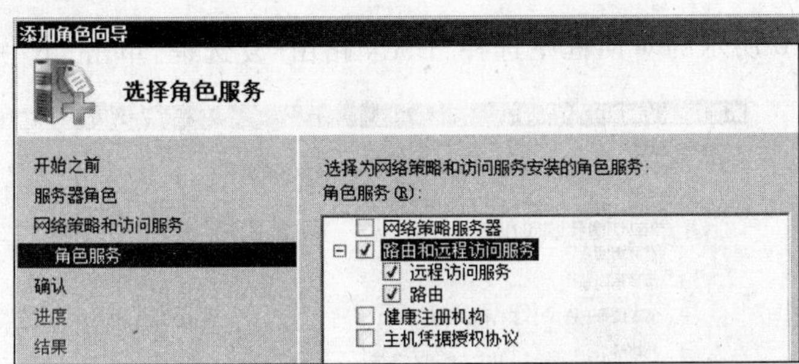

图 18-7 选择“路由和远程访问服务”复选框

实验 18-2 启用 Windows Server 2008 R2 路由器

(1) 依次单击“开始”→“管理工具”→“路由和远程访问”，如图 18-8 所示。

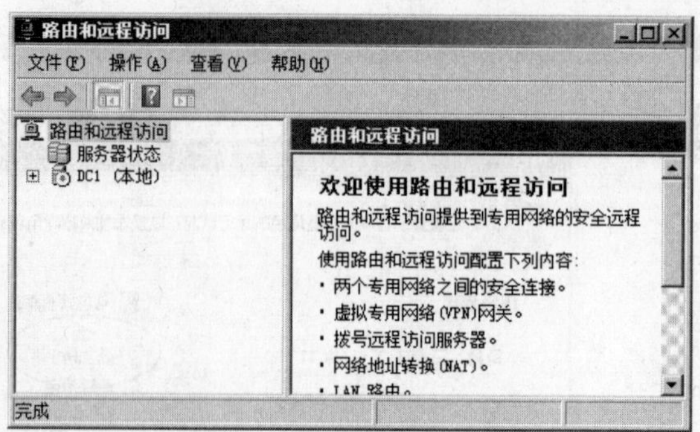

图 18-8 “路由和远程访问”窗口

(2) 单击“操作”菜单,选择“配置并启用路由和远程访问”命令,运行“配置并启用路由和远程访问”向导,单击“下一步”按钮。

(3) 在图 18-9 所示的“配置”对话框中,选择“自定义配置”单选按钮,单击“下一步”按钮。

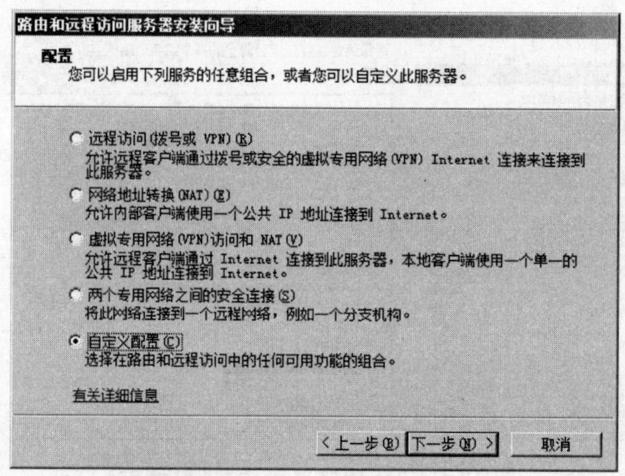

图 18-9 “配置”对话框

(4) 在图 18-10 所示的对话框中选择“LAN 路由”复选框,单击“下一步”按钮。

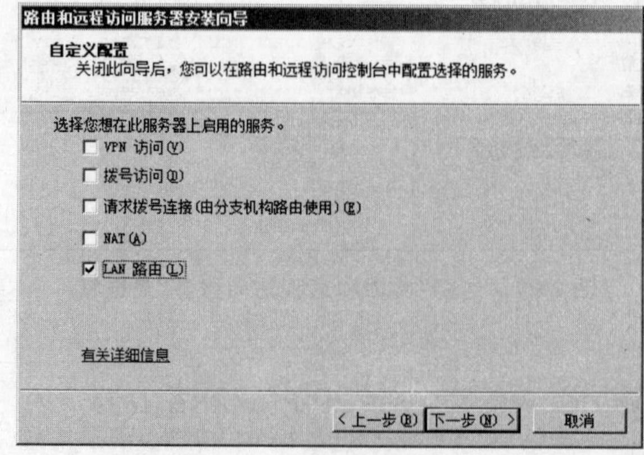

图 18-10 “自定义配置”对话框

(5) 单击“完成”按钮,出现“启动服务”界面时单击“启动服务”。启动服务后的“路由和远程访问”窗口如图 18-11 所示。

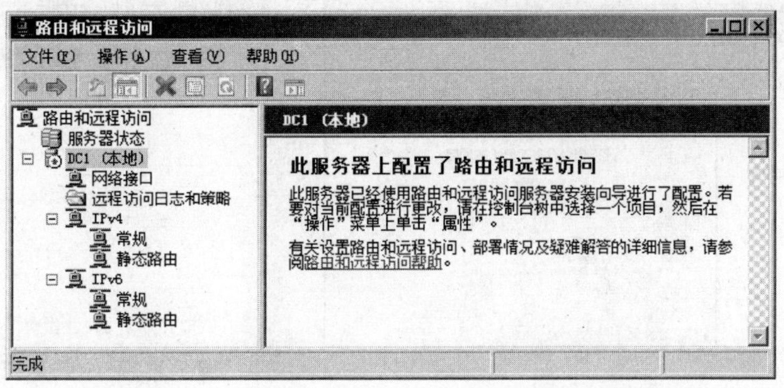

图 18-11 启动服务后的“路由和远程访问”窗口

(6) 右击“DC1(本地)”,选择“属性”命令,出现“DC1(本地)属性”对话框,如图 18-12 所示,可见该计算机已经是路由器。

实验 18-3 启用动态路由

(1) 在“路由和远程访问”窗口中右击 IPv4 下的“常规”,选择“新增路由协议”命令。

(2) 在图 18-13 所示的“新路由协议”对话框中选择“用于 Internet 协议的 RIP 版本 2”,单击“确定”按钮。在左侧目录中将出现 RIP 项,如图 18-14 所示。

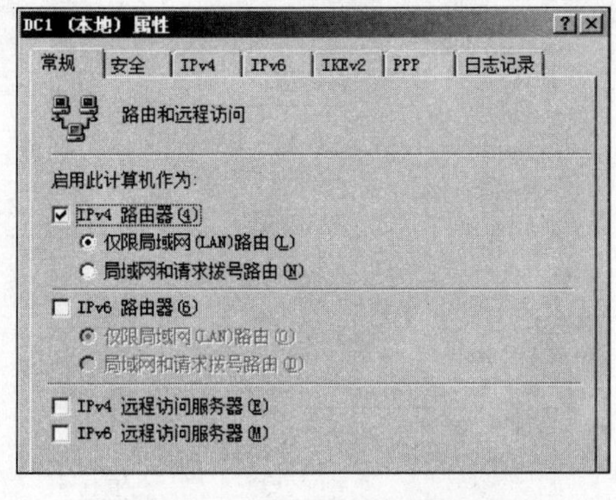

图 18-12 本地计算机的属性

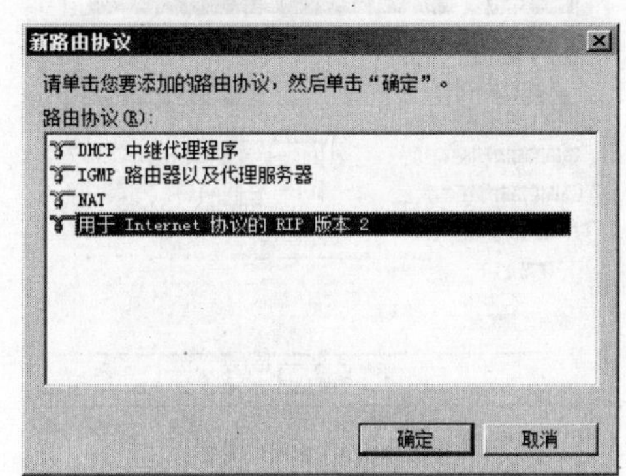

图 18-13 新增路由选择协议

(3) 在图 18-14 中右击 RIP,并在快捷菜单中选择“新接口”命令,如图 18-15 所示(若有两块网卡,将有两个接口:“本地连接”和“本地连接 2”)。在接口列表中选择第一个网络接口,即“本地连接”,单击“确定”按钮。

(4) 在“RIP 属性-本地连接属性”对话框中选择操作模式、传出数据包协议和传入数据包协议(取默认值即可),如图 18-16 所示。

(5) 重复(3)～(4)步，为 RIP 添加第 2 个网络接口，即本地连接 2(如果有的话)。

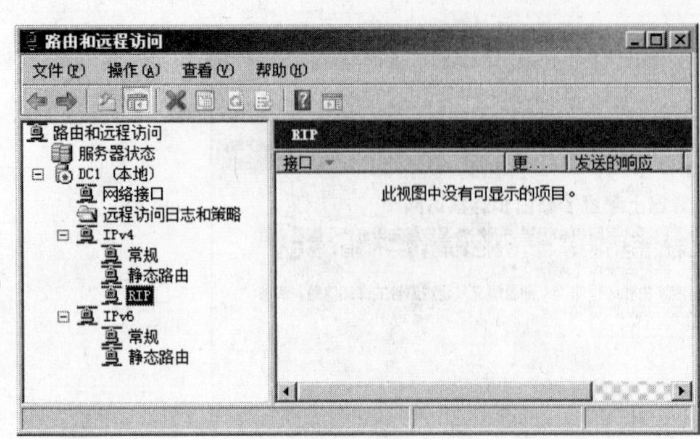

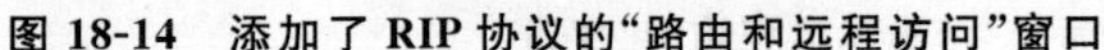

图 18-14　添加了 RIP 协议的“路由和远程访问”窗口

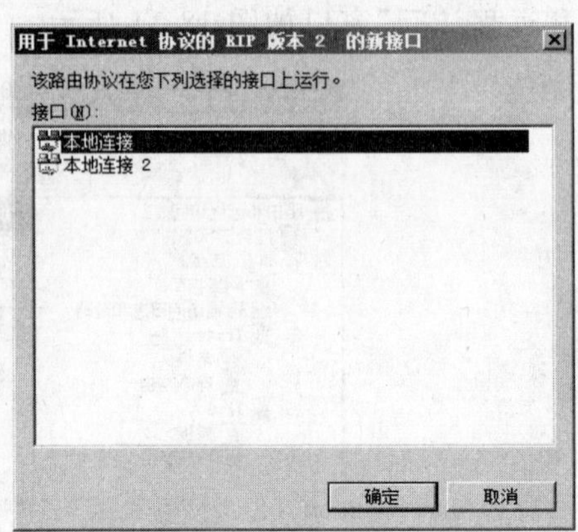

图 18-15　选择新接口

实验 18-4　配置静态路由

(1) 在“路由和远程访问”窗口中，右击 IPv4 下的“静态路由”，选择“新建静态路由”命令。

(2) 在图 18-17 所示的“IPv4 静态路由”对话框中输入静态路由信息。

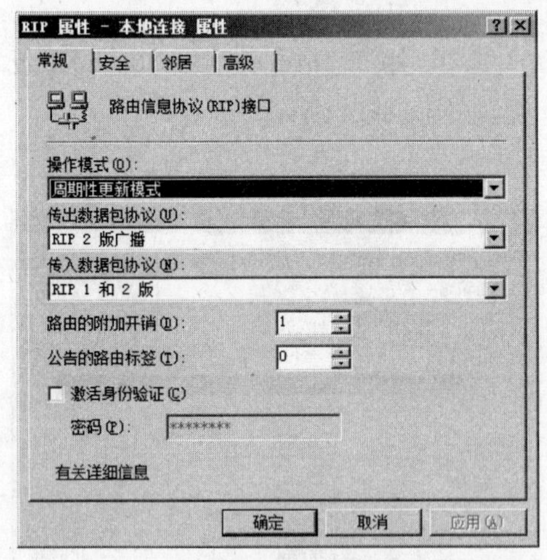

图 18-16　RIP 属性

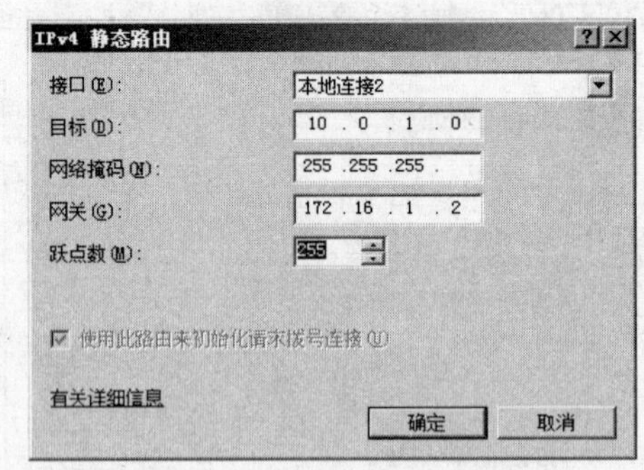

图 18-17　输入静态路由信息

实验 18-5　查看路由表

在“路由和远程访问”窗口中，右击 IPv4 下的“静态路由”，选择“显示”→“IP 路由表”，如图 18-18 所示。

DC1 - IP 路由表

目标	网络掩码	网关	接口	跃点数	协议
0.0.0.0	0.0.0.0	192.168.0.254	本地连接	276	网络管理
127.0.0.0	255.0.0.0	127.0.0.1	Loopback	51	本地
127.0.0.1	255.255.255.255	127.0.0.1	Loopback	306	本地
192.168.0.0	255.255.255.0	0.0.0.0	本地连接	276	网络管理
192.168.0.1	255.255.255.255	0.0.0.0	本地连接	276	网络管理
192.168.0.255	255.255.255.255	0.0.0.0	本地连接	276	网络管理
224.0.0.0	240.0.0.0	0.0.0.0	本地连接	276	网络管理
255.255.255.255	255.255.255.255	0.0.0.0	本地连接	276	网络管理

图 18-18　DC1 上的 IP 路由表

18.4　实训与思考

18.4.1　实训题

实训 18-1　用单路由器连接两个网络

实验接线如图 18-19 所示，逻辑结构如图 18-20 所示。在充当路由器的计算机中安装两块网卡，并安装驱动程序，为两块网卡分别配置 IP 地址，使两块网卡分别处于不同的网段。如果只有一块网卡，可以给网卡绑定两个 IP 地址。

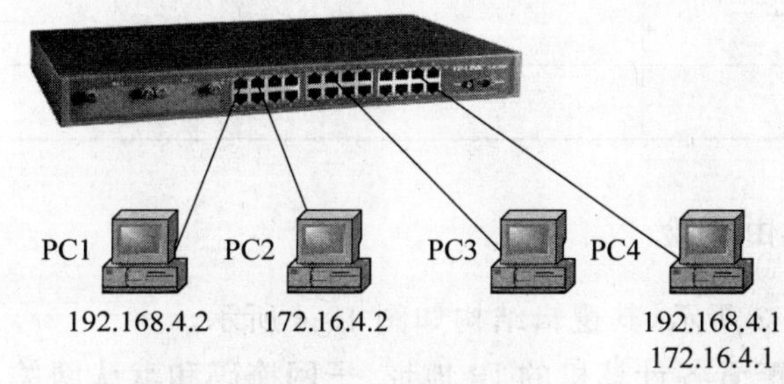

图 18-19　实验接线

图 18-20　逻辑结构

(1) 参考图 18-19，为不同的计算机配置 IP 地址、子网掩码和默认网关，将配置结果记录在表 18-1 中。

(2) 用 ping 命令测试 PC1 与 PC2 及 PC4 间的连通性，将测试结果记录在表 18-2 中。

(3) 在 PC4 上实现路由器。

(4) 在 192.168.4.2 的计算机上(PC1)，分别 ping 路由器的两个 IP 地址，以及另一网络计算机 PC2 的 IP 地址，将结果记录在表 18-3 中。

表 18-1　为计算机配置不同网络的 IP 地址

计算机	IP 地址	子网掩码	默认网关
PC1			
PC2			
PC4(1)			
PC4(2)			

表 18-2　用 ping 命令测试计算机间的连通性

命　令	结　果	结　论

表 18-3　用 ping 命令再次测试计算机间的连通性

命　令	结果(TTL 值)	结　论

实训 18-2　多路由实验

物理连接如图 18-3 所示，其逻辑结构如图 18-4 所示。

(1) 参考图 18-3 配置各计算机的 IP 地址、子网掩码和默认网关，具体参数如表 18-4 所示。

表 18-4　各计算机 TCP/IP 属性配置

计算机	IP 地址	子网掩码	默认网关
PC1	192.168.4.2	255.255.255.0	192.168.4.1
PC2	10.0.4.2	255.255.255.0	10.0.4.1
PC3	192.168.4.1 172.16.4.1	255.255.255.0 255.255.255.0	172.16.4.2
PC4	172.16.4.2 10.0.4.1	255.255.255.0 255.255.255.0	172.16.4.1

(2) 在 PC1 上用 ping 命令 ping 路由器 1 和路由器 2 各个端口以及 PC2，将结果记录在表 18-5 中。

(3) 分别在 PC3 和 PC4 上安装并设置路由。

表 18-5 用 ping 命令测试计算机间的连通性

命　令	结果(TTL 值)	结　论

(4) 再次执行第(2)步,将结果填入表 18-6。

表 18-6 用 ping 命令再次测试有路由器后计算机间的连通性

命　令	结果(TTL 值)	结　论

(5) 查看 PC3 和 PC4 上的路由表,并填写表 18-7。

表 18-7 PC3 和 PC4 上的路由表

PC3					
目　标	网络掩码	网关	接口	跃点数	协议
10.0.0.0					
172.16.0.0					
192.168.4.0					

PC4					
目　标	网络掩码	网关	接口	跃点数	协议
10.0.0.0					
172.16.0.0					
192.168.4.0					

(6) 配置静态路由:根据图 18-3 所示的网络环境,为 PC3 和 PC4 配置静态路由,将配置结果填写在表 18-8 中。

表 18-8 PC3 和 PC4 上的路由表

PC3					
目　标	网络掩码	网关	接口	跃点数	协议
10.0.0.0					

PC4					
目标	网络掩码	网关	接口	跃点数	协议
192.168.4.0					

18.4.2 思考题

(1) 路由器的作用是什么？

(2) 用 Windows Server 2008 R2 服务器实现路由器要经过哪些主要步骤？

(3) 路由表主要包含哪些信息？

(4) 什么是动态路由？什么是静态路由？

(5) 路由选择协议主要有哪些？

实验 19 experiment 19

用 Windows Server 2008 R2 实现 VPN 服务器

19.1 知识准备

19.1.1 虚拟专用网的概念

虚拟专用网(Virtual Private Network,VPN)是将物理分布在不同地点的网络通过公用骨干网,尤其是 Internet 连接而成的逻辑上的虚拟子网。为了保障信息的安全,VPN 技术采用了鉴别、访问控制、保密性和完整性等措施,以防信息被泄露、篡改和复制。

虚拟专用网是针对传统的企业"专用网络"而言的。传统的专用网络往往需要建立自己的物理专用线路,使用昂贵的长途拨号以及长途专线服务;而 VPN 则是利用公共网络资源和设备建立一个逻辑上的专用通道,尽管没有自己的专用线路,但是这个逻辑上的专用通道却可以提供和专用网络同样的功能。换言之,VPN 虽然不是物理上真正的专用网络,但能够实现物理专用网络的功能。VPN 是特定企业或用户私有的,并不是任何公共网络上的用户都能够使用已经建立的 VPN 通道,而是只有经过授权的用户才可以使用。在该通道内传输的数据经过了加密和认证,使得通信内容既不能被第三者修改,又无法被第三者破解,从而保证了传输内容的完整性和机密性。因此,只有特定的企业和用户群体才能够利用该通道进行安全的通信。

VPN 主要应用于以下场合。

1. 远程访问

远程访问 VPN 连接如图 19-1 所示,图中公司内部网络的 VPN 服务器已经接到因特网,而 VPN 客户端在远地利用无线网络、局域网等方式也连上因特网后,就可以通过因特网来与公司 VPN 服务器创建 VPN,并通过 VPN 与内部计算机安全地通信。VPN 客户端就好像是位于内部网络一样。

2. 连接两个异地局域网

两个局域网之间的 VPN 连接如图 19-2 所示,它又被称为路由器对路由器 VPN 连

图 19-1　远程访问 VPN 连接

接。图中两个局域网的 VPN 服务器都连接到因特网，并且通过因特网创建 VPN，它让两个网络内的计算机相互之间可以通过 VPN 来安全通信。两地的计算机就好像是位于同一个网络一样。

图 19-2　局域网之间的 VPN 连接

19.1.2　VPN 技术

1. 隧道技术

VPN 的关键技术是安全技术，VPN 采用了加密、认证、存取控制和数据完整性鉴别等措施，相当于在各 VPN 设备间形成一些跨越 Internet 的虚拟通道——“隧道”，使得敏感信息只有预定的接收者才能读懂，实现信息的安全传输，使信息不被泄露、篡改和复制。

隧道技术是 VPN 的基本技术，类似于点对点连接技术，它在公用网建立一条数据通道(隧道)，让数据包通过这条隧道传输，如图 19-1 所示。隧道是由隧道协议形成的，分为第二、三层隧道协议。第二层隧道协议是先把各种网络协议封装到 PPP 中，再把整个数据包装入隧道协议中。这种双层封装方法形成的数据包靠第二层协议进行传输。第二层隧道协议有 L2F、PPTP 和 L2TP 等。L2TP 协议是目前 IETF 的标准，由 IETF 融合 PPTP 与 L2F 而形成。

第三层隧道协议是把各种网络协议直接装入隧道协议中，形成的数据包依靠第三层协议进行传输。第三层隧道协议有 VTP 和 IPSec 等。

2. 身份认证

VPN 的客户端连接到远端 VPN 服务器时，必须验证用户身份，身份验证成功后用户可以通过 VPN 服务器来访问有权访问的资源。Windows Server 2008 R2 支持以下身份验证协议：

(1) CHAP：通过使用 MD5(一种工业标准的散列方案)来协商一种加密身份验证的安全形式。CHAP 在响应时使用质询-响应机制和单向 MD5 散列。用这种方法，可以向服务器证明客户机知道密码，但不必实际地将密码发送到网络上。

(2) MS-CHAP：同 CHAP 相似，支持对远程 Windows 工作站进行身份验证，它在响应时使用质询-响应机制和单向加密，而且它不要求使用原文或可逆加密密码。

(3) MS-CHAP v2：提供了相互身份验证和更强大的初始数据密钥，而且发送和接收分别使用不同的密钥。如果将 VPN 连接配置为用 MS-CHAP v2 作为唯一的身份验证方法，那么客户端和服务器端都要证明其身份，如果所连接的服务器不提供对自己身份的验证，则连接将被断开。

(4) EAP：支持多种身份验证方案，其中包括令牌卡、一次性密码、使用智能卡的公钥身份验证、证书及其他身份验证。对于 VPN 来说，使用 EAP 可以防止暴力或词典攻击及密码猜测，提供比其他身份验证方法(例如 CHAP)更高的安全性。

(5) Windows Server 2008 R2 还支持 PEAP 协议，客户端连接 802.1x 无线基地台、802.1x 交换机、VPN 服务器与远程桌面网关等访问服务器时，可使用 PEAP 验证法。

在 Windows 系统中，对于采用智能卡进行身份验证，将采用 EAP 验证方法；对于通过密码进行身份验证，将采用 CHAP、MS-CHAP 或 MS-CHAP v2 验证方法。

19.1.3 VPN 协议

Windows Server 2008 R2 除了支持 PPTP、L2TP/IPSec 与 SSTP (SSL)等 VPN 协议之外，还增加了支持 IKEv2(VPN Reconnect)的 VPN 协议。

1. PPTP 协议

PPTP(Point-to-Point Tunneling Protocol)是构建 VPN 最容易使用的协议，它默认是使用 MS-CHAP v2 验证方法，不过也可以选择安全性更好的 EAP-TLS 证书验证方法。身份验证完成后，双方所发送的数据可以利用 MPPE(Microsoft Point-to-Point Encryption)加密法来加密，不过仅支持 128 位的 RC4 加密算法(从 Windows Vista 开始已经不支持 40 位和 56 位)。

如果是使用 MS-CHAP v2 验证方法的话，用户的密码建议最好复杂一点，以降低密码被破解的机率。PPTP 协议支持 Windows XP、Windows 2003、Windows Vista、Windows 2008、Windows 7 和 Windows 2008 R2。

2. L2TP/IPSec 协议

L2TP/IPSec(Layer Two Tunneling Protocol/IPSec)支持 IPSec 的预共享密钥(preshared key)与计算机证书(computer certificate)两种身份验证方法，建议采用安全性较高的计算机证书方法，而预共享密钥方法应仅在测试时使用。身份验证完成后，双方所发送的数据则利用 IPSec ESP 的 3DES 或 AES 加密方法。

虽然 L2TP/IPSec VPN 安全性比 PPTP VPN 高，不过客户端计算机与 VPN 服务器都需要申请计算机证书，因此比较麻烦。L2TP/IPSec 协议支持 Windows XP、Windows 2003、Windows Vista、Windows 2008、Windows 7 和 Windows 2008 R2。

3. SSTP 协议

SSTP(Secure Socket Tunneling Protocol)也是安全性较高的协议，SSTP 通道是采用 HTTPS 协议(HTTP over SSL)，因此可以通过 SSL 安全措施来确保传输安全性。PPTP 与 L2TP/IPSec 协议所使用的端口比较复杂，会增加防火墙设置的困难度；而 HTTPS 仅使用端口 443，故只要在防火墙开放 443 即可，而且 HTTPS 也是企业普遍采用的协议。SSTP 协议支持 Windows Vista SP1、Windows 2008、Windows 7 和 Windows 2008 R2。

4. IKEv2

IKEv2 是采用 IPSec 信道模式(使用 UDP 设端口号 500)的协议，这是 Windows Server 2008 与 Windows 7 所支持的最新协议。利用 IKEv2 MOBIKE(Mobility and Multihoming Protocol)协议所支持的功能，移动用户更方便通过 VPN 连接企业内部网络。在 Windows Server 2008 R2 与 Windows 7 内是通过 VPN Reconnect 这个新功能来实现对 IKEv2 的支持。

前面介绍的 3 种 VPN 协议，PPTP、L2TP/IPSec 与 SSTP 都有一个缺点，那就是若网络因故断线的话，用户就会完全失去其 VPN 信道；在网络重新连接后，用户必须手动重新创建 VPN 通道。然而 VPN Reconnect 允许网络中断后，在一段指定的时间内，VPN 通道仍然保留着不会消失，一旦网络重新连接后，这个 VPN 通道就会自动恢复运行，用户不需重新手动连接、不要重新输入账户与密码，应用程序好像没有被中断一样继续运行。

Windows Server 2008 R2 与 Windows 7 仅支持远程访问 IKEv2 VPN，不支持站点对站点的 IKEv2 VPN。IKEv2 的数据加密方法是 3DES 或 AES。

19.1.4 VPN 设置过程需要回答的问题

1. 建立基于什么协议的 VPN

可以选择 PPTP 协议、L2TP/IPSec 协议、SSTP 协议或 IKEv2 协议，选择的协议类型不同，设置过程和内容不同。

2. 给客户机分配 IP 地址的方式

远程的客户机要加入本地的网络，需要有一个本地网络的 IP 地址，VPN 服务器有两种处理方式：

(1) 自动：VPN 服务器先向 DHCP 服务器租用 IP 地址，然后将其分配给客户端，这要求网络中有 DHCP 服务器，而且 VPN 服务器要担当 DHCP 中继代理角色。

(2) 来自一个指定的地址范围：在 VPN 服务器上设置一段 IP 地址范围，当客户端来连接时，VPN 服务器会自动从此范围内挑选 IP 地址给客户机。

3. 是否使用 RADIUS 认证

RADIUS 认证是一种认证计费协议。有两种选择：若选择“否，使用路由和远程访问来对连接请求进行身份验证”，则不使用 RADIUS 认证、若 VPN 服务器是域的成员，由域控制器认证；若不是域的成员，由本地服务器认证。若选择“是，设置次服务器与 RADIUS 服务器一起工作”，则使用 RADIUS 认证。

19.2 实验目的与任务

19.2.1 实验目的

(1) 理解 VPN 的作用。

(2) 掌握 VPN 服务器的设置方法和客户机的设置方法。

19.2.2 实验任务

任务：

(1) 设置 VPN 服务器。

(2) 设置 VPN 客户机。

(3) 实现 VPN 客户机与 VPN 服务器以及内部局域网之间的通信。

模拟场景：

公司建设了局域网，为满足远程业务人员访问公司网络的需求，决定建设一台 VPN 服务器，用于支持远程用户对公司局域网的安全访问。

19.2.3 实验环境

实验原理图如图 19-3 所示。假设网络中存在一个 Active Directory 域，域名为 haisen. com，DC1 是域控制器和支持 Active Directory 的 DNS 服务器，同时也是 VPN 服务器和 DHCP 服务器。图中的 VPN 客户机是一台安装 Windows 7 的计算机，利用它来测试是否可以与 VPN 服务器创建 VPN 连接，并通过此 VPN 连接来与内部计算机通信。

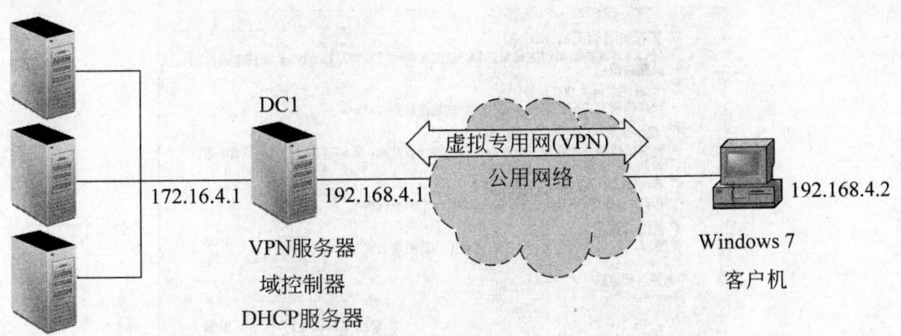

图 19-3 实验原理

为了简化测试环境，将 VPN 客户机与 VPN 服务器直接连接在同一个网段上，利用此网络来仿真因特网的环境。

19.3 实验过程

实验 19-1 安装"网络策略和访问服务"

过程同实验 18-1 中的(1)～(4)。

实验 19-2 安装和配置 VPN 服务器

(1) 依次单击"开始"→"管理工具"→"路由和远程访问"，如图 19-4 所示。

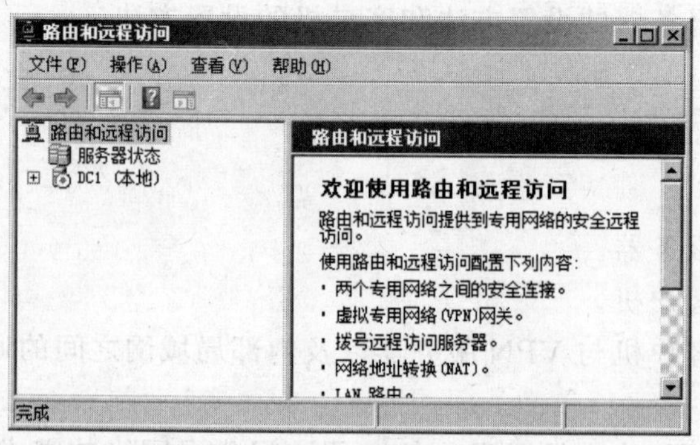

图 19-4 "路由和远程访问"窗口

(2) 单击"操作"菜单，选择"配置并启用路由和远程访问"命令，运行"配置并启用路由和远程访问向导"，单击"下一步"按钮。

(3) 在图 19-5 所示的"配置"对话框中，选择"远程访问(拨号或 VPN)"，单击"下一步"按钮。

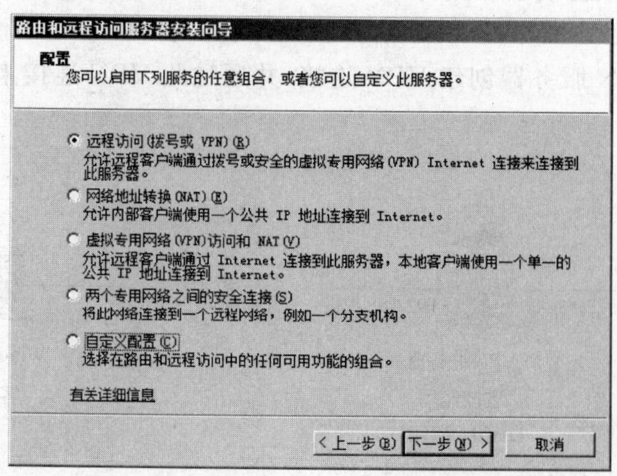

图 19-5 "配置"对话框

(4) 在图 19-6 所示的对话框中选择 VPN 复选框，单击“下一步”按钮。

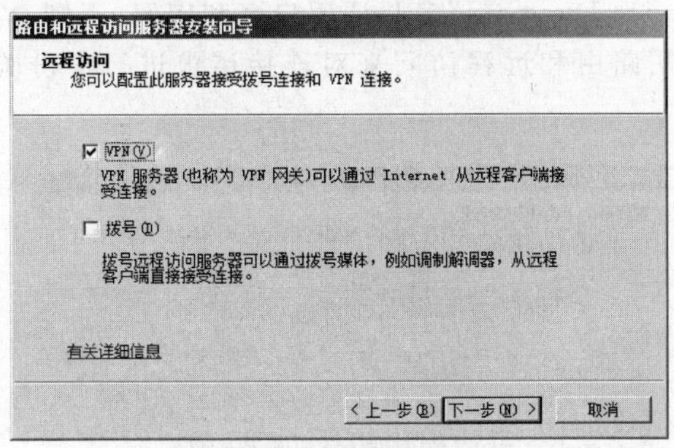

图 19-6　选择 VPN 复选框

(5) 在图 19-7 所示的“VPN 连接”对话框中选择用外网连接 Internet，单击“下一步”按钮。

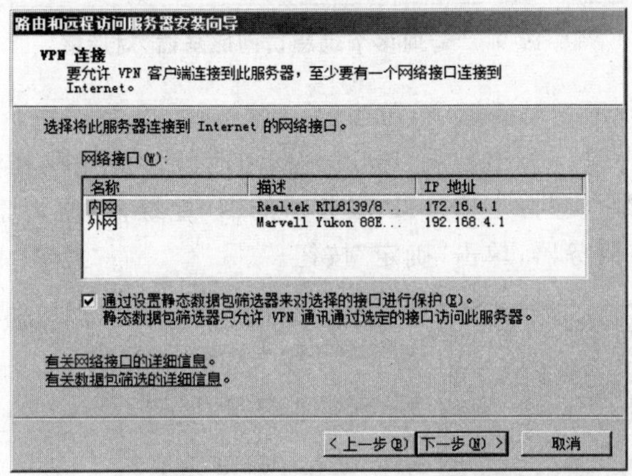

图 19-7　选择网络接口

(6) 在图 19-8 所示的“IP 地址分配”对话框中选择“自动”单选按钮，单击“下一步”按钮。

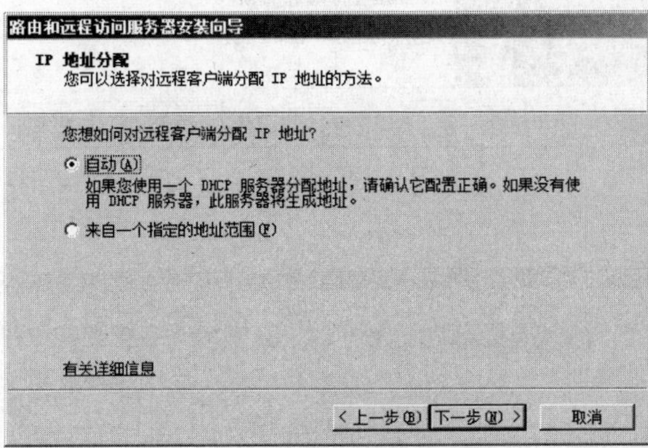

图 19-8　选择自动分配 IP 地址

(7) 在图 19-9 所示的"管理多个远程访问服务器"对话框中,若 VPN 服务器隶属于域,可以直接通过"Active Directory"来验证用户名和密码,否则,需要使用 RADIUS 验证,这里选择"否,使用路由和远程访问来对连接请求进行身份验证",单击"下一步"按钮。

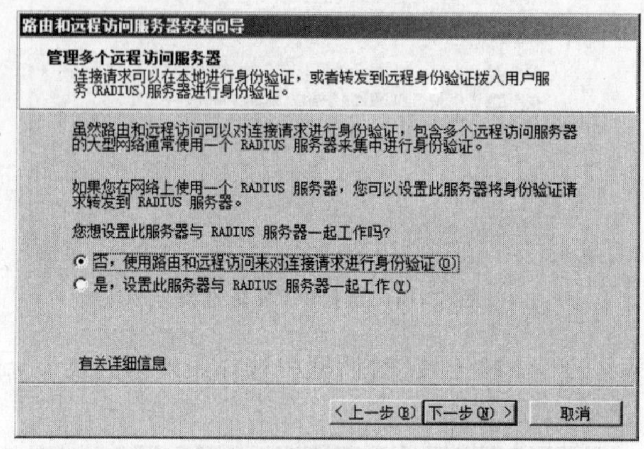

图 19-9 "管理多个远程访问服务器"对话框

(8) 在图 19-10 所示的对话框中,单击"完成"按钮,安装程序会顺便将 VPN 服务器设置为"DHCP 中继代理",会出现图 19-11 所示的对话框,提醒在安装完 VPN 服务器后,需要在 DHCP 中继代理指定 DHCP 服务器的 IP 地址,以便将索取 DHCP 选项设置的请求转发给 DHCP 服务器,单击"确定"按钮。

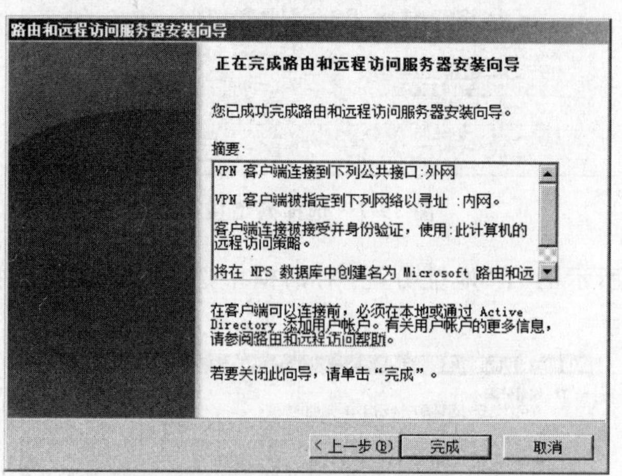

图 19-10 完成安装对话框

图 19-11 提示"指定 DHCP 服务器的 IP 地址"

(9) 安装 VPN 服务后的“路由和远程访问”窗口如图 19-12 所示。

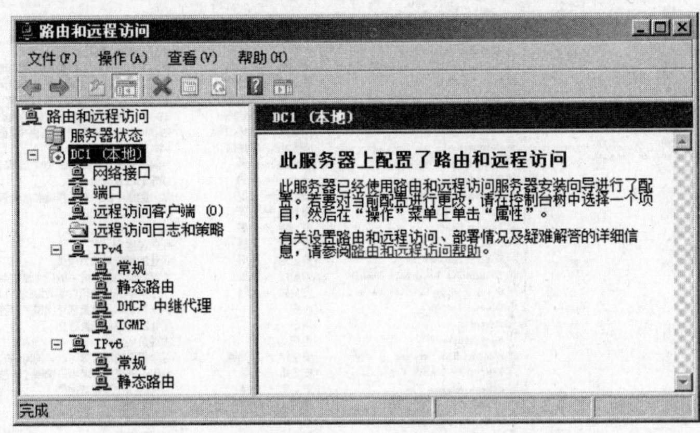

图 19-12 安装 VPN 后的“路由和远程访问”窗口

(10) 右击图 19-12 中的“DHCP 中继代理”，选择“属性”命令。

(11) 在图 19-13 所示的“DHCP 中继代理 属性”对话框中输入 DHCP 服务器的 IP 地址，单击“添加”按钮。

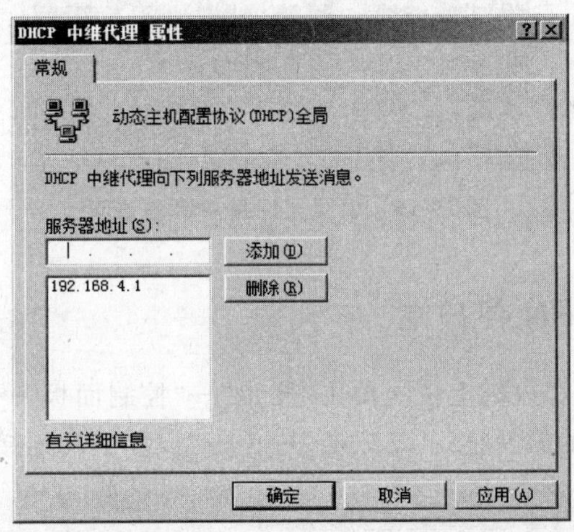

图 19-13 输入 DHCP 服务器的 IP 地址

实验 19-3 赋予用户远程访问权限

在默认状态下，所有用户都没有权限连入 VPN 服务器，需要在域控制器上专门对用户授权后，用户才可以访问 VPN 服务器。

(1) 单击“开始”→“管理工具”→“Active Directory 用户和计算机”，如图 19-14 所示。

(2) 找到允许访问 VPN 服务器的用户账户，如 Administrator，右击该账户，选择“属性”命令，在“拨入”选项卡中，选择“允许访问”单选按钮，如图 19-15 所示，单击“确定”按钮。

图 19-14 “Active Directory 用户和计算机”窗口

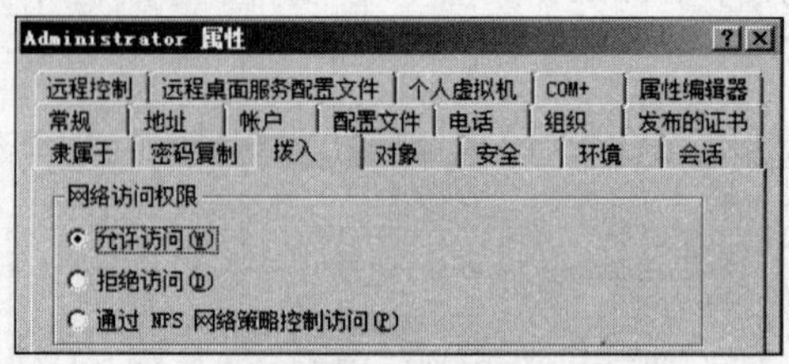

图 19-15 设置允许用户远程访问

实验 19-4 设置 VPN 客户端

(1) 在 Windows 7 客户机上依次单击“开始”→“控制面板”→“网络和共享中心”。

(2) 在图 19-16 所示的“网络共享中心”中单击“设置新的连接或网络”。

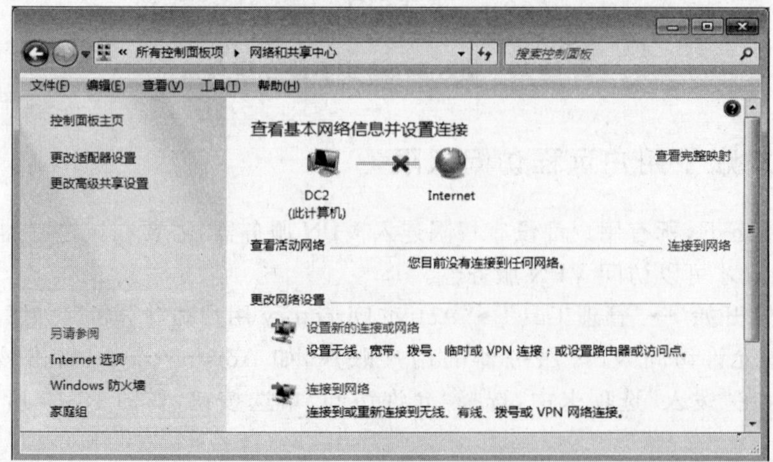

图 19-16 网络和共享中心

(3) 在图 19-17 所示的"设置连接或网络"窗口中选择"连接到工作区",单击"下一步"按钮。

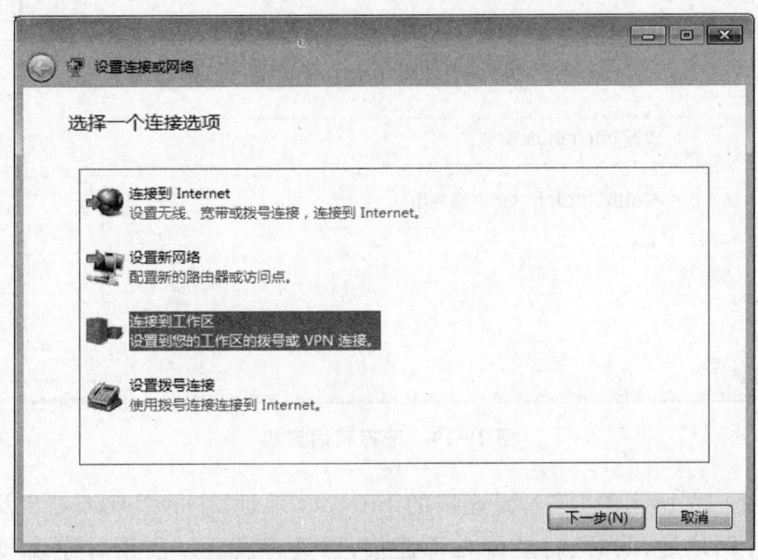

图 19-17 "设置连接或网络"窗口

(4) 在图 19-18 所示的"连接到工作区"窗口中单击"使用我的 Internet 连接(VPN)"。

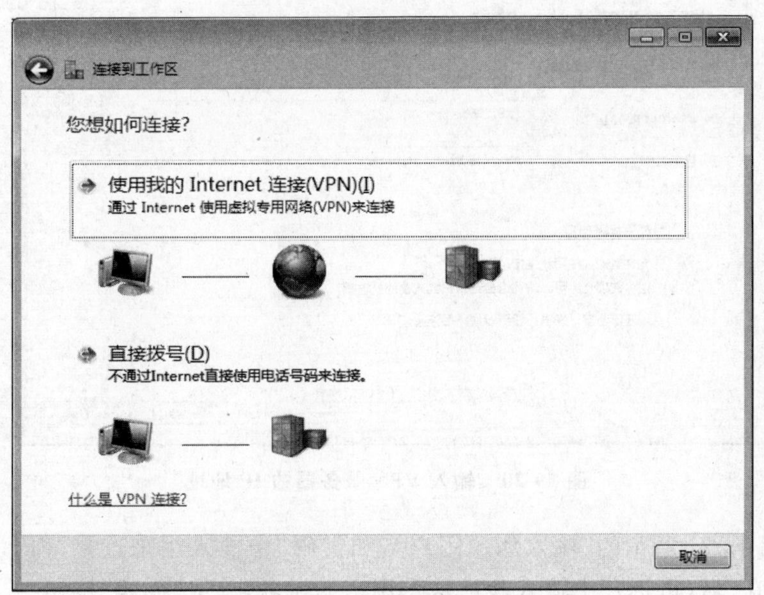

图 19-18 选择连接方式

(5) 如果客户端当前没有连接 Internet,会询问是否设置 Internet 连接,在图 19-19 中选择"我将稍后设置 Internet 连接"。

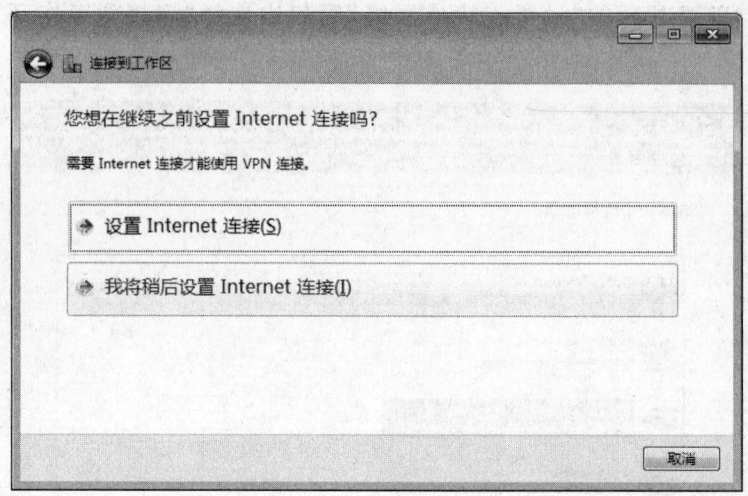

图 19-19　选择稍后连接

(6) 在图 19-20 所示的“键入要连接的 Internet 地址”中的“Internet 地址”右侧输入 VPN 服务器外网地址,同时选择“现在不连接;仅进行设置以便稍后连接”复选框,单击“下一步”按钮。

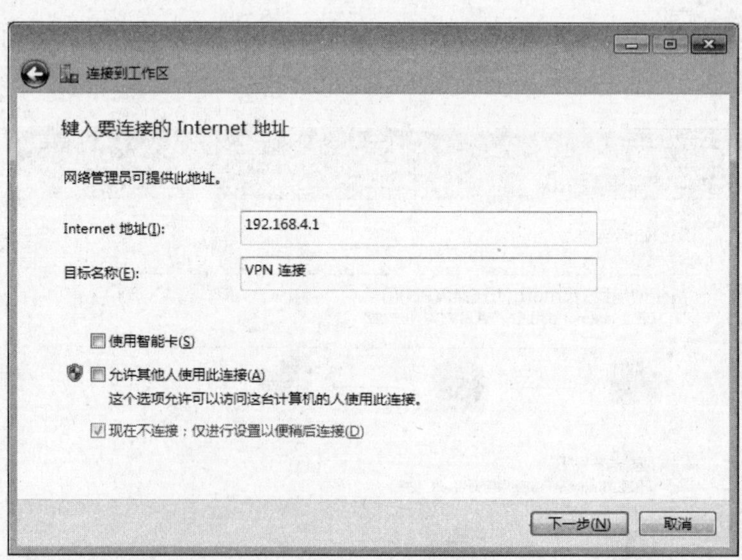

图 19-20　输入 VPN 服务器的 IP 地址

(7) 在图 19-21 所示的“输入您的用户名和密码”中输入用来连接 VPN 服务器的用户名和密码,在“域(可选)”中输入验证这个用户的域名,单击“创建”按钮。

(8) 出现图 19-22 所示的“连接已经可以使用”,单击“关闭”按钮。

(9) 在图 19-16 所示的“网络共享中心”中单击“连接到网络”,弹出如图 19-23 所示的对话框。

(10) 在图 19-23 中右击“VPN 连接”,选择“属性”命令,出现“VPN 连接 属性”对话

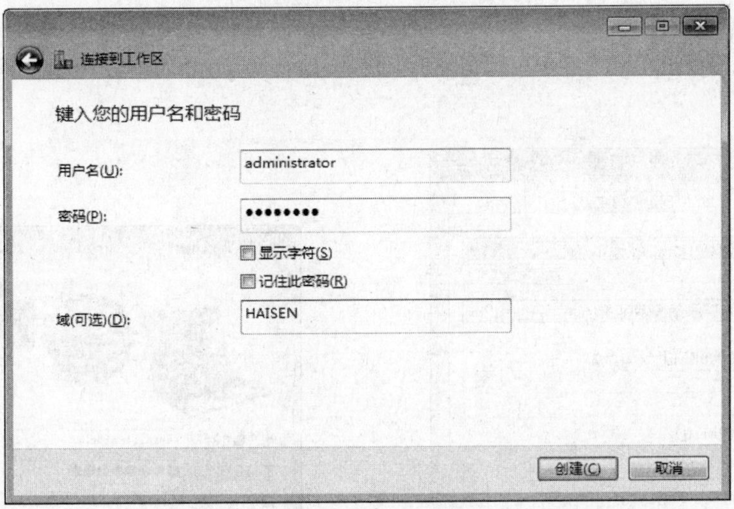

图 19-21 输入用户名、密码和域名

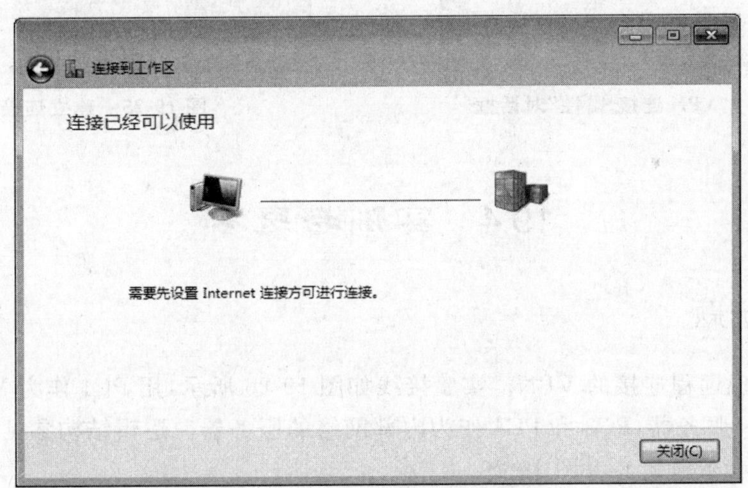

图 19-22 连接已经可以使用

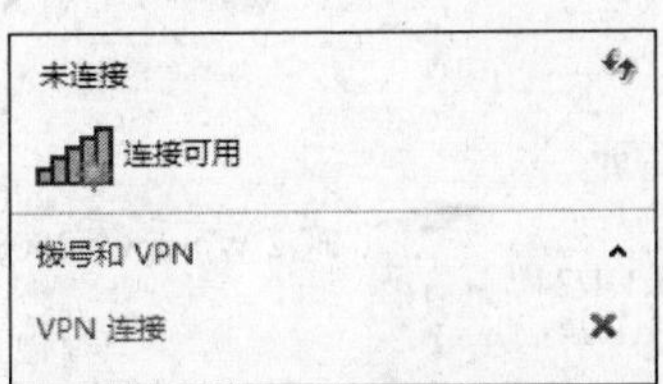

图 19-23 已建立的 VPN 连接

框，单击“安全”标签，如图 19-24 所示。

(11) 在“VPN 类型”下面选择“点对点隧道协议(PPTP)”，其他保留默认设置，单击“确定”按钮。

(12) 在图 19-23 所示的对话框中右击“VPN 连接”，选择“连接”命令，出现“连接

VPN 连接”对话框,如图 19-25 所示。

(13) 输入密码,单击“连接”按钮便可利用 haisen\administrator 账户连入 VPN 服务器。

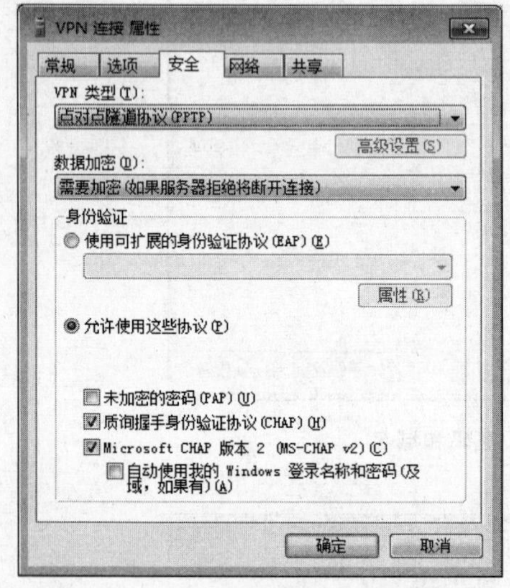

图 19-24 “VPN 连接 属性”对话框

图 19-25 建立连接

19.4 实训与思考

19.4.1 实训题

要求:实现远程连接的 VPN。实验接线如图 19-26 所示,用 PC1 作为 VPN 客户机,PC2 作为 VPN 服务器,PC3 和 PC4 作为内部网络的服务器。逻辑结构参见图 19-3,各计算机 TCP/IP 参数设置参考图 19-26。

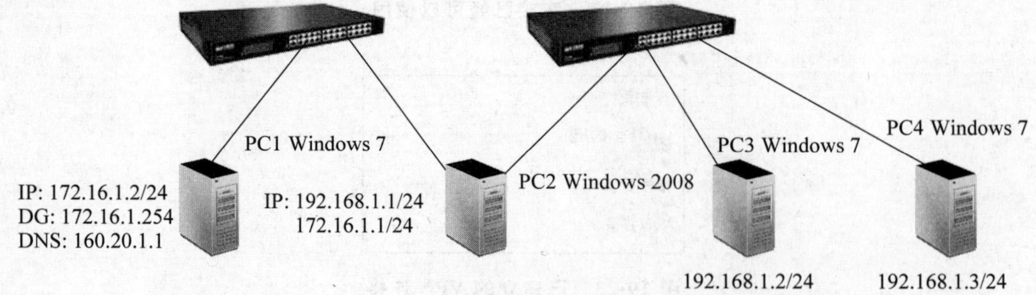

图 19-26 实验接线

实训 19-1 安装“网络策略和访问服务”

(1) 将实验用的各计算机 TCP/IP 属性参数填写在表 19-1 中。

表 19-1 各计算机的 TCP/IP 属性

属 性	PC1	PC2	PC3	PC4
IP 地址				
子网掩码				
默认网关				
DNS				

(2) 在 PC2 上安装网络策略和访问服务。

实训 19-2 安装配置 VPN 服务器

在 PC2 上配置 VPN 服务器,将主要配置过程记录在表 19-2 中。

表 19-2 VPN 服务器的主要配置参数

项 目	内 容
连接外网的接口地址	
客户机获取 IP 地址的方式	
是否使用 RADIUS 服务器	
DHCP 服务器地址(自动获取 IP 地址时)	
分配给客户机的 IP 地址范围(由 VPN 分配 IP 地址时)	

实训 19-3 赋予用户远程访问权限

在 PC2 上给远程访问用户授权,将结果填入表 19-3。

表 19-3 授权用户及其权限

授权用户名	权 限

实训 19-4 设置 VPN 客户端

在 PC1 上设置 VPN 客户端,将主要参数填入表 19-4。

表 19-4 客户端主要参数

项 目	参 数
连接的 Internet 地址	
用户名	
域名	
VPN 类型	
身份认证协议	

实训 19-5　使用 VPN

(1) 在 VPN 服务器上设置共享文件夹,在 VPN 客户机上访问。

(2) 分别在 PC3 和 PC4 上设置共享文件夹,在 VPN 客户机上访问。

将上述结果记录在表 19-5 中。

表 19-5　使用 VPN 的情况

提供资源的计算机	共享文件夹名字	访问手段	访问结果
VPN 服务器			
PC3			
PC4			

19.4.2　思考题

(1) 什么是 VPN?

(2) 在什么场合下适合使用 VPN?

(3) Windows Server 2008 支持哪些 VPN 的类型(协议)?

(4) VPN 服务器端主要做哪些设置?客户机端主要做哪些设置?

实验 20 experiment 20

用 Windows Server 2008 R2 实现 NAT 路由器

20.1 知识准备

20.1.1 NAT 的概念

1. NAT 概述

NAT 英文全称是 Network Address Translation，中文意思是“网络地址转换”，它是一个 IETF(Internet Engineering Task Force，Internet 工程任务组)标准，允许一个整体机构以一个公用 IP(Internet Protocol)地址出现在 Internet 上。顾名思义，它是一种把内部私有网络地址(IP 地址)翻译成合法网络 IP 地址的技术。

简单地说，NAT 就是在局域网内部使用私有地址，而当内部节点要与外部网络进行通信时，就在网关(路由器)处将内部地址替换成合法地址，用合法地址访问外部公网，NAT 可以使多台计算机共享 Internet 连接，这一功能很好地解决了公共 IP 地址紧缺的问题。

通过这种方法，可以只申请一个合法 IP 地址，就能够把整个局域网中的计算机接入 Internet 中。这时，NAT 屏蔽了内部网络，所有内部网计算机对于公共网络来说是不可见的，而内部网计算机用户通常不会意识到 NAT 的存在。

2. NAT 的类型

NAT 有 3 种类型：静态地址转换 NAT(Static NAT)、动态地址转换 NAT(Pooled NAT)和网络地址端口转换 NAPT(Port-Level NAT)。

其中静态 NAT 是设置起来最为简单和最容易实现的一种，内部网络中的每个主机都被永久映射成外部网络中的某个合法的地址，这种映射是一对一的。而动态 NAT 则拥有多个外部网络中的合法地址，采用动态分配的方法映射到内部网络的主机，例如，有 10 个合法的外部地址，供内部 100 个主机共享使用。NAPT 则把内部地址映射到外部网络的一个 IP 地址的不同端口上。根据不同的需要，3 种 NAT 方案各有利弊。

如果外网卡拥有多个 IP 地址，可以利用“地址映射”的方式保留特定地址给内部特定的主机,例如,设 NAT 的外网卡有 3 个地址(参见图 20-1),就可以设定将 135.25.1.5 保留给 192.168.1.101,将 135.25.1.6 保留给 192.168.1.102,将 135.25.1.7 保留给 192.168.1.103。这就是静态映射。

动态地址 NAT 只是转换 IP 地址,它为每一个内部的 IP 地址分配一个临时的外部 IP 地址,提供拨号接入的 ISP 常常使用动态 NAT 技术来达到节约 IP 地址的目的。当远程用户联接上之后,动态 NAT 就会分配给他一个 IP 地址;用户断开时,这个 IP 地址就会被释放再分配给其他用户使用。

网络地址端口转换 NAPT(Network Address Port Translation)普遍应用于接入设备中,它可以将中小型的网络隐藏在一个合法的 IP 地址后面。NAPT 与动态地址 NAT 不同,它将内部连接映射到外部网络中的一个单独的 IP 地址上,同时在该地址上加上一个由 NAT 设备选定的 TCP 端口号。

例如,若内部 WWW 网站的 IP 地址是 192.168.1.101,默认端口号是 80,若让外部用户访问此网站,可以对外宣称网站 IP 地址是 135.25.1.5,端口是 80(参见图 20-1),并将这个地址在 DNS 服务器中注册,当外部用户访问 135.25.1.5 时,NAT 就将这个访问请求转发给 192.168.1.101 的 80 端口。

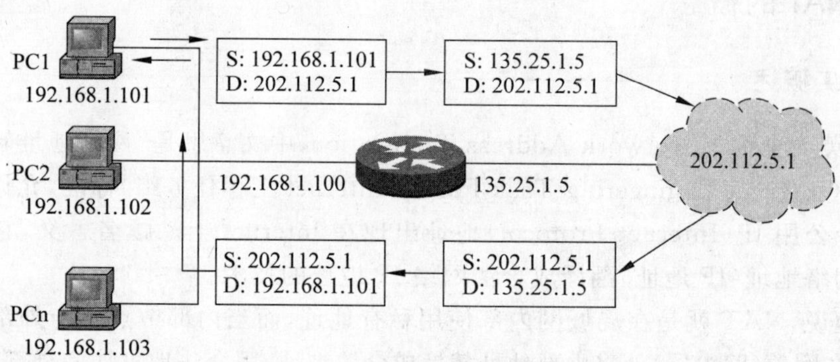

图 20-1 NAT 原理

20.1.2 NAT 原理

NAT 允许一个整体机构以一个公用 IP 地址出现在 Internet 上,它是一种把内部私有 IP 地址翻译成合法网络 IP 地址的技术。通过这种方法,可以只申请一个合法 IP 地址,就把整个局域网中的计算机接入 Internet 中。

NAT 工作原理如图 20-1 所示。设有 NAT 功能的路由器拥有合法的外部地址 135.25.1.5和与内部网络连接的私有地址 192.168.1.100。内部网络用户均使用私有地址。当 PC1 用户要访问外部网络中的 202.112.5.1 时,PC1 发出的数据包中源地址为 192.168.1.101,目的地址为 202.112.5.1,当数据包经过 NAT 路由器时,路由器将数据包打开,将源地址改为自己的合法地址 135.25.1.5,目的地址为 202.112.5.1;当数据包从目的主机返回时,目的地址为 135.25.1.5,源地址为 202.112.5.1,经过 NAT 路由器时,目的地址被改为 192.168.1.101,源地址为 202.112.5.1。

20.2 实验目的与任务

20.2.1 实验目的

(1) 理解 NAT 的作用。

(2) 掌握 NAT 路由器的设置方法。

20.2.2 实验任务

任务:

(1) 设置 NAT 服务器。

(2) 通过 NAT 路由器访问外部网络。

(3) 设置端口映射。

(4) 设置静态地址映射。

模拟场景:

企业建设了局域网,并申请了 Internet 专线,但是企业只有少量的公网 IP 地址,为了让使用私有地址的内部网络用户都能够访问 Internet 资源,决定采用 NAT 技术,并用 Windows Server 2008 R2 实现 NAT 路由器。

20.2.3 实验环境

实验条件:

运行 Windows Server 2008 R2 操作系统的服务器 1 台,Windows 系统客户机 3 台,交换机 1 台,互连成网。

实验接线:

实验接线如图 20-2 所示。用 172.16.4.1 代表能够访问 Internet 的合法地址。192.168.4.0是内部网络使用的网络号。当做路由器的计算机安装两块网卡,连接外网的网卡 IP 地址为 172.16.4.1,连接内网的网卡 IP 地址为 192.168.4.1。客户机均配置 192.168.4.0 网段的地址。

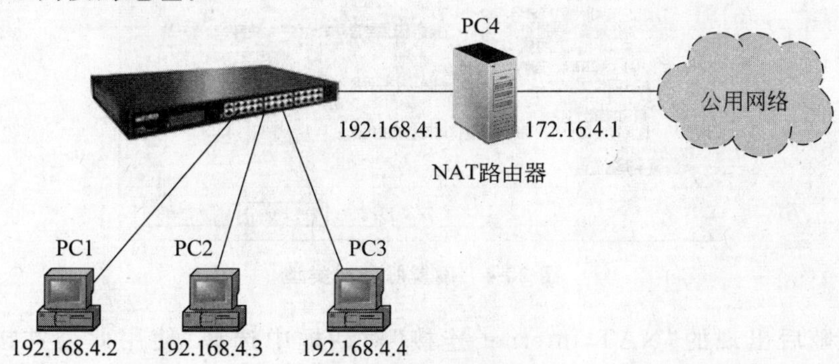

图 20-2 实验接线

20.3 实验过程

实验 20-1 安装“网络策略和访问服务”

步骤同实验 18-1 中的(1)～(4)。

实验 20-2 启用 Windows Server 2008 R2 NAT 路由器

(1) 依次单击“开始”→“管理工具”→“路由和远程访问”,如图 20-3 所示。

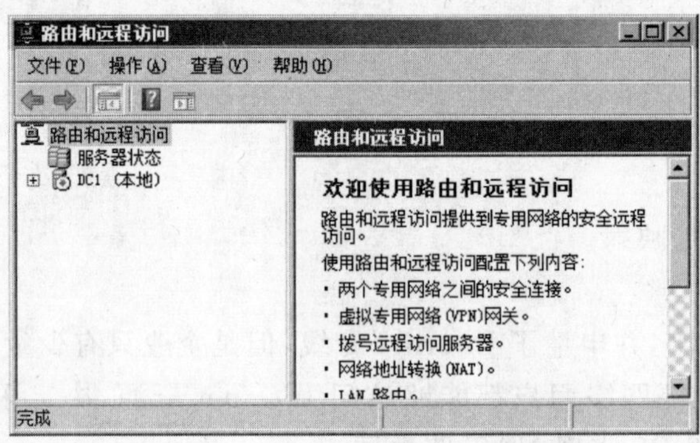

图 20-3 “路由和远程访问”窗口

(2) 单击“操作”菜单,选择“配置并启用路由和远程访问”命令,出现“路由和远程访问服务器安装向导”,单击“下一步”按钮。

(3) 在图 20-4 所示的“配置”对话框中,选择“网络地址转换(NAT)”单选按钮,单击“下一步”按钮。

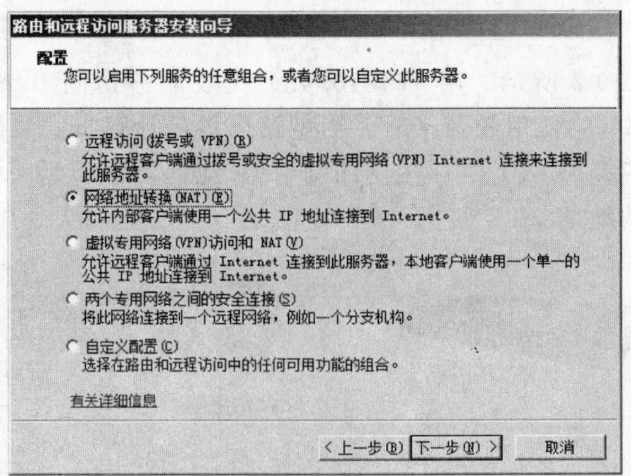

图 20-4 设置服务器类型

(4) 在随后出现的“NAT Internet 连接”对话框中选择“使用此公共接口连接到 Internet”,在网络接口中选择“外部网”,如图 20-5 所示,然后单击“下一步”按钮。

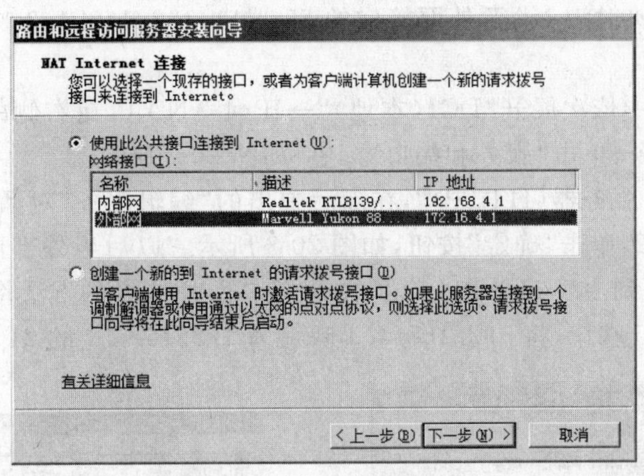

图 20-5 选择 Internet 连接

(5) 设置完毕，单击“完成”按钮即可。此时“路由和远程访问”窗口会自动启动，如图 20-6 所示。

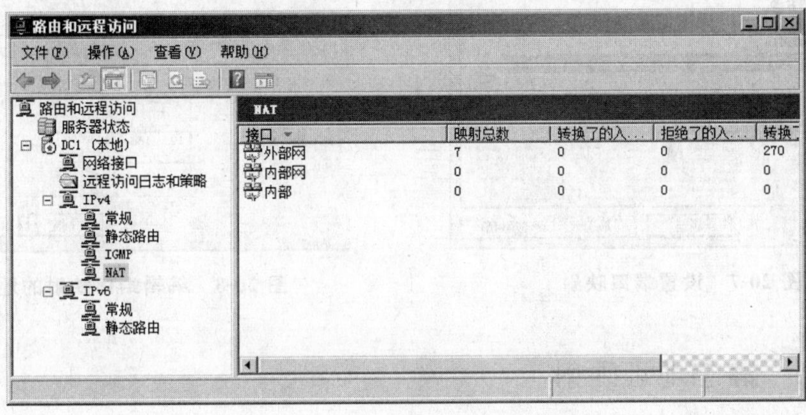

图 20-6 “路由和远程访问”窗口

(6) 通过以上的配置，就可以利用这个 NAT 路由器将内部地址转换成外部地址，代理内部的机器共享上网了。

实验 20-3 客户机配置与验证

(1) 若 NAT 路由器同时也是 DHCP 服务器，则客户机上配置“自动获取 IP 地址”和“自动获取 DNS 服务器地址”即可，否则，按照图 20-2 配置 IP 地址，默认网关配置为 192.168.4.1。

(2) 在客户机上启动浏览器，上网浏览。

实验 20-4 端口映射

映射方案：内网主机地址 192.168.4.2 映射为 NAT 外网接口的 80 端口，内网主机地址 192.168.4.3 映射为 NAT 外网接口的 25 端口，192.168.4.3 映射为 NAT 外网接口的 21 端口。

(1) 在图 20-6 中依次展开“DC1(本地)”→IPv4→NAT，在右侧的窗格中右击“外部网”，选择“属性”命令，单击“服务和端口”标签，如图 20-7 所示。

(2) 选择“Web 服务器(HTTP)”，在随后弹出的“编辑服务”对话框中的“专用地址”处输入 192.168.4.2，单击“确定”按钮，如图 20-8 所示。以后当外部网卡 80 端口收到数据包时，就将其转发到主机 192.168.4.2 的 80 端口。用同样的方法将 192.168.4.3 映射为 172.16.4.1 的 25 端口，将 192.168.4.4 映射为 172.16.4.1 的 21 端口。

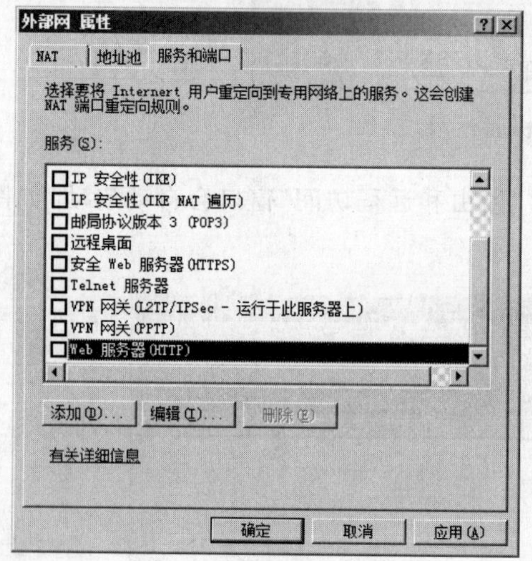

图 20-7 设置端口映射

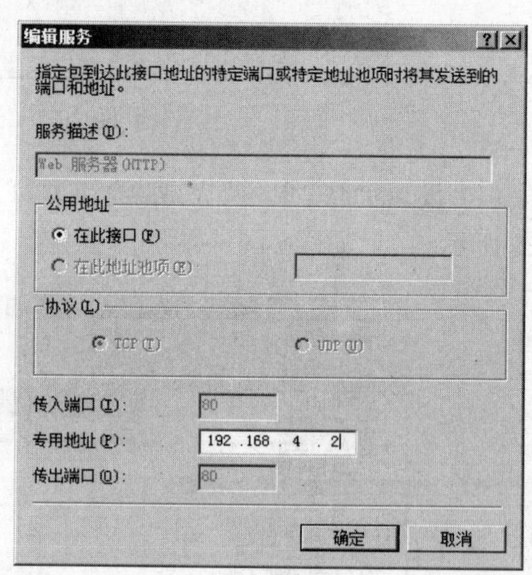

图 20-8 编辑端口映射的地址

实验 20-5 静态地址映射

映射方案：将 192.168.4.2 映射为 172.16.4.1，将 192.168.4.3 映射为 172.16.4.2，将 192.168.4.4 映射为 172.16.4.3。

(1) 在 NAT 服务器上先添加两个 IP 地址：172.16.4.2 和 172.16.4.3。

(2) 在图 20-6 中依次展开“DC1(本地)”→IPv4→NAT，在右侧的窗格中右击外部网卡，选择“属性”命令，单击“地址池”标签，如图 20-9 所示。

(3) 单击“添加”按钮，在随后出现的“添加地址池”对话框中输入外部网卡使用的起始地址、结束地址以及子网掩码，单击“确定”按钮，如图 20-10 所示。

(4) 在图 20-9 中单击“保留”按钮，出现“地址保留”对话框，如图 20-11 所示。

(5) 单击“添加”按钮，在随后弹出的“添加保留”对话框中输入保留记录，单击“确定”按钮，如图 20-12 所示。依次填入其他保留记录。

(6) 添加完保留记录后的地址保留窗口如图 20-13 所示。单击“确定”按钮，返回到图 20-9，再单击“确定”按钮完成配置。

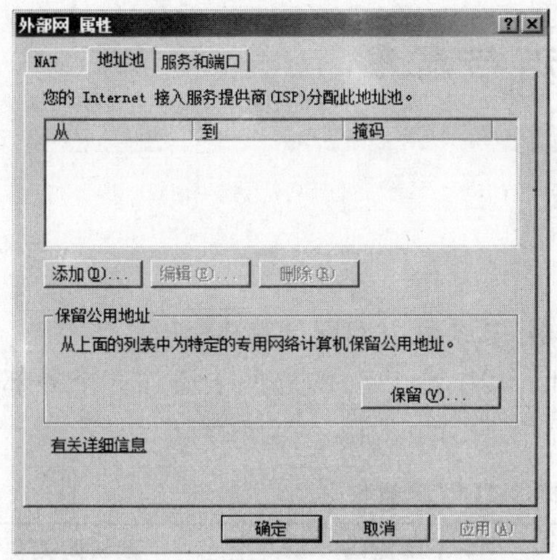

图 20-9 “地址池”标签

图 20-10 “添加地址池”对话框

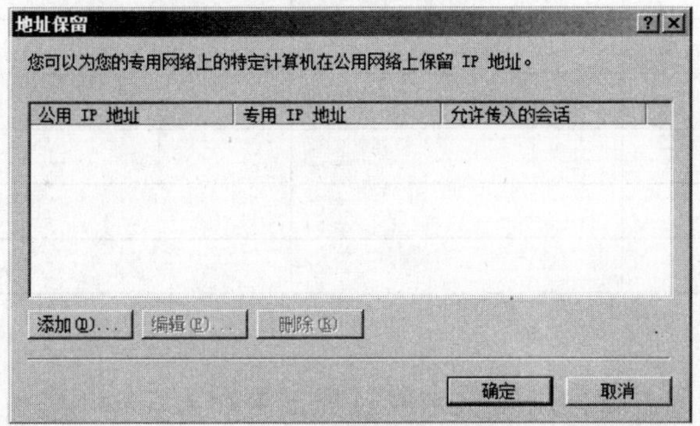

图 20-11 设置地址保留

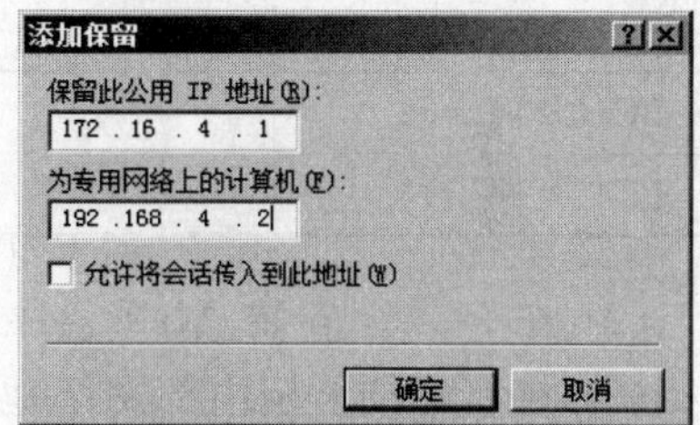

图 20-12 输入保留记录

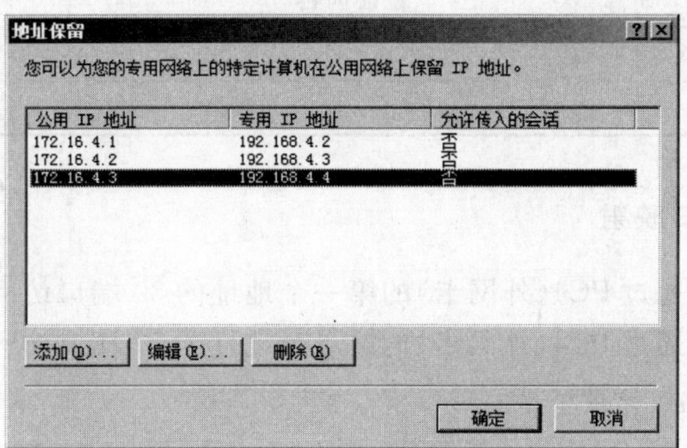

图 20-13 保留地址记录

20.4 实训与思考

20.4.1 实训题

实训 20-1 实现基本 NAT 路由

参考图 20-2 接线，用 PC4 做 NAT 服务器，其余做内部网计算机。

(1) 参照图 20-1 给各计算机配置 IP 地址，其中给 PC4 的外网卡添加 3 个外部网络地址。将配置结果填入表 20-1。

表 20-1 各计算机的 TCP/IP 属性

属性名称	IP 地址	子网掩码	默认网关
PC1			
PC2			
PC3			
PC4(内网卡)			
PC4(外网卡)1			
PC4(外网卡)2			
PC4(外网卡)3			

(2) 在 PC4 上安装 ANT 路由器。

(3) 在客户机上用内部网络地址访问外部网络。将访问过程记录在表 20-2 中。

表 20-2 NAT 验证结果

状态	验证内容	结果
不使用 NAT		
使用 NAT		

实训 20-2 端口映射

(1) 让外部用户通过 PC4(外网卡)的第一个地址的 80 端口访问 PC1(Web 服务器)。

(2) 让外部用户通过 PC4(外网卡)的第一个地址的 21 端口访问 PC2(FTP 服务器)。将映射结果记录在表 20-3 中。

表 20-3 端口映射结果

主机名或 IP 地址	映射为	
	IP 地址：	端口
	IP 地址：	端口

实训 20-3 地址映射

(1) 将内部网的计算机分别映射为 NAT 路由器的一个外部地址。

(2) 将映射结果记录在表 20-4 中。

表 20-4 IP 地址映射结果

主机名或 IP 地址	映射为

20.4.2 思考题

(1) NAT 的作用是什么?

(2) 如何配置 NAT 路由器?

(3) 有几种地址转换方式?

(4) 什么是端口映射?

(5) 什么是静态 NAT?

第3篇　工程篇

用命令配置交换机和路由器

实验 21 experiment 21

用命令方式配置交换机

21.1 知识准备

21.1.1 交换机配置模式介绍

DCR-4500、DCRS-5650-28 等交换机为用户提供了 3 种管理界面：CLI(Command Line Interface)命令行界面和 Web 界面和 LinkManager 网管软件。用户进入 CLI 界面，首先进入的就是一般用户配置模式，提示符为“Switch＞”，符号“＞”为一般用户配置模式的提示符。用户在一般用户配置模式下不能对交换机进行任何配置，只能查询交换机的时钟和交换机的版本信息。在一般用户配置模式使用 enable 命令，即可进入特权用户配置模式，提示符为“Switch＃”(如果已经配置了进入特权用户的口令，则输入相应的特权用户口令)。用户使用 exit 命令可以退出特权用户配置模式，进入普通用户配置模式。

在特权用户配置模式下，用户可以查询交换机配置信息、各个端口的连接情况和收发数据统计等。而且进入特权用户配置模式后，可以进入到全局模式对交换机的各项配置进行修改，因此进行特权用户配置模式必须要设置特权用户口令，防止非特权用户的非法使用，对交换机配置进行恶意修改，造成不必要的损失。

进入特权用户配置模式后，只需使用命令 config，即可进入全局配置模式，命令提示符为“Switch(Config)＃”。在全局配置模式，用户可以对交换机进行全局性的配置，如 MAC 地址表、端口镜像、创建 VLAN、启动 IGMP Snooping、GVRP 和 STP 等。用户在全局模式还可通过命令进入接口配置模式或 VLAN 配置模式等，如图 21-1 所示。使用 exit 命令可以返回上一层。操作示例如下：

```
DCS-4500-50T>enable
DCS-4500-50T#config
DCS-4500-50T(config)#interface vlan 1
DCS-4500-50T(config-if-vlan1)#
DCS-4500-50T(config-if-vlan1)#ip address 192.168.1.11 255.255.255.0
DCS-4500-50T(config-if-vlan1)#no shutdown
DCS-4500-50T(config-if-vlan1)#exit
DCS-4500-50T(config)#exit
DCS-4500-50T#exit
```

```
DCS-4500-50T>
```

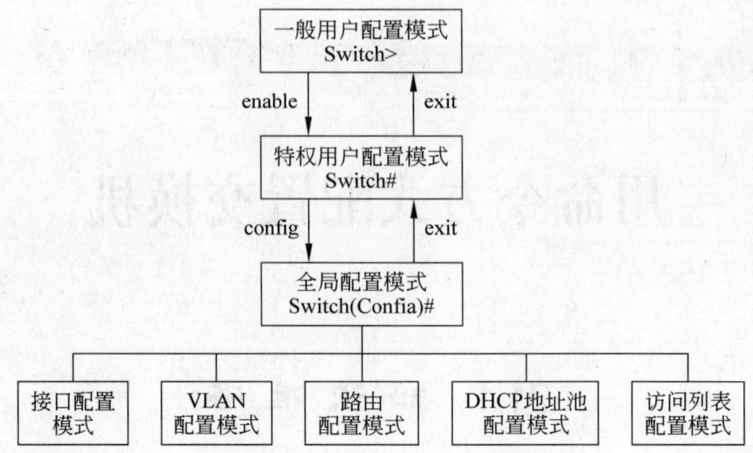

图 21-1　交换机配置模式

21.1.2　交换机端口介绍

端口表述采用"堆叠/模块/端口"的格式，比如，0/0/1 表示堆叠中的第 0 台交换机的第 0 个模块(M0)的第 1 个端口。默认情况下，如果不存在堆叠，交换机总认为自己是第 0 台交换机，如图 21-2 所示(比如 DCRS-5650-28、DCRS-5526S 等)。

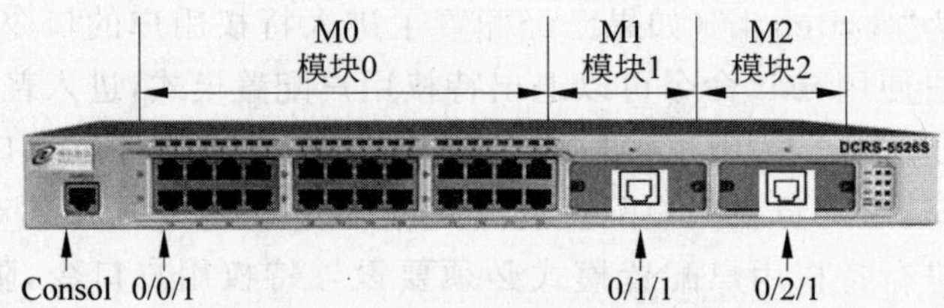

图 21-2　交换机端口

堆叠技术是目前在以太网交换机上扩展端口使用较多的一类技术，是一种非标准化技术。各个厂商之间不支持混合堆叠，堆叠模式为各厂商制定。目前流行的堆叠模式主要有两种：菊花链模式和星形模式。堆叠技术的最大的优点就是提供简化的本地管理，将一组交换机作为一个对象来管理，也就是说堆叠中所有的交换机从拓扑结构上可视为一个交换机。传统的堆叠技术应用往往受限于地理位置的限制，往往需要放置在同一个机架，在高密度端口应用时，会给布线带来困难。多台交换机堆叠如图 21-3 所示。

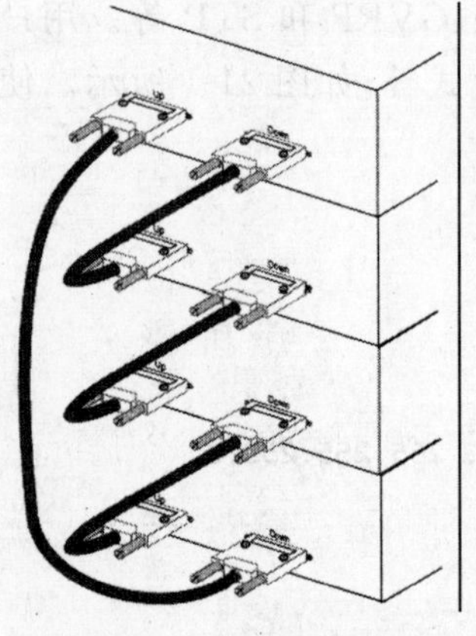

图 21-3　交换机堆叠

有些交换机直接使用 1/1、1/24 这种表示方法(比如 DCR-4500)来表示，模块 1 的端口 1 和模块 1 的端口 24，模块和端口的开始都是 1。可以使用 show vlan 命令察看

vlan 和端口列表，就能清楚端口的表示方法。也可以查阅设备的使用手册。

21.1.3 交换机恢复出厂设置

(1) 命令：reload

功能：热启动交换机。

命令模式：特权用户配置模式。

使用指南：用户可以通过本命令在不关闭电源的情况下重新启动交换机。

(2) 命令：write

功能：将当前运行时配置参数保存到 Flash 存储器。

命令模式：特权用户配置模式。

使用指南：当完成一组配置，并且已经达到预定功能时，应将当前配置保存到 Flash 存储器中，以便在不慎关机或断电时，系统可以自动恢复到原先保存的配置。

(3) 命令：set default

功能：恢复交换机的出厂设置。

命令模式：特权用户配置模式。

使用指南：恢复交换机的出厂设置，即用户对交换机做的所有配置都取消，用户重新启动交换机后，出现的提示与交换机首次上电一样。注意：配置本命令后，必须执行 write 命令进行配置保存，然后重启交换机即可使交换机恢复到出厂设置。

举例：

```
Switch>enable
Switch#set default
Are you sure? [Y/N] =y
Switch#write
Switch#reload
```

21.1.4 端口 MAC 绑定与过滤

有些情况下为了安全和便于管理，需要将 MAC 地址与端口进行绑定，端口只允许已绑定 MAC 的数据流的转发。该 MAC 地址的数据流只能从绑定端口进入，其他没有与端口绑定的 MAC 地址的数据流不可以从该端口进入。命令 switchport port-security 开启使用端口 MAC 地址绑定功能。命令 switchport port-security lock 锁定端口，当端口锁定之后，端口的 MAC 地址学习功能将被关闭。命令 switchport port-security convert 将端口学习到的动态安全 MAC 地址转化为静态安全 MAC 地址，减轻手工添加的工作量。命令 switchport port-security mac-address ＜mac-address＞为手工添加静态安全 MAC 地址。

也可以通过 mac-address-table 命令配置静态 MAC 地址表项，比如：

```
mac-address-table static address 00-1e-37-cc-1d-da vlan 1 interface ethernet 1/1
```

mac-address-table 命令还可以用来配置过滤表项，例如：

```
mac-address-table blackhole address 00-1e-37-cc-1d-da vlan 1
```

那么该 MAC 的数据包将被交换机丢弃，参数 blackhole 配置过滤表项，目的是丢弃指定 MAC 地址的帧，用于过滤不想让其通过的流量，可以过滤源地址和目标地址。

21.1.5 常用命令

(1) 命令：show startup-config

功能：显示当前运行状态下写在 Flash 存储器中的交换机参数配置，通常也是交换机下次上电启动时所用的配置文件。

默认情况：从 Flash 存储器中读出的配置参数，如果与默认工作参数相同，则不显示。

命令模式：特权用户配置模式。

使用指南：show running-config 和 show startup-config 命令的区别在于，当用户完成一组配置之后，通过 show running-config 可以看到配置的变化，而通过 show startup-config 看不到配置的变化。但若用户通过 write 命令将当前生效的配置保存到 Flash 存储器中时，show running-config 与 show startup-config 的显示结果一致。

(2) 命令：show running-config

功能：显示当前运行状态下生效的交换机参数配置。

默认情况：对于正在生效的配置参数，如果与默认工作参数相同，则不显示。

命令模式：特权用户配置模式。

使用指南：当用户完成一组配置后，需要验证是否配置正确，则可以执行 show running-config 命令来查看当前生效的参数。

21.2 实验目的与任务

21.2.1 实验目的

(1) 了解交换机恢复出厂设置的方法。

(2) 了解交换机的一些基本配置命令。

(3) 理解交换机的端口 MAC 地址学习。

(4) 掌握交换机 MAC 地址绑定。

21.2.2 实验任务

(1) 使用 Console 端口管理交换机。

(2) 为交换机恢复出厂设置。

(3) 学习使用交换机配置的相关命令。

21.2.3 实验环境

实验条件：

DCS 二层交换机 1 台，PC 2 台，Console 线 1 根，直通网线 2 根。

实验接线：

实验拓扑如图 21-4 所示。

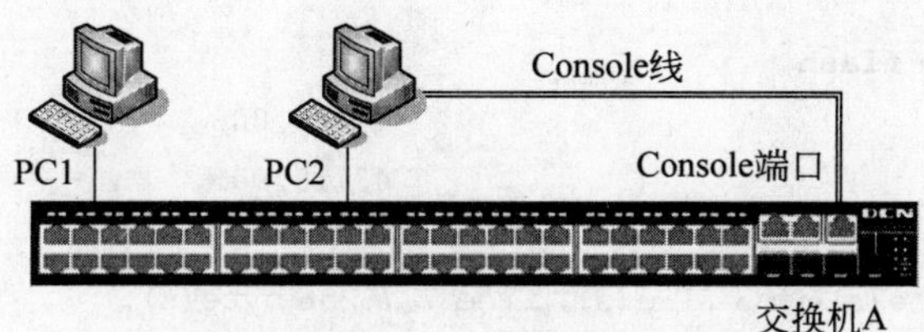

图 21-4 实验拓扑

21.3 实验过程

实验 21-1 交换机恢复出厂设置

(1) 设置 PC1 的 IP 地址 192.168.1.101，PC2 的 IP 地址 192.168.1.102，使用 PC2 连接交换机的 Console 端口，启动超级终端，对交换机加电。

(2) 使用下述命令为交换机恢复出厂设置：

```
DCS-4500-50T>enable
DCS-4500-50T>set default
Are you sure? [Y/N] =y
DCS-4500-50T#write
DCS-4500-50T>#reload
```

实验 21-2 交换机基本命令

```
DCS-4500-50T>show version                        \\查看交换机版本
  DCS-4500-50T Device, Compiled Sep 16 13:39:48 2008
  Software Version DCS-4500-50T_5.4.216.0
  BootRom Version DCS-4500-50T_1.0.6
  Hardware Version R01
  Copyright (C) 2001-2008 by Digital China Networks Limited.
  All rights reserved.
  Uptime is 0 weeks, 0 days, 0 hours, 4 minutes.
DCS-4500-50T>enable
DCS-4500-50T#config
```

```
DCS-4500-50T(config)#hostname DCS-4500-A
DCS-4500-A(config)#exit
DCS-4500-A#show running-config
  …
hostname DCS-4500-A              \\变动的配置将会显示出来,帮助我们检查设置是否生效
  …
end

DCS-4500-A#show flash
boot.rom                                    465,008      --SH
nos.img                                   4,119,903      ----
startup-config                                   24      ----
Total 4729797 byte(s) in 3 file(s), free 7776256 byte(s).
DCS-4500-A#write
DCS-4500-A#
DCS-4500-A#show flash                    //修改的配置信息被保存到启动配置文件
boot.rom                                    465,008      --SH
nos.img                                   4,119,903      ----
startup-config                                1,399      ----
Total 4731172 byte(s) in 3 file(s), free 7776256 byte(s).
DCS-4500-A#reload                        //启动后发现 hostname 设置依然生效
```

实验 21-3 交换机端口 MAC 学习

(1) 配置交换机管理 IP,命令如下:

```
DCS-4500-A>enable
DCS-4500-A#config
DCS-4500-A(config)#interface vlan 1
DCS-4500-A(config-if-vlan1)#ip address 192.168.1.11 255.255.255.0
DCS-4500-A(config-if-vlan1)#no shutdown
DCS-4500-A(config-if-vlan1)#exit
DCS-4500-A(config)#exit
```

(2) 把 PC1 使用直连网线接入 1/1 端口,观察 PC2 的超级终端中的会话信息,会话节选如下:

```
.....Line protocol on Interface Vlan1,changed state to UP
.....Interface Ethernet1/1,DUPLEX changed state to FULL
.....Interface Ethernet1/1,SPEED changed state to 100M
```

(3) 观察交换机 MAC 学习,命令如下:

```
DCS-4500-A#show mac-address-table
Read mac address table....
Vlan Mac Address                    Type     Creator  Ports
```

```
--------------------------- ----- -------- ----------------------
1    00-03-0f-12-00-6e           STATIC  System    CPU
1    00-40-ca-c7-77-08           DYNAMIC Hardware  Ethernet1/1
```

(4) 把 PC2 使用直连网线接入 1/5 端口,观察交换机 MAC 学习,命令如下:

```
DCS-4500-A#show mac-address-table
Read mac address table....
Vlan Mac Address                 Type    Creator   Ports
--------------------------- ----- -------- ----------------------
1    00-03-0f-12-00-6e           STATIC  System    CPU
1    00-1e-37-cc-1d-da           DYNAMIC Hardware  Ethernet1/5
1    00-40-ca-c7-77-08           DYNAMIC Hardware  Ethernet1/1
```

实验 21-4　MAC 地址绑定

(1) 在 PC1 和 PC2 中运行 ping 192.168.1.11 - t,避免端口学习到的 MAC 地址老化失效。

(2) 配置 1/1 端口,添加静态 MAC 地址表项,实现 MAC 地址绑定。把 1/5 端口学习到的动态 MAC 地址转换为静态 MAC 地址表项,实现 MAC 地址绑定,命令如下:

```
DCS-4500-A(config)#interface ethernet 1/1
DCS-4500-A(config-if-ethernet1/1)#switchport port-security
DCS-4500-A(config-if-ethernet1/1)#switchport port-security lock
DCS-4500-A(config-if-ethernet1/1)#switchport port-security mac-address 00-40-
ca-c7-77-08
DCS-4500-A(config-if-ethernet1/1)#exit
DCS-4500-A(config)#interface ethernet 1/5
DCS-4500-A(config-if-ethernet1/5)#switchport port-security
DCS-4500-A(config-if-ethernet1/5)#switchport port-security lock
DCS-4500-A(config-if-ethernet1/5)#switchport port-security convert
1 dynamic mac have been converted to security mac on interface ethernet1/5
DCS-4500-A(config-if-ethernet1/5)#exit
DCS-4500-A(config)#show port-security
Security Port    MaxSecurityAddr CurrentAddr      Security Action
                      (count)       (count)
-------------------------------------------------------------------------
Ethernet1/1           1              1                  Protect
Ethernet1/5           1              1                  Protect
-------------------------------------------------------------------------
Max Addresses limit per port :128
Total Addresses in System :2

DCS-4500-A(config)#show port-security address
Security Mac Address Table
```

```
----------------------------------------------------------------------
Vlan    Mac Address            Type                    Ports
1       00-40-ca-c7-77-08      SecurityConfigured      Ethernet1/1
1       00-1e-37-cc-1d-da      SecurityConfigured      Ethernet1/5
----------------------------------------------------------------------
Total Addresses in System :2
Max Addresses limit in System :128
```

(3) 验证 MAC 绑定，将实验结果记录在表 21-1 中。

表 21-1　验证 MAC 绑定

PC1 位置	PC2 位置	验 证 操 作	实验结果
1/1	1/5	PC1 ping PC2	
1/1	其他	PC1 ping 192.168.1.11	
1/1	其他	PC1 ping PC2	
其他	1/5	PC2 ping 192.168.1.11	
其他	1/5	PC2 ping PC1	

21.4 实训与思考

21.4.1 实训题

实训 21-1　熟悉常用的 show 命令

```
show version          \\显示交换机版本信息
show history          \\显示历史命令.系统最多保存 10 条用户最近输入的历史命令
show tcp              \\显示当前与交换机建立的 TCP 连接情况
Show udp              \\显示当前与交换机建立的 UDP 连接情况
show telnet login     \\显示当前与交换机建立 Telnet 连接的 Telnet 客户端的信息
show telnet user      \\显示所有已授权可以通过 Telnet 访问交换机的 Telnet 客户端的信息
show flash            \\显示保存在 Flash 存储器中的文件及大小
```

实训 21-2　练习使用 mac-address-table 命令

(1) 通过 mac-address-table 命令配置 1/1 端口，把 PC1 的 MAC 添加为静态 MAC 表项。

(2) 通过 mac-address-table 命令配置 1/5 端口，把 PC2 的 MAC 为添加为 MAC 过滤表项。

(3) 设计验证方法和记录实验结果的表格。

21.4.2 思考题

(1) 举例说明什么环境需要添加静态表项,什么环境需要添加过滤表项。

(2) 使用命令 switchport port-security mac-address、switchport port-security convert 和 mac-address-table 添加静态表项有什么区别?

(3) 交换机 A 的 1/24 端口连接的是另一台交换机 B,交换机 B 上连接有 1~48 台计算机,那么交换机 A 的 mac-address-table 应该是什么样?该端口适合设置静态 MAC 地址绑定吗?

实验 22 experiment 22

生成树配置

22.1 知识准备

22.1.1 生成树协议简介

生成树协议是一种二层管理协议，它通过选择性地阻塞网络中的冗余链路来消除二层环路，同时还具备链路备份的功能。与众多协议的发展过程一样，生成树协议也是随着网络的发展而不断更新的，从最初的 STP（Spanning Tree Protocol，生成树协议）到 RSTP（Rapid Spanning Tree Protocol，快速生成树协议）和 PVST（Per VLAN Spanning Tree，每 VLAN 生成树），再到最新的 MSTP（Multiple SpanningTree Protocol，多生成树协议）。

STP 由 IEEE 制定的 802.1D 标准定义，用于在局域网中消除数据链路层物理环路的协议。运行该协议的设备通过彼此交互信息发现网络中的环路，并有选择地对某些端口进行阻塞，最终将环路网络结构修剪成无环路的树形网络结构，从而防止报文在环路网络中不断增生和无限循环，避免设备由于重复接收相同的报文造成的报文处理能力下降的问题发生。

RSTP 由 IEEE 制定的 802.1w 标准定义，它在 STP 基础上进行了改进，实现了网络拓扑的快速收敛。其"快速"体现在，当一个端口被选为根端口和指定端口后，其进入转发状态的延时在某种条件下大大缩短，从而缩短了网络最终达到拓扑稳定所需要的时间。RSTP 可以快速收敛，但是和 STP 一样存在以下缺陷：局域网内所有网桥共享一棵生成树，不能按 VLAN 阻塞冗余链路，所有 VLAN 的报文都沿着一棵生成树进行转发。

MSTP 由 IEEE 制定的 802.1s 标准定义，它可以弥补 STP 和 RSTP 的缺陷，既可以快速收敛，也能使不同 VLAN 的流量沿各自的路径转发，从而为冗余链路提供了更好的负载分担机制。MSTP 通过设置 VLAN 与生成树的对应关系表（即 VLAN 映射表），将 VLAN 与生成树联系起来。并通过"实例"的概念将多个 VLAN 捆绑到一个实例中，从而达到了节省通信开销和降低资源占用率的目的。MSTP 把一个交换网络划分成多个域，每个域内形成多棵生成树，生成树之间彼此独立。

MSTP 兼容 STP 和 RSTP。MSTP 是基于 STP 和 RSTP 的一种新的生成树协议。

它负责为这个 Bridged-LAN(包括运行 MSTP、RSTP 和 STP 的网桥)计算出一个简单连通的树形活动拓扑,为每个 MST 域(MSTP 域)计算出若干个各自独立的多重生成树实例。

22.1.2 spanning-tree 命令

功能：在交换机的全局配置模式和端口配置模式下分别启动 MSTP 协议的命令;本命令的 no 操作为关闭 MSTP 协议。启动 MSTP 协议后,可以使用 spanning-tree mode {mstp|stp} 命令设置交换机运行 Spanning Tree 的模式,参数 mstp 设置交换机运行 IEEE 802.1s 的 MSTP 模式,参数 stp 设置交换机运行 IEEE 802.1d 的 STP 模式。

命令模式：全局配置模式和端口配置模式。

默认情况：系统默认不运行 MSTP 协议。

使用指南：如果在全局配置模式下启动了 MSTP 协议,除了在端口上打开与 MSTP 应用互斥的端口外,所有的端口默认都打开 MSTP 协议。

举例：在全局模式打开 MSTP,并且在端口 1/2 模式上关闭 MSTP,命令如下：

```
Switch(config)#spanning-tree
Switch(config)#interface ethernet 1/2
Switch(config-if-ethernet1/2)#no spanning-tree
```

22.2 实验目的与任务

22.2.1 实验目的

(1) 复习交换机端口 MAC 地址学习。

(2) 了解交换机冗余环路的形成原因和危害。

(3) 学习配置 STP 协议,阻塞冗余环路。

22.2.2 实验任务

(1) 查看冗余环路。

(2) 配置交换机使用 STP。

(3) 使用阻塞冗余环路作为备份链路。

22.2.3 实验环境

实验条件：

DCS 二层交换机 2 台,PC2～3 台,Console 线 1～2 根,直通网线 5 根。

实验接线：

实验拓扑示意图如图 22-1 所示。

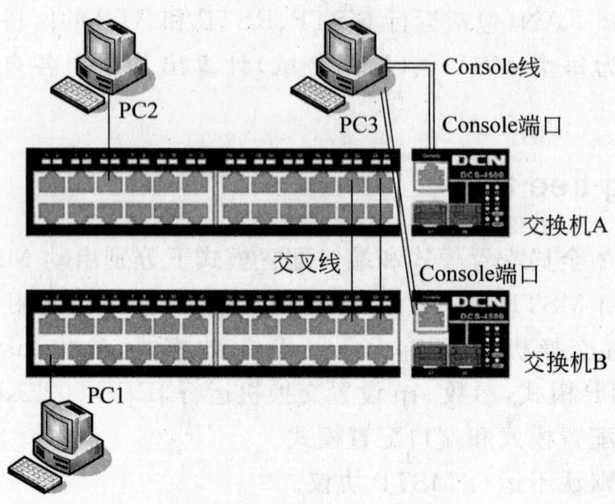

图 22-1 实验拓扑示意图

22.3 实验过程

实验 22-1 交换机恢复出厂设置

(1) 使用 PC3 连接交换机的 Console 端口,启动超级终端,对交换机加电。

(2) 使用下述命令为交换机 A/B 恢复出厂设置:

```
DCS-4500-50T>enable
DCS-4500-50T>set default
Are you sure?[Y/N] =y
DCS-4500-50T#write
DCS-4500-50T>#reload
```

实验 22-2 设置交换机标示符和管理 IP

```
DCS-4500-50T>enable
DCS-4500-50T#config
DCS-4500-50T(config)#hostname SwitchA
SwitchA(config)#interface vlan 1
SwitchA(config-if-vlan1)#ip address 192.168.1.11 255.255.255.0
SwitchA(config-if-vlan1)#no shutdown
SwitchA(config-if-vlan1)#exit
DCS-4500-A(config)#exit
```

用类似方法配置交换机 B 为 SwitchB,IP 地址为 192.168.1.12。

实验 22-3 查看交换机端口 MAC 学习

(1) 准备 PC,连接交换机。

配置 PC2 的 IP 地址为 192.168.1.102(本例中 MAC 为 00-17-42-3e-56-df),连接到交换机 A 的 1/5 的端口,配置 PC1 的 IP 地址为 192.168.1.101(本例中 MAC 为 00-1e-37-cc-1d-da),连接到交换机 B 的 1/5 的端口,交换机 A 的 26 端口与交换机 B 的 26 端口使用交叉线连接。

(2) PC1 运行 ping 192.168.1.102:

```
SwitchA# show mac-address-table
Read mac address table....
Vlan Mac Address                   Type     Creator   Ports
---  ----------------------------  -------  --------  --------------------
1    00-03-0f-12-00-6e             STATIC   System    CPU
1    00-17-42-3e-56-df             DYNAMIC  Hardware  Ethernet1/5
1    00-1e-37-cc-1d-da             DYNAMIC  Hardware  Ethernet1/26

SwitchB# show mac-address-table
Read mac address table....
Vlan Mac Address                   Type     Creator   Ports
---------------------------------  -------  -----------------------------
1    00-03-0f-12-00-a6             STATIC   System    CPU
1    00-17-42-3e-56-df             DYNAMIC  Hardware  Ethernet1/26
1    00-1e-37-cc-1d-da             DYNAMIC  Hardware  Ethernet1/1
```

(3) 使用交叉线连接交换机 A 的 28 端口与交换机 B 的 28 端口,等待几秒钟后在 PC1 运行 ping 192.168.1.102 - t,如果 PC1 已经在运行 ping 指令,先中断一下,等 30 秒再执行,观察交换机的指示灯变化。

(4) 查看冗余环路:

```
SwitchA# show mac-address-table
Read mac address table....
Vlan Mac Address                   Type     Creator   Ports
---  ----------------------------  -------  --------  --------------------
1    00-03-0f-12-00-6e             STATIC   System    CPU
1    00-17-42-3e-56-df             DYNAMIC  Hardware  Ethernet1/26
1    00-1e-37-cc-1d-da             DYNAMIC  Hardware  Ethernet1/28

SwitchB# show mac-address-table
Read mac address table....
Vlan Mac Address                   Type     Creator   Ports
---  ----------------------------  -------  --------------------------
1    00-03-0f-12-00-a6             STATIC   System    CPU
```

```
1     00-17-42-3e-56-df          DYNAMIC Hardware  Ethernet1/28
1     00-1e-37-cc-1d-da          DYNAMIC Hardware  Ethernet1/26
```

(5) 配置 STP。

交换机 A：

```
SwitchA(config)#spanning-tree
MSTP is starting now,please wait..............
MSTP is enabled successfully.
SwitchA(config)#spanning-tree mode stp
```

交换机 B：

```
SwitchA(config)#spanning-tree
MSTP is starting now,please wait..............
MSTP is enabled successfully.
SwitchA(config)#spanning-tree mode stp
```

(6) 观察 PC1 运行 ping 192.168.1.102 - t 的结果变化。

(7) 检查 STP 配置,查看冗余环路的阻塞情况(显示信息有节选)。

```
SwitchA(config)#show spanning-tree

PortName     ID      ExtRPC   IntRPC  State Role    DsgBridge          DsgPort
----------- ----- ------- -------- --- --- ------------------ -----
Ethernet1/5   128.005      0         0 FWD  DSGN 32768.00030f12006f 128.005
Ethernet1/26  128.026      0         0 FWD  DSGN 32768.00030f12006f 128.026
Ethernet1/28  128.028      0         0 LRN  DSGN 32768.00030f12006f 128.028
SwitchB(config)#show spanning-tree
PortName     ID      ExtRPC   IntRPC  State Role    DsgBridge          DsgPort
----------- ----- ------- -------- --- --- ------------------ -----
Ethernet1/1   128.001   20000        0 FWD DSGN 32768.00030f1200a7 128.001
Ethernet1/26  128.026       0        0 FWD ROOT 32768.00030f12006f 128.026
Ethernet1/28  128.028       0        0 BLK ALTR 32768.00030f12006f 128.028
SwitchB(config)#show mac-address-table
Read mac address table....
Vlan Mac Address                 Type     Creator    Ports
--- ------------------------- ------- ------- ----------------------
1     00-03-0f-12-00-6e          STATIC   System     CPU
1     00-17-42-3e-56-df          DYNAMIC Hardware Ethernet1/5
1     00-1e-37-cc-1d-da          DYNAMIC Hardware Ethernet1/26
```

(8) 断开两端都是 FWD 的连接线,本例中为交换机 A 端口 26 到交换机 B 端口 26 的网线,在交换机 A/B 中运行 show spanning-tree,并记录结果。

22.4 实训与思考

22.4.1 实训题

实训 22-1 STP 配置

(1) PC1(192.168.2.101/24)连接在交换机 A(192.168.2.21/24)的 1/1,PC2(192.168.2.102/24)连接在交换机 A 的 1/3,交换机 A 的 13 端口连接交换机 B(192.168.2.22/24)的 13 端口。记录交换机 A、B 的 show mac-address-table 结果。

(2) 交换机 A 的 14、15 端口分别连接交换机 B 的 14、15 端口,PC1 与 PC2 同时连接在交换机 A 上,查看是否有冗余环路以及 PC1 能否 ping 通 PC2。

(3) 如果有环路,配置 STP,运行 show spanning-tree 并记录实验结果。

22.4.2 思考题

(1) 举例说明什么环境需要配置 STP。

(2) 查阅相关技术资料和 DCR4500 产品手册。如果有多台交换机,为保障通信的可靠,交换机间存在多条冗余链路,如何配置生成树协议?

(3) 本例中交换机间有两条 100M 链路,使用 STP,交换机间的最大网络流量是多少?

实验 23 experiment 23

交换机链路聚合

23.1 知识准备

23.1.1 端口汇聚

以太网链路聚合简称链路聚合，它通过将多条以太网物理链路捆绑在一起成为一条逻辑链路，从而实现增加链路带宽的目的。同时，这些捆绑在一起的链路通过相互间的动态备份，可以有效地提高链路的可靠性。

Port Group 是配置层面上的一个物理端口组，配置到 Port Group 中的物理端口才可以参加链路汇聚，并成为 Port Channel 中的某个成员端口。Port Group 并不是一个端口，而是一个端口序列，加入 Port Group 中的物理端口满足某种条件时进行端口汇聚，形成一个 Port Channel，这个 Port Channel 具备了逻辑端口的属性，才真正成为一个独立的逻辑端口。Port Channel 是一组物理端口的集合体，在逻辑上被当作一个物理端口。对用户来讲，完全可以将这个 Port Channel 当作一个端口使用，因此不仅能增加网络的带宽，还能提供链路的备份功能。端口汇聚功能通常在交换机连接路由器、主机或者其他交换机时使用。

交换机提供了两种配置端口汇聚的方法：手工生成 Port Channel 和 LACP(Link Aggregation Control Protocol)动态生成 Port Channel。为使 Port Channel 正常工作，本交换机 Port Channel 的成员端口必须具备以下相同的属性：端口均为全双工模式，端口速率相同，端口同为 Access 端口并且属于同一个 VLAN 或同为 Trunk 端口，如果端口为 Trunk 端口，则其 Allowed VLAN 和 Native VLAN 属性也应该相同。当交换机通过手工方式配置 Port Channel 或 LACP 方式动态生成 Port Channel 时，系统将自动选举出 Port Channel 中端口号最小的端口作为 Port Channel 的主端口(Master Port)。若交换机打开 Spanning-tree 功能，Spanning-tree 视 Port Channel 为一个逻辑端口。

23.1.2 port-group 命令

语法：

```
port-group <port-group-number>mode {active|passive|on}
```

功能：将物理端口加入 Port Channel。

参数：<port-group-number> 为 Port Channel 的组号，范围为 1～32；active 启动端口的 LACP 协议，并设置为 Active 模式；passive 启动端口的 LACP 协议，并且设置为 Passive 模式；on 强制端口加入 Port Channel，不启动 LACP 协议。

23.2 实验目的与任务

23.2.1 实验目的

（1）了解链路聚合技术的使用场合。

（2）熟练掌握链路聚合的配置。

23.2.2 实验任务

（1）配置 Port Group。

（2）手工生成 Port Channel。

（3）LACP(Link Aggregation Control Protocol)动态生成 Port Channel。

23.2.3 实验环境

实验条件：

DCS 二层交换机 2 台，PC2～3 台，Console 线 1～2 根，直通网线 6 根。

实验接线：

实验拓扑示意图如图 23-1 所示。

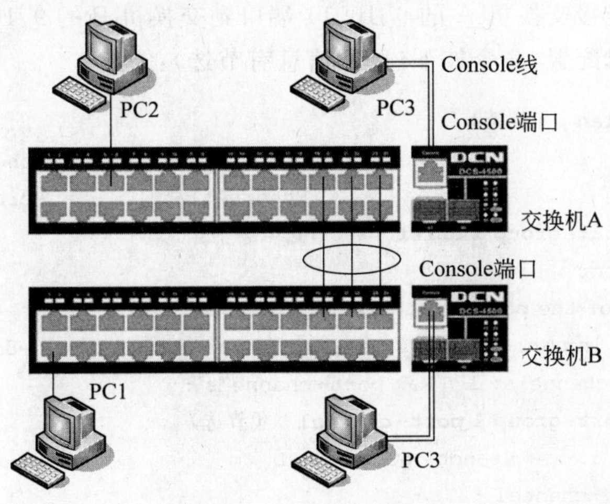

图 23-1 实验拓扑示意图

23.3 实验过程

实验 23-1 交换机恢复出厂设置、设置交换机标示符和管理 IP

(1) 使用 PC3 连接交换机的 Console 端口,启动超级终端,为交换机 A 和 B 恢复出厂设置。

(2) 设置交换机 A 的 Hostname 为 SwitchA,管理 IP 为 192.168.1.11/24。

(3) 设置交换机 B 的 Hostname 为 SwitchB,管理 IP 为 192.168.1.12/24。

实验 23-2 端口聚合

(1) 配置交换机 A,命令如下:

```
SwitchA(config)#port-group 1
SwitchA(config)#interface ethernet 1/9-11
SwitchA(config-if-port-range)#port-group 1 mode on
the port Ethernet1/9 successfully added to the group1 as on mode
the port Ethernet1/10 successfully added to the group1 as on mode
the port Ethernet1/11 successfully added to the group1 as on mode
SwitchA(config-if-port-range)#exit
SwitchA(config)#interface port-channel 1
SwitchA(config-if-port-channel1)#exit
SwitchA(config)#exit
```

(2) 参照上面的命令,配置交换机 B。

(3) 使用网线连接交换机 A 的 9、10、11 端口到交换机 B 的 9、10、11 端口。

(4) 检查交换机配置,命令如下(显示信息有节选):

```
SwitchB#show vlan   (节选)
                                   Ethernet1/48        Ethernet1/49
                                   Ethernet1/50        Port-Channel1
SwitchB#show port-group 1 brief    (节选)
Port-group number : 1
the attributes of the port-group are as follows:
Number of ports in port-group: 3  Maxports in port-channel =8
Number of port-channels: 1  Max port-channels : 1
SwitchB#show port-group 1 port-channel   (节选)
Number of port: 3      Standby port : NULL
Port in the port-channel :
Index          Port          Mode
------------------------------------------
1              Ethernet1/9   on
2              Ethernet1/10  on
```

```
3               Ethernet1/11   on
SwitchB#show port-group detail
```

(5) PC1 ping PC2。

(6) 拆除端口 9 上的网线,运行步骤(4)、(5),观察变化。

(7) 再拆除端口 10 上的网线,运行步骤(4)、(5),观察变化。

23.4 实训与思考

23.4.1 实训题

实训 23-1 配置 LACP 动态链路聚合

(1) 参照上面手工生成端口聚合的步骤,设计实验完成 LACP 动态链路聚合。

(2) 交换机 A 参照如下命令进行配置:

```
SwitchA(config)#port-group 1
SwitchA(config)#interface ethernet 1/9-11
SwitchA(config-if-port-range)#port-group 1 mode active
SwitchA(config-if-port-range)#exit
SwitchA(config)#interface port-channel 1
SwitchA(config-if-port-channel1)#exit
```

(3) 交换机 B 参照如下命令进行配置:

```
SwitchB(Config-If-Port-Range)#port-group 1 mode passive
```

实训 23-2 配置链路聚合与 STP

(1) 交换机 A 的 9、10 端口与交换机 B 的 9、10 端口连接,配置端口汇聚。

(2) 交换机 A 的 11、12 端口与交换机 B 的 11、12 端口连接,配置端口汇聚。

(3) 配置交换机使用 STP。

23.4.2 思考题

(1) 举例说明什么环境需要配置链路聚合。

(2) 比较生成树和链路聚合的区别。

(3) 客观评价实训 23-2 的设计在实际应用中的价值。

实验 24 experiment 24

交换机 VLAN 配置

24.1 知识准备

24.1.1 vlan 命令

语法：

vlan <VLAN 编号>

功能：创建 VLAN 或者创建并进入 VLAN 配置模式。VLAN 编号取值范围为 1～4094，为要创建/删除的 VLAN 的 VID。新建立的 VLAN 默认不包含任何端口。

命令模式：全局配置模式。

参考：

no vlan <VLAN ID>删除 VLAN

24.1.2 switchport interface 命令

语法：

switchport interface [**ethernet|portchannel**] [<interface-name|interface-list>]

功能：给 VLAN 分配以太网端口。

举例：为 VLAN100 分配百兆以太网端口 1、4～7、18：

```
Switch(Config-Vlan100)#switchport interface ethernet 1/1;4-7;18
```

24.1.3 switchport mode 命令

语法：

switchport mode {**trunk|access**}

功能：设置交换机的端口为 access 模式或者 trunk 模式。

参数：参数 trunk 表示端口允许通过多个 VLAN 的流量；工作在 trunk 模下的端口

称为 Trunk 端口,通过 Trunk 端口之间的互连,可以实现不同交换机上的相同 VLAN 的互通。参数 access 表示端口只能属于一个 VLAN,工作在 access 模式下的端口称为 Access 端口,Access 端口可以分配给一个 VLAN,并且同时只能分配给一个 VLAN。

24.1.4 switchport trunk allowed vlan 命令

语法:

switchport trunk allowed vlan {VID|**all**|**add** VID|**except** VID|**remove** VID}

功能:设置 Trunk 端口允许通过的 VLAN。

参数:all:所有的 VID,即 1～4094;

add:在现有的允许加入的 VLAN(allowed vlan)后面加入指定的 VID;

except:除了指定的 VID 外所有的 VID 都加为 allowed vlan;

remove:从现有的 allowed vlan 列表中删除指定的 allowed vlan。

24.1.5 动态 VLAN 配置

可以使用 mac-vlan vlan 命令配置基于端口的 VLAN,该命令将指定的 MAC 地址加入到指定 VLAN 中。若有指定的 MAC 地址的无 VLAN 标签数据包从交换机端口进入,它将匹配到指定的 VLAN 号,从而进入指定的 VLAN,不管该数据包从哪个端口进入,其所属 VLAN 是一致的。该命令设置后不对有 VLAN 标签的数据包进行干涉。使用 show mac-vlan 和 show mac-vlan interface 命令查看基于 MAC 地址的 VLAN。

可以使用 subnet-vlan 命令配置基于 IP 的 VLAN。该命令将指定的 IP 子网加入到指定 VLAN 中。若有指定的 IP 子网的无 VLAN 标签数据包从交换机端口进入,它将匹配指定的 VLAN 号,从而进入指定的 VLAN,不管该数据包从哪个端口进入,其所属 VLAN 是一致的。该命令设置后不对有 VLAN 标签的数据包进行干涉。

可以使用 protocol-vlan 命令配置基于协议的 VLAN,使用 show protocol-vlan 命令查看基于协议的 VLAN。

24.2 实验目的与任务

24.2.1 实验目的

(1) 了解 VLAN 的原理。

(2) 熟练掌握二层交换机 VLAN 的划分方法。

(3) 了解如何验证 VLAN 的划分。

(4) 了解交换机接口的 Trunk 模式和 Access 模式。

24.2.2 实验任务

(1) 单台交换机 VLAN 划分。

(2) 跨交换机 VLAN 划分。

24.2.3 实验环境

实验条件:

DCS 二层交换机 2 台,PC2～3 台,Console 线 1～2 根,直通网线 4 根。

实验接线:

单台交换机 VLAN 实验拓扑如图 24-1 所示,两台交换机 VLAN 实验拓扑如图 24-2 所示。

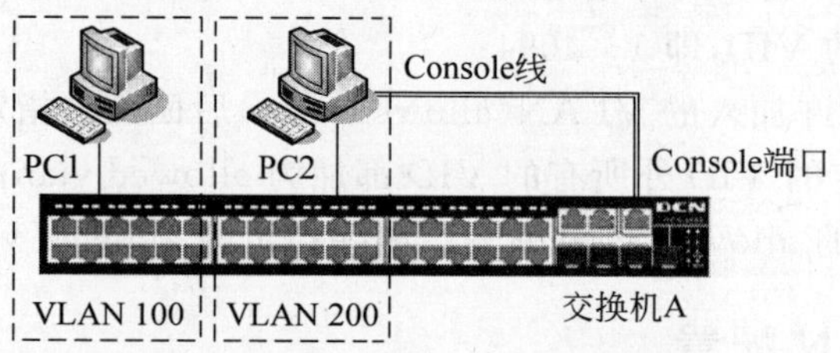

图 24-1 单台交换机 VLAN 实验拓扑示意

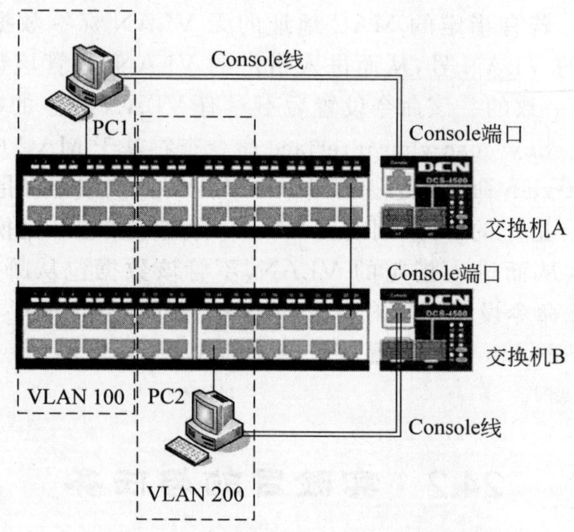

图 24-2 两台交换机 VLAN 实验拓扑示意

24.3 实验过程

实验 24-1 交换机恢复出厂设置、设置交换机标示符和管理 IP

(1) 使用 PC3 连接交换机的 Console 端口,启动超级终端,为交换机 A 和 B 恢复出厂设置。

(2) 设置交换机 A 的 Hostname 为 SwitchA,管理 IP 为 192.168.1.11/24。

(3) 设置交换机 B 的 Hostname 为 SwitchB,管理 IP 为 192.168.1.12/24。

实验 24-2 单台交换机 VLAN 划分

(1) 创建 VLAN,命令如下:

```
SwitchA(config)#vlan 100
SwitchA(config-vlan100)#exit
SwitchA(config)#vlan 200
SwitchA(config-vlan200)#exit
SwitchA(config)#show vlan        (节选)
VLAN Name        Type     Media   Ports
--- --------- ------- ------ ----------------------------------
1    default     Static   ENET    Ethernet1/1          Ethernet1/2
                                  Ethernet1/3          Ethernet1/4
                                      ⋮                    ⋮
                                  Ethernet1/49         Ethernet1/50
100  VLAN0100    Static   ENET
200  VLAN0200    Static   ENET
```

(2) 为 VLAN 添加端口,命令如下:

```
SwitchA(config)#vlan 100
SwitchA(config-vlan100)#switchport interface ethernet 1/1-4
Set the port Ethernet1/1 access vlan 100 successfully
Set the port Ethernet1/2 access vlan 100 successfully
Set the port Ethernet1/3 access vlan 100 successfully
Set the port Ethernet1/4 access vlan 100 successfully
SwitchA(config-vlan100)#exit
SwitchA(config)#vlan 200
SwitchA(config-vlan200)#switchport interface ethernet 1/5-8
SwitchA(config-vlan200)#exit
SwitchA(config)#show vlan          (节选)
VLAN Name        Type     Media   Ports
--- --------- ------- ------ ----------------------------------
1    default     Static   ENET    Ethernet1/9          Ethernet1/10
                                      ⋮                    ⋮
                                  Ethernet1/49         Ethernet1/50
100  VLAN0100    Static   ENET    Ethernet1/1          Ethernet1/2
                                  Ethernet1/3          Ethernet1/4
200  VLAN0200    Static   ENET    Ethernet1/5          Ethernet1/6
                                  Ethernet1/7          Ethernet1/8
```

(3) 配置 PC1 的 IP 地址为 192.168.1.101/24,PC2 的 IP 地址为 192.168.1.102/24。

(4) 完成表 24-1 的检验。

表 24-1 单台交换机 VLAN 划分检验

PC1 位置	PC2 位置	验证操作	实验结果
1/1-4		PC1 ping 192.168.1.11	
1/5-8		PC1 ping 192.168.1.11	
1/9-48		PC1 ping 192.168.1.11	
1/1-4	1/1-4	PC1 ping PC2	
1/1-4	1/5-8	PC1 ping PC2	
1/1-4	1/9-48	PC1 ping PC2	

实验 24-3 跨交换机 VLAN 划分

(1) 如实验 24-2 所示配置交换机 A 的 1/1-4 为 VLAN 100,1/5-8 为 VLAN 200。

(2) 如实验 24-2 所示配置交换机 B 的 1/1-4 为 VLAN 100,1/5-8 为 VLAN 200。

(3) 交换机 A 的 1/48 同交换机 B 的 1/48 连接。

(4) 在交换机 A、B 上配置 Truck,下面为交换机 A 的示例,交换机 B 的配置与此类似。

```
SwitchA(config)#interface ethernet 1/48
SwitchA(config-if-ethernet1/48)#switchport mode trunk
Set the port Ethernet1/48 mode TRUNK successfully
SwitchA(config-if-ethernet1/48)#switchport trunk allowed vlan all
set the port Ethernet1/48 allowed vlan successfully
SwitchA(config-if-ethernet1/48)#exit
SwitchA(config)#exit
SwitchA# show vlan
VLAN Name       Type     Media    Ports
--- ---------- -------- -------- ------------------------------------------
1    default    Static   ENET     Ethernet1/9          Ethernet1/10
                                      ⋮                    ⋮
                                  Ethernet1/45         Ethernet1/46
                                  Ethernet1/47         Ethernet1/48(T)
                                  Ethernet1/49         Ethernet1/50
100  VLAN0100   Static   ENET     Ethernet1/1          Ethernet1/2
                                  Ethernet1/3          Ethernet1/4
                                  Ethernet1/48(T)
200  VLAN0200   Static   ENET     Ethernet1/5          Ethernet1/6
                                  Ethernet1/7          Ethernet1/8
                                  Ethernet1/48(T)
```

(5) 如实验 24-2 所示配置 PC1 的 IP 地址为 192.168.1.101/24,连接到交换机 A,配置 PC2 的 IP 地址为 192.168.1.102/24,连接到交换机 B。

(6) 完成表 24-2 的检验。

表 24-2 跨交换机 VLAN 划分检验

PC1 位置	PC2 位置	验证操作	实验结果
1/1-4		PC1 ping 192.168.1.12	
1/5-8		PC1 ping 192.168.1.12	
1/9-46		PC1 ping 192.168.1.12	
1/1-4	1/1-4	PC1 ping PC2	
1/1-4	1/5-8	PC1 ping PC2	

24.4 实训与思考

24.4.1 实训题

实训 24-1 跨交换机 VLAN(一)

(1) 交换机 A 的 1/1-4 为 VLAN 100,1/5-8 为 VLAN 200。

(2) 交换机 B 的 1/1-4 为 VLAN 100,1/5-8 为 VLAN 200。

(3) 交换机 A 的 1/48 同交换机 B 的 1/48 连接,交换机 A 的 1/47 同交换机 B 的 1/47 连接。

(4) 交换机 47、48 端口汇聚。

(5) 设计实验,设计检验方法。

实训 24-2 跨交换机 VLAN(二)

(1) 交换机 A 的 1/1-4 为 VLAN 100,1/5-8 为 VLAN 200。

(2) 交换机 B 的 1/1-4 为 VLAN 100,1/5-8 为 VLAN 200。

(3) 交换机 A 的 1/48 同交换机 B 的 1/48 连接,交换机 A 的 1/47 同交换机 B 的 1/47 连接。

(4) 交换机 A、B 启用 STP 协议。

(5) 设计实验,设计检验方法。

24.4.2 思考题

(1) 在写字楼中租用 2～3 间办公室,谁负责 VLAN 设置?

(2) 一般高校把学生宿舍、计算机实验室和教室 PC 与中控机、一卡通和教师办公使用 VLAN 隔离,其中教师办公中财务部门、人力部门同其他部门隔离,VLAN 应如何设计?

(3) 实验 24-3 中,如果交换机之间为保障通信可靠,规划使用 2～3 条连接网线,依据哪些因素决定配置 STP、MSTP 还是使用端口聚合?

实验 25 experiment 25

使用多层交换机实现二层交换机VLAN之间的路由

25.1 知识准备

25.1.1 交换机连接

为了获得大量的端口数，接入大量的计算机可以使用堆叠交换机，如实验 21 中的 21.1 节所述。对于接入数量较少、VLAN 数量不多、网络管理要求相对简单的场合，二层交换机互联基本能够满足需求，如图 25-1 所示。

对于接入计算机数量较多、带宽要求较高、计算机 VLAN 比较复杂、管理要求也比较高的中大型企业或学校，二层交换机作为接入交换机，多层交换机作为汇聚和核心连接网络骨干比较常见，如图 25-2 所示。

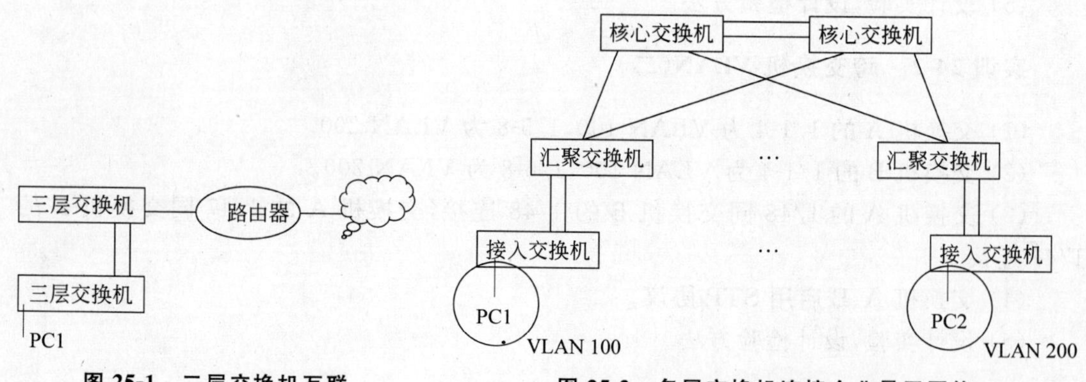

图 25-1 二层交换机互联

图 25-2 多层交换机连接企业骨干网络

25.1.2 路由交换机简介

三层交换机具有路由功能，一般用于汇聚交换机。比如本实验的 DCRS-5650-28 属于 DCRS-5650 系列路由交换机，该系列交换机既可用于大型校园网和大型企业园区网的千兆汇聚层和 L3 接入层；又可连接职教、高教实验室等 IPv6 小型网络；同时非常适合小型园区网的核心，如千兆光纤连接用于楼宇互连，千兆电缆连接用于服务器接入等。

路由器或三层交换机都是通过CPU来计算路径，三层交换机在数据转发上有比较强大的优势。在路径选取过程中，每台三层交换机只负责根据收到数据包的目的地址来选择一条合适的中间路径，然后将数据包传送给下一个三层交换机，直至路径上的最后一台三层交换机将数据包传送给目的主机。每台三层交换机所完成的将数据包传送到下一个三层交换机而选择的路径称为路由。

路由可以分为直连路由、静态路由和动态路由等。

直连路由是指到与该三层交换机直接相连的网络的路径，三层交换机不用计算就可以获得。

静态路由是指人为指定的到某个网络或特定主机的路径，静态即不能随意更改。静态路由的优点是简单易配、稳定，限制非法的路由改变，便于实现负载分担，便于实现路由备份。但是，因为是人为设置，对于大型网络需要设置的路由过于庞大和复杂，因此不适用于中大型网络。

动态路由是指三层交换机根据启动的路由协议动态计算到某个网络或特定主机的路径。如果路径中下一跳三层交换机不可达，三层交换机能够自动丢弃通过该三层交换机的路径，选择通过其他三层交换机的路径。动态路由协议一般分为两类：内部网关路由协议(IGP)和外部网关路由协议(EGP)。内部网关路由协议(IGP)是用来计算到某个自治系统内目的路由的协议。三层交换机支持的内部网关动态路由协议有RIP和OSPF路由协议，可以根据需要配置RIP和OSPF路由协议。三层交换机支持同时运行多个内部网关动态路由协议，也可以在某个动态路由协议中重新引入其他动态路由协议和静态路由，从而将多个路由协议联系起来。

25.2 实验目的与任务

25.2.1 实验目的

(1) 理解多层交换机的直连路由原理。
(2) 了解多层交换机在实际网络中的常用配置。
(3) 复习二层交换机VLAN划分的方法。

25.2.2 实验任务

(1) 配置三层交换机VLAN。
(2) 配置三层交换机端口，连接二层交换机。
(3) 使用三层交换机的路由功能，连接两个VLAN。

25.2.3 实验环境

实验条件：

DCS 二层交换机 2 台，DCRS 三层交换机 1 台，PC4 台，Console 线 1～2 根，直通网线 6～8 根。

实验接线：

实验拓扑如图 25-3 所示。

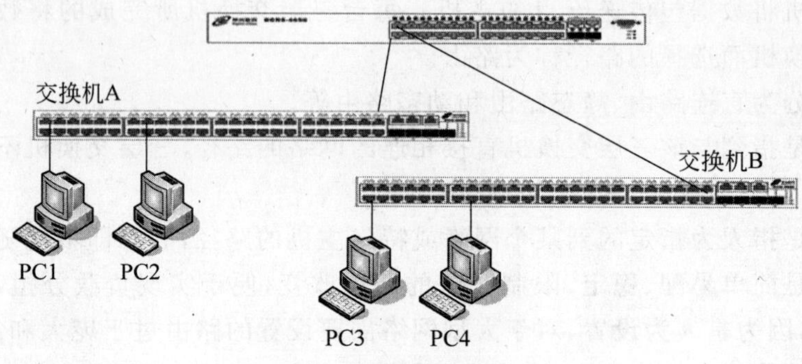

图 25-3 实验拓扑示意

25.3 实验过程

实验 25-1 配置二层交换机

参照实验 24，按下述要求配置二层交换机：

(1) 为交换机 A 恢复出厂设置，设置交换机 A 的 Hostname 为 SwitchA，虚接口 VLAN 1 的 IP 为 192. 168. 1. 11/24，配置交换机 A 的 1/1-4 为 VLAN 100，1/5-8 为 VLAN 200。

(2) 为交换机 B 恢复出厂设置，设置交换机 B 的 Hostname 为 SwitchB，虚接口 VLAN 1 的 IP 为 192. 168. 1. 12/24，配置交换机 B 的 1/1-4 为 VLAN 100，1/5-8 为 VLAN 200。

(3) 配置交换机 A 的 1/48、交换机 B 的 1/48 为 truck 模式，允许所有 VLAN 访问。

实验 25-2 设置三层交换机标示符和虚接口 VLAN 1 的 IP

(1) 设置三层交换机 DCRS-5650-28 的 Hostname 为 SwitchC。

(2) 设置 VLAN 1 的 IP 地址为 192. 168. 1. 13/24。

实验 25-3 设置三层交换机的连接端口

(1) 设置 VLAN 100，虚接口 IP 为 192. 168. 100. 254/24：

```
SwitchC(config)#vlan 100
SwitchC(config-vlan100)#exit
SwitchC(config)#interface vlan 100
```

```
SwitchC(config-if-vlan100)#ip address 192.168.100.254  255.255.255.0
SwitchC(config-if-vlan100)#no shutdown
SwitchC(config-if-vlan100)#exit
```

(2) 设置VLAN 200,虚接口IP为192.168.200.254/24:

```
SwitchC(config)#vlan 200
SwitchC(config-vlan200)#exit
SwitchC(config)#interface vlan 200
SwitchC(config-if-vlan200)#ip address 192.168.200.254  255.255.255.0
SwitchC(config-if-vlan200)#no shutdown
SwitchC(config-if-vlan200)#exit
SwitchC(config)#
```

(3) 设置端口0/0/1-2位Trunk模式,允许所有VLAN通过。注意该交换机为三层可堆叠汇聚交换机,端口标示为0/0/1的模式。

```
SwitchC(config)#interface ethernet 0/0/1-2
SwitchC(config-if-port-range)#switchport mode trunk
Set the port Ethernet0/0/1 mode TRUNK successfully
Set the port Ethernet0/0/2 mode TRUNK successfully
SwitchC(config-if-port-range)#switchport trunk allowed vlan all
set the port Ethernet0/0/1 allowed vlan successfully
set the port Ethernet0/0/2 allowed vlan successfully
SwitchC(config-if-port-range)#exit
SwitchC(config)#
```

(4) 检查交换机C的VLAN配置:

```
SwitchC#show vlan          (节选)
VLAN Name       Type     Media   Ports
---- ---------  -------  ------  ---------------------------------------
1    default    Static   ENET    Ethernet0/0/1(T)     Ethernet0/0/2(T)
                                 Ethernet0/0/3        Ethernet0/0/4
                                       ⋮                    ⋮
                                 Ethernet0/0/27       Ethernet0/0/28
100  VLAN0100   Static   ENET    Ethernet0/0/1(T)     Ethernet0/0/2(T)
200  VLAN0200   Static   ENET    Ethernet0/0/1(T)     Ethernet0/0/2(T)
```

(5) 使用网线连接交换机A的1/48接口到交换机C的0/0/1,使用网线连接交换机B的1/48接口到交换机C的0/0/2接口,运行show ip route查看路由信息。注意:只有连接通后,该条路由信息才会显示出来。

```
SwitchC#show ip route     (节选)
Codes: K -kernel,C -connected,S -static,R -RIP,B -BGP
       O -OSPF,IA -OSPF inter area
```

```
C        127.0.0.0/8 is directly connected,Loopback
C        192.168.1.0/24 is directly connected,Vlan1
C        192.168.100.0/24 is directly connected,Vlan100
C        192.168.200.0/24 is directly connected,Vlan200
```

（6）按表 25-1 配置 PC 的 IP 地址，4 台 PC 之间能否互相 ping 通？

表 25-1 PC 的 IP 地址配置

设备	连接接口	VLAN	IP	Mask	默认网关
PC1	交换机 A 1/1-4	100	192.168.100.11	255.255.255.0	192.168.100.254
PC2	交换机 A 1/5-8	200	192.168.200.12	255.255.255.0	192.168.200.254
PC3	交换机 B 1/1-4	100	192.168.100.13	255.255.255.0	192.168.100.254
PC4	交换机 B 1/5-8	200	192.168.200.14	255.255.255.0	192.168.200.254

25.4 实训与思考

25.4.1 实训题

实训 25-1 使用三层交换机连接二层交换机

实训拓扑如图 25-4 所示。

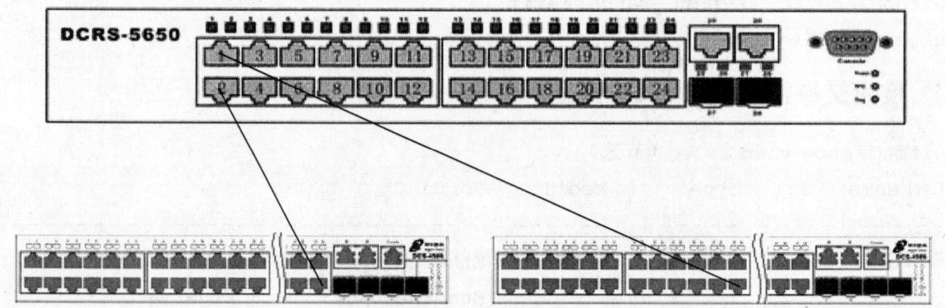

图 25-4 实训拓扑示意

设备连接与基本配置如下：

（1）交换机 L2A 的 1/48 连接到交换机 L3D 的 0/0/1。

（2）交换机 L2B 的 1/48 连接到交换机 L3D 的 0/0/2。

（3）交换机 L2A 的 1/1-4、交换机 L2B 的 1/1-4 为 VLAN 10。

（4）交换机 L2A 的 1/5-8、交换机 L2B 的 1/5-8 为 VLAN 20。

（5）PC1(192.168.10.101/24)，PC2(192.168.10.102/24)在 VLAN 10 中，网关 192.168.10.1。

（6）PC3(192.168.20.103/24)，PC2(192.168.20.104/24)在 VLAN 20 中，网关 192.168.20.1。

(7) 设计实验步骤,保证 VLAN 10 和 VLAN 20 间的路由通信。

实训 25-2 为满足业务变动更新网络设备配置

(1) 因业务部门变动,在实训 25-1 的基础上添加 VLAN 30,包含交换机 L2A 的 1/9-12,交换机 L2B 的 1/9-12,需要哪些配置变动?

(2) 因业务发展需要,添加交换机 L2C,其中 1/1-4 属于 VLAN 10,1/5-24 属于 VLAN 30,需要哪些配置变动?

(3) 因办公格局调整,交换机 L2C 的 1/5-12 属于 VLAN 20,交换机 L2C 的 1/13-24 属于 VLAN 30 不变,需要哪些配置变动?

25.4.2 思考题

(1) 如何设计规划 VLAN、规划 IP 分配和交换机的互连,使后期的管理维护工作量尽可能小?

(2) 本例中为什么没有配置 RIP 和 OSPF 等路由协议?

(3) 在多台三层交换机和路由器的网络中,直连路由能够解决路由问题吗?

实验 26 experiment 26

三层交换机动态路由

26.1 知识准备

26.1.1 RIP 协议

RIP 协议最早在 ARPANET 网络中使用，专门用于小型简单网络中。RIP 协议是基于 Bellman-Ford 算法的距离向量路由协议。运行距离向量协议的网络设备定期向相邻设备发送两种信息：

(1) 到达目的网络所经过的跳数，即使用的度(metric)，或者通过网络的数量。

(2) 下一跳是什么，或者达到目的网络要使用的方向(向量)。

三层交换机定期向相邻的三层交换机发送它的整个路由选择表。三层交换机在从相邻三层交换机接收到的信息的基础之上建立自己的路由选择信息表。然后，将信息传递到它的相邻三层交换机。结果是路由选择表是在第二手信息的基础上建立的，距离代价超过 15 跳的路由将被视为不可达。

RIP 协议是可选路由协议，它基于 UDP 的协议，使用 RIP 的每个主机在 UDP 的 520 端口上发送和接收数据报。所有运行 RIP 协议的三层交换机每隔 30s 向所有邻居三层交换机发送路由表更新信息。如果 180s 内没有收到来自对端的信息，那么认为该设备崩溃或相连的网络不可达。但到该三层交换机的路由还将在路由表中保持 120s，然后才被删除。每个运行 RIP 协议的三层交换机都有一个路由数据库，数据库中包含了该三层交换机所有可达目的地的路由项，并以此建立路由表。当 RIP 三层交换机向其相邻设备发送路由更新数据报时，路由更新数据报中包含了该三层交换机依据路由数据库建立的整个路由表。因此，对于较大的网络系统，每台三层交换机需要传输和处理的路由数据量很大，负担重，从而大大影响网络性能。

26.1.2 RIP 配置基本命令

命令 router rip 的功能为开启 RIP 路由进程并进入 RIP 配置模式，命令 no router rip 为关闭 RIP 路由协议。默认情况下三层交换机不运行 RIP 路由。如果使用 RIP 协议必须运行 router rip 命令。

举例如下：

```
SwitchC(config)#router rip                    \\打开 RIP 协议
SwitchC(config-router)#version 2              \\设置所有接口收发 RIP 数据报的版本
SwitchC(config-router)#network vlan 10        \\设定运行 RIP 协议的网段
SwitchC(config-router)#network vlan 20
```

26.1.3 OSPF 协议

OSPF(Open Shortest Path First)协议即开放最短路径优先协议。它是一种基于链路状态的自治系统内部的动态路由协议，它通过三层交换机间交换链路状态信息来组成一个链路状态数据库，然后基于这个数据库用最短路径优先算法生成路由表。

自治系统是一个自我管理的互连网络，如企业、学校和小区网络。在大型网络中，例如 Internet，极大的互连网络被分解为很多自治系统。连接到 Internet 上的大型公司网络是独立的自治系统，因为 Internet 上的其他主机并不由它来管理，而且它和 Internet 三层交换机并不共享内部路由选择信息。

OSPF 协议的特点如下：OSPF 协议支持各种规模的网络，最多可以支持几百台三层交换机；路由拓扑结构变化后 OSPF 能够立即发送链路状态更新数据包，收敛迅速；OSPF 根据收集到的链路状态采用最短路径算法计算路由，保证了无自环路由；OSPF 将自治系统划分为多个域，减小了数据库尺寸，减少了占用网络带宽，降低了计算负担(根据三层交换机在自治系统中所处的位置可以划分为域内三层交换机、域边界三层交换机、自治系统边界三层交换机和骨干三层交换机)；OSPF 支持负载分担，支持到同一目的地址的多条等价路由；OSPF 支持 4 级路由机制(按域内路由、域间路由、第一类外部路由和第二类外部路由顺序分级处理路由)；OSPF 协议支持 IP 子网，支持与其他路由协议的路由的引入，支持基于接口的报文验证；OSPF 支持组播发送数据包。

每个 OSPF 三层交换机都维护着一份描述整个自治系统拓扑结构的数据库。每一台三层交换机都搜集本地状态的信息，如可用接口信息和可达邻居信息，然后通过使用链路状态通告(即向外发送链路状态信息)，本三层交换机与其他 OSPF 三层交换机交换链路状态信息，从而形成描述整个自治系统的链路状态数据库。根据链路状态数据库，各三层交换机构建一棵以自己为根的最短路径树，这棵树给出了到自治系统中各节点的路由。

26.1.4 OSPF 配置基本命令

命令 router ospf 的功能为开启 OSPF 路由进程并进入 OSPF 配置模式，命令 no router ospf 为关闭 OSPF 路由协议。默认情况下三层交换机不运行 OSPF 路由。network 命令在具有与网络地址相匹配的 IP 地址的接口上使用 OSPF 路由功能，no network 命令移去配置并且停止在相应接口上运行 OSPF。

举例如下：

```
SwitchC(config)#router ospf
SwitchC(config-router)#network 192.168.10.1/24 area 0
SwitchC(config-router)#network 192.168.20.1/24 area 0
```

26.2 实验目的与任务

26.2.1 实验目的

(1) 掌握三层交换机 RIP 协议实现网段互通的配置方法。

(2) 掌握三层交换机 OSPF 协议实现网段互通的配置方法。

(3) 理解动态路由工作方式。

26.2.2 实验任务

(1) 按照表 26-1 准备 VLAN。

表 26-1 准备实验所需的 VLAN

VLAN	端口成员	虚接口 IP	IP 的 Mask
10	交换机 C 0/0/1-4	192.168.10.254	255.255.255.0
20	交换机 C 0/0/5-8	192.168.20.254	255.255.255.0
100	交换机 C 0/0/24	192.168.100.251	255.255.255.0
101	交换机 D 0/0/24	192.168.100.252	255.255.255.0
30	交换机 D 0/0/1-4	192.168.30.254	255.255.255.0
40	交换机 D 0/0/5-8	192.168.40.254	255.255.255.0

(2) 配置 RIP 2 协议，实现各网段互通。

(3) 配置 OSPF 协议，实现各网段互通。

26.2.3 实验环境

实验条件：

DCRS 交换机 2 台，PC 4 台，Console 线 2 条，网线 6～8 条。

实验接线：

实验拓扑示意图如图 26-1 所示。

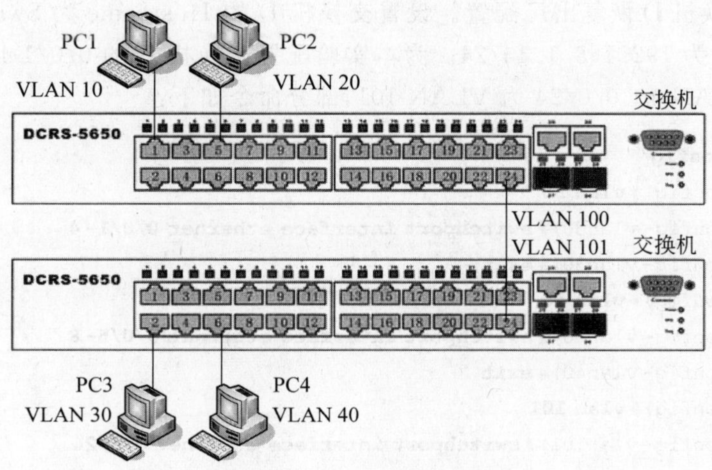

图 26-1 实验拓扑示意图

26.3 实验过程

实验 26-1 准备实验环境

(1) 为交换机 C 恢复出厂配置。设置交换机 C 的 Hostname 为 SwitchC,VLAN 1 的虚拟接口 IP 为 192.168.1.13/24。为本实验配置交换机 C 的 0/0/1-4 为 VLAN10,0/0/5-8 为 VLAN 20,0/0/24 为 VLAN 100,部分命令如下:

```
SwitchC#config
SwitchC(config)#vlan 10
SwitchC(config-vlan10)#switchport interface ethernet 0/0/1-4
SwitchC(config-vlan10)#exit
SwitchC(config)#vlan 20
SwitchC(config-vlan20)#switchport interface ethernet 0/0/5-8
SwitchC(config-vlan20)#exit
SwitchC(config)#vlan 100
SwitchC(config-vlan100)#switchport interface ethernet 0/0/24
SwitchC(config-vlan100)#exit
SwitchC(config)#show vlan                    (节选)
VLAN Name       Type     Media   Ports
--- ---------- -------- ------- ---------------------------------
10   VLAN0010   Static   ENET    Ethernet0/0/1      Ethernet0/0/2
                                 Ethernet0/0/3      Ethernet0/0/4
20   VLAN0020   Static   ENET    Ethernet0/0/5      Ethernet0/0/6
                                 Ethernet0/0/7      Ethernet0/0/8
100  VLAN0100   Static   ENET    Ethernet0/0/24
```

(2) 为交换机 D 恢复出厂配置。设置交换机 D 的 Hostname 为 SwitchD，VLAN 1 的虚拟接口 IP 为 192.168.1.14/24。为本实验配置交换机 D 的 0/0/1-4 为 VLAN 30，0/0/5-8 为 VLAN 40，0/0/24 为 VLAN 101，部分命令如下：

```
SwitchD#config
SwitchD(config)#vlan 30
SwitchD(config-vlan30)#switchport interface ethernet 0/0/1-4
SwitchD(config-vlan30)#exit
SwitchD(config)#vlan 40
SwitchD(config-vlan40)#switchport interface ethernet 0/0/5-8
SwitchD(config-vlan40)#exit
SwitchD(config)#vlan 101
SwitchD(config-vlan101)#switchport interface ethernet 0/0/24
SwitchD(config-vlan101)#exit
SwitchD(config)#show vlan              （节选）
VLAN Name        Type       Media    Ports
---- ---------- ---------- -------- ----------------------------------------
30   VLAN0030    Static     ENET     Ethernet0/0/1        Ethernet0/0/2
                                     Ethernet0/0/3        Ethernet0/0/4
40   VLAN0040    Static     ENET     Ethernet0/0/5        Ethernet0/0/6
                                     Ethernet0/0/7        Ethernet0/0/8
101  VLAN0101    Static     ENET     Ethernet0/0/24
```

(3) 为 VLAN 10、VLAN 20、VLAN 100、VLAN 30、VLAN 40 和 VLAN 101 的虚拟接口配置 IP 地址。

```
SwitchC#config
SwitchC(config)#interface vlan 10
SwitchC(config-if-vlan10)#ip address 192.168.10.254 255.255.255.0
SwitchC(config-if-vlan10)#no shutdown
SwitchC(config-if-vlan10)#exit
SwitchC(config)#interface vlan 20
SwitchC(config-if-vlan20)#ip address 192.168.20.254 255.255.255.0
SwitchC(config-if-vlan20)#no shutdown
SwitchC(config-if-vlan20)#exit
SwitchC(config)#interface vlan 100
SwitchC(config-if-vlan100)#ip address 192.168.100.251 255.255.255.0
SwitchC(config-if-vlan100)#no shutdown
SwitchC(config-if-vlan100)#exit
SwitchD#config
SwitchD(config)#interface vlan 30
SwitchD(config-if-vlan30)#ip address 192.168.30.254 255.255.255.0
SwitchD(config-if-vlan30)#no shutdown
SwitchD(config-if-vlan30)#exit
SwitchD(config)#interface vlan 40
```

```
SwitchD(config-if-vlan40)#ip address 192.168.40.254 255.255.255.0
SwitchD(config-if-vlan40)#no shutdown
SwitchD(config-if-vlan40)#exit
SwitchD(config)#interface vlan 101
SwitchD(config-if-vlan101)#ip address 192.168.100.252 255.255.255.0
SwitchD(config-if-vlan101)#no shutdown
```

(4) 使用网线连接交换机 C 的 24 接口与交换机 D 的 24 接口。

(5) 按照表 26-2 配置各 PC 的 IP 地址。

表 26-2 配置各 PC 的 IP 地址

设备	IP	Mask	Gateway
PC1	192.168.10.1	255.255.255.0	192.168.10.255
PC2	192.168.20.1	255.255.255.0	192.168.20.255
PC3	192.168.30.1	255.255.255.0	192.168.30.255
PC4	192.168.40.1	255.255.255.0	192.168.40.255

(6) 按照表 26-3 的要求和顺序测试 VLAN 间的连通性。

表 26-3 测试 VLAN 间的连通性

设备 1		设备 2		测试命令	结果
PC1	交换机 C 0/0/1-4	PC2 VLAN 20	交换机 C 0/0/5-8	Ping 192.168.20.1	
PC1	交换机 C 0/0/1-4	VLAN 100	交换机 C 0/0/24	Ping 192.168.100.251	
PC1	交换机 C 0/0/1-4	VLAN 101	交换机 D 0/0/24	Ping 192.168.100.251	
PC1	交换机 C 0/0/1-4	PC3 VLAN 30	交换机 D 0/0/1-4	Ping 192.168.30.1	
PC1	交换机 C 0/0/1-4	PC4 VLAN 40	交换机 C 0/0/5-8	ping 192.168.40.1	

(7) 查看交换机 C 和交换机 D 当前的路由信息，分析表 26-3 的实验结果。

```
SwitchC#show ip route
SwitchD#show ip route
```

(8) 保存交换机当前配置，以备使用：

```
SwitchC#write
SwitchD#write
```

实验 26-2 RIP 配置

(1) 配置交换机 C 的 RIP2：

```
SwitchC(config)#router rip
SwitchC(config-router)#version 2
SwitchC(config-router)#network vlan 10
```

```
SwitchC(config-router)#network vlan 20
SwitchC(config-router)#network vlan 100
```

(2) 配置交换机 D 的 RIP2:

```
SwitchD#config
SwitchD(config)#router rip
SwitchD(config-router)#version 2
SwitchD(config-router)#network vlan 30
SwitchD(config-router)#network vlan 40
SwitchD(config-router)#network vlan 101
```

(3) 按照表 26-3 再次测试 VLAN 间的连通情况,并记录实验结果。

(4) 运行下述命令查看 RIP 协议路由更新情况,分析实验结果。

```
SwitchC#show ip route        (节选)
Codes: K - kernel,C - connected,S - static,R - RIP,B - BGP
C       192.168.10.0/24 is directly connected,Vlan10
C       192.168.20.0/24 is directly connected,Vlan20
R       192.168.30.0/24 [120/2] via 192.168.100.252,Vlan100,00:00:39
R       192.168.40.0/24 [120/2] via 192.168.100.252,Vlan100,00:00:39
C       192.168.100.0/24 is directly connected,Vlan100
SwitchC#show ip rip        (节选)
  Network             Next Hop         Metric From              If       Time
R  192.168.10.0/24                      1                        Vlan10
R  192.168.20.0/24                      1                        Vlan20
R  192.168.30.0/24    192.168.100.252   2 192.168.100.252  Vlan100 02:51
R  192.168.40.0/24    192.168.100.252   2 192.168.100.252  Vlan100 02:51
R  192.168.100.0/24                     1                        Vlan100
SwitchD#show ip route
SwitchD#show ip rip
```

实验 26-3 OSPF 配置

(1) 交换机 C 和交换机 D 恢复到 RIP 实验前的状态,即实验 26-1 的步骤(8)的保存点。

```
SwitchC#reload
SwitchD#reload
```

(2) 配置交换机 C 的 OSPF:

```
SwitchC(config)#router ospf
SwitchC(config-router)#network 192.168.10.1/254 area 0
SwitchC(config-router)#network 192.168.10.1/24 area 0
SwitchC(config-router)#network 192.168.20.1/24 area 0
SwitchC(config-router)#network 192.168.100.251/24 area 0
```

(3) 配置交换机 D 的 OSPF：

```
SwitchD(config)#router ospf
SwitchD(config-router)#network 192.168.30.1/24 area 0
SwitchD(config-router)#network 192.168.40.1/24 area 0
SwitchD(config-router)#network 192.168.100.252/24 area 0
```

(4) 按照表 26-3 再次测试 VLAN 间的连通情况,并记录实验结果。

(5) 运行下述命令查看 OSPF 协议路由更新情况,分析实验结果。

```
SwitchD#show ip route   (节选)
O       192.168.10.0/24 [110/20] via 192.168.100.251,Vlan101,00:00:58
O       192.168.20.0/24 [110/20] via 192.168.100.251,Vlan101,00:00:58
C       192.168.30.0/24 is directly connected,Vlan30
C       192.168.40.0/24 is directly connected,Vlan40
C       192.168.100.0/24 is directly connected,Vlan101
SwitchC(config)#show ip route   (节选)
C       192.168.10.0/24 is directly connected,Vlan10
C       192.168.20.0/24 is directly connected,Vlan20
O       192.168.30.0/24 [110/20] via 192.168.100.252,Vlan100,00:02:23
O       192.168.40.0/24 [110/20] via 192.168.100.252,Vlan100,00:02:23
C       192.168.100.0/24 is directly connected,Vlan100
```

26.4 实训与思考

26.4.1 实训题

实训 26-1 RIP2 配置

(1) 按照如图 26-2 所示的实验拓扑,设计实验,使用 RIP2 协议,使 VLAN 10、VLAN 20、VLAN 30、VLAN 40 和 VLAN 210 能够互通。

(2) 如何使 VLAN 10、VLAN 20、VLAN 30 和 VLAN 40 能够访问 VLAN 210,而 VLAN 10、VLAN 20、VLAN 30 和 VLAN 40 之间不能够互相访问?

实训 26-2 OSPF 配置

(1) 按照如图 26-2 所示的实验拓扑,设计实训,使用 OSPF 协议,实现 VLAN 10,VLAN 20、VLAN 30、VLAN 40 和 VLAN 210 能够互通。

(2) 如何使 VLAN 10、VLAN 20、VLAN 30 和 VLAN 40 能够访问 VLAN 210,而 VLAN 10、VLAN 20、VLAN 30 和 VLAN 40 之间不能够互相访问?

26.4.2 思考题

(1) 如果在交换机 C 的 VLAN 100 上禁止 RIP 协议,PC1 还能 ping 通 PC3 吗?

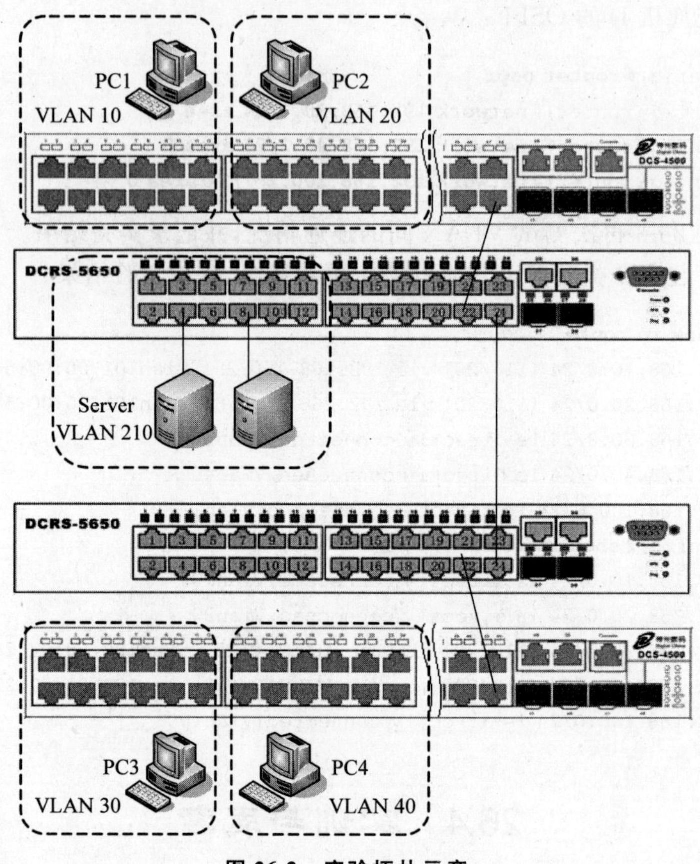

图 26-2 实验拓扑示意

(2) 如果在交换机 D 的 VLAN 30 上禁止 RIP 协议,PC1 还能 ping 通 PC3 吗?

(3) 如果在交换机 D 的 VLAN 30 上禁止 OSPF 协议,PC1 还能 ping 通 PC3 吗?

实验 27　experiment 27

路由器基本配置

27.1　知识准备

27.1.1　路由器端口简介

路由器物理端口按照＜type＞＜slot＞/＜port＞的形式编号，类型与名称的对照如表 27-1 所示。

表 27-1　路由器端口类型

端口类型	类型名称	类型简称	端口类型	类型名称	类型简称
串行口	Serial	s	E1(ISDN PRI)	Serial	s
同步口	Serial	s	环回接口	Loopback	l
异步口/Aux	Async	a	隧道接口	Tunnel	tu
10Mb/s 以太网	Ethernet	e	Virtual-template 端口	Virtual-template	virtual
100Mb/s 快速以太网	FastEthernet	f	Multilink 端口	Multilink	m
ISDN BRI	BRI	b	空接口	Null	n

slot 的值固定编号，横向从右至左，纵向从下至上。标配固定为 0，其他不论是 WIC 扩展槽，还是 VIC 扩展槽，依照上述次序从 1 开始编号。port 的值一律从右至左依次从 0 开始编号。如果只存在一个端口，port 号为 0。路由器运用最大的困惑在于不同类型的端口配置命令差异很大，需要知道各种类型端口的工作参数。DCR-1702E 的面板及端口编号如图 27-1 所示。

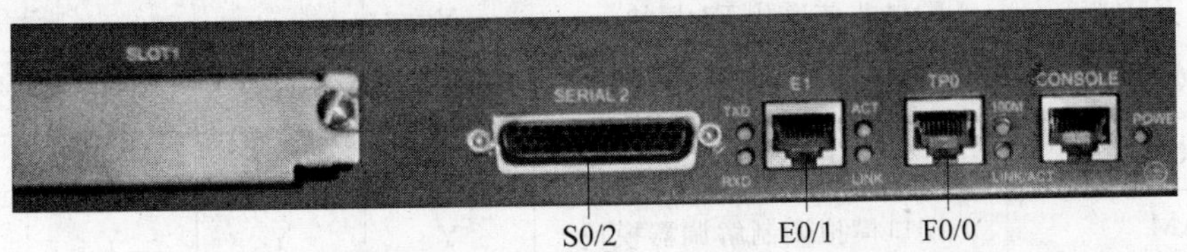

图 27-1　路由器 DCR-1702E 的面板及端口编号示意

27.1.2 路由器扩展接口卡

不同型号的路由器设计用途和扩展能力不同，适用的扩展接口卡不同。路由器可以连接的网络有很多种，所以接口卡的种类也很多。如果仅仅考虑以太网接口，三层交换机是很好的选择，如果有语音、E1 和 T1 等，三层交换机就无能为力了。

1. DCR-1702E 适用接口卡，如表 27-2 所示。

表 27-2 DCR-1702E 路由器适用接口卡

产品型号	产品描述	产品型号	产品描述
WIC-1AM	1 端口模拟调制解调器模块	MR-EIC-8ASY	8 口异步串行接口卡

2. DCR-2624 后背板及适用接口卡如图 27-2 所示。

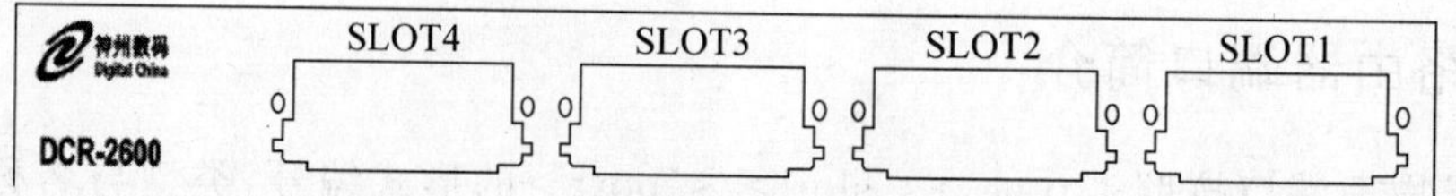

图 27-2 路由器 DCR-2624 后背板

DCR-2624 前面板有自带的 24 口交换机，背板有 4 个插槽，可以连接很多种接口卡。必须注意的是 4 个 Slot 连接能力是有差异的，如表 27-3 所示。

表 27-3 DCR-2624 路由器适用接口卡

语音/网络接口卡列表		262x			
产品型号	产品描述	Slot1	Slot2	Slot3	Slot4
MR-WIC-1ETH	1 口 10Base-T 接口卡	Y			
MR-WIC-2ETH	2 口 10Base-T 接口卡	Y			
MR-WIC-1E1T	1E 1T	Y			
MR-WIC-1T	1 口同步/异步串行接口卡	Y			
MR-WIC-2T	2 口同步/异步串行接口卡	Y			
WIC-1UE1	1 端口非信道化 E1 模块	Y			
WIC-2UE1	2 端口非信道化 E1 模块	Y			
MR-WIC-1CE1	1 口 E1 接口卡	Y			
MR-WIC-1B-S/T	1 口 ISDN BRI S/T 接口卡	Y			
WIC-1AM	1 端口模拟调制解调器模块	Y	Y	Y	Y
MR-EIC-8ASY	8 口异步串行接口卡	Y	Y	Y	Y

27.1.3 路由器配置模式

有几种路由器命令模式，在不同的模式下可以完成不同的配置任务。各种模式的命令提示符不同，如表 27-4 所示。时刻注意路由器的提示符是个良好的习惯。

表 27-4 路由器配置模式

命令模式	进入方式	界面提示符	退出方式
系统监控模式	加电同时按住 Ctrl＋Break 键	monitor#	用 quit 退出
用户模式	登录后	router>	用 exit 或 quit 退出
特权模式	在用户模式输入 enable 或 enter	router#	用 exit 或 quit 退出
全局配置模式	在特权模式输入 config	router_config#	用 exit 或 quit 退出，或者按 Ctrl＋Z键直接退到特权模式
接口配置模式	在全局配置模式输入 interface，如 interface s1/0	router_config_s1/0#	用 exit 或 quit 退出，或者按 Ctrl＋Z键直接退到特权模式
路由配置模式	在全局配置模式输入 router，如 router rip	router_config_rip#	用 exit 或 quit 退出，或者按 Ctrl＋Z键直接退到特权模式

27.1.4 路由器配置常用命令

(1) show version：查看版本信息。

(2) delete：命令恢复出厂设置，路由器会提示是否恢复出厂设置，确认后使用命令 reboot 重新启动路由器，即恢复到出厂设置。

(3) write：保存当前配置，保存后，在交换机重启或再加电时，配置生效。

(4) 撤销命令 no：要撤销某个已经输入的命令或者恢复某种默认值，通常是在进入命令模式后，直接在原命令前加上关键字 no 就可以。如将以太接口 Fastethernet0/0 的配置全部清除，恢复至默认值，可以在全局模式做如下配置：

```
Router_config#no interface fastethernet 0/0
```

27.2 实验目的与任务

27.2.1 实验目的

(1) 了解路由器接口编号规则。

(2) 熟悉路由器出厂设置的恢复。

(3) 熟悉 FastEthernet 类型端口的配置。

(4) 熟悉二层交换机与路由器 FastEthernet 互连的配置。

27.2.2 实验任务

(1) 路由器恢复出厂设置。

(2) 配置路由器 FastEthernet 类型端口 f0/0。

(3) 配置二层交换机与路由器 FastEthernet 互连,实现 VLAN 间互通。

27.2.3 实验环境

实验条件:

PC 2～4 台,DCR- 1702E 一台,DCS-4500 一台,网线 4～6 根。Console 线 1 根,CR-Console 线 1 根。注意交换机和路由器的 Console 端口连接线外表很像,但内部线序不同,不能互换。

实验接线:

实验拓扑如图 27-3 所示。

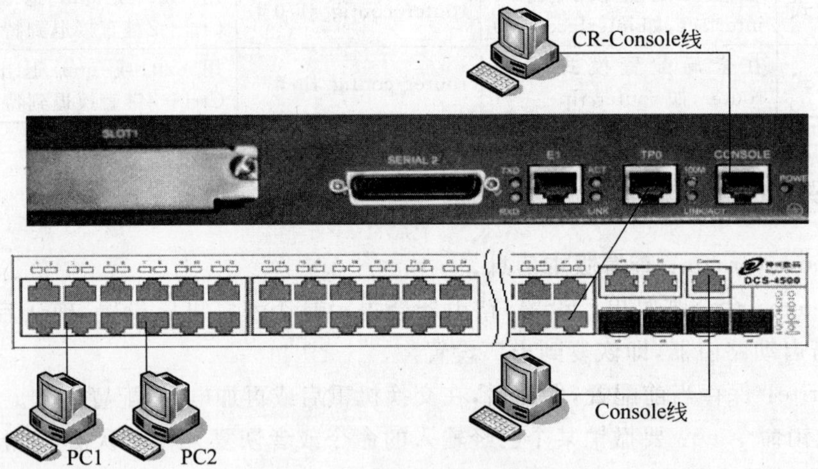

图 27-3 实验拓扑示意

27.3 实验过程

实验 27-1 路由器交换机恢复出厂设置

```
Router>enable
Router#delete
Router#reboot
Router>enable
Router#show interface    (节选)
FastEthernet0/0 is up,line protocol is up
Ethernet0/1 is down,line protocol is down
```

```
Serial0/2 is down,line protocol is down
```

实验 27-2 配置交换机

交换机恢复出厂配置后,配置下述 VLAN 和端口:

```
Switch(config)#vlan 100
Switch(config-vlan100)#switchport interface ethernet 1/1-4
Switch(config-vlan100)#exit
Switch(config)#vlan 200
Switch(config-vlan200)#switchport interface ethernet 1/5-8
Switch(config-vlan200)#exit
Switch(config-if-Ethernet1/48)#switchport mode trunk
Switch(config-if-Ethernet1/48)#switchport trunk allowed vlan all
Switch(config)#show vlan  (节选)
VLAN Name       Type    Media   Ports
--- --------- ------- ------ -------------------------------------
                                Ethernet1/47        Ethernet1/48(T)
100  VLAN0100   Static  ENET    Ethernet1/1         Ethernet1/2
                                Ethernet1/3         Ethernet1/4
                                Ethernet1/48(T)
200  VLAN0200   Static  ENET    Ethernet1/5         Ethernet1/6
                                Ethernet1/7         Ethernet1/8
                                Ethernet1/48(T)
```

实验 27-3 配置路由器

```
Router#config
Router_config#interface f0/0.100
Router_config_f0/0.100#ip address 192.168.100.254 255.255.255.0
Router_config_f0/0.100#no ip directed-broadcast
Router_config_f0/0.100#encapsulation dot1q 100
Router_config_f0/0.100#exit
Router_config#interface f0/0.200
Router_config_f0/0.200#ip address 192.168.200.254 255.255.255.0
Router_config_f0/0.200#no ip directed-broadcast
Router_config_f0/0.200#encapsulation dot1q 200
Router_config_f0/0.200#exit
```

实验 27-4 检验配置

(1) 配置 PC1 的 IP 地址为 192.168.100.1/24,网关 192.168.100.254,接入交换机 1/1-4。

(2) 配置 PC2 的 IP 地址为 192.168.200.1/24,网关 192.168.200.254,接入交换机 1/5-8。

(3) 交换机 1/48 连接路由器 f0/0。

(4) PC1 ping PC2,检查能否连通。

(5) 检查路由器上生成的直连路由。

```
Router#show ip route      (节选)
C       192.168.100.0/24     is directly connected,FastEthernet0/0.100
C       192.168.200.0/24     is directly connected,FastEthernet0/0.200
Router#show running-config                \\查看配置
Router#write                              \\保存当前的配置
Saving current configuration...
OK!
```

(6) 路由器重新加电,1～2 分钟后再运行 PC1 ping PC2,检查能否连通。

27.4 实训与思考

27.4.1 实训题

实训 27-1 二层交换机与路由器连接

(1) 交换机 A 配置 VLAN 10 包含 1/1-4,VLAN 20 包含 1/5-8。

(2) 交换机 B 配置 VLAN 30 包含 1/1-4,VLAN 40 包含 1/5-8。

(3) 交换机 A 的 1/48 接入 DCR-1702E 的 f0/0。

(4) 交换机 B 的 1/48 接入 DCR-1702E 的 e0/1。

(5) PC1 的 IP 为 192.168.10.1,接入 VLAN 10;PC2 的 IP 为 192.168.20.1,接入 VLAN 20;PC3 的 IP 为 192.168.30.1,接入 VLAN 30;PC4 的 IP 为 192.168.40.1,接入 VLAN 40。

(6) 配置路由器,使 4 个 VLAN 能够互相访问。部分参考提示命令如下:

```
Router_config#interface f0/0.10
Router_config_f0/0.10#ip address 192.168.10.254 255.255.255.0
Router_config_f0/0.10#encapsulation dot1q 10
Router_config#interface f0/0.20
Router_config_f0/0.20#ip address 192.168.20.254 255.255.255.0
Router_config_f0/0.20#encapsulation dot1q 20
Router_config#interface e0/1.30
Router_config_e0/1.30#ip address 192.168.30.254 255.255.255.0
Router_config_e0/1.30#encapsulation dot1q 30
Router_config#interface e0/1.40
Router_config_e0/1.40#ip address 192.168.40.254 255.255.255.0
```

```
Router_config_e0/1.40#encapsulation dot1q 40
```

(7) 同实验 25 比较,除端口封装的配置不同外,配置原理还有什么差别?

27.4.2 思考题

(1) 大约有多少网络节点的网络适合实训 27-1 中的网络配置?
(2) 如何使用 DCR-2624(有 24 个交换机端口)替代实训 27-1 中的方案?
(3) 如果有 3 台二层交换机,能否同时直接接入到 DCR-1702E?

实验 28

路由器串口 PPP-PAP 配置

28.1 知识准备

28.1.1 设定同步串行接口封装

在默认情况下，同步串行接口采用 HDLC 封装。它在无窗口与重传方式下提供了 HDLC 的同步成帧与错误检测功能。同步串行接口支持以下封装协议：

(1) 高级数据链路控制(HDLC)。

(2) 帧中继(Frame Relay)。

(3) 点对点协议(PPP)。

(4) X.25。

(5) 同步数据链路控制(SDLC)。

在接口配置态下使用命令 encapsulation {hdlc|frame-relay|ppp|x25|sdlc}来设定封装协议。

28.1.2 常用命令

PPP-PAP 配置的常用命令如表 28-1 所示。

表 28-1 PPP-PAP 配置的常用命令

命令	目的
encapsulation ppp	在接口上启用 PPP
ppp authentication {chap | ms-chap| pap} [word | default] [callin]	定义支持的认证方法和使用的顺序
username 用户名 password 密码	配置身份识别
ppp authentication {chap|ms-chap|pap}[[list-name|default][callin]	在串行接口上激活 PAP 等
ppp pap sent-username 用户名 password 密码	发送在 PAP 认证请求中的用户名和密码

28.1.3 DTC 与 DCE

DTE(Data Terminal Equipment,数据终端设备)是具有一定的数据处理能力和数据收发能力的设备。DCE(Data Communications Equipment,数据通信设备)在 DTE 和传输线路之间提供信号变换和编码功能,并负责建立、保持和释放链路的连接。

它们之间的区别是:DCE 提供时钟,DTE 不提供时钟,但它依靠 DCE 提供的时钟工作。数据传输通常是经过 DTE-DCE,再经过 DCE-DTE 的路径。其实对于标准的串行端口,通常从外观就能判断是 DTE 还是 DCE,DTE 是针头(俗称公头),DCE 是孔头(俗称母头),这样两种接口才能接在一起。

比如,一台路由器处于网络的边缘,它有一个 S0 端口需要从另一台路由器中学习到一些参数。具体实施时,不需要在这个 S0 端口配置时钟速率,它从对方学到。这时它就是 DTE,而对方就是 DCE。

当路由器作为 DCE 用来提供时钟速率时是需要设置的。做路由器的背靠背实验时,两个路由器中的一个作为 DCE,另一个作为 DTE。作为 DCE 的路由器需要配置时钟速率,ISDN 或分时隙的用 64000,只有普通拨号串口用 56000。

28.2 实验目的与任务

28.2.1 实验目的

(1) 掌握 S 类型端口的基本配置。

(2) 了解 PPP-PAP 广域网协议的配置。

28.2.2 实验任务

(1) 配置 PPP-PAP 协议。

(2) 实现路由器互连和交换机路由器互连。

28.2.3 实验环境

实验条件:

DCR-1702E 交换机 1 台,DCR-2624 交换机 1 台,CR-V35FCC、CR-2-V35MT、CR-Console 线各 1 根,网线 6~8 根,PC 4 台,DCS 交换机 2 台,Console 线 2 根(在实训部分使用)。

实验接线:

实验接线如图 28-1 所示。

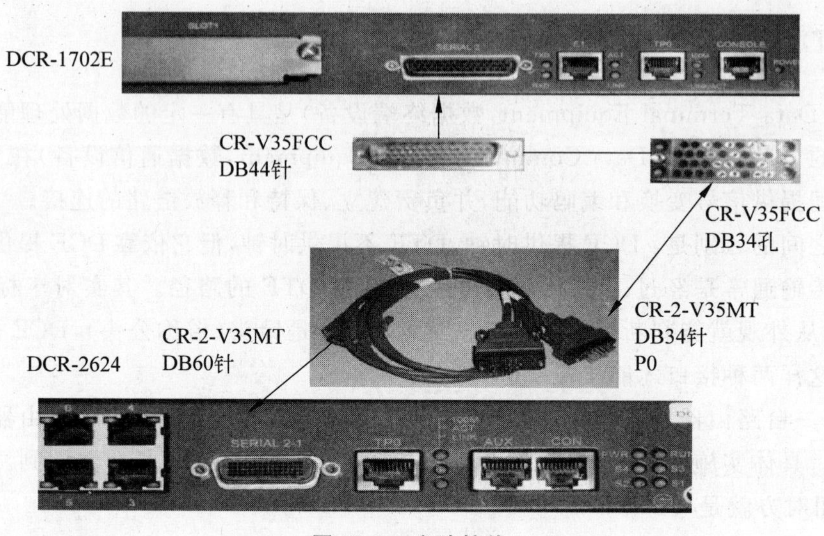

图 28-1 实验接线

28.3 实验过程

实验 28-1 路由器 DCR-1702E 和 DCR-2624 恢复出厂设置

命令如下：

```
Router>enable
Router#delete
Router#reboot
```

实验 28-2 连接设备

(1) 如图 28-1 所示，将 CR-2-V35MT 线缆的 DB60 针端连接 DCR-2624 的 S0/1。

(2) CR-2-V35MT 线缆的 DB34 针端的 P0 连接 CR-V35FCC 的 DB34 孔。

(3) CR-V35FCC 的 DB44 针端连接 DCR-1702E 的 S0/2。

实验 28-3 配置 PPP-PAP

(1) 配置 DCR-1702E，命令如下：

```
Router>enable
Router#config
Router_config#hostname DCR1702
DCR1702_config#aaa authentication ppp test local
DCR1702_config#username User2624 password Pwd2624          //为 2624 登录设置账号密码
DCR1702_config#interface s0/2
```

```
DCR1702_config_s0/2#ip address 172.16.100.1 255.255.255.0
DCR1702_config_s0/2#encapsulation ppp                    //PPP封装
DCR1702_config_s0/2#ppp authentication pap test          //PPP封装 PAP认证
DCR1702_config_s0/2#ppp pap sent-username User1702 password Pwd1702
DCR1702_config_s0/2#physical-layer speed 2048000         //设置 DCE时钟频率
DCR1702_config_s0/2#no shutdown
DCR1702_config_s0/2#^Z
```

(2) 配置 DCR-2624,命令如下:

```
Router>enable
Router#config
Router_config#hostname DCR2624
DCR2624_config#aaa authentication ppp test local
DCR2624_config#username User1702 password Pwd1702
DCR2624_config#interface s0/1
DCR2624_config_s0/1#ip address 172.16.100.2 255.255.255.0
DCR2624_config_s0/1#encapsulation ppp
DCR2624_config_s0/1#ppp authentication pap test
DCR2624_config_s0/1#ppp pap sent-username User2624 password Pwd2624
DCR2624_config_s0/1#no shutdown
DCR2624_config_s0/1#^Z
```

(3) 查看端口状态(节选):

```
DCR1702#show interface s0/2
Serial0/2 is up,line protocol is up
Mode=Sync DCE Speed=64000
  DTR=UP,DSR=UP,RTS=UP,CTS=UP,DCD=UP
  Interface address is 172.16.100.1/24
  Encapsulation PPP,loopback not set
      local IP address: 172.16.100.1  remote IP address: 172.16.100.2
DCR2624#show interface s0/1
Serial0/1 is up,line protocol is up
Mode=Sync DTE
  DTR=UP,DSR=UP,RTS=UP,CTS=UP,DCD=UP
  Interface address is 172.16.100.2/24
  Encapsulation PPP,loopback not set
      local IP address: 172.16.100.2 remote IP address: 172.16.100.1
```

(4) 验证连通,命令如下:

```
DCR1702#ping 172.16.100.2
DCR1702#write
DCR2624#ping 172.16.100.1
DCR2624#write
```

28.4 实训与思考

28.4.1 实训题

实训 28-1 实训环境准备

（1）实训接线示意图如图 28-2 所示。

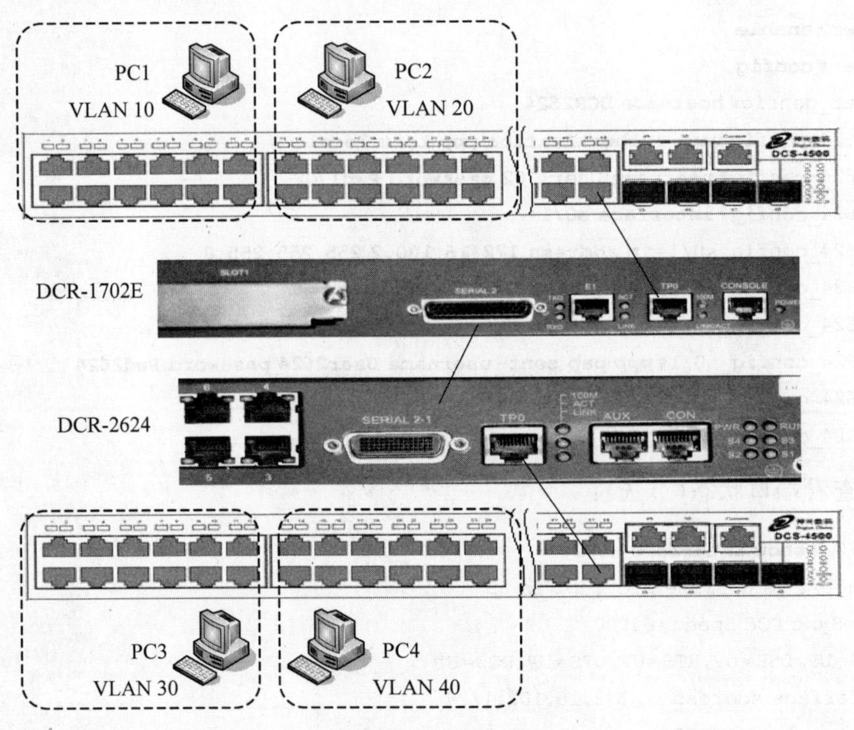

图 28-2 实训接线

① VLAN 10 包含交换机 A 的 1/1-4，VLAN 20 包含交换机 A 的 1/5-8。交换机 A 的 1/48 口为trunk，所有 VLAN 可以访问。连接交换机 A 的 1/48 口到 DCR-1702E 的 f0/0 端口。

② VLAN 30 包含交换机 B 的 1/1-4，VLAN 40 包含交换机 B 的 1/5-8。交换机B 的 1/48 口为 trunk，所有 VLAN 可以访问。连接交换机 B 的 1/48 口到 DCR-2624 的 f0/0 端口。

③ 连接路由器 DCR-1702E 的 S0/2 到 DCR-2624 的 S0/1。

④ 按实验 28-3 的步骤配置 PPP-PAP 协议，DCR-1702E 的 S0/2 端口 IP 地址 172.16.100.1，DCR-2624 的 S0/1 端口 IP 地址 172.16.100.2。

（2）配置路由器 DCR-1702E 和 DCR-2624，命令如下：

```
DCR1702#config
```

```
DCR1702_config#interface f0/0.10
DCR1702_config_f0/0.10#ip address 192.168.10.254 255.255.255.0
DCR1702_config_f0/0.10#no ip directed-broadcast
DCR1702_config_f0/0.10#encapsulation dot1q 10
DCR1702_config_f0/0.10#exit
DCR1702_config#interface f0/0.20
DCR1702_config_f0/0.20#ip address 192.168.20.254 255.255.255.0
DCR1702_config_f0/0.20#no ip directed-broadcast
DCR1702_config_f0/0.20#encapsulation dot1q 20
DCR1702_config_f0/0.20#exit
DCR2624_config#interface f0/0.30
DCR2624_config_f0/0.30#ip address 192.168.30.254 255.255.255.0
DCR2624_config_f0/0.30#no ip directed-broadcast
DCR2624_config_f0/0.30#encapsulation dot1q 30
DCR2624_config_f0/0.30#exit
DCR2624_config#interface f0/0.40
DCR2624_config_f0/0.40#ip address 192.168.40.254 255.255.255.0
DCR2624_config_f0/0.40#no ip directed-broadcast
DCR2624_config_f0/0.40#encapsulation dot1q 40
DCR2624_config_f0/0.40#exit
```

(3) 按表 28-2 配置 PC 的 IP 地址。

表 28-2 配置 PC 的 IP 地址

设　备	IP	Mask	Gateway
PC1	192.168.10.1	255.255.255.0	192.168.10.255
PC2	192.168.20.1	255.255.255.0	192.168.20.255
PC3	192.168.30.1	255.255.255.0	192.168.30.255
PC4	192.168.40.1	255.255.255.0	192.168.40.255

(4) 按照表 28-3 的要求和顺序测试 VLAN 间的连通性。

表 28-3 测试 VLAN 间的连通性

设备 1		设备 2		测 试 命 令	结果
PC1	交换机 A 0/0/1-4	PC2 VLAN 20	交换机 A 0/0/5-8	ping 192.168.20.1	
PC1	交换机 A 0/0/1-4		DCR-1702E S0/2	ping 172.16.100.1	
PC1	交换机 A 0/0/1-4		DCR-2624 S0/1	ping 172.16.100.2	
PC1	交换机 A 0/0/1-4	PC3 VLAN 30	交换机 B 0/0/1-4	ping 192.168.30.1	
PC1	交换机 A 0/0/1-4	PC4 VLAN 40	交换机 B 0/0/5-8	ping 192.168.40.1	

实训 28-2 RIP2 配置

参照下述提示,完成 RIP2 设置,完成表 28-3 测试各 VLAN 间的连通性。

```
config
router rip
version 2
network 192.168.10.1 255.255.255.0
```

实训 28-3　OSPF 配置

参照下述提示完成 OSPF 设置,完成表 28-3 测试各 VLAN 间的连通性。为使设置相对简单,在 DCR-1702E 和 DCR-2624 中将 OSPF 的 Area 都配置为 0。

```
config
router ospf 1
network 192.168.10.1 255.255.255.0 area 0
```

28.4.2　思考题

(1) 如果 DCR-1702E 用在企业网络和 Internet 的连接上,RIP、OSPF 和 BGP 中哪个路由协议更合适?

(2) 如果 DCR-1702E 和 DCR-2624 连接的是企业网络的 2 个分区,RIP 协议和 OSPF 协议哪个更适用?为什么?

(3) 二层交换机接入三层汇聚交换机,三层交换机通过路由器的串口,通过 E1 线缆连接到 Internet,VLAN 和路由如何设计?

实验 29 experiment 29

ACL 配置

29.1 知识准备

29.1.1 ACL 介绍

ACL (Access Control Lists)是交换机和路由器实现的一种数据包过滤机制,通过允许或拒绝特定的数据包进入网络,交换机和路由器可以对网络访问进行控制,有效地保证网络的安全运行。用户可以基于报文中的特定信息制定一组规则(rule),每条规则都描述了对匹配一定信息的数据包所采取的动作:允许通过(permit)或拒绝通过(deny)。用户可以把这些规则应用到特定交换机端口的入口,这样特定端口上特定方向的数据流就必须依照指定的 ACL 规则进入交换机和路由器。

三层交换机和路由器普遍支持 ACL,二层交换机是否支持 ACL 需要查看用户手册。

29.1.2 交换机 ACL 示例

用户有如下配置需求:交换机的 10 端口连接 10.0.0.0/24 网段,管理员不希望该网段用户使用 FTP。配置 ACL 分为 3 步:(1)创建相应的 ACL;(2)配置包过滤功能;(3)绑定 ACL 到端口。

配置步骤如下:

```
Switch(config)#access-list 110 deny tcp 10.0.0.0 0.0.0.255 any-destination d-port 21
Switch(config)#firewall enable                                    //配置包过滤功能
Switch(config)#firewall default permit
Switch(config)#interface ethernet1/10
Switch(config-if-ethernet1/10)#ip access-group 110 in             //绑定 ACL 到端口
Switch(config-if-ethernet1/10)#exit
Switch(config)#exit
Switch#show firewall                                              //查看配置结果
```

29.1.3 路由器 ACL 示例

配置命令如下：

```
DCR2624#config
DCR2624_config#ip access-list standard 1                    //创建 ACL list
DCR2624_config_std_nacl#deny 192.168.10.0 255.255.255.0
DCR2624_config_std_nacl#permit any
DCR2624_config_std_nacl#exit
DCR2624_config#interface f0/0
DCR2624_config_f0/0#ip access-group 1 out                   //绑定 ACL 到端口
DCR2624_config_f0/0#^Z
DCR2624#show ip access-list                                 //查看配置结果
Standard IP access list 1
deny 192.168.10.0 255.255.255.0
permit any
```

29.2 实验目的与任务

29.2.1 实验目的

（1）掌握 ACL 的重要性。

（2）理解 ACL 的作用。

29.2.2 实验任务

（1）配置路由器 S 端口互连。

（2）配置路由器静态路由。

（3）配置路由器 ACL 列表。

29.2.3 实验环境

实验条件：

DCR-1702E 交换机 1 台，DCR-2624 交换机 1 台，CR-V35FCC、CR-2-V35MT、CR-Console 线各一根，交叉网线 2 根，PC 2 台。

实验接线：

实验拓扑如图 29-1 所示。

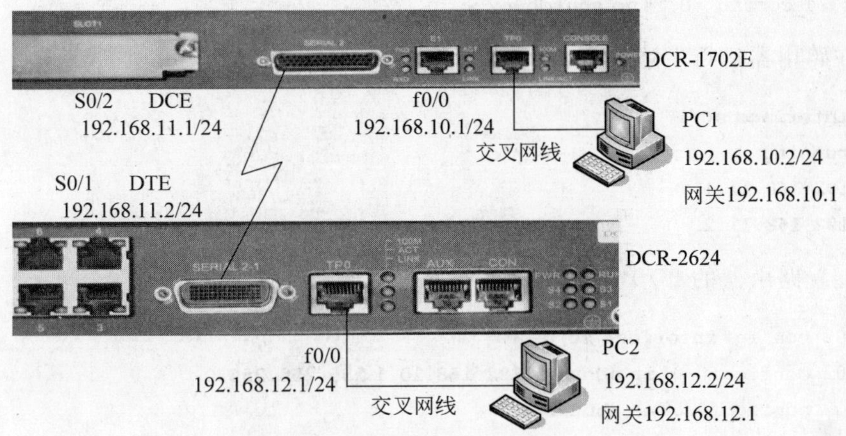

图 29-1　实验连接拓扑

29.3　实验过程

实验 29-1　准备网络环境

(1) 接线与配置如下：

① PC1 配置 IP 地址 192.168.10.2/24，网关 192.168.10.1，使用交叉线连接入 DCR-1702E 的 f0/0 端口。

② PC2 配置 IP 地址 192.168.12.2/24，网关 192.168.12.1，使用交叉线连接入 DCR-2624 的 f0/0 端口。

③ CR-2-V35MT 和 CR-V35FCC 线缆联接 2 台路由器的串口。

(2) 为路由器恢复出厂设置，配置串口间的 PPP 封装。为简化实验，不配置检验认证。

```
Router>enable                                          //路由器 DCR-1702E
Router#config
Router_config#hostname DCR-1702
DCR-1702_config#interface s0/2
DCR-1702_config_s0/2#ip address 192.168.11.1 255.255.255.0
DCR-1702_config_s0/2#encapsulation ppp
DCR-1702_config_s0/2#physical-layer speed 64000
DCR-1702_config_s0/2#no shutdown
Router>enable                                          //路由器 DCR-2624
Router#config
Router_config#hostname DCR-2624
DCR-2624_config#interface s0/1
DCR-2624_config_s0/1#ip address 192.168.11.2 255.255.255.0
DCR-2624_config_s0/1#encapsulation ppp
```

```
DCR-2624_config_s0/1#no shutdown
```

(3) 在路由器运行下述命令,检验配置:

```
show interface s0/1
show running
ping 192.168.11.1
ping 192.168.11.2
```

(4) 配置路由器的 f0/0 口:

```
DCR1702_config#interface f0/0
DCR1702_config_f0/0#ip address 192.168.10.1 255.255.255.0
DCR1702_config_f0/0#no shutdown
DCR2624_config#interface f0/0
DCR2624_config_f0/0#ip address 192.168.12.1 255.255.255.0
DCR2624_config_f0/0#no shutdown
```

(5) 配置与查看静态路由。

① 配置静态路由:

```
DCR1702_config#ip route 192.168.12.1 255.255.255.0 192.168.11.2
DCR2624_config#ip route 192.168.10.1 255.255.255.0 192.168.11.1
```

② 使用 show ip route 查看路由信息:

```
DCR1702#show ip route          (显示信息有节选)
C     192.168.10.0/24          is directly connected,FastEthernet0/0
C     192.168.11.0/24          is directly connected,Serial0/2
S     192.168.12.0/24          [1,0] via 192.168.11.2(on Serial0/2)
S     192.168.20.0/24          [1,0] via 192.168.11.2(on Serial0/2)
DCR2624#show ip route          (显示信息有节选)
S     192.168.10.0/24          [1,0] via 192.168.11.1(on Serial0/1)
C     192.168.11.0/24          is directly connected,Serial0/1
C     192.168.12.0/24          is directly connected,FastEthernet0/0
```

(6) 使用 PC1 检查网络连通:

```
ping 192.168.10.1
ping 192.168.11.1
ping 192.168.11.2
ping 192.168.12.1
ping 192.168.12.2
```

实验 29-2 配置标准 ACL

(1) 配置 ACL,禁止 192.168.10.0/24 网段访问 DCR-2624 的 f0/0 端口(也就是 192.168.12.0/24 网段),命令如下:

```
DCR2624_config#ip access-list standard 1
DCR2624_config_std_nacl#deny 192.168.10.0 255.255.255.0
DCR2624_config_std_nacl#permit any
DCR2624_config_std_nacl#exit
DCR2624_config#interface f0/0
DCR2624_config_f0/0#ip access-group 1 out
DCR2624_config_f0/0#^Z
DCR2624#show ip access-list
Standard IP access list 1
deny 192.168.10.0 255.255.255.0
permit any
```

（2）验证。

① PC1 ping PC2 检验 ACL 是否生效：

```
ping 192.168.12.2 -t
```

② 取消 ACL，观察上步实验窗口的变化：

```
DCR2624_config#no ip access-list standard 1
```

实验 29-3 配置扩展 ACL

（1）配置禁止 192.168.10.0/24 网段到 IP 为 192.168.12.2 的主机 TCP80 端口（WWW 服务）的访问，但是不限制 ping 指令的 ICMP 协议的信包，命令如下：

```
DCR1702_config#ip access-list extended 192
DCR1702_config_ext_nacl#deny tcp 192.168.10.0 255.255.255.0 192.168.12.2 255.255.
255.255 eq 80
DCR1702_config_ext_nacl#permit icmp any any
DCR1702_config_ext_nacl#exit
DCR1702_config#interface f0/0
DCR1702_config_f0/0#ip access-group 192 in
```

（2）验证。

① 在 PC1 上 ping PC2。

② 在 PC2 上配置 WWW 服务，在 PC1 上使用 http://192.168.12.2 访问，验证配置。

29.4 实训与思考

29.4.1 实训题

实训 29-1 准备实验环境

（1）交换机 A 有 VLAN10(192.168.10.0/24)和 VLAN20(192.168.20.0/24)，接入

DCR-1702E 的 f0/0 接口。

(2) 交换机 B 有 VLAN30(192.168.30.0/24)和 VLAN40(192.168.40.0/24),接入 DCR-2624 的 f0/0 接口。

(3) 交换机 A 和交换机 B 使用 S 端口互联,PPP-PAP 封装。

(4) 路由器配置使用 OSPF 协议。

(5) VLAN10、VLAN20、VLAN30 和 VLAN40 能够互连互通。

实训 29-2 标准 ACL 配置

配置标准 ACL。禁止 VLAN10 对 VLAN40 的访问;禁止 VLAN20 的特定主机 192.168.20.2/32对 VLAN40 的访问,该网段其他 IP 可以访问 VLAN40;禁止 VLAN30 的 192.168.30.1/26 对 VLAN40 的访问;VLAN40 可以访问 VLAN10、VLAN20 和 VLAN30。

实训 29-3 标准扩展 ACL

配置扩展 ACL,实现 VLAN10 禁止访问 VLAN40 网段的 WWW 服务(TCP80)以及 VLAN20 禁止访问 VLAN40 的 SSH 服务(TCP22)。

29.4.2 思考题

(1) 交换机和路由器均有 ACL 功能时,在交换机和路由器配置 ACL 各有什么优缺点?对这两者进行工作量比较和网络 VLAN 变动维护工作量比较。

(2) 交换机和路由器都有 ACL 功能,为什么还需要防火墙和入侵侦测?

(3) 本实训中,PC1 所在网段禁止访问 PC2 主机的 WWW 服务,ACL 配置在 DCR-1702 还是 DCR-2624?各有什么利弊?

experiment 30

实验 30

防火墙配置

30.1 知识准备

30.1.1 防火墙简介

防火墙是当今使用最为广泛的安全设备，串行部署于 TCP/IP 网络中。防火墙将网络一般划分为内、外、服务器区 3 个区域，对各区域实施安全策略以保护重要网络。DCFW-1800 系列防火墙拥有集成的网络安全硬件平台，采用专有的实时操作系统，可以灵活地划分安全域，并且可以自定义其他安全级别的域。当信息在分属于两个不同安全域的接口之间传输时，防火墙的安全策略规则会对信息流进行检查和处理，从而保证网络的安全。本实验使用 DCFW-1800S-V2 防火墙，该防火墙可以使用 Telnet、SSH、WebUI(HTTP、HTTPS)方式进行管理，使用者可以很方便地使用几种方式进行管理。

DCFW-1800 系列防火墙采用专用 64 位实时并行操作系统，其并行的处理能力和模块化的结构易于集成和扩展安全功能。专用的安全加固 64 位操作系统针对新一代多核处理器安全机构进行了全面的优化和安全加固，极大地提高了系统的处理效率、系统稳定性和安全性。

30.1.2 管理防火墙

DCFW-1800S 防火墙的 Ethernet0/0 接口配有默认 IP 地址 192.168.1.1/24，并且该接口的各种管理功能均为开启状态。初次使用防火墙时，用户可以通过该接口登录防火墙。

30.2 实验目的与任务

30.2.1 实验目的

(1) 熟悉防火墙的基本配置方法。

(2) 学习防火墙的安全配置。

（3）学习防火墙的NAT。

30.2.2 实验任务

（1）登录和管理防火墙。

（2）配置防火墙禁止IM通信。

（3）配置防火墙作为NAT。

30.2.3 实验环境

实验条件：

DCFW防火墙1台，交叉网线4根，直连网线2根，Console线1～2根，PC 4台。

实验接线：

实验拓扑如图30-1所示

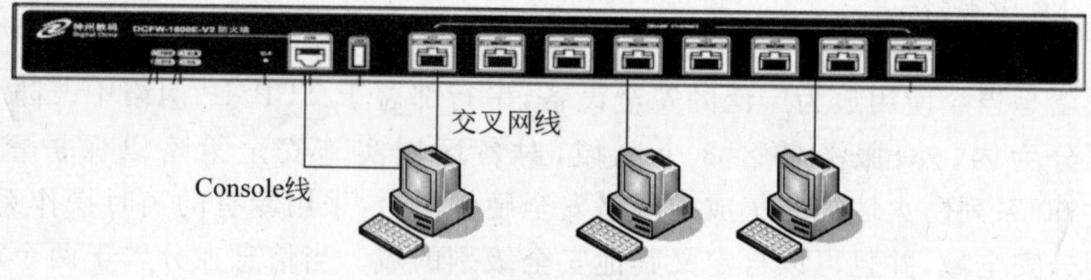

图30-1 实验接线

30.3 实验过程

实验30-1 使用Console、Telnet、SSH和WebUI方式登录防火墙

（1）使用Console线登录防火墙。

① 使用Console线连接PC1与DCFW1800S的Console端口。

② 在超级终端中使用用户名admin和密码admin登录。

（2）使用Telnet登录防火墙。

① 配置PC1的IP地址为192.168.1.2。

② 运行Telnet命令管理防火墙，如图30-2所示。

（3）使用SSH客户端登录防火墙。

① 在PC1运行SSH客户端，如图30-3所示。

② 初次登录，接受public key，如图30-4所示。

③ 登录成功后就可以管理防火墙了，如图30-5所示。

（4）使用浏览器登录防火墙。

使用浏览器访问http://192.168.1.1，使用默认用户admin和密码admin登录并管理防火墙，如图30-6所示。

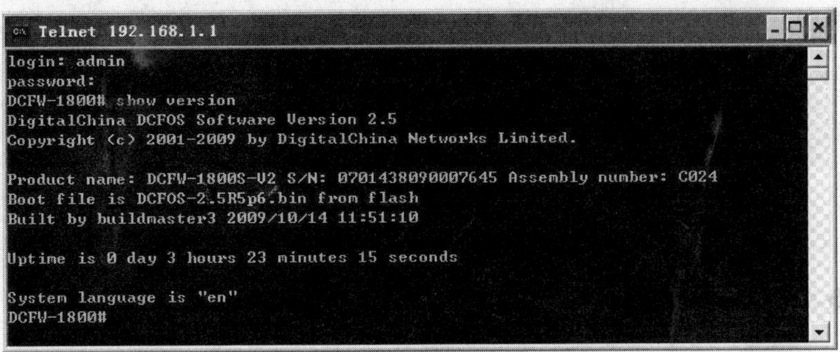

图 30-2 Telnet 登录到防火墙

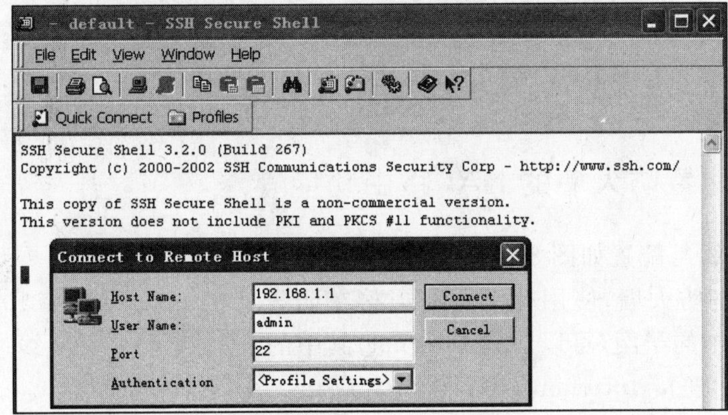

图 30-3 运行 SSH 客户端

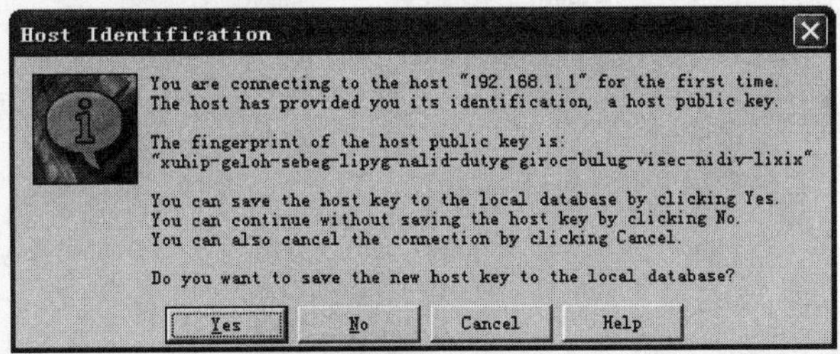

图 30-4 首次登录需接受 public key

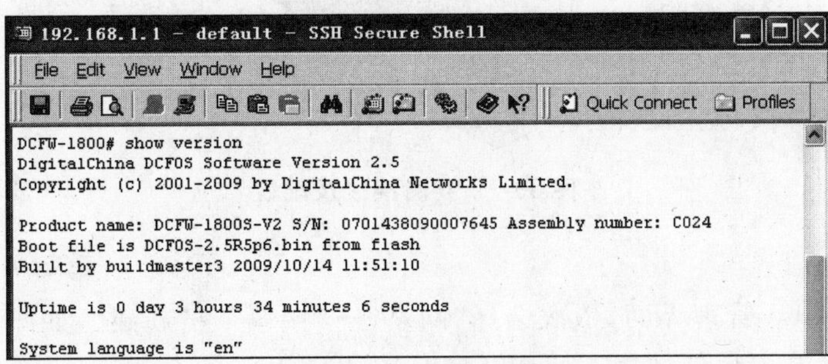

图 30-5 使用 SSH 客户端登录并管理防火墙

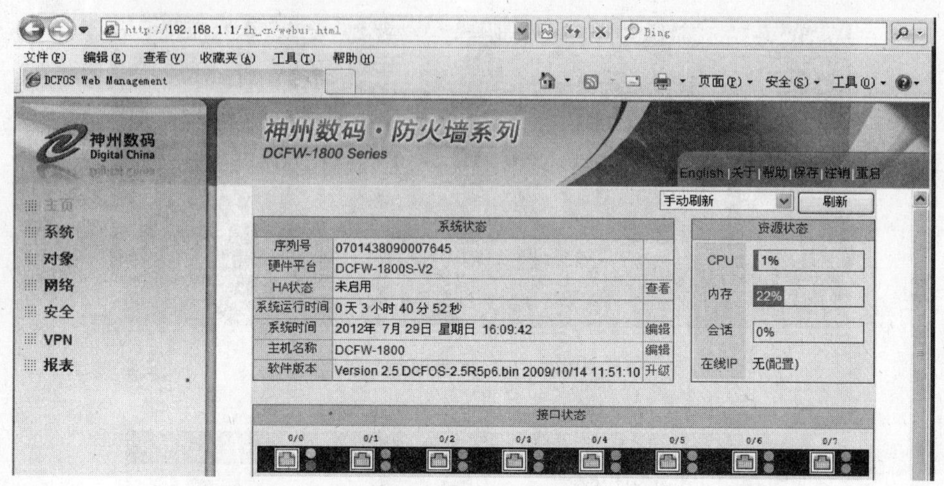

图 30-6 WebUI 管理防火墙

实验 30-2 配置防火墙的 NAT 路由功能

(1) 实验接线与配置如图 30-7 所示，192.168.1.1 网段保留，PC1 专用于管理内网的交换机、路由器和防火墙，使用交叉网线连接在防火墙的 e0/0 端口。192.168.10.1/24 网段作为 LAN 中的子网，可以访问 Internet，其中的 PC2 使用交叉网线连接在防火墙的 e0/1 端口。e0/7 连接 Internet，e0/7 端 IP 为 202.106.1.2，为简化实验，Internet 仅用 202.106.1.0 网段的主机 PC3(202.106.1.20)来模拟，设该服务器已经安装了 Apache 服务，该服务启动后在默认的 TCP80 端口，通过 HTTP 协议提供 WWW 服务。PC3 使用交叉网线接入 DCFW1800 的 e0/7 端口。

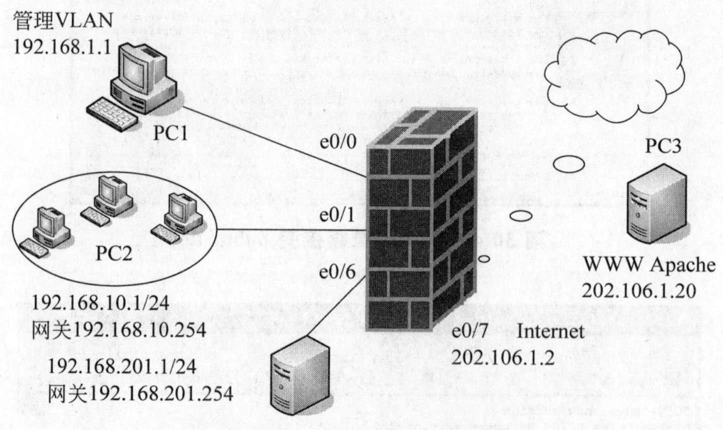

图 30-7 实验接线及配置

(2) 配置 NAT。

① 进入 WebUI 管理界面，依次选择“网络”→“接口”→“新建”，如图 30-8 所示，配置 ethernet0/1 为第三层信任域，IP 为 192.168.10.254/24。

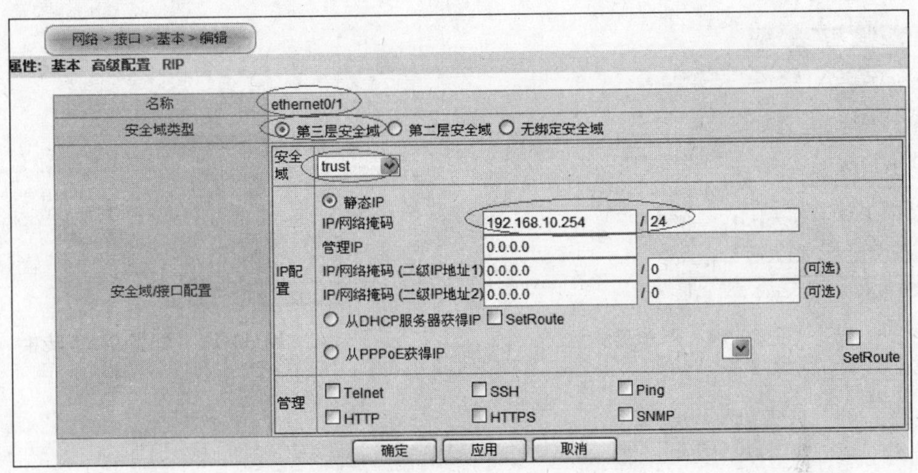

图 30-8　配置 ethernet0/1 接口

② 进入 WebUI 管理界面，依次选择“网络”→“接口”→“新建”，如图 30-9 所示，配置 ethernet0/7 为第三层 untrust 域，IP 为 202.106.1.2/24。

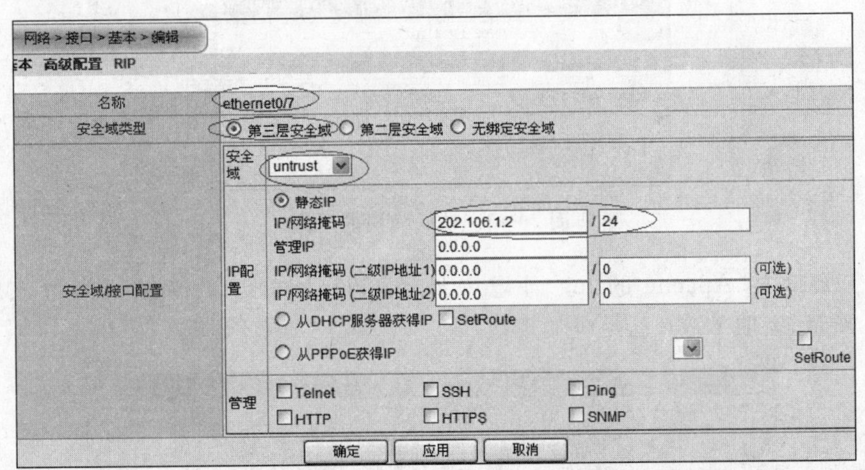

图 30-9　配置 ethernet0/7 接口

③ 进入 WebUI 管理界面，依次选择“网络”→“路由”→“目的路由”→“新建”，如图 30-10 所示，配置外网访问发送到 202.106.1.2/24（本例由于直接连接 PC3 到 DCFW1800 的 E0/7，所以这步可选）。

④ 进入 WebUI 管理界面，依次选择“网络”→“NAT”→“源 NAT”→“新建”，如图 30-11 所示，配置 NAT 转换。

⑤ 进入 WebUI 管理界面，依次选择“安全”→“策略”，如图 30-12 所示，新建 trust 域到 untrust 域的访问策略。为简化实验，直接单击“确定”按钮，使用策略中所有默认项目。

(3) 检验 NAT 工作。

① 在 PC2 上 ping PC3，能够 ping 通。

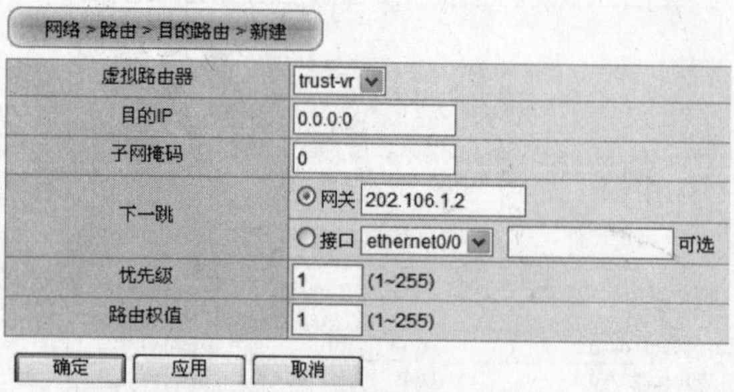

网络 > 路由 > 目的路由 > 新建

虚拟路由器	trust-vr
目的IP	0.0.0.0
子网掩码	0
下一跳	⊙网关 202.106.1.2 ○接口 ethernet0/0 可选
优先级	1 (1~255)
路由权值	1 (1~255)

确定 应用 取消

图 30-10 添加路由

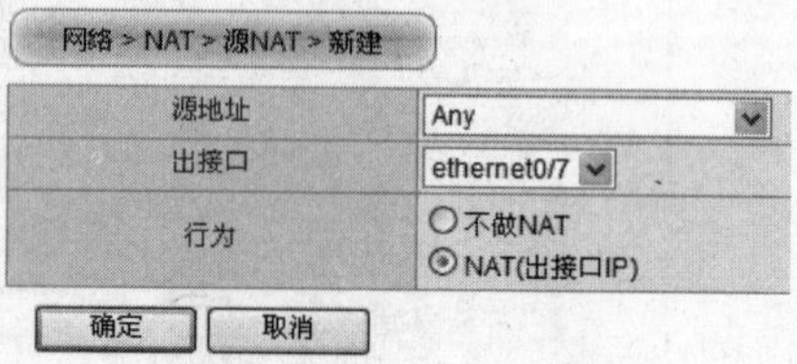

网络 > NAT > 源NAT > 新建

源地址	Any
出接口	ethernet0/7
行为	○不做NAT ⊙NAT(出接口IP)

确定 取消

图 30-11 配置 NAT 转换

图 30-12 创建 trust 域到 untrust 域的访问策略

② 使用 PC2 的浏览器可以访问 202.106.1.20 的网站，如图 30-13 所示。

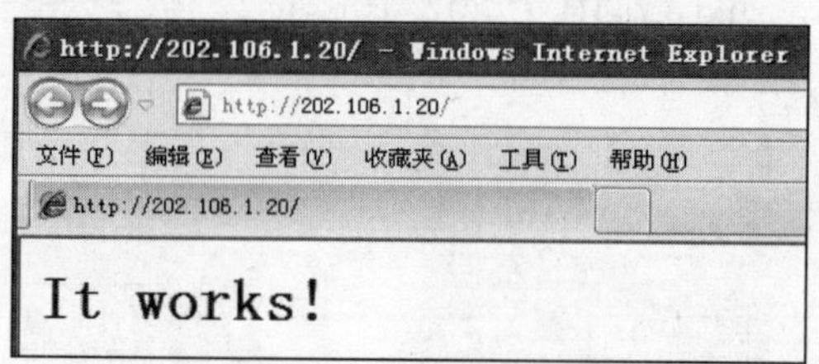

图 30-13 访问模拟的网站

③ 在 PC3 的 Apache 的 log 日志中显示，202.106.1.2 曾经访问过该网站，如图 30-14 所示，表明 NAT 已经成功工作。

图 30-14 查看 Apache 的 Access 访问 Log 日志

(4) 配置访问策略

① 进入 WebUI 管理界面，依次选择“安全”→“策略”，编辑上面生成的策略，配置为仅允许 HTTP 协议，如图 30-15 所示。

② PC2 依然能够访问 PC2 的 WWW 服务，打开网页，但是 PC2 ping PC3 显示不通，因为 ping 是 ICMP 协议，没有被允许。

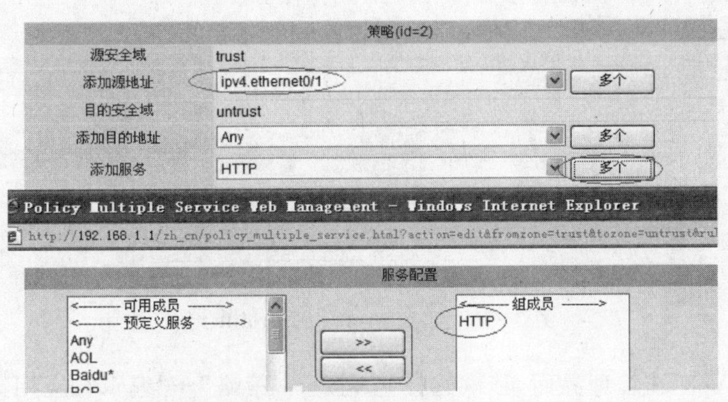

图 30-15　配置策略为仅允许 HTTP 协议

实验 30-3　配置限用 IM 等工具

(1) 进入 WebUI 管理界面，依次选择"网络"→"安全域"→"编辑 untrust 域"，启用应用程序识别，如图 30-16 所示。

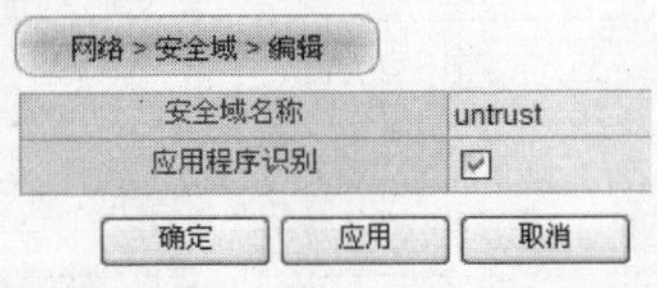

图 30-16　启用应用程序识别

(2) 进入 WebUI 管理界面，依次选择"安全"→"行为 Profile"→"新建"，创建并命名一个策略，本例策略名为 bwu-office-area，允许 QQ，禁止其他的 IM 工具，允许 HTTP，禁止 FTP，如图 30-17 所示。

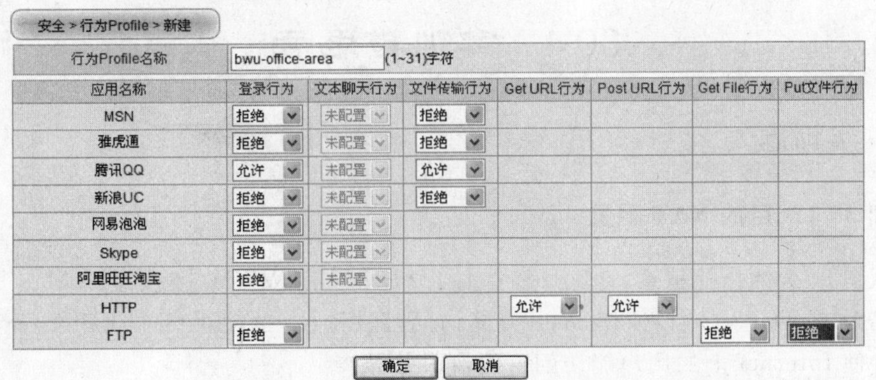

应用名称	登录行为	文本聊天行为	文件传输行为	Get URL行为	Post URL行为	Get File行为	Put文件行为
MSN	拒绝	未配置	拒绝				
雅虎通	拒绝	未配置	拒绝				
腾讯QQ	允许	未配置	允许				
新浪UC	拒绝	未配置	拒绝				
网易泡泡	拒绝	未配置					
Skype	拒绝	未配置					
阿里旺旺淘宝	拒绝	未配置					
HTTP				允许	允许		
FTP	拒绝					拒绝	拒绝

图 30-17　创建 Profile

(3) 进入 WebUI 管理界面，依次选择"安全"→"Profile"→"添加"，把上一步生成的策略 bwu-office-area 添加到"组成员"中，并命名，如图 30-18 所示。

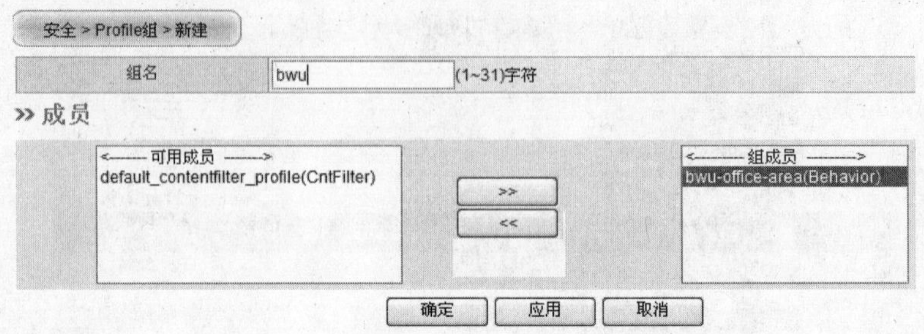

图 30-18 添加 Profile 到 Profile 组

(4) 进入 WebUI 管理界面,依次选择"安全"→"策略"→"编辑",应用策略到 e0/1 访问 e0/7 中,如图 30-19 所示。

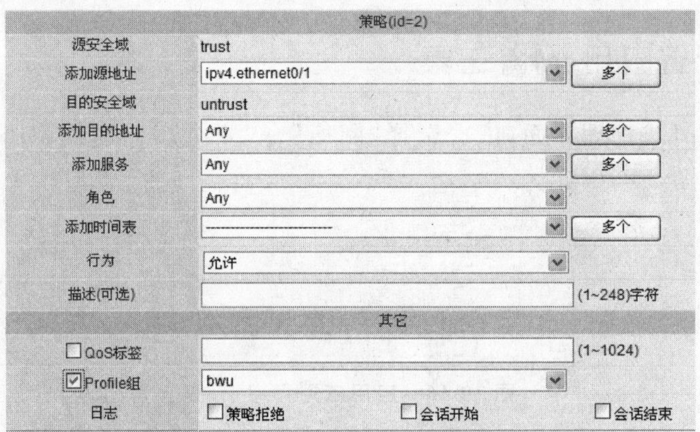

图 30-19 应用 Profile 组到策略

(5) 检验较为复杂,在此省略有关的操作说明。

30.4 实训与思考

30.4.1 实训题

实训 30-1 目的 NAT 配置

参照图 30-7 的拓扑示意,192.168.201.1/24 网段有 WWW 服务器和 Mail 服务器,Mail 服务器在 TCP80 端口使用 Web 方式访问邮件系统,也使用 SMTP 和 POP3 协议。如何配置使 Internet 上的用户能访问这两台服务器?

实训 30-2 VPN 配置

如图 30-20 所示,使用路由器连接防火墙 A 的 e0/7 和防火墙 B 的 e0/7 模拟 Internet,参照防火墙使用手册,设计实验实现 VPN 功能。其中 VPN 部分参考步骤如下：

(1) 在“VPN”→“IKE VPN”→“P1 提议”中定义 IKE 第一阶段的协商内容，两台防火墙的 IKE 第一阶段协商内容需要一致。

(2) 在“VPN”→“IKE VPN”→“P2 提议”中定义 IKE 第二阶段的协商内容，两台防火墙的第二阶段协商内容需要一致。

(3) 在“VPN”→“IKE VPN”→“对端”中创建“对等体”对象，并定义对等体的相关参数。

(4) 在“VPN”→“IKE VPN”→“隧道”中创建到防火墙 FW-B 的 VPN 隧道，并定义相关参数。

(5) 在“网络”→“接口”中新建隧道接口指定安全域并引用 IPSEC 隧道。

(6) 在“网络”→“路由”→“目的路由”中新建一条路由，目的地址是对端加密保护子网，网关为创建的隧道接口。

(7) 在创建安全策略前，首先要创建本地网段和对端网段的地址簿。在“对象”→“地址簿创建”中创建完成两个地址簿后，在“安全”→“策略”中新建策略，允许本地 VPN 保护子网访问对端 VPN 保护子网，允许对端 VPN 保护子网访问本地 VPN 保护子网。

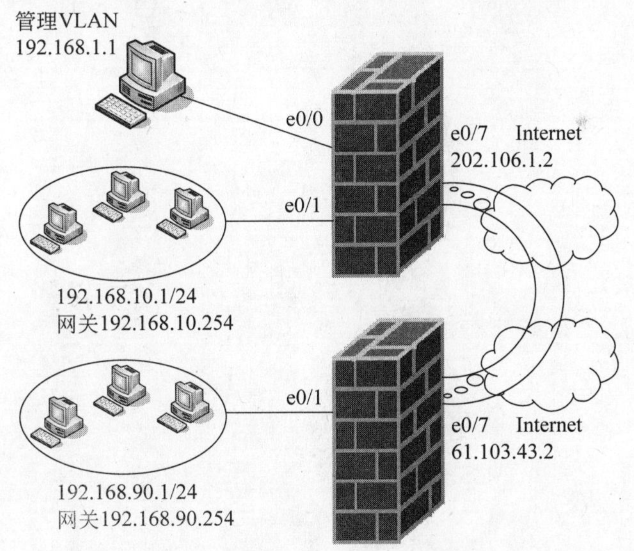

图 30-20 应用 Profile 组到策略

30.4.2 思考题

(1) 对交换机 ACL、路由器 ACL 和防火墙的信包过滤功能进行比较。

(2) 在实验 30-3 中，启用应用程序识别，防火墙的运算压力会有什么变化？

(3) 小型公司网络接入数量较小，有必要使用路由器、防火墙和 VPN 服务器组合吗？

参考文献

[1] 戴有炜. Windows Server 2008 R2 安装与管理. 北京：清华大学出版社，2011.

[2] 戴有炜. Windows Server 2008 R2 网络管理与架站. 北京：清华大学出版社，2011.

[3] 戴有炜. Windows Server 2008 R2 Active Directory 配置指南. 北京：清华大学出版社，2011.

[4] Microsoft. 网络服务器操作系统的安装配置和管理. 北京：高等教育出版社，2003.

[5] Microsoft. 网络环境管理. 北京：高等教育出版社，2003.

[6] 微软公司. 目录服务的实现和管理. 北京：高等教育出版社，2004.

[7] 张博. 计算机网络技术与应用. 北京：清华大学出版社，2010.

[8] 陈国军，彭诗力，陈华其. 计算机网络实验教程. 北京：清华大学出版社，2008.

[9] 神州数码网络认证课程系列教材.

[10] http://baike.baidu.com.